赣鄱英才555工程领军人才基金（麻智辉团体）
江西省社会科学院生态经济学重点学科
资助出版

生态经济与生态文明建设研究

SHENGTAIJINGJI YU SHENGTAIWENMING JIANSHEYANJIU

主　编◎麻智辉　李志萌
副主编◎李小玉　高　玫

图书在版编目(CIP)数据

生态经济与生态文明建设研究 / 麻智辉，李志萌主编.
—南昌:江西人民出版社，2015.4

ISBN 978 - 7 - 210 - 07226 - 3

Ⅰ. ①生… Ⅱ. ①麻… ②李… Ⅲ. ①生态经济—经济建设—研究—江西省 ②生态文明—建设—研究—江西省 Ⅳ. ①F127.56②X321.256

中国版本图书馆 CIP 数据核字(2015)第 084611 号

生态经济与生态文明建设研究
麻智辉,李志萌　主编
责任编辑:邓丽红
出版:江西人民出版社
发行:各地新华书店
地址:江西省南昌市三经路 47 号附 1 号
编辑部电话:0791 - 86898702
发行部电话:0791 - 86898815
邮编:330006
网址:www. jxpph. com
E - mail:jxpph@ tom. com　web@ jxpph. com
2015 年 4 月第 1 版　2015 年 4 月第 1 次印刷
开本:880 毫米 ×1230 毫米　1/32
印张:17
字数:490 千
ISBN 978 - 7 - 210 - 07226 - 3
赣版权登字—01—2015—330

定价:42.00 元
承印厂:南昌市红星印刷有限公司
赣人版图书凡属印刷、装订错误,请随时向承印厂调换

目录 Contents

生态文明内涵与建设模式

董锁成

一、国家发展战略重大转变与生态文明内涵

(一)国家发展战略重大转变与生态文明建设的提出

胡锦涛同志在十七大报告中指出:“建设生态文明,基本形成节约能源资源和保护生态环境的产业结构、增长方式、消费模式。循环经济形成较大规模,可再生能源比重显著上升。主要污染物排放得到有效控制,生态环境质量明显改善。生态文明观念在全社会牢固树立。”(新华网)2012 年 7 月 23 日,胡锦涛提出,经济建设、政治建设、文化建设、社会建设是中国特色社会主义事业四位一体的总体布局,生态文明建设是服务于这四位一体总体布局的一种重大的保障建设。所以,我们应该把生态文明建设和党的建设看成四位一体的总体布局的两大保障。

从更深层意义上来说,生态文明建设反映了一种文明新形态。这说明中国社会的发展,中国特色社会主义的发展,绝对不仅仅是经济发展、政治发展、文化发展、社会发展,它其实最终是一种新文明形态的发展。中国社会为世界不仅贡献了中国特色社会主义,而且还贡献了一种新的文明形态,这种文明形态就是把中国传统灿烂文明和现代文明发展的成果有机结合起来之后的一种新形态。

胡锦涛指出,推进生态文明建设,是涉及生产方式和生活方式根本性变革的战略任务,必须把生态文明建设的理念、原则、目标等深刻融入和全面贯穿到我国经济、政治、文化、社会建设的各方面和全

过程,坚持节约资源和保护环境的基本国策,着力推进绿色发展、循环发展、低碳发展,为人民创造良好生产生活环境。

(二)生态文明内涵

生态文明——人类文明新形态,人与自然和谐相处时代,相对工业化阶段人类向自然索取。十八大把生态文明建设列入中国特色社会主义建设的总体布局,强调未来要"全面落实经济建设、政治建设、文化建设、社会建设、生态文明建设五位一体总体布局"。

大力推进生态文明建设。建设生态文明,是关系人民福祉、关乎民族未来的长远大计。面对资源约束趋紧、环境污染严重、生态系统退化的严峻形势,必须树立尊重自然、顺应自然、保护自然的生态文明理念,把生态文明建设放在突出地位,融入经济建设、政治建设、文化建设、社会建设各方面和全过程,努力建设美丽中国,实现中华民族永续发展。"大力推进生态文明建设",为未来勾画出一个天蓝、地绿、水净,人与自然和谐发展的"美丽中国"。

坚持节约资源和保护环境的基本国策,坚持节约优先、保护优先、自然恢复为主的方针,着力推进绿色发展、循环发展、低碳发展,形成节约资源和保护环境的空间格局、产业结构、生产方式、生活方式,从源头上扭转生态环境恶化趋势,为人民创造良好生产生活环境,为全球生态安全做出贡献。

生态文明=经济+政治+社会+文化+资源+环境,六位一体。

经济领域:循环经济、绿色经济、低碳经济

政治领域:民主、和谐、文明的政治生态

社会领域:循环社会、低碳社会、绿色消费

文化领域:生态文化、中华文化

资源领域:绿色能源、节约资源

环境领域:节能减排、低碳环境

(1)优化国土空间开发格局。(2)全面促进资源节约。发展循环经济,促进生产、流通、消费过程的减量化、再利用、资源化。(3)加大自然生态系统和环境保护力度。(4)加强生态文明制度建设。健全国土空间开发、资源节约、生态环境保护的体制机制,推动形成人与自然和谐发展现代化建设新格局。

中共十八届三中全会紧紧围绕建设美丽中国深化生态文明体制改革,加快建立生态文明制度,健全国土空间开发、资源节约利用、生态环境保护的体制机制,推动形成人与自然和谐发展现代化建设新格局。建设生态文明,必须建立系统完整的生态文明制度体系,用制度保护生态环境。要健全自然资源资产产权制度和用途管制制度,划定生态保护红线,实行资源有偿使用制度和生态补偿制度,改革生态环境保护管理体制。

循环经济是改变传统发展模式,提升产业结构,转变增长方式,走新型工业化道路的必然选择。生态经济、循环经济已成为许多国家和地区实现可持续发展的必由之路和成功模式。自 20 世纪 90 年代以来,循环经济在发达国家已成为新的发展潮流。

德国:1996 年《循环经济与废物管理法》生效;日本:2000 年通过了《推进形成循环型社会基本法》等一系列循环经济法规;中国:于 1999 年“清洁生产法”立法,《中国清洁生产促进法》于 2002 年 6 月通过,2003 年 1 月 1 日开始正式实施。国家环保局确定辽宁省、安徽省铜陵市为我国首批循环经济试点;发改委等出台相关措施;海南进行了生态工业园规划。

二、四层循环经济模式,加快经济转型

(一)循环经济已成为 21 世纪可持续发展新潮流和成功模式

国外循环经济产生于后工业化发达阶段。“3R”(Reduce, Reuse, Recycle)循环模式产生于后工业化发展阶段的西方发达国家,技术先进,实力雄厚。其本质内涵是:循环链条、共生群落把“资源—产品—废物”的线性经济转变为“资源—产品—再生资源—产品”的闭环经济;物质、能量流动遵循生态经济规律,某一环节排放的废物变为另一环节的资源,污染趋零,使环境外部不经济性内部化,从源头解决经济发展与资源、环境的矛盾,实现资源节约、效益最大、污染最小。

主要模式:微观循环——丹麦卡伦堡(Kalundborg)生态工业园、德国、美国模式(以预防污染为主);宏观循环——日本循环型社会模式,颁布《促进建立循环社会基本法》,是最全面的循环经济。

(二)符合中国国情的四层循环经济新模式

西方发达国家走的是"先污染后治理"的工业化道路。循环经济是针对传统经济污染而提出的。20世纪60年代,美国经济学家鲍尔丁提出"宇宙飞船理论"。中国现阶段国情:处于社会主义初级阶段,人口最多的发展中人国,资源短缺,生态退化、环境污染,经济增长快,发展阶段低,技术实力弱。中国不能再走发达国家"先污染,后治理"的老路,不能简单照搬发达国家循环经济模式。

符合中国国情的循环经济新模式是3R +"四层循环"的大循环经济模式:企业循环—产业循环—区域循环—社会循环。

国外成功典型:企业层面——美国的杜邦化学工业公司;区域层面——丹麦的卡伦堡生态工业园;社会层面——日本的循环型社会、德国的双轨制回收系统(SDS)。

国家十二五规划:大力发展循环经济。以提高资源产出效率为目标,加强规划指导、财税金融等政策支持,完善法律法规,实行生产者责任延伸制度,推进生产、流通、消费各环节循环经济发展。加快资源循环利用产业发展,加强矿产资源综合利用,鼓励产业废物循环利用,完善再生资源回收体系和垃圾分类回收制度,推进资源再生利用产业化。开发应用源头减量、循环利用、再制造、零排放和产业链接技术,推广循环经济典型模式。

(1)创新区域发展战略目标。

由单一经济效益向三大效益协调的可持续发展目标转变;以富地为主向以人为本,富民优先目标转变;一个目标向因地制宜多种目标转变;传统工业化向新型工业化目标转变;传统城镇化向新型城镇化目标转变。

(2)建立循环型社会经济体系。

建立资源节约型、环境友好型、生态化的产业结构体系:生态农业、生态工业、生态型的第三产业、资源节约型、生态化的社会消费体系,建设生态城市、生态村镇和生态社区。

(3)区域生态经济系统结构—功能—平衡—效益—协同进化的循环经济模式、大循环经济发展模式。

(4)大力推进产业结构调整和转型。

生态化农业产业化:依靠科技和市场大力发展包括生态农业、生态牧业及农牧产品加工业在内,以公司+科技+基地+农户+市场的农牧业产业化模式,生产无污染、无公害的绿色食品和有机食品的生态农牧业及其加工业产业体系——实现区域开发中资源利用高效化、生态化、农业产业化、生产市场化、生态环境改善和农民脱贫致富等战略目标。

(三)中国典型模式分析

1. 黄土高原生态脆弱区定西——生态经济型反贫困模式

特色产业基础优势。马铃薯产业——中国薯都:已成为全国马铃薯三大集中产区之一、全国最大的脱毒种薯生产基地、全国重要的商品薯生产基地,马铃薯育种—种植—流通—加工循环产业发展势头良好,已建成马铃薯循环经济产业园。

中药材产业——中国药都:陇西有"中国药都"之美称,是全国"地道药材"的重要产区之一,被中国农学会命名为"中国黄芪之乡"。岷县素有"千年药乡"之称誉,定西当归、黄(红)芪、党参种植面积分别占全国的60%、20%和40%。驰名中外的"岷归"产量占全国的70%,质量居全国第一。

玉米—畜牧循环农业发展前景较好。围绕100万亩双垄沟播玉米的种植,结合退牧还草100万亩饲草基地的建设,定西未来畜牧业发展奠定了良好基础。玉米—畜牧业—沼气等循环农业模式将得到更大范围推广。

花卉产业成为新的经济增长点。临洮花卉品种繁多,有"陇上花圃"之誉,许多名优花卉远销沿海,花卉种植面积已达8000多亩,是新的经济增长点。

循环工业粗具规模,已成为西北最大的马铃薯淀粉加工基地,以马铃薯为原料的保健食品、涂胶建材等下游新产品品种逐渐增多。

已建成中国西部最大的中药集散基地,中草药加工下游制药产业规模不断壮大。临洮、渭源水电工业发展基础良好;陇西是甘肃乃至西北重要的铝冶炼和加工基地,依托水电资源和铝产业基础,基本形成了水电—铝冶炼—加工区域循环工业支柱。

商贸物流和旅游逐渐成为新兴支柱产业。紧邻兰州大市场,商贸物流和旅游休闲产业具有良好的市场基础,目前已成为全市新兴支柱产业。临洮县依托紧邻兰州的区位优势,积极打造兰州都市后花园和休闲基地,取得了良好进展;陇西县已成为中国中药材集散基地之一,商贸和物流产业基地逐渐形成。

培育生态产业链和产业群落,塑造特色区域经济扶贫攻坚取得一定突破,创立了定西模式。

扶贫攻坚成效显著。经过近30年扶贫开发,到2011年,按照最新贫困线标准,农村贫困人口减少115.83万人,占农村总人口的43.39%,贫困面降低了35个百分点。

形成了扶贫攻坚的典型模式。整村推进扶贫新模式引起全球关注,智力扶贫新模式在全国广泛交流,互助社扶贫成为扶贫开发新手段,“两项制度”衔接试点成果在全国推广,“双培双带”成为基层党建推进扶贫开发创新点。定西模式对全国的扶贫开发起到了引领和示范作用,有的甚至得到了世界的认可。

扶贫攻坚经验启示:坚持弘扬“三苦”精神与“三个顺应、三个遵循”相结合;坚持政府主导、社会参与和尊重扶贫对象主体地位相结合;坚持科学规划统筹发展与因地制宜分类指导相结合;坚持不断创新扶贫理念与完善扶贫工作机制相结合。供煤植薪,推广节柴灶、太阳灶;实施一户“一个集雨场、两眼水窖、一亩庭院经济”的“121工程”,解决了农村燃料问题和人畜饮水困难;改善了生产条件。

开展了大规模的小流域综合治理,把85%以上的山坡地都修成了水平梯田。

1994—1999年调整结构解决温饱,将扶贫资金重点投向地膜粮作、洋芋种植、梯田建设、集雨补灌“四大工程”和洋芋、中药材、畜草、果菜“四大产业”,历史性地实现了基本解决温饱的扶贫攻坚阶段目标。

2000—2010 年创新思路巩固提高。将参与式整村推进作为突破口，积极打造中国薯都、中国药都，进一步加快了扶贫开发的进程。

2011 年至今，整合资源综合发展，整合配套各类资源，统筹兼顾解决突出问题，突出增强自我发展能力，着力打造中国农村扶贫开发攻坚试验示范区、全国马铃薯贸工农一体化示范区、全国中医药产业发展示范区、全国旱作节水农业示范区以及全国生态文明示范区，开启了新一轮扶贫开发工作的良好局面。

2. 甘肃省平凉市崆峒循环经济模式

(1)研究背景与意义

第一，地处陇东黄土高原丘陵沟壑区，生态环境脆弱、贫困人口众多。充分体现了西部欠发达地区既迫切地希望经济提高人民生活水平，又要充分保护脆弱环境的双重压力。

第二，崆峒区是甘肃省循环经济示范区，崆峒循环经济园区是甘肃省省级循环经济示范园区。从培育循环型企业、循环型产业和循环型城市三方面突破创新，以生态工业园区(集中区)建设为载体，循环经济发展取得了显著成效。

西部欠发达地区发展循环经济实现跨越式发展的典型——崆峒区，地处陕、甘、宁三省(区)交会处，全区辖 17 个乡镇、3 个街道办事处、1 个经济开发区和 1 个工业园区，有 252 个行政村、13 个城市社区，总人口 50.03 万人，有汉、回、满、蒙等 18 个民族，以回族为主的少数民族占总人口的 25.42%。主要区情特点是：交通便捷，区位优势明显。崆峒区位于陕甘宁三省(区)接壤区的地理中心位置，距离周边城市在 200~400 公里，自古是“丝绸之路”的历史重镇和南来北往、东西交通的咽喉要道，素有“旱码头”之称。

(2)农业循环经济物质能量流动分析与发展趋势模拟

崆峒循环经济园区“牛—沼—粮—纸”循环产业链：

牛—沼—有机肥—有机果菜、粮食—秸秆—造纸、养牛饲料

①循环经济园区物质能量流动分析与发展趋势模拟

系统效益：双陇地膜覆盖、生物反应堆等多种旱作产业技术，使作物亩产年平均增加 1.3 倍；秸秆造纸、秸秆饲料，避免大量秸秆焚烧，持续减少资源浪费和 CO_2 排放。

系统缺陷:造纸厂污水产生量巨大,处理成本高,限制秸秆收购价格和数量,未来崆峒区秸秆实际燃烧量仍将继续扩大;污水处理回收不彻底,依然有较多排放和损耗。

②循环经济园区物质能量流动分析与发展趋势模拟结果

随着沼气能源的衰落,崆峒区可能逐渐回到大量燃煤的能源结构,非煤能源中,秸杆燃烧将逐步超过其他能源;CO_2减排量也将从2028年开始逐步降低,节能减排效果难以持续。

能源、碳排放与秸秆利用调控措施:

第一,升级新工艺,利用造纸黑液制造有机肥。造纸黑液是崆峒污水的主要来源之一,但黑液经过高温气体干燥和多元素复合技术的处理后,可合成多元素有机复合肥。政府可为造纸企业提供专项财政补贴或奖励,支持企业引进此技术,升级造纸工艺。

第二,引进微生物发酵等先进工艺,建设大型饲料加工厂。自2011年起,由政府提供土地使用优惠,扶持屠宰企业出资兴建现代化饲料加工厂,升级传统青贮技术和微生物发酵技术,提高秸秆利用率。鼓励农户与屠宰企业合作,饲料产品免费提供给农户养牛,待肉牛出栏后再出售给屠宰企业。

第三,补贴清洁能源推广计划。崆峒区自2008年推行太阳灶下乡计划,政府为安装太阳灶的农户补贴150元(所需费用为160元),已使2000余户农民用上太阳灶,受到了农户的欢迎。政府应在推广沼气能源的同时,将太阳能推广计划延长至2020年,并对照明、取暖等太阳能设施的推广提供相应补贴。

3. 大旅游循环经济模式——以大旅游为突破口实现边缘地域中心化发展模式

大旅游循环经济体系。以旅游为先导产业,替代传统产业,联动一、二、三次产业,优化产业结构,建设以旅游业为节点、依靠产业链连接的大旅游产业体系。

第一,包括旅行社业、旅游饭店业、旅游景点业、旅游餐饮业、旅游商贸业、旅游运输邮电通信业等旅游业部门;第二,与旅游密切相关联的旅游相关产业,如批发和零售贸易、餐饮业、金融保险业、社会服务业、卫生、体育、社会福利事业、教育、文艺、广播电视业等(第三产业)；第三，包括农业、工业、建筑业、科学研究和综合技术服务业等与旅游业间接关联产业(第一、二产业)。

旅游文化资源产业化。把旅游资源优势转化成旅游产品优势，把旅游产品优势转化成为旅游产业优势，把旅游产业优势转化成为经济优势，实现由旅游资源大市向旅游经济大市和强市的跨越。

以大旅游为中心，带动脱贫致富和城市化，以旅游为依托建设生态旅游城市，打造生态文化旅游品牌。弘扬中华文明，大力发展文化旅游产业。如蒙古族风情园主题游览项目——成吉思汗大帝。在蒙古包群中，运用5D演示技术，使游客穿越到“一代天骄成吉思汗”的远古年代，感受这位“拥有海洋四方的大酋长”逐鹿群雄，戎马一生。通过展示成吉思汗开疆裂土的历史场景、民族的崛起扩张及其部落的所向披靡、金戈铁马、驰骋沙场的战场场景，让游客亲身感受古代战场的辉煌与震撼。

三、六城建设生态城市模式，推进新型城镇化

生态城市——人和自然和谐相处的美好家园；“人类与自然能够共生的城市”(岸根卓郎)。

生态城市内涵：经济高效良性循环——二、三产业与第一产业融合，物质、能量、信息高效利用和良性循环；环境宜人的宜居城市——以资源承载力和生态环境容量为依据，以保护和改善生态环境，实现资源合理开发和持续利用为手段，促进生态环境改善，实现城市与区域生态融合；社会和谐——打破城乡二元结构，实现城乡空间融合，一体化发展，建设城乡和谐社会，推动全市经济与社会的(又好又快)持续、健康、快速发展。

建设生态城市是推进新型城镇化，实现绿色发展、循环发展、低碳发展，形成节约资源和保护环境的空间格局、产业结构、生产方式、生活方式的长远大计。

新型城镇化：以城带乡，以工促农，工农互惠，城乡统筹。

五大战略：以人为本，四化同步，生态文明，优化结构，传承文化。

四化推进：农民市民化、农村社区化、产业生态化、乡风文明化、

环境低碳化。

生态城市是解决城市资源浪费、环境污染、生态脆弱和人居环境问题的重要途径之一，是实现城市可持续发展目标的必由之路。

1."六城"生态城市模式

循环之城：建立以高科技产业等为核心，金融、保险、文化创意创业等现代生态型服务业为支撑的新型循环产业体系。

便捷之城：核心是土地的集约利用和以公交为导向的城市布局。

绿色之城：绿地水域环抱的城市景观和环境优美的居住环境，宜于人居和创业发展及绿色消费。

创新之城：生态城市建设的发展的动力之一，包括科技创新、机制体制创新、各个领域创新(Innovative，Smart)。

安全城市：生态城市建设的最低层次要求，核心是城市社会秩序良好、居民生活稳定。

和谐之城—宜居之城：生态城市建设的最高层次要求，核心是高水准的生态文化和高度的社会文明，也就是生态文明。

2. 高度的社会文明(Inclusive，humanity)

新型城镇化关键是以构建循环产业体系为主线，以人为本建设和谐社会为根本，以恢复城市生态功能和完善城市基础设施为重要手段，推进城市生产—消费—资源—环境的良性循环、城乡协调和城市与区域一体化；实现资源型城市向山水园林城市、生态城市的转型。

营造绿色低碳人居环境。实施绿色消费、绿色能源，加强生态小城镇、生态社区和生态型新农村建设，营造绿色人居环境。

五层推进生态型城镇化。按照市区、县城、中心镇、重点乡镇及社区五个层次推进生态型区域城镇化进程。

以城带乡，统筹城乡，建设城乡和谐社会。发挥城市增长极辐射优势，依托城市和工业，加快农业产业化，加强小城镇建设，把农村剩余劳动力转移出来向城镇集中；增强区域生态支撑系统承载能力；依靠国家政策和财政转移支付，加强医疗、保险、社会救济和最低生活保障；加强公共设施、医疗设施建设等民生工程，提高福利水平。

3. 建设重点

城镇循环产业体系建设、生态人居体系建设、低碳基础设施建设、生态文化体系建设、低碳环境、空间管制与生态修复、生态社区节水工程、生态住区用水工程。实行分质供水,实施高质高用、低质低用,生态住区中水回用工程;采用分质排水,中水用于卫生清洗、小区绿地浇灌、路面清洗和洗车用水等。

生态住区雨水回用工程:建设渗水地面,涵养地下水,作为景观水体及地下水的补水,冲淡地下水中的盐碱;收集屋顶、道路与绿地降雨,用于冲厕、洗车、消防、浇绿地、洗衣服等。

生态建筑节水工程:采用新型卫生节水器具。

4. 建筑立体绿化

立体绿化是一种重要的节能方法。据测算,建筑外墙绿化后,可使冬季热损失减少30%,夏季建筑外表面温度比邻近街道的环境温度低5摄氏度。日本东京的蒲公英之家是立体绿化的典型实例。

(作者简介:董锁成　中国科学院首席研究员,博士生导师)

鄱阳湖生态经济区与生态文明建设

赖南京

一、建设生态文明是人类社会发展的必然要求

建设生态文明，是关系人民福祉、关乎民族未来的长远大计。党的十八大把生态文明建设放在突出位置，纳入中国特色社会主义事业总体布局，这是党中央准确把握人类社会发展规律和社会主义建设规律做出的重大战略决策。

二十世纪六七十年代以来，随着西方工业化国家环境公害事件频发，以及两次世界石油危机，引起了人类对传统工业化道路弊端的警醒。1962 年出版的《寂静的春天》和 1972 年发表的《增长的极限》就是其重要代表。1992 年联合国环境与发展大会发表《里约宣言》和《21 世纪议程》，提出要走可持续发展道路，保护地球生态系统。与此同时，一些中外学者陆续提出并使用了“生态文明”这个概念。可见，“生态文明”的理念是工业社会发展到一定阶段、人与资源环境矛盾日益尖锐的产物，是人们对人与自然的关系特别是传统工业化增长模式导致越来越严重的生态危机进行深刻反思的结果。

生态文明的核心问题是正确处理人与自然之间的关系，既要利用又要保护，促进经济发展、人口、资源、环境的动态平衡，不断提升人与自然和谐相处的文明程度，其本质要求是尊重自然、顺应自然和保护自然。我们党所追求的生态文明，就是要按照科学发展观的要求，走出一条低投入、低消耗、少排放、高产出、能循环、可持续的新型工业化道路，形成节约资源和保护环境的空间格局、产业结构、生产方式和生活方式；它是人类社会与自然界和谐共处、良性互动、持续

发展的一种高级形态的文明境界,其实质是要"建设以资源环境承载力为基础、以自然规律为准则、以可持续发展为目标的资源节约型、环境友好型社会"。

江西是一个经济欠发达省份,也是一个生态环境相对较好的省份。如何既加快发展、富民兴赣,又保护好生态环境,是江西历届省委、省政府一直认真思考并不懈探索的重大课题。从"山江湖开发治理工程"的重大决策到"既要金山银山,更要绿水青山"的发展理念,从"生态立省、绿色崛起"的发展战略到鄱阳湖生态经济区建设,江西一以贯之、坚持不懈地推进生态文明建设。

二、建设鄱阳湖生态经济区是江西大力推进生态文明建设的生动实践

国务院批复《鄱阳湖生态经济区规划》四年多来,我们按照"建成全国生态文明与经济社会发展协调统一、人与自然和谐相处的生态经济示范区"的总体要求,牢牢把握"特色是生态,核心是发展,关键是转变发展方式,目标是走出一条生态与经济协调发展之路"的本质内涵,大力推进鄱阳湖生态经济区建设,初步走出了一条科学发展、绿色崛起的路子,为建设生态文明提供了"江西范本",具有重大创新和示范意义。

1. 在加快发展的同时更加注重生态环境保护,探索生态与经济协调发展之路

2013 年,鄱阳湖生态经济区实现生产总值 8352.18 亿元,人均 GDP 突破 40000 元,接近全国平均水平。在经济加快发展的同时,江西围绕保护鄱阳湖"一湖清水",大力实施"五河一湖"生态综合治理工程、造林绿化工程、城镇生活污水和工业园区污水处理工程、农村清洁工程以及和谐秀美乡村建设工程等重大工程,开展鄱阳湖综合整治、重金属污染防治、重点工业企业污染物治理等一系列重大行动,扎实推进节能减排。通过实施这些重大生态工程和一系列重大举措,进一步巩固提升了江西的生态环境质量。经济区内湿地公园由 3 个增加到 2013 年的 20 个,湿地面积由 46937.5 公顷增加到

2013年的74309.8公顷；区内38个县(市、区)城镇生活污水处理设施实现全覆盖，城市生活垃圾无害化处理率达90%。全省森林覆盖率由60.05%提高到63.1%，地表水监测断面水质达标率由76.3%提高到80.8%，设区城市环境空气质量全部达到国家Ⅱ级标准。

2. 统筹推进区域、产业、开放和创新升级，实现更有质量、更有效益、可持续的发展

围绕区域升级，江西着力打造经济增长极，加快推进南昌打造核心增长极、九江沿江开放开发和昌九一体化发展，规划建设南昌临空经济区和共青先导区，形成“做强南昌、做大九江、昌九一体、龙头昂起”的生动局面。2013年，昌九实现生产总值4938亿元，占全省比重达到34.4%，比2012年提高0.3个百分点。围绕产业升级，加快构建以生态农业、新型工业、现代服务业为支撑的生态产业体系，鄱阳湖生态经济区高效生态经济作物占种植业产值比重接近50%，高新技术产业、现代服务业占全省的比重分别达到59%和56%，循环经济实现产值3000多亿元。围绕开放升级，打好国家战略“王牌”，积极争取国家部委支持，4年来共有70多个国家部委、央企、金融机构和科研院所与江西签署战略合作协议，2013年启动的新一轮央企入赣工程共签约项目137个，总投资2860亿元。2013年，鄱阳湖生态经济区实际利用外资42.41亿美元，占全省的56.2%。围绕创新升级，实施以主攻十大战略性新兴产业为中心任务的科技创新“六个一”工程，大力推进科技协同创新，通过引进战略投资者、狠抓项目建设、延伸产业链、构建技术创新链等系列超常规举措，在科技前沿和重点领域展开布局，形成了南昌航空城和半导体照明基地、景德镇陶瓷科技城、新余新能源科技城、抚州生物医药、共青数字科技城等科技特色产业基地。2012年，江西区域创新能力在全国排名提升4位，科技进步贡献率提高近5个百分点。鄱阳湖生态经济区战略性新兴产业连续多年保持两位数增长，占全省比重达到68%。

3. 扎实推进生态文明制度改革创新，奠定全国生态文明先行示范区建设基础

颁布出台《鄱阳湖生态经济区环境保护条例》《江西省湿地保护条例》等一系列地方性环保法规，建立流域水环境保护、地方公益林和矿产资源开发生态补偿机制，推进碳汇交易、林权交易以及水电气等资源性产品价格改革。南昌、新余、景德镇等 10 多个城市开展了全国节能减排财政政策综合示范城市、资源枯竭型城市转型、"国家城市矿产"示范基地、低碳城市、水生态文明城市、智慧城市等国家级重大改革试点。广泛深入开展以生态城市、绿色乡村、生态文化为载体的生态文明社会创建工作。2013 年鹰潭市、抚州市、新干县、高安市八景镇成功创建国家园林城市(县城、城镇)，全省国家园林城市(县城、城镇)达到 17 个，2014 年准备再创建国家园林城市(县城)6 个，各项创建工作正在有序推进。同时，积极组织开展省级园林城市创建，目前省级园林城市(县城)已达 45 个。通过鄱阳湖生态经济区建设，全社会生态文明意识得到明显提高，为江西建设全国生态文明先行示范区奠定了坚实基础。2014 年 6 月，江西被列入第一批国家生态文明先行示范区建设地区公示名单，标志着江西生态文明建设又向前迈出了重要一步。

三、充分认识推进生态文明建设的紧迫性和现实挑战

进入新世纪以来，绿色发展、循环发展、低碳发展不仅是世界经济发展的潮流和趋势，也是我国转变经济发展方式、实现工业转型升级的根本途径。党的十八大将生态文明建设列入"五位一体"建设总体布局，提出了建设"美丽中国"的目标。面对资源约束趋紧、环境污染严重、生态系统退化的严峻形势，坚定推进生态文明建设，是缓解资源环境压力，保持我国经济社会持续健康发展的现实需要；是维护代际公平，实现中华民族世世代代永续发展的必然要求；是坚持以人为本，不断满足人民群众日益增长的物质文化需要的内在要求；是中国特色社会主义理论的重大发展。生态文明建设作为关系江西省与全国同步建成小康社会全过程的一项神圣事业，我们必须从全局和战略高度，充分认识生态文明建设的现实紧迫性。

1. 经济发展与环境保护的任务艰巨

江西经济基础薄弱，产业层次不高，产业结构调整难度较大，社会事业相对滞后，基本公共服务水平不高，城乡居民收入水平偏低，

与全国同步全面建成小康社会的任务十分艰巨，正处于加速发展的爬坡期、全面建成小康社会的攻坚期、生态建设的提升期，既面临加快发展、做大总量、改善民生的重要任务，又肩负着保护好青山绿水、巩固好生态优势、维护国家生态安全的重要使命，经济发展与环境保护的任务十分艰巨。

2. 生态建设与环境保护投入能力不足

江西作为我国南方地区重要的丘陵山地生态屏障、长江中下游和珠江流域水生态安全的重要保障区，长期承担着建设好、保护好我国生态环境的重任。但由于江西经济基础薄弱，地方财力有限，相对于繁重的生态建设与环境保护任务，投入能力不足的矛盾已经显现，持续保持和提升生态环境质量的压力很大。

3. 局部地区和领域的生态功能退化

江西作为我国农业大省和重要的矿产资源产地，为保障国家粮食安全和资源安全做出了应有的贡献。但是，长期以来，由于工业化程度较低、生产方式较为粗放，部分农业、果业种植地区，一些矿产资源主要产地，面临着较为严重的农业面源污染、重金属污染、植被破坏和次生地质灾害等生态环境问题，局部地区和领域生态功能退化严重，一些地方还可能面临不可逆转的环境风险，加大环境治理和生态保护的任务十分紧迫。

4. 跨区域横向生态补偿机制的难题尚未破解

江西长期秉承“既要金山银山，更要绿水青山”的发展理念，为确保粤港地区的饮水安全和南方生态安全屏障的建设做出了重大的贡献。但是，江西长期所承担的生态重任没有得到有效的经济补偿，生态保护难以转化为经济效益；同时一些大气等输入性污染治理又实现不了成本共担、收益共享，难以形成生态补偿机制，这既影响了生态建设和环境保护的积极性，又影响了转变经济发展方式的积极性。近年来，国家虽然对此进行了积极探索，取得了一些成就，但相关难题尚未得到有效破解，在一定程度上影响了江西保护好绿水青山、巩固好生态优势长效机制的建立。

5. 生态文明体制机制建设有待进一步探索

虽然江西在生态文明体制机制建设方面做了积极的探索，取得了一些成效。但是,从总体上来说,当前江西的生态环境保护体制机制与生态文明建设的要求还有差距,推进生态文明建设的政策法规体系、财税、价格、金融等配套政策有待进一步完善;最严格的源头保护制度、完善环境治理和生态修复制度、损害赔偿制度、责任追究制度等体制机制创新有待进一步探索;资源环境有偿使用机制和市场价格机制还没有发挥应有的作用。

四、江西将继续以鄱阳湖生态经济区建设为引领创造生态文明建设新经验

当前和今后一段时期,江西省将按照党的十八大关于生态文明建设的总体部署,抓住江西列入第一批国家生态文明先行示范区建设地区的重大契机,深入实施《鄱阳湖生态经济区规划》,重点发挥鄱阳湖生态经济区建设的龙头引领作用,更好地促进生态与经济协调发展,加快江西发展升级步伐,努力为全国生态文明建设探索新模式、创造新经验。

1. 加快重大生态工程建设,持续巩固生态环境优势

深入推进"森林城乡、绿色通道"建设,进一步提高森林质量和效益,构建城乡一体化的绿色生态屏障。采取工程治理与自然修复相结合的方式,加大湿地恢复治理力度,增强净化水质、涵养水源、休养生息的能力。坚持防治并举,统筹生产生活、兼顾城市乡村,实行最严格的污染防治政策,全面提高污染防治水平。加大生态综合治理力度,实施生态移民搬迁,推进可持续发展实验区建设。统筹鄱阳湖流域上下游、干支流的生态保护和建设,切实保护好"一湖清水"。加快水利、交通、能源和信息等重大基础设施建设,重点实施好八大工程,即鄱阳湖湿地和生物多样性保护工程、鄱阳湖水利枢纽工程、环鄱阳湖绿化带工程、污染防治工程、蓝天行动示范工程、循环经济和节能减排示范工程、重大基础设施工程和生态文化工程。

2. 全力打造经济增长极,不断壮大生态经济实力

紧紧围绕构建"龙头昂起、两翼齐飞、苏区振兴、绿色崛起"区域发展格局,深入推进鄱阳湖生态经济区建设和赣南等原中央苏区振

兴发展,加快昌九一体化发展,推动形成各具特色、支撑有力的增长板块,引领带动周边地区和革命老区加快发展。一是培育壮大八大板块。包括支持南昌打造带动全省发展的核心增长极,九江推进沿江开放开发,景德镇打造世界瓷都,新余建成国家新能源科技示范城,鹰潭打造世界铜都,抚州建设赣闽开放合作创新区,丰樟高创建全省产业转型升级示范区,鄱余万建设全省高效生态农业基地。二是加快建设四大平台。包括推进昌九一体化,建设南昌临空经济区,建设共青先导区和推进昌抚联动发展。三是加快构建现代生态产业体系。大力发展特色农业和农产品精深加工,努力实现大宗农产品生产经营标准化、规模化、品牌化,打响"生态鄱阳湖、绿色农产品"品牌;立足现有基础和条件,突出江西优势和特色,坚持有所为、有所不为的原则,充分聚合智力与人才资源,加强自主创新,推动重大技术突破,实现战略性新兴产业从简单规模扩张到延伸产业链的转变,从资本拉动到创新支撑的转变,从资源型产品到高附加值产业的转变,不断增强经济社会发展的带动力;大力发展旅游、现代物流、金融保险、健康养老、信息咨询、科技服务、商贸会展、电子商务、服务外包、教育培训、文化创意等新兴服务业。

3. 大力推进改革创新,实现生态与经济协调发展

切实用好用活国家赋予鄱阳湖生态经济区和生态文明先行示范区的先行先试权,深刻领会十八大提出的"保护生态环境必须依靠制度"的精神,以改革创新破解各种难题,大力推进重点领域和关键环节的改革,为江西省生态文明建设提供强大动力和体制保障。加快建立健全生态补偿机制,加大对生态保护和建设重点地区的生态补偿力度,积极探索市场化的生态补偿模式。积极探索建立绿色国民经济核算考评机制,将环境保护和可持续发展指标纳入干部考核体系。加强区域融合与对接,扩大国际生态经济交流与合作。深入开展生态城市、绿色乡村、生态文化为载体的生态文明社会创建活动,努力构建生态文明社会。

(作者简介:赖南京　江西省鄱阳湖生态经济区建设办公室副主任)

生态文明视野下江西绿色崛起的路径思考

戴星照 周杨明 黄宝荣 严玉平

面对资源约束趋紧、生态环境状态恶化、经济发展任务艰巨的严峻形势，江西省委、省政府认真贯彻十八大生态文明建设精神，结合江西发展的具体实际，在省委十三届七次全体(扩大)会议上提出了“发展升级、小康提速、绿色崛起、实干兴赣”战略方针，把“绿色崛起”确定为江西社会经济发展的重大战略。实质上，建设生态文明就是要建设以资源环境承载力为基础、以自然规律为准则、以可持续发展为目标的资源节约型、环境友好型社会。而“绿色崛起”是可持续发展条件下实现的经济崛起，是以生态保护为前提，以经济崛起为核心，以最小的环境代价和最合理的资源消耗获得最大的经济社会效益，实现经济增长的科学发展模式。在一定程度上，我们可以将绿色崛起战略视为江西生态文明建设的具体实践方式。因此，生态文明的产生与发展对江西绿色崛起有很大的促进作用。为了推动江西绿色崛起前进步伐，有必要理清江西实现绿色崛起的优势，分析面临着的诸多现实困难和挑战，提出江西绿色崛起的总体思路、路径选择及相应的政策建议。

一、江西绿色崛起面临的问题和挑战

从“山江湖工程”到“生态立省、绿色发展”再到“发展升级、小康提速、绿色崛起、实干兴赣”，历届省委、省政府都把促进人与自然间的协调和可持续发展、实现江西绿色崛起作为一项最重要的发展战略。近30年来，围绕“绿色、振兴、崛起”进行了许多有益的探索，在全省上下奠定了良好的生态环境基础与广泛的社会经济基础。但是，要想实现绿色崛起目标，仍面临着一些问题和挑战。

1. 综合经济实力较弱,实现全面建成小康社会的任务还很艰巨

江西经济基础较差,经济发展水平相对滞后。自1985年以来江西经济发展在中部一直处于落后水平,GDP总量一直徘徊于倒数第一、二名。虽然近几年发展较快,但经济总量小和人均GDP低。2012年,江西省GDP达到12948.5亿元,在中部六省中仅高于山西省。

江西正处于全面建成小康社会的攻坚期,能否与全国同步实现全面小康,是江西省面临的最现实、最紧迫的任务。江西省人均GDP要在2020年赶上全国平均水平,未来几年全省GDP年均增速需保持比全国高3.8个百分点以上。而经济的发展,又受到保护良好的生态环境的制约。如何做到做大经济总量和提升发展质量,是实现全面小康社会目标必须解决的问题。

2. 粗放式发展导致资源环境的压力持续加大

近年来,随着重工业化和城镇化进程不断加快,资源消耗和污染物排放急剧增加,江西省资源环境压力明显加大。2000—2011年,江西省能源消费总量由2505.0万吨标准煤增加到6928.2万吨标准煤,总用水量由217.64亿立方米增加到262.86亿立方米,工业废水排放总量由42083万吨增加到71196万吨,工业废气排放总量由2220亿立方米增加到16102亿立方米。城市建设用地总面积持续增加,从1999年的495.9平方公里增加到2011年的986.44平方公里。2000—2011年,建筑企业水泥消耗量由373.13万吨增加到3685.63万吨,钢材消耗量由62.02万吨增加到961.72万吨,木材消耗量由65.71万立方米增加到634.17万立方米。未来一段时间,江西省仍处于工业化初期向工业化中期转变的阶段,城市化水平也将持续提高,所带来的资源环境压力也越来越大。如果环境污染控制和资源节约力度跟不上工业化和城镇化的步伐,将会引起生态环境恶化和资源能源告急,势必动摇江西省绿色崛起的根基。

3. 传统产业绿色转型面临制度、技术、人才等多重制约

有色、钢铁、汽车、石化、建材等传统支柱产业,在江西省国民经济中占据着重要的位置,对全省经济和社会发展贡献较大。这些产业具有高能耗、高物耗、高污染的特点并且增长速度较快,积累了大量落后产能,加重了江西省的资源环境压力。加大技术改造、淘汰落后产能、升级生产工艺是实现传统产业绿色转型的必由之路，但是实现这个目标还面临着制度、技术和人才等因素的制约。

4. 科技自主创新能力不足，难以有效支撑绿色新兴产业的发展

江西省自主创新能力还严重不足。统计数据表明，2012 年江西省专利申请受理量合计 12455 项，专利授权量合计 7971 项，其中国内发明专利授权仅 893 项，在全国居于中下水平。2012 年，江西省科技进步综合水平，在全国排名第 25 位。自主创新面临着创新意识不强、投入不足、人才匮乏等方面的制约。尽管江西大力扶持战略性新兴产业的发展，但大部分战略性新兴产业如光伏、风电、新能源汽车等都缺乏相应的核心技术和设备，没有自主知识产权，难以有效支撑绿色新兴产业的发展。

5. 城市化落后于工业化导致城乡二元结构尤为突出

2012 年江西省人口城镇化率为 47.51%，相对于全国和中部地区平均水平，依然较低。大量人口集中在农村，严重制约江西经济顺利进入新的成长阶段。同时，自改革开放以来，江西省城乡居民的收入差距总体上逐渐拉大，1978 年城乡居民收入比为 2.17∶1，2009 年扩大到 2.8∶1，2012 年缩小为 2.4∶1。加快城市化将有利于促进城乡统筹发展，解决农村劳动力剩余、农民就业不足、增收困难等方面的问题，是确保江西省可持续发展的一个重要方面。此外，江西现有城市发展方式总体是粗放的、外延式的，城镇化面临着众多的资源环境制约，如水资源安全、能源供应安全、土地资源安全、粮食供应安全、环境压力加大等方面的制约和挑战。

6. 经济快速发展与生态环境保护之间的矛盾进一步加剧

随着江西工业化和城镇化进程加快，资源开发利用强度和经济规模不断加大，导致生态环境保护的压力也不断加大。总体而言，目前鄱阳湖及其流域仍处于“亚健康”状态，主要表现在上游地区水土流失依然严重；江河湖泊污染加重，鄱阳湖及五河水系水质总体呈下降趋势；生物多样性还在减少，生态功能还没有得到完全恢复；资源利用效率低，环境污染排放不断增加，资源环境综合绩效水平在全国排位靠后，与先进省市差距较大。

二、江西绿色崛起的战略框架与路径设计

1. 战略框架

基于十八大关于生态文明建设的总体布局，借鉴江西省可持续发展的总体思路，结合江西绿色崛起面临的问题与挑战，江西省应以建设“富裕和谐秀美江西”为目标，以绿色经济为主线，绿色创新为动力，深化对外合作，着力打造以“山江湖工程”为骨干的生态安全体系、以资源高效循环利用产业为支撑的绿色经济体系、以绿色低碳和城乡一体化为标志的绿色城乡体系、以社会和谐为核心的社会安全体系、以可持续发展长效机制培育为导向的绿色制度体系，力争把江西省建成为全国“资源节约、环境友好、绿色低碳”的绿色经济强省，成为全国率先实现绿色崛起以及促进人与自然、人与社会和谐发展的典范。

江西绿色崛起的战略框架设计需要从目标层、路径层和策略层加以考虑。目标层是绿色崛起路径的选择依据。在紧紧围绕建设富裕和谐秀美江西目标的基础上，按照资源环境基础理论、绿色经济理论和可持续发展理论的要求，选择绿色崛起战略的实现路径，并针对具体路径提出相应对策建议。在上述思路的基础上，我们提出了推进江西绿色崛起的战略框架（如图1所示）。

同时，在促进江西省绿色崛起过程中要着力实现以下三大战略转变：一是在资源开发模式上，从资源依赖和资源密集型向资源节约和创新推动型转变，从单纯依赖开发自然资源向节约资源，开发替代资源和优化资源组合转变，特别是注重人力资源、信息资源的开发以及相关制度建设；二是在污染控制模式上，从末端治理向源头预防以及生产和消费全过程控制转变，把节约资源和减少排放整合到经济增长和结构调整的各项活动中，贯穿于各项发展战略、发展规划以及法律、政策制定的全过程；三是在管理模式上，从部门分割的封闭管理转向多部门参与的综合协调管理，塑造良性的治理结构；在具体管理上，要从偏重生产管理转向生产与消费管理并重，加强消费领域的需求管理和政策制定。

2. 路径设计

江西省走绿色发展道路，必须结合江西省情、发展目标和面临的

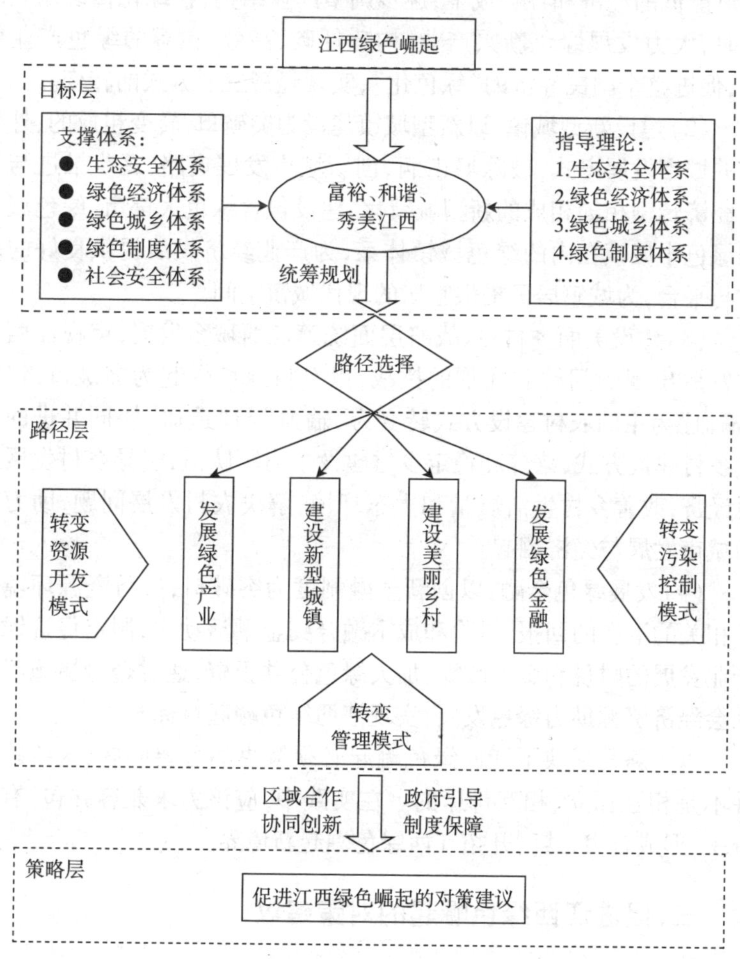

图1　江西省绿色崛起的战略框架

问题，把握绿色发展的重点领域，以尽可能低的经济和社会成本，逐步实现整个国民经济的“绿色化”。按照资源环境基础理论、绿色经济理论和可持续发展理论的要求，综合考虑江西省绿色转型和可持续发展面临的机遇和挑战，确定江西实现绿色崛起有如下可选路径：

（1）发展绿色经济：把握绿色发展重点，以绿色经济为突破口，以尽可能低的经济和社会成本，逐步调整产业结构，在绿化传统产业的同时，大力发展绿色新兴产业，构建低碳、高效、包容的绿色产业体系，促进整个国民经济的“绿色化”，实现经济发展方式的转变。

(2)建设新型城镇：以新型城镇建设为突破口，转变粗放的、外延式的城市发展方式，破除城市病，创新城市发展道路，逐步推进与绿色经济转型相辅相成的新型城镇化，建设包含绿色大都市、绿色城市和绿色小城镇在内的绿色城镇体系，为产业经济发展提供良好的载体与平台，为城镇居民提供宜居的现代城镇空间。

(3)建设美丽乡村：从战略层面统筹江西城乡发展，审视江西农村发展出现的问题和面临的挑战，以乡村绿色崛起为突破口，将以“输血”为主的农村建设方式转变为“输血”与“造血”协同并进的秀美乡村建设方式，培养和稳定乡村建设主力军队伍，引导乡村发展绿色经济，改善乡村生活质量和生态环境，解决农村发展问题，助力江西城市发展与经济崛起。

(4)发展绿色金融：以创新金融制度为突破口，把与资源环境条件相关的潜在的回报、风险和成本融合到金融活动中，制定促进绿色产业发展的财税和金融政策，加大绿色公共投资，通过金融措施引导社会经济资源助力绿色发展，实现江西绿色崛起目标。

以上路径反映了江西绿色崛起必须解决的首要问题，这些路径并不是相互孤立、相互排斥的。在实践中，应该力求兼容并包，有机统一，形成合力，共同开拓江西绿色崛起新境界。

三、促进江西绿色崛起的对策建议

江西绿色崛起的关键在于加快调整优化产业结构，建立低碳、高效、包容的绿色产业体系；创新城镇发展方式，建设绿色城镇体系；发展乡村绿色经济，推进美丽乡村建设；大力发展绿色金融，引导社会经济资源助力绿色发展。

（一）发展绿色经济：加快调整优化产业结构，建立绿色产业体系

1. 以建立绿色产业体系为导向，调整优化产业结构

根据绿色经济发展的要求，首先调整三次产业间的比重，其次调整各个产业内部的结构。在第一产业中，要大幅提高绿色、有机、生态农业的比例，增加对绿色、有机、生态农业生产基础设施的投资，做好绿色营销，打造和巩固江西农产品绿色、有机、生态的“金字招牌”，不断提高农产品的市场美誉度和附加值。在第二产业中，大力推动战略性新兴产业和节能环保、可再生能源、再制造、资源回收利用等绿色新兴产业的发展，坚持绿色生产，丰富绿色产品，打造绿色工业品牌。在第三产业中，发展现代服务业，重点发展商贸物流、电子商务、生态旅游和金融保险、信息会展等现代服务业。

2. 以产业转型升级为契机，促进传统产业的绿色化发展

“绿化”传统产业对于减轻经济发展对资源环境的压力、确保江西资源环境安全至关重要。根据江西经济各部门的资源消耗和污染物排放特征，建议把农业种植业、畜禽养殖业、钢铁、有色、水泥、稀土、化工、电力、矿产资源开采九大行业作为传统产业绿色化发展的重点。制订促进这些重点行业绿色发展的综合性、系统性方案，包括编制分行业产业升级、绿色发展的专项规划，制定促进行业绿色发展的财税政策，加大行业绿色转型投资，推动绿色低碳技术的创新、引进和应用，推动节能减排、清洁生产和循环经济建设，淘汰行业落后产能，提高行业集中度，加强生态工业园区和绿色示范建设等，促进传统产业的绿色化发展，使其成为引领江西绿色崛起的中坚力量。

3. 以绿色新兴产业为突破口，培育新的经济增长点

绿色新兴产业的发展不仅能提高江西资源环境绩效，改善生态环境质量，而且能够培育新的经济和就业增长点，除了《江西省十大战略性新兴产业发展规划》中所包含的光伏、风能、新能源汽车及动力电池、绿色食品四个产业外，还应大力推动节能环保、新能源、再制造、再生资源回收利用、林下经济、城市矿山、绿色生态旅游等绿色新

兴产业的发展。这些绿色新兴行业尽管可能在短期内对经济增长的促进和拉动作用有限，但是从长期来看，具有巨大的经济潜力，有望成为江西新的经济和就业增长点。

（二）建设新型城镇：创新城镇发展方式，推进新型绿色城镇化

1. 制订绿色城镇化总体规划、以绿色城镇建设引导产业发展与绿色转型

江西城镇化应转变以工业化推动城镇化的旧思路，以可持续发展为指导原则，以经济建设为中心，以城镇聚集效益为依据，充分利用工业化与城镇化的良性互动关系，创新城镇发展方式，综合考虑人口流动、产业选择、科技进步、外向型经济以及资源环境的需要，制订江西绿色城镇化总体战略规划，合理规划城市分工和产业布局，以城镇发展来引导产业升级和结构调整，充分发挥城镇化对社会经济发展的积极推动作用。

2. 推动城镇发展向内涵式转变，强调城镇发展的集约和高效

江西现有城市发展方式总体是粗放的、外延式的，拉大城市框架、做大城市规模，土地铺张浪费、城市功能不全、"城市病"日益严重。江西城镇化必须走内涵式的发展道路，以"低碳、绿色、宜居"为目标，以集约高效的城市发展理念为指导，突出资源节约和循环利用，加强城市内部管理和城市间分工合作，提升城市建设质量和运行效率，充分发挥城市土地的经济产出功能、生态服务功能、社会保障功能和文化承载功能，建设"低碳、绿色、宜居"的江西城镇体系。

3. 以京九铁路与浙赣铁路为十字形骨架，建设赣北昌九城市群、赣东北生态城市群、赣西低碳城市带、赣南苏区生态文明示范城市群

建议重点以京九铁路与浙赣铁路为十字形骨架，具体应以战略性新兴产业为支撑，以高新技术开发与产业化应用为特色，打造赣北昌九城市群，建立在全国甚至全球具有重要影响力的绿色低碳发展城市群；以发展、壮大生态农业和生态旅游产业为目标，打造以景德镇、上饶和鹰潭为核心的赣东北生态城市群；以传统产业升级与绿色

转型为依托，将萍乡、宜春、新余等传统工业城市打造成赣西低碳城市群；以红色文化旅游业、绿色生态农业和绿色矿业为依托，建设以赣州、瑞金为核心的赣南生态文明示范城市群。

4. 加强绿色低碳小城镇建设，形成协调的绿色低碳城镇化格局

建议参照财政部、住建部、发改委在全国所推动的绿色低碳小城镇试点建设工作，在江西省每个县主推一到两个绿色低碳小城镇试点建设。创建一批生态环境良好、基础设施完善、人居环境优良、管理机制健全、经济社会发展协调、在全国具有一定知名度和影响力的绿色低碳小城镇，形成城乡和谐相融的绿色低碳城镇化格局。在低碳规划、生态增绿工程、可再生能源应用、绿色建筑、文化旅游产业、绿色低碳交通体系、镇村建设统筹、环境综合整治、基础设施建设等方面实施一揽子建设项目，并重点实施推广应用可再生能源建筑、公共建筑节能、城镇污水管网建设、环境污染防治、商贸流通五类重点建设项目。

（三）建设美丽乡村：发展乡村绿色经济，推进美丽乡村建设

1. 坚持发展与保护并重，引导乡村发展绿色经济

乡村经济发展应从决策源头调控生产力布局、优化资源配置，坚持发展与保护并重的原则，着力促进经济与生态的融合，打造生态名牌商标，造就优势品牌，加快特色生态农业的发展。一是农业发展要以市场为导向，适时调整绿色产业结构；二是农业要以龙头企业为核心，推进农业产业化；三是加快乡村特色绿色品牌发展，要重视农村合作社建设。

2. 增加务农收入，为乡村建设储备人才

伴随乡村人口数量的下降，农村出现人才紧缺，而农村人才流失日趋严重。调查表明，2011 年江西省农村实用人才 35.3 万人，仅占全省农村人口总数的 1.1%。农村实用人才的缺乏，特别是年青实用人才的不足，加速农村劳动力老龄化现状，使农业新技术的应用推广困难加大，农业可持续发展面临挑战，乡村缺少活力，环境改善难以顾及。当前，秀美乡村建设最紧迫的任务是依托绿色经济发展的契机，形成有竞争力的绿色、有机农产品产业和品牌，提高农产品商品

化率，增加务农收入和乡村创业机会。只有这样，才能在江西省城镇化快速发展时期，仍然能够吸引一批优秀青壮年农民留在农村。

3. 加强乡村住宅建设的规划和管理，建设现代化村庄群落

江西省乡村住宅建房缺乏规划、布局散乱、侵占大量的优质耕地、缺乏必要的给排水以及垃圾收集处理等基础设施、缺乏特色千村一面等现象依然十分突出，影响农民生活质量的提高和秀美乡村的建设，并造成土地资源的极大浪费，危及我国粮食安全。有必要进一步加强乡村住宅建设的规划和管理，根据乡村自然状况，优化村庄布局，划定集中建设区，因地制宜设计建筑风格，注重建筑的节能、环保以及宜居性和特色，限制对耕地的侵占，禁止对重要水源地的破坏，加强村庄绿化，加强对生物质能、太阳能、风能等可再生能源的利用，建设绿色、低碳、秀美、宜居、独具魅力的现代化村庄群落。

（四）发展绿色金融：加大绿色公共投资，引导经济绿色增长

1. 制定促进绿色产业发展的财税和金融政策

加快对江西省财税政策“绿色化”改革，发挥税收在推动绿色转型的积极作用，积极完善现有财税政策。逐步开展环境税和碳税试点工作，逐步推进税制改革的“绿色化”进程。鼓励商业银行加大对“绿色信贷”的投入，在信贷审核和决策过程中，要将节能、环保等因素作为发放贷款的重要参考指标之一，鼓励社会资金进入绿色环保行业。建立和完善绿色采购制度，通过政府或企业的绿色采购清单，引导和培育资源节约和环境友好产品的市场，提高其市场竞争力。尽快建立生态补偿机制，加强对于资源输出地的生态补偿，防止生态环境的进一步恶化。

2. 加大绿色公共投资，引导绿色发展

科学使用公共支出与投资激励，能够激发市场活力，引导社会经济资源促进绿色产业的发展。建议设立绿色产业发展专项资金，用于支持绿色创新、绿色设计、绿色创业、绿色基础设施建设、产业的绿色化改造以及绿色新兴产业的发展等。近期，建议江西省绿色投资的重点放

在以下几个方面:(1)绿色发展基础设施的建设,包括生态基础设施、节能节水设施、环境污染治理设施、城市排污管网、智能电网、物联网等;(2)引导和促进绿色新兴产业的发展;(3)促进传统产业的绿色改造;(4)促进传统产业绿色化和绿色新兴产业发展方面的绿色创新和绿色设计等;(5)绿色低碳发展能力建设,包括政府部门绿色发展意识和管理能力培训,以及劳动人口的绿色就业技能再培训或再教育。

参考文献

[1]解振华. 深入学习贯彻党的"十八大"精神 加快落实生态文明建设战略部署[J]. 中国科学院院刊, 2013, 28(2): 132-8.

[2]中共中央文献研究室. 科学发展观重要论述摘编[M]. 北京:中央文献出版社、党建读物出版社,2009.

[3]王毅武, 高盈盈. 论生态文明与绿色崛起——以海南国际旅游岛建设为例[J]. 海南大学学报(人文社会科学版), 2012, 30(6): 122-6.

[4]中国科学院可持续发展战略研究组, 江西省山江湖开发治理委员会办公室. 江西省可持续发展报告2012[M]. 南昌:江西科学技术出版社,2012.

[5]胡振鹏. 流域综合管理理论与实践——以山江湖工程为例[M]. 北京:科学出版社,2010.

[6]王晓鸿, 鄢帮有, 吴国琛. 山江湖工程[M]. 北京:科学出版社,2006.

[7]江西省统计局, 国家统计局江西调查总队. 江西统计年鉴2010[M]. 北京:中国统计出版社,2010.

[8]江西省统计局, 国家统计局江西调查总队. 江西统计年鉴2012[M]. 北京:中国统计出版社,2012.

[9]江西省统计局, 国家统计局江西调查总队. 江西统计年鉴2013[M]. 北京:中国统计出版社,2013.

(作者简介:戴星照, 周杨明, 严玉平 江西省山江湖开发治理委员会办公室

黄宝荣 中国科学院科技政策与管理科学研究所)

湖南铜官工业基地循环经济框架设计

肖毅敏 陆源辉 丁爱群 刘黎辉

湖南望城经济开发区铜官循环经济工业基地是湖南省循环经济试点示范园区。本文系基地组建蓝本的总体设计思路部分。

一、基本思路

根据基地的产业定位,结合铜官已有的产业和基础设施,确定工业循环系统结构成员,按照循环经济理论和生态学原理设计工业基地的工业活动,将众多能够共享资源和互换副产品的上、中、下游企业集聚一起,通过物流和能源流的正确设计模拟自然生态系统形成企业间共生网络,以达到副产品和废物的交换、能量和水的逐级利用、信息的集成交换和基础设施的共享等,最终实现工业基地的经济效益和环境效益的协调发展。

二、基地系统集成设计

系统集成设计就是要根据工业基地的发展规划及主导产业的选择,确定基地已入驻企业和拟入驻企业间的上下游关系,综合考虑工业基地区域系统的物质流、能量流和信息流,通过共享信息和公共基础设施,考虑区域范围内企业之间的物质交换和能量利用,调整物质能量流动的方向、数量和质量,构建生态工业网,以实现资源的回收利用及能量的梯级利用,最大限度地降低对物质能量资源的消耗。

1. 物质集成设计

铜官工业基地的物质集成设计应以废物减量化、再循环利用、废物资源化为指导原则,根据园区产业定位,以现有企业和拟入驻企业为基础，从系统内的原料、产品、副产品和废物几方面进行优化组合，从而达到工业系统物质流动的最佳方式。在企业内部，注重清洁生产，达到物质和能量的循环；在企业之间，规划建设以电力工业、化工工业、建材工业为核心的生态产业链，通过物质、能量和信息的交换，使废弃物在企业间梯级利用，实现副产品和废弃物的再利用和再循环，从而最大限度地回收资源，减少废物的最终排放量；在园区外，将充分利用物质需求信息，形成辐射区域，使园区在整个经济循环中发挥链接作用，拓展物质和能量循环空间。

(1)主要废弃物来源

根据工业基地的规划和产业定位，铜官工业基地区域内产生的主要废弃物来自于以下四部分：

①化工企业、建材企业的工业下脚料、废渣、废液、生活垃圾；

②电厂产生的粉煤灰、脱硫石膏、炉渣；

③垃圾综合处理厂的炉渣、飞灰；

④污水处理厂的污泥。

(2)废物资源化利用途径分析

①化工废物

化工企业生产中将产生大量的工业下脚料、化工废渣和废液，其中工业下脚料可提供给下游企业作为工业原料，化工废渣、废液经环保企业处理后，提纯出的化工原料可提供给化工企业，废渣可提供给一些建材企业作为原料等，对于不允许回收再利用的废物，则应按照危险废物进行处理处置，由各厂家回收后委托具有处置危险废物资格的单位进行处理。

②电厂粉煤灰

燃煤电厂的煤粉燃烧中产生的高温烟气经收尘装置捕集后得到的就是粉煤灰，也称飞灰。粉煤灰将是铜官工业基地排放量最大的固体废物，仅电厂已建成投产的一期工程 2×60 万千瓦机组运行产生的粉煤灰就将达 110 万~120 万吨。拟建的二期已定为 2×100 万千瓦的机组，将年耗煤 900 多万吨，产生灰渣 330 万~360 万吨。因此，对于粉煤灰的利用应从多渠道开展综合利用。

用作建筑材料，主要的方法有配制粉煤灰水泥、粉煤灰烧结砖与蒸养砖、粉煤灰混凝土、粉煤灰砌块、粉煤灰陶粒等。

用作土壤改良剂和农业肥料,粉煤灰具有质轻、疏松多孔的物理特性,还含有磷、钾、镁、硼、铬、锰、铁、钙、硅等植物所需的元素,因此可广泛用于农业生产。

用作填充土和土建原材料,粉煤灰可以替代砂石、黏土回填洼地或修筑堤坝。

用作环保材料可以用粉煤灰制造人造沸石和分子筛。

③脱硫石膏

脱硫石膏主要成分与大然石膏相同,与天然石膏相比较细,可用作:脱硫石膏可以用于水泥的生产,作为水泥的缓凝剂;建材,生产空心砌块、建筑石膏、粉刷石膏等;用于改良土壤等。

④炉渣

基地区域的炉渣主要来自于长沙电厂和垃圾处理厂,炉渣一般可用作制砖内燃料,用于筑路或作为屋面保温材料等。

⑤污泥

污水处理厂的污泥经过机械脱水后,滤饼含水率仍有70%～85%,体积和质量还较大,对于未经消化的污泥还含有一定的有机物,仍然容易腐化发臭,可进一步处置进行再利用或安全填埋,常用的处置方法有焚烧、农肥利用、堆肥、制造建材等。

(3)物质集成体系构建

根据上面对工业基地工业固体废物再利用的可能途径的分析,建议本地区的工业固体废物的物质循环流动从以下几方面进行:

①根据入园化工企业的发展情况,将其产业向上下游延伸,加强与资源回收企业合作,对可以重新利用的废弃物进行回收,经加工后实现资源再生和重复利用。

②电厂运行后产生的粉煤灰、炉渣、脱硫石膏等固体废物的数量巨大。根据对粉煤灰、炉渣、脱硫石膏的资源化利用途径分析,电厂排放的这几种固体废弃物都有几种资源化途径,主要是用于建筑材料、水泥或者农业上的利用,因此,可考虑在这个地区建设一个大型的建材厂,从规模化及经济性角度考虑该厂应包括以下几条生产线:石膏砌块生产线、粉煤灰水泥生产线和建筑砖块生产线。

③炉渣可全部供给建筑砖厂进行制砖。

④污水处理厂产生的污泥用于当地的建筑砖厂制砖,或送往垃圾综合处理厂进行堆肥处理后回用于绿地。

⑤垃圾综合处理厂的飞灰按照有关规定属于危险废物,经固化处理后送湖南省危险废物处置中心填埋。

铜官循环经济工业基地主要废弃物质资源化利用如图1所示。

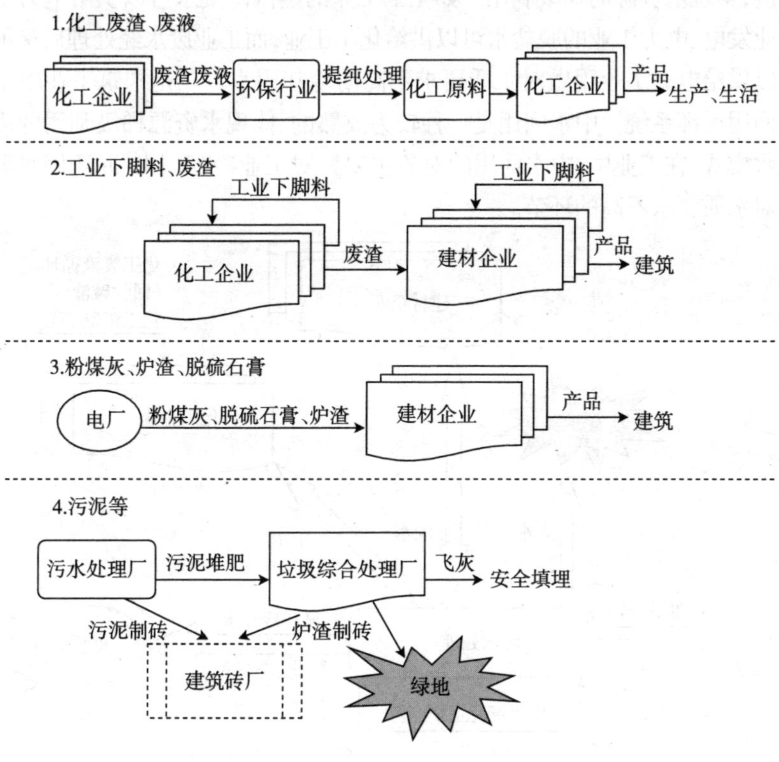

图1　物质循环流动示意图

2. 水系统集成设计

水系统集成是指通过对基地企业新鲜用水量的减量化利用,工业废水的再利用和再生循环及中水循环等过程来最大化地实现水资源的循环利用。铜官工业基地水循环设计主要体现循环经济 3R 原则中的“再利用”原则，即通过构建企业间以水资源梯级利用为表现形式的水资源生态链，使水资源在工业生态系统中实现高质高用、低质低用，从而延长水资源的使用时间，提高整个工业系统的用水效率。一是要在化工工业、电力工业、建材工业等主导产业内部的不同企业间实现水资源的循环利用。二是在化工工业、电力工业、建材工业等产业之间构筑水资源循环链，实现水资源的梯级利用。如化工工业的蒸汽冷凝水可以供给电力工业发电，电力工业的脱盐水可以供给化工工业，而工业废水经处理后又可以供给电力工业用做对水质要求不高的冷却用水。三是构筑工业中水回用循环系统。中水回用是一种较为成熟的、体现水资源梯级利用的用水模式，在工业中，中水回用的对象主要针对工业冷却用水、冲洗用水等对水质要求不高的环节。

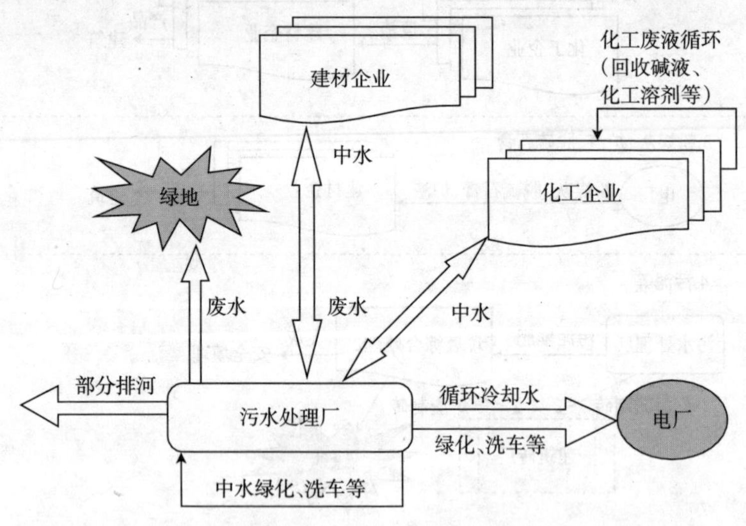

图 2 水循环利用示意图

3. 能源集成设计

能源集成利用是指通过运用新型节能技术和节能工艺，从源头减少企业的能量消耗，同时，根据工业企业中不同行业、产品、工艺的用能质量需求的不同，对能源进行梯级利用，提高能源利用效率。

长沙电厂一期工程 2×60 万千瓦机组全部建成投产，产生丰富的电能和热能。铜官工业基地应以华电长沙电厂为依托，在工业区内，根据不同的行业、产品、工艺对能量质量的不同要求，规划设计能源梯级利用流程，使能源在产业链中得到充分利用。如煤炭作为能源供电厂发电，电厂发电过程中产生的蒸汽用作基地企业的生产供热。其中电厂燃煤发电是能量的第一级利用，发电后供给企业的蒸汽属于能量的二级利用，企业与企业之间热量的承接利用属于能量的厂际多级利用。

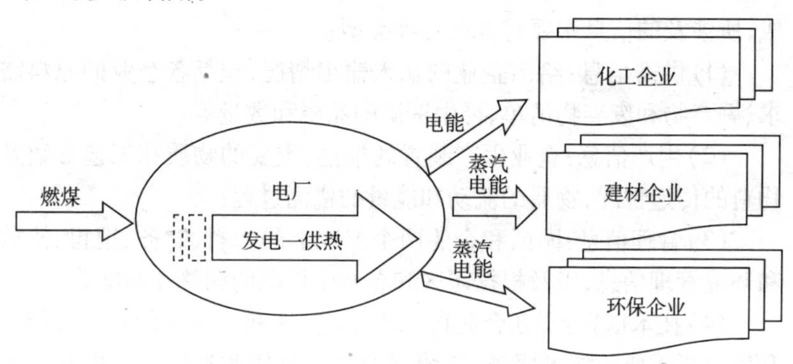

图 3　能量梯级利用示意图

同时，电厂在发电过程中会产生大量的余热。一般大型火电厂实际热效率仅为 40%，即把燃料中 40% 左右的热能转换为电能，大部分热能通过循环冷却水释放到环境中。火电厂因排汽凝结所造成的单位蒸汽流量的热损失一般为 2303kJ/kg，如对 600MW 机组，蒸汽量 2000t/h，凝汽失热约 4.6×10^{9}kJ/h，折合标准煤 157t/h。目前，长沙电厂两台 60 万千瓦机组的余热都被直排到环境，这不仅是对能源的浪费，而且对环境生态系统造成不利影响。电厂循环冷却水有相对清洁的水质，相对稳定的流量和温度，回收利用途径很多，可以直供给一些低品位热能用户，满足其用热需要，也可返回电厂回热系统，加热给水，提高电厂热效率，实现能量梯级利用。

根据园区的规划设计，长常天然气输气管道穿过园区，在园区南面设有输气站，主管气压 13kg，分管气压 4kg，可满足园区的燃料需求。园区也可突破集中供热的一般模式,如各企业可采用园区天然气管道输送的天然气作为清洁燃料,进行各企业的供热,从而达到节约能源,改善环境,提高供热效率。

4. 信息集成设计

配备完善的信息交换系统,或建立信息交换中心是工业基地循环体系建设过程中极为重要的一环,基地内各企业之间有效的物质循环和能量集成,必须以了解彼此供求信息为前提。铜官循环经济工业基地应利用先进的信息技术对产业园区内的各种信息整合和集成,所涉及的信息主要有以下几种类型:

(1)供需信息:给出企业的输入输出情况,包括各企业的原料需求、副产物和废弃物清单、再生资源的品质和数量等;

(2)生产信息:企业生产装置的描述,重要的物质和工艺参数及物料的传递情况,物质的流动和能量的代谢过程;

(3)管理信息:园区和企业两个层次上的物料、财务、销售、排放和环境管理信息,以及根据园区和企业中情况的调整和调度等;

(4)技术信息:园区企业在生产、改造、发展和企业间物质和能量利用中所需要的技术服务,传统产业进行升级改造所需要的技术指导等;

(5)法律法规信息:工业园中的企业所必须遵守的有关法律和法规。

建立完善的信息数据采集系统、数据存储库、计算机网络和电子商务平台,并为园区管理者提供信息管理系统,为园区的发展、决策、管理和维护提供支持。信息集成将促进园区内的物质循环流动和能量高效利用,推动整个园区的生态工业系统的演化与发展。

另外,信息平台的建设除了促进工业循环体系内各企业的技术交流外,还要注重引入科技力量用于促进循环体系内各企业的生产运行、长远发展。铜官工业基地循环经济的发展应考虑从基地外引入科技力量,包括在长沙、株洲、湘潭地区的科研机构、院所,借助于这些科研机构、院校的技术、人才优势,不仅为单个企业的发展提供有效的科技保证,同时,还将促进整个工业基地的工业产业结构向着稳定、健康的方向前进,引导本地区的产业结构升级。

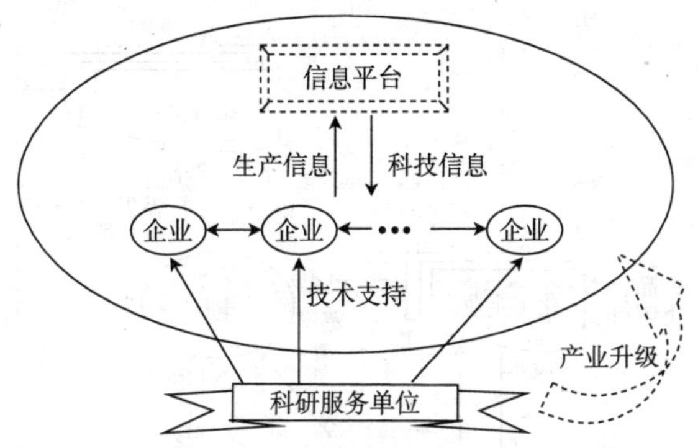

图4 基地总体信息系统示意图

三、工业循环系统框架设计

根据循环经济的理念和生态工业的基本要求，以其主导产业——化工工业、电力工业、建材工业为基础，结合与之相配套的上下游关联产业，通过产业之间资源流和废物流的循环流动和有效利用，构成整个工业循环体系，使基地内资源得到最佳配置、废物得到有效利用、环境污染降到最低水平、经济效益大幅度提高。铜官工业基地总体工业循环链网如图1－5所示：

目前，基地正处于招商引资阶段，进驻基地的企业不多，铜官循环经济工业基地要根据产业规划定位，以华电长沙电厂和拟入驻的几家化工企业为基础，通过各系统之间中间产品或废物的相互交换寻找可能形成的产业链，构建工业循环链网。

电力工业产业循环链中流动的是能量流和废物流。铜官循环经济工业基地应以华电长沙电厂为基础，通过引进有利于形成循环链的水泥厂、砖厂及其他建材制品企业入园，构建煤—电—粉煤灰—水泥产业链、煤—电—脱硫石膏—石膏板产业链，构成工业共生生态系统。

在化工产业循环链中，要以拟入园的几家化工企业为基础，培养几家骨干化工企业，以其为核心吸引有利于向上下游延伸形成化工

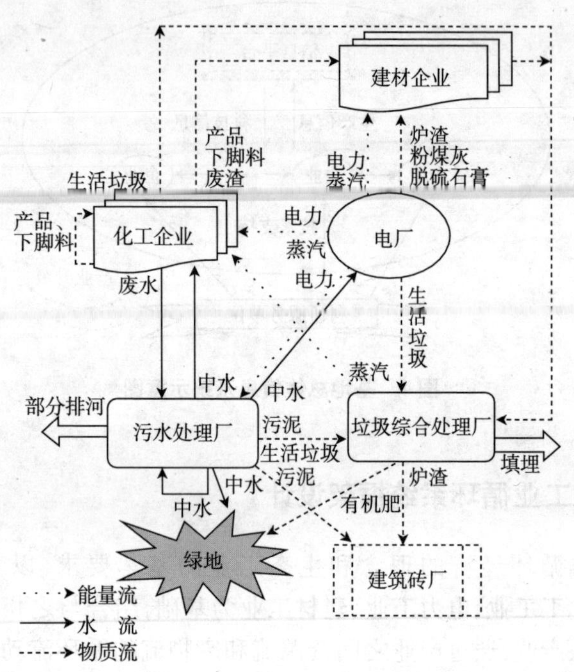

图5　铜官循环经济工业基地总体工业循环系统建设示意图

循环链的企业入园,与向其提供原材料的企业和回收下游产品的企业共同构成工业共生生态系统。

主要的产业链如下:

①化工企业、建材企业的废水经污水处理厂处理后回用于长沙电厂、化工企业和建材企业的循环冷却用水及部分生产用水,剩余中水用于回灌绿地和道路浇洒;

②化工企业的工业产品和工业下脚料集中收集处理后出售给下游的化工企业回用,生产出新产品;

③化工企业的工业产品、工业下脚料和废渣出售给建材企业用作建材原料;

④电厂产生的热能、电能均供给化工企业、建材企业、污水厂、垃圾厂及当地的居民使用,满足他们的生产用电、用热需要;

⑤电厂的粉煤灰、炉渣和脱硫石膏全部供给建材企业生产粉煤灰水泥、石膏砌块及粉煤灰砖块,生产出来的产品用于当地的生产、建设;

⑥垃圾综合处理厂的炉渣和污水厂的污泥均出售给当地及周边的建筑砖厂用于生产建筑用砖;

⑦污水处理厂的污泥输送至垃圾综合处理厂进行堆肥,将垃圾处理厂产生的有机肥回用于绿地。

四、支持系统设计

循环经济工业基地的工业循环系统建设是一项综合性、整体性的系统工程,涉及多层次、多方面建设,需要有关管理部门有效协调组织、政策支持以及生态工业技术与服务支持,以保障工业生态系统稳定发展。铜官循环工业基地可以根据本地区的实际情况,运用行政、经济、科技等手段做出一些有利于循环经济发展的政策、法规和措施,建议从以下几方面进行:

1. 组织机构建设

为了加强项目实施的组织领导,可由望城县政府牵头,成立由县有关部门相关人员参加的工业基地循环经济建设领导小组,及时研究、解决循环体系建设和发展中遇到的新问题,协调各方利益,积极支持基地循环经济的开展,争取国家、省、市、县及有关部门的强力支持。

基地应采用经济、技术、行政等多种管理方式,实行环境监督,搞好环境服务,将环境管理体系融入基地行政管理架构,将环境因素融入日常办事程序中,引导企业环境行为,实施绿色招商。参考一般工业园区管理模式,建议铜官循环经济工业基地管理机构设置如下:一是组建“铜官循环经济工业基地发展有限公司”,负责基地的建设和发展,负责操作基地具体项目;二是依托望城县政府部分现有管理部门,如规划局、工商局、财政局、环保局、科技局、审计局、人事局、供水公司、公安局、消防大队等职能部门仍需行使职权,做好协调服务工作。

2. 基础设施建设

基础设施是基地招商引资、项目引进的一个必备的发展空间。铜官工业基地应加强支持基地循环经济发展的各类基础设施的建设。

(1)加强工业基地内外的交通设施建设。重点是加快基地内主干公路和次干公路以及基地外围公路的建设。依托接至京广线的华电长沙电厂铁路专运线建设工业区和仓储物流区铁路专运线,延伸至湘江深水码头。加快深水码头建设,依托黄金水道——湘潭航道组织基地物流。

(2)加大环保基础设施和污染防治项目建设。加快新建水厂的建设,保证基地和铜官、东成两镇的生产生活用水。加快基地污水处理厂和基地排水主干渠的建设,实现基地污水资源化。加快基地垃圾处理厂或垃圾收集处理系统的建设,发展回收再生产业。加快环境监测及环境信息系统的建设,实现与望城县及长株潭环保部门的宽带连接,提高环境管理能力。

(3)加强基地绿化建设,在控制绿地率的基础上,提高绿化覆盖率;加强基地内公共绿地和防护绿地建设,加强周边山水生态环境保护,在规划建设上尽量使基地内部绿化系统与基地外部生态系统连接成整体;保护基地周边的湘江、黄龙水库和黄龙水渠等水体,严禁基地污水直接排入水体,严禁固体废弃物直接倒入水体或堆放在水体沿岸100米区域内;保护基地周边山体和植被,加强其生态保护和培育,杜绝开挖山体和砍伐植被等破坏生态行为的发生。

(4)加快规划设计的停车场、货运汽车站、加油站、热力站、垃圾站、燃气分输站、变电站、消防站和公厕等配建项目的建设。

3. 政策支持

有效的政策措施是循环经济发展的重要推动力和必要保障。为了促进铜官循环经济工业基地的建设和发展,建议政府部门在以下方面提供政策支持:

(1)给予财政政策支持。争取省、市、县公共财政预算内投资向循环经济工业基地内基础性项目和产业予以倾斜,加大对基地基础设施建设、资源再生型企业和长株潭两型社会建设中的外迁企业的资金支持力度。立足园区产业发展,争取设立循环经济园区产业投资基金,支持工业基地循环经济发展的示范项目和补链项目,以及园区生态工业链网建设中关键节点的链接技术的开发和推广,提高生态技术的可行性与经济合理性。

(2)加大金融扶持力度。争取省、市和县级各类贷款担保基金和贴息资金向循环经济工业基地倾斜。鼓励银行业金融机构加大对循环经济工业基地入园企业的信贷投放力度,提供高效的融资和结算服务。积极推动园内优势企业在三板上市、发行中长期债券和短期融资券。

(3)充分利用国家、湖南省和长株潭两型社会建设中资源综合利用的优惠政策。同时,在落实国家和地方已有的产业政策、技术改造管理政策的基础上,对长株潭两型社会建设中的外迁化工企业,应从财政、土地、迁建、环保、电力、基础设施使用、税费征收以及项目审批等方面给予适当的优惠和政策倾斜,使企业有计划、有步骤地迁移,维护企业、职工和国家的利益。

(4)出台行政命令保障物质的正常流动。循环经济是一个互相交错的生态工业网络,网络内的各个个体互为依存,一个企业的物质流动出现问题就会导致整个循环产业链条断裂,对循环经济体系内的各企业,不但要给他们经济上的动力,同时也要行政的手段保证各类物质的正常流动。可采取的措施诸如规定电厂产生的粉煤灰必须长期、全部供给基地拟建的建材厂进行利用,不能移为他用。

4. 技术支持

循环经济,也可以说是一种技术经济。循环经济工业基地的建设离不开先进适用的科学技术作为支撑和推动力。

(1)在基地的规划和建设中,要从产品设计开始,按照产品生命周期的原则,引进先进的生产工艺,应用高新技术、抗风险技术、基地内废物循环使用和交换技术、信息技术、管理技术等满足生态工业的要求,建立最小化消耗资源、极少产生废物和污染物的高新技术系统。

(2)加大对长株潭两型社会建设中的外迁化工企业的技术改造力度,逐步提高其能源循环利用、资源回收利用的技术装备水平,促使其升级换代,减少消耗和排放,步入循环经济轨道。

5. 孵化器建设

建设园区生态工业孵化器,在技术方面承担入园企业工业生态性、与现有企业相容性评估:根据工业生态链运行状况,针对性地提出园区补链企业需求,构筑新的生态工业产业链,为生态工业系统的建设与健康运转提供技术支持。在服务方面为中小企业提供研发、生产、经营的场地,通信、网络、办公等方面的共享设施,系统的培训、咨询以及政策、融资、法律和市场推广等方面的支持,从而降低企业的创业风险,提高企业的成活率和成功率,培育和促进园区高新技术产业发展。

结合园区生态工业孵化器的建设,与各高校、科研单位合作建设生态工业技术研发中心或联合研究院,研发具有自主知识产权的生态工业技术。

(作者简介:肖毅敏　湖南省社会科学院经济研究所所长、研究员)

城市污泥堆肥用于矿区土地复垦的经济与环境效益分析

檀 笑 刘晓文 温 勇 周世明 陈 晨

一、污泥堆肥的土地利用

1. 城市污泥特性

污水处理过程中，污水中的N、P在处理后大部分进入到污泥中，使得污泥的N、P含量都比一般农家肥高。已有的研究数据表明，污泥一般含有较高的有机质和大量N、P、K等速效养分，同时还含有许多植物生长所必需的微量元素，而且由于污泥本身含有一定数量的活性微生物，更容易被分解利用，矿化速度比其他一般有机肥料迅速，肥效更快，又具有较好的培肥地力效果，因此，可以说污泥是一种优质的有机肥料。根据我们对东莞市主要城区污水厂的城市污泥成分分析表明，其污泥中含有机质为36.1%，总N含量为1.78%，总P为1.21%，而K的含量为0.7%。根据相关报道，我国耕地土壤有机质含量以东北黑土最高，为4%～5%，耕地土壤中总N含量一般为1.0～2.0 $g \cdot kg^{-1}$，总P含量一般为0.44～0.85 $g \cdot kg^{-1}$，总K含量一般为16.6 $g \cdot kg^{-1}$左右。与全国土壤背景值相比，东莞市主要城区污水厂的城市污泥呈现高有机质、高N、高P、低K的特点，具有很好的农用价值。

但是也有大量的研究报道认为，污水厂出来的污泥中重金属、有机污染物和病原菌限制了污泥综合利用。事实上，以活性污泥法处理生活污水的污水厂过程中并不会产生重金属污染，从责任溯源来看,城市污泥中的重金属主要来自进入污水处理系统的工业废水。因此,源头监控对重金属防治更为重要。目前,对于一般城市污水处理厂的进水中工业废水所占的比例控制在10% ~20%,而且必须按《污水综合排放标准》(GB8978 －1996)一级标准或《城镇污水处理厂污染物排放标准》(GB18918 －2002)中一级 B 标准作为接管标准。其实,近几十年来,针对污泥中重金属等污染物在土壤系统中的迁移转化及其环境归属,国内外学者已经开展了大量的相关研究,虽然结果不尽相同,但是总体体现为城市污泥施用会增加土壤和农产品重金属含量,可是大部分情景下均未上升至“超标”红线(参照土壤环境质量标准、农产品重金属限量卫生标准)。从另一角度考虑,污泥中重金属问题也并非仅仅土地利用途径所特有,只是在其他利用途径上往往被忽视。例如,城市污泥厌氧消化产生沼气后,残余的沼渣中重金属含量并未降低;同样城市污泥焚烧后,灰渣和排放尾气的重金属风险依然存在。而公众之所以忽视这些方面只敏感于土地利用中的重金属污染,主要是因为沼气、热值等其他资源化途径产物的能源“亮点”掩盖了其不足。

2. 污泥堆肥用于土地修复

污泥土地利用可以充分利用污泥中的营养成分,还可以实现污泥的减量化和无害化处置。本课题组联合东莞圣茵环保科技有限公司,通过污泥资源利用处置成套技术,将城市污泥高温好氧堆肥处理,并投加自行调配的高效微生物菌剂发酵生产有机复合肥料。经堆肥化处理后的污泥质地疏松、密度减小,对其相关的理化特性检测结果发现,经高温堆肥以及微生物的作用,污泥中有机碳、N、P、K 的含量明显提高,而且促进污泥中铜、锌、铅等重金属从酸可交换态、易还原态向更稳定的可氧化态和残渣态转化。可见堆肥后污泥营养成分增加,病原菌和寄生虫卵几乎全被杀死,大部分重金属被稳定化,成为一种良好的土壤结构改良剂。因此,污泥堆肥土地利用无疑是最有发展前景、经济有效的一种污泥处置方法。

根据相关资料调研和文献报道,我国对污泥土地利用主要包括农田、菜地、林地、草地、市政绿化、育苗基质及污染土壤的修复与重建等。其中,利用污泥堆肥修复被人类活动严重扰动的土壤,可以有效地提高恢复土壤的肥力。特别用于废弃矿山的土地复垦，既可以实现污泥的资源化综合利用，又改善了矿区土壤环境，提高土地的生产力，具有生态、经济双重效益。莫测辉等将城市污泥有机肥运用于废弃矿山的复垦，研究发现，随着污泥施用量的增大，土壤结构系数、水稳定性团聚体、透水率、孔隙率和持水量也随之增大，而土壤密度和表土抗剪力随之减小。这说明城市污泥能够有效提高废弃矿山的有机质含量和改变其结构性能，促进植物生长和微生物的活性，有利于植被的恢复，最终达到复垦的目的。而刘美英等人主要是通过温室盆栽文冠果试验，研究了矿区复垦土壤添加污泥堆肥对植被生长量及土壤含水率和凋萎点的影响，研究表明，污泥堆肥促进文冠果生长的同时，也增强栽培基质的保水性能和植物的抗旱能力。

二、矿区土地复垦及生态修复

1. 矿区土地修复思路

矿区土地主要指矿产资源开发过程中占用或使用的土地，其中以采矿区、废石场、尾矿库、塌陷区对土地资源的占用和破坏尤为严重，同时也是对矿山土地生态及矿区环境影响最显著、最活跃的地区。耕地紧缩以及人地矛盾的日益显著，使得矿山土地复垦成为土地开发整理的重要内容之一。

我国的矿山土地复垦主要就是指对已开发矿区或已关闭矿山的采矿区、废石场、塌陷区及尾矿库的复垦。在二十世纪五六十年代，矿区土地修复主要是靠填埋、刮土、复土等传统的思路将退化的土地改成耕地。进入七八十年代，人们开始在矿区配套基本的环境工程，注重土地资源的稳定利用，使得矿区土地修复更加系统化。到了九十年代，人们提出了生态学的观点，在生态恢复中综合考虑景观美化、可持续性发展、人与自然的和谐等问题，因此，这个时期的土地修复是一种以植被复原与生物多样性保护为目标的生态修复，到目前，这种观点仍然被大多数的专家学者认可。跨入21世纪，在矿区土地修复问题上人们逐渐重视生态经济学的理念，选用更加适宜的回填肥料，综合考虑可持续发展和循环经济，既考虑生态效益也注重经济收益，例如用煤炭垃圾或粉煤灰、城市污泥等固体废弃物回填，改进土壤肥料，促进植物生长，也达到固体废物的资源化利用。目前，这种生态学的观点在中国矿区土地修复研究与应用中被广泛接受，并在实践中进一步发展完善。

2. 矿区土地复垦的效益

矿区土地复垦和生态重建的效益一般可以分两个层次分析，一个是广义层面上的效益，可由采矿开始直至取得矿区生态重建效果为止整个时期，主要包括了采矿效益、矿产资源综合利用效益、土地复垦效益和生态恢复效益。另一个是狭义上的，主要仅指土地复垦及生态恢复这两部分的效益。本文主要讨论的是土地复垦及生态修复过程中的效益分析，包括生态效益、经济效益和社会效益。

矿区土地复垦修复可以分成两个阶段，第一阶段是矿区生态系统雏形的建立，主要目的是保水、保土、防风固沙、提高肥力、改善生境，所采取的是起到防护性功能的一些修复措施，所以该阶段主要以产生生态效益为主。社会效益仅仅体现在减轻自然灾害上，如减轻矿区风蚀与风沙危害，减轻滑坡、泥石流的危害等，还无条件促进社会进步的效益产生，而且经济效益也比较微小。进入第二阶段，由于前期的初步重建，取得较好的生态效益，使得矿区土壤生态系统具备了生产性功能的基础条件，因此该阶段以考虑经济效益为主导。同时，经过第一阶段的改造恢复，此阶段的社会效益上升到可促进社会进步的高度，包括改善了农业基础设施，提高土地的生产力，缓解人地矛盾，一定程度提高劳动利用率，调整了土地利用结构和农村生产结构，适应市场经济，提高环境容量等。所以，此阶段才可能是矿区土地复垦修复经济效益、生态效益和社会效益高度统一的阶段。

三、污泥堆肥用于矿区复垦的效益分析

1. 经济效益

污泥堆肥可以有效提高污泥肥效，杀灭病原菌、转化重金属和分解有机物等，进一步削减污泥土地利用的障碍因子。可是，商品化的污泥当前仍是具有一定争议性的产品。由于使用方对污泥堆肥产品

缺乏客观的认知且安全使用的担忧，使污泥有机肥或土壤调理剂溢价能力有限，市场需求小，相比于其他原料类型的有机肥料售价没有竞争力。但是，如果从矿区土地修复的角度考虑，选用污泥堆肥替代其他化学有机肥料或者营养土就会更有优势，因为价格便宜使得修复成本也相对较低。同时，大面积矿区土地复垦需求也为污泥堆肥产品解决了出路，这无疑对矿区修复以及污泥堆肥生产方均具有明显的经济效益。

2. 环境效益

从整个社会的生产循环出发，污泥作为污水处理系统出来的废弃物，政府或企事业单位需要花钱对其进行处置；作为污泥接受单位，经过堆肥处置后的污泥复合肥料，由于较低的市场竞争力存在寻找产品出路的困境；另一方面，矿区土地复垦需要购入大量肥料、土地调理剂等原辅料，较高的修复成本成为矿区土地改造的主要限制因素之一。因此，如果可以将污泥产生方—污泥堆肥生产方—矿区土地复垦方关联起来，尤其在一个区域内，以废弃矿区为中心，将周边城市污水处理系统产生的城市污泥用于矿区的土地修复，这样可以大大地降低运输成本，并形成区域内闭合循环经济产业链，从而解决城市污泥的出路，实现减量化、无害化和资源化利用，变废为宝，也有利于矿区土地复垦工程的开展，具有明显的环境经济效益。

四、结论

综述分析，从长远角度看，城市污泥以有机肥或土壤调节剂等形式开展矿区土地修复利用，不仅遵循资源循环利用理念，也是最符合未来生态经济主导方向的资源化途径，已显示出勃勃生机和广阔潜力。但在现阶段的国情背景下，公众、用户单位甚至政府管理部门对城市污泥土地利用的接受程度仍不高，限制其发展。但从环保、生态、经济的角度考虑，在未来发展规划上，应引导全社会客观认知城市污泥土地利用的限制性问题，在严格控制城市污泥土地利用可能引起的不利因素前提下，用循环经济和生态经济的理念将城市污泥处置、矿区土地修复形成产业链，以废治废，同时建立和完善长期的环境风险评估机制，研究和制定具有强制执行力的保障性法规政策，这样就可以实现城市污泥用于矿区土地修复资源化利用过程“三大效益”的统一。

参考文献

[1]李艳霞，陈同斌，罗维，等. 中国城市污泥有机质及养分含量与土地利用[J]. 生态学报，2003，23(11)：2464—2474.

[2]鲍士旦. 土壤和农业化学分析[M]. 北京：中国农业出版社,2000.

[3]申荣艳，骆永明，滕应，等. 城市污泥的污染现状及其土地利用评价[J]. 土壤，2006，38 (5)：517—524.

[4]刘洪涛，张悦. 国情背景下我国城镇污水厂污泥土地利用的瓶颈[J]. 中国给水排水，2013，29(20)：1—4.

[5]Wei YJ, Liu YS. Effects of sewage sludge compost application on crops and cropland in a 3 – year field study[J]. *Chemosphere*, 2005, 59 (9): 1257 – 1265.

[6]Dolgen D, Alpaslan MN, Delen N. Use of an agro – industry treatment plant sludge on iceberg lettucegrowth[J]. *Ecological Engineering*, 2004, 23 (2): 117 – 125.

[7]乔显亮，骆永明，谢农华. 污泥土地利用研究 V. 高铜污泥施用对保护地辣椒生长及其品质的影响[J]. 土壤，2001，33(4)：222—224.

[8]Smith P. Carbon sequestration in croplands: the potential in Europe and the global context[J]. *European Journal of Agronomy*, 2004, 20 (3): 229 – 236.

[9]Adesodun JK, Davidson DA, Hopkins DW. Micromorphological evidence for changes in soil faunal activity following application of sewage sludge and biocide [J]. *Applied Soil Ecology*, 2005, 29 (1): 39 – 45.

[10]薛澄泽，杜新科，张增强，等. 复合污泥堆肥施用于高速公路绿化带效果的研究 I. 中央分隔带、护坡及转盘不同植物的生长响应[J]. 农业环境保护，2000，19 (4)：204—208.

[11]陈同斌，高定，李新波. 城市污泥堆肥对栽培基质保水能力和有效养分的影响[J]. 生态学报，2002，22 (6)：802—807.

[12]Calace N, Campisi T, Iacondini A. Metal – contaminated soil remediation by means of paper mill sludges addition: chemical and ecotoxicological evaluation [J]. *Environmental Pollution*, 2005, 136 (3): 485 – 492.

[13]莫测辉，蔡全英，王江海，等. 城市污泥在矿山废弃地复垦的应用探

讨[J]. 生态学杂志, 2001, 20 (2): 44—47.

[14]刘美英, 高永, 汪季, 等. 污泥堆肥对矿区复垦土壤栽培基质保水能力的影响[J]. 水土保持通报, 2009(5): 102—104.

[15]刘越岩, 刘成付. 矿区土地复垦与土地生态重建研究. 环境科学与技术, 2005, 28: 154—156.

[16]黄铭洪, 骆永明. 矿区土地修复与生态恢复[J]. 土壤, 2003, 40(2): 161 - 169.

[17]白中科, 郭青霞, 王改玲, 等. 矿区土地复垦与生态重建效益演变与配置研究[J]. 自然资源学报, 2001, 16(6): 525—530.

(作者简介:檀笑　广州环境保护部华南环境科学研究所高级工程师
刘晓文　温勇　周世明　陈晨　广州环境保护部华南环境科学研究所)

构筑实现绿色经济发展战略的支撑体系

高红贵

发展战略是关系全局和长期发展的大问题。什么样的发展战略决定什么样的发展方式和发展结果。传统的发展战略是以片面谋取国民生产总值(GDP)高速增长为目标,以传统工业化为主要内容,以高积累和高投资、高物耗和高能耗为特征的发展战略。面对传统发展战略导致的可持续发展危机,人类必须坚定地创新发展模式,大力推进生产生活方式的变革,推进人与自然的和谐共生以及经济、社会、生态协调可持续发展,确立新的绿色经济发展战略。绿色经济发展战略,旨在追求经济、社会、人口、资源、环境、生态相和谐的全面协调可持续发展。

一、绿色经济发展战略的本质和内涵

绿色经济发展战略是把自然生态系统、经济系统、社会系统视为一个密不可分的有机整体系统,包含人口、资源、环境和经济、科技、文教综合与协调发展观念,构成一个自然生态持续性、经济持续性、社会持续性相互适应、全面优化与统筹、协调、健康的经济发展战略框架和经济发展能力建设对策,促进人与自然全面协调发展,人与人全面协调发展,最终建立起生态与经济良性循环的关系。其内涵主要体现在以下几个方面。

1. 绿色经济发展战略是通过大规模的生态建设修复受损的生态环境,从“生态赤字”走向“生态盈余”的战略

绿色经济发展战略是一种兼顾经济发展与环境保护的生态经济优先选择战略。它区别于过去发达市场经济国家和广大发展中国家那种拼生态、耗资源以换取经济增长的传统发展战略。特别是西方发达国家由于制度因素的制约和当初推进工业化的历史条件,决定了传统市场经济是把发展经济建立在依靠大量消耗资源的基础上,来换取经济高速增长的,它是一条以牺牲生态环境为代价实现工业化的发展道路。这条道路,名义上是通过完全自由竞争的市场机制作用达到了所谓资源合理配置,实际上是通过自然资源的极大浪费和生态环境的巨大破坏来实现工业化的。资本主义工业化的实现,以致现代化的发展,给人类造成了两个极其严重的恶果:一是自然耗竭与短缺;二是生态环境污染与破坏。现行的工业化模式不能维持经济的进步,这是一种破坏生态环境的发展模式,是一条无法持续发展的道路。绿色经济发展实行经济发展与环境保护二者兼顾,生态经济优先发展,遵循生态学的基本原理,实行生态与经济协调发展的战略。坚持生态优先发展,就是把持续发展与协调发展有机统一起来,使两者不断深化和完善。坚持生态优先发展,就是要求人们把市场法则转移到生态法则的轨道上来,自觉地协调经济活动与生态环境的关系,把保持生态系统良性循环放在现代经济发展的首要地位。

人与自然之间的不同关系,不仅取决于人类发展时期、发展水平,也取决于发展战略、发展模式、发展道路的选择。人类按照批量生产、大量排污、过度消费的黑色发展道路走到工业文明晚期,生态赤字迅速扩大,自然生态系统严重退化。人类在人均收入达到较高水平时,就会达到生态赤字的高峰。之后人类就会通过大规模生态建设修复受损的生态系统,修正自己的发展方式,依靠科学技术进步与生产方式的转变,实施可持续发展战略,保护环境,节约资源,发展绿色经济,主动缩小人与自然的差距,逐渐减少生态赤字,促使人与自然关系趋向缓和,从而使人类进入生态赤字缩小或“生态盈余”。

2. 绿色经济发展战略是重视生态需要、增加生态产品生产能力的战略

社会主义生产和社会主义市场经济所要满足的人类需要,不仅是物质需要、精神需要,同时还应包括生态需要,即作为自然的人对生态环境系统产品的需求。没有生态需要的人类需要,是不完整的,没有满足生态需要的社会主义生产目的,也是不完整的;只有物质需要、文化需要和生态需要的结合，才能构成现代人类全面发展的消费需要。

党的十八大报告集中论述大力推进生态文明建设，其中在提到加大自然生态系统和环境保护力度时强调，要"增强生态产品生产能力"。"生态产品"是十八大报告提出的新概念，是生态文明建设的核心理念。过去我们定义产品，是从市场的角度，现在我们必须从生态的角度来定义产品。也就是在物质产品生产过程中不再破坏生态。关于什么是生态产品，现在没有权威和定型的定义，百度百科的定义是"指维系生态安全、保障生态调节功能、提供良好人居环境的自然要素，包括清新的空气、清洁的水源和宜人的气候等。生态产品的特点在于节约能源、无公害、可再生"。随着人民生活水平的提高，老百姓对优质生态产品、优良生态环境的需求越来越迫切。习近平同志在中共中央政治局就大力推进生态文明建设进行第六次集体学习时强调，"要实施重大生态修复工程，增强生态产品生产能力。良好生态环境是人和社会持续发展的根本基础。人民群众对环境问题高度关注。环境保护和治理要以解决损害群众健康突出环境问题为重点，坚持预防为主、综合治理，强化水、大气、土壤等污染防治，着力推进重点流域和区域水污染防治，着力推进重点行业和重点区域大气污染治理"①。

增强生态产品生产能力的着力点在于要重视生态修复，让自然生态系统休养生息。由于生态系统总体上是公共所有或公共享有的，所以，生态产品一般具有公共产品的性质，从这个意义上来说，很多生态产品适合由政府来制造和提供。政府要为生态产品的私人提供者提供制度激励。因此，生态产品的供给不能依靠市场化运行机制，而需要一个制度层面的强力推进机制，比如绿色投资、生态补偿等等。

因此，实施绿色经济发展，就要改变传统的忽视人类生态需要的观点，牢固确立生态需要是现代人类最基本需要的观点，用绿色农业

---

① 习近平. 坚持节约资源和环境保护基本国策 努力走向社会主义生态文明新时代. 人民网，2013－05－27.

产品、绿色工业产品、绿色旅游产品及绿色公共服务最大限度满足现代人类的绿色消费需要。

3. 绿色经济发展战略是全球合理配置自然资源和生态环境的战略

我们每个人都依赖于地球生态系统所提供的各种产品和服务。我们的经济乃至我们的存在都是完全依赖于地球的自然系统和资源。正如《我们共同的未来》指出,"我们过去一直对经济发展给环境带来的影响表示关注,现在我们被迫对于生态压力——土壤、水域、大气和森林的退化对经济前景产生的影响予以关注;我们又被迫面对各国经济上的相互依赖性急剧增加这个现实,我们现在被迫习惯于各国在生态上的日益增加的互相依赖性。生态和经济越来越紧密地交织在一起——在局部、地区、国家和全球范围内——成为一张无缝的因果网"①。人类只有一个地球的前提下,与全球一体化相适应的经济社会可持续发展,不可能是一个国家或地区自然资源和生态环境的自我配置、自我循环,必然是全球一体化的合理配置资源和生态环境。没有一个国家能够在同其他国家隔绝的状态下求得发展。人类要转向绿色经济发展,需要所有国家的联合行动。

作为一种全球化配置自然资源和生态环境的绿色经济发展战略,含义有三:一是全球化配置自然资源和生态环境,必须是市场经济与生态经济的同步发展、经济增长与生态环境保护协同增效,而不是单纯的生态保护行为。这就要求我们面向全球化市场竞争,大力发展绿色农业、绿色工业、绿色旅游、生态环保等绿色产业,开发没有污染、生态性能高的绿色产品,开拓并占领绿色市场。二是全球化配置自然资源和生态环境,必须是打破国界的全球统一行动。发展中国家认为,发达国家的人口仅占全球的不到30%,但却消耗了超过70%以上的地球资源。大部分发展中国家都面临自然资源的短缺,而自然资源富足的发展中国家的资源,却有形无形地被发达国家转移耗用。人类只有一个地球,要解决全人类生存与发展中的尖锐矛

① 世界环境与发展委员会著.王之佳等译,我们共同的未来.吉林人民出版社,1997:6.

盾,必须按照现代市场优化配置资源的要求来配置自然生态经济系统中一切资源。三是全球化配置自然资源和生态环境,必须是以绿色经济为基础,全球各国达成共识,构筑包括现代价值观念、现代生产与生活方式在内的绿色文明战略①。

二、绿色经济发展战略目标包括的基本内容

1. 生态主导型的经济发展战略

越来越多的证据表明,我们的全球经济现在正在慢慢地自伤自毁着。之所以这样,就是因为我们并没有实施一种带根本性经济变革的总体战略,而我们所要进行的这项变革是要把世界引导到一条能维系环境的久续不衰的发展道路上。② 只有以生态原理为基础建立起来的生态经济,才是一个能维系环境永续不衰的经济,因此,必须以建设社会主义生态文明理论为指导思想,确立生态主导型的经济发展战略,才能使生态环境保护与建设的生态运动,向可持续发展领域里渗透与融合,重建人与自然界的有机整体与和谐发展。

生态主导型的经济发展战略目标,就是要努力探索一条生态完备与经济发展、资源丰富与社会进步、产业发达与人民生活水平改善相互促进的良性循环发展道路,走出一条生态保护与经济社会协调发展的生态主导型道路。实施生态主导型的经济发展战略,必须采取如下措施:

(1)大力发展生态主导型产业。树立生态文明理念,要以生态文明的理念引领工业经济的发展,要发展有利于生态保护而不是损害生态的生态主导型工业,走出一条依靠科技进步、延长产业链条、降低资源消耗、优化生态环境的绿色工业化道路。坚持生态主导、科学开发的方针,精心保护、修复和提升生态功能。突出培育和发展生态主导型经济,突出科学有序开发矿产资源,通过体制机制创新,综合

---

① 陈文科.绿色经济战略:适应全球市场化竞争和生态竞争的第一位战略.华中农业大学学报(社会科学版),2004,(7):7—10.

② [美]莱斯特·R.布朗著.林自新等译.生态经济——有利于地球的经济构想.东方出版社,2002:89.

运用经济、法律和行政手段，充分调动全社会力量，千方百计加大投入力度，大力推进环境修复和重建，科学发展与资源环境相适宜的接续和替代产业。大力发展生态林业。林业既是生态保护和建设的主体，同时也是一项重要的绿色产业。林产业是真正的绿色产业，它的生产过程大多是纯自然、低能耗、少污染的，它的产品都是可再生、高安全、易降解的。因此，林业在国家生态安全、粮食安全、新能源战略、绿色增长、应对气候变化和区域协调发展中均具有重要战略地位。

（2）严格保护生态环境。从战略高度加大现有生态环境资源的保护力度，不惜舍弃眼前利益，坚持“污染型企业一个不引进，资源损耗型项目一个不审批”，逐步淘汰转移不符合循环经济的高消耗、高污染、低效益传统制造业企业。坚持在保护中发展，在发展中保护，绝不以牺牲环境为经济发展的代价。切实做到经济建设与环境保护同步，实现近期发展与长远发展相统一，经济效益与生态效益相统一，优化经济发展。把生态主导型经济发展作为今后发展的方向。防止盲目发展，始终坚持以科学发展为统领、改善环境为根基、又好又快发展为取向，促进经济、社会、环境协调发展。切实做到“两个扭转、三个防止”，扭转重开发轻保护，重建设轻恢复的状况；扭转重视当前，忽视长远的观念；防止边开发边破坏、防止不规划就开发、防止只开发不保护。要以资源的可持续利用为目标，以生态保护为重点，统一规划，集中开发，有序开发，防止资源浪费，实现开发与保护并举，促进有序发展。

（3）全面提升公众的生态福利。早在1981年罗马俱乐部在《关于财富的福利的对话》一书中就指出：“经济和生态是一个不可分割的整体，在生态遭到破坏的世界里不可能有福利和财富。筹集财富的战略不应与保护这一财产的战略截然分开。一方面创造财富，一方面又大肆破坏自然财产，会创造出消极价值或破坏价值。”[①]因此，现代经济运行与发展必须反映生态学的真理，创造生态生产力，增加

---

① 杨柳，杨帆.略论中国建设生态文明的大战略.探索，2010，(5).

生态福利。在2010年10月30日联合国“城市未来与人类和生态系统的福祉国际探讨会”闭幕式上，发表了《城市未来与人类和生态系统的福祉上海宣言》。在《宣言》中，他们高度肯定了城市作为经济财富引擎所发挥的作用，同时强调，城市在未来具有很大潜力来生产和推动清洁能源的发展，推进对自然资源、生物多样性和生态福祉的良好管理。党的十七大以来，坚持把解决名声问题放在重中之重，着眼解决人民群众最关心、最直接、最现实的利益问题。十八大报告提出，“建设生态文明，是关系人民福祉、关乎民族未来的长远大计”，“努力建设美丽中国，实现中华民族永续发展”。

2. “资源节约型和环境友好型社会”发展战略

(1)“两型社会”建设的战略选择。当前，中国经济发展越来越受到国内资源和环境容量的制约。随着经济总量的日益扩大，经济增长与自然资源供给和生态环境保护之间的矛盾日益突出，这个矛盾对中国这个经济总量庞大又快速增长，但人均资源匮乏、生态环境脆弱的国家来说更为突出。为了化解或缓和各个矛盾，党的十六届五中全会明确提出“建设资源节约型、环境友好型社会”，并首次把建设资源节约型和环境友好型社会确定为国民经济与社会发展中长期规划的一项战略任务。

建设资源节约型社会就是要在社会生产、建设、流通、消费的各个领域，在经济和社会发展的各个方面，切实保护和合理利用各种资源，提高资源利用效率。资源节约型社会包括资源节约观念、资源节约型主体、资源节约型制度、资源节约型体制、资源节约型机制、资源节约型体系等方面的内容。环境友好型社会是一种人与自然和谐共生的社会形态，其核心内涵是人类的生产和消费活动与自然生态系统协调可持续发展。建设环境友好型社会，就是要以环境承载能力为基础，以遵循自然规律为核心，以绿色科技为动力，倡导环境文化和生态文明，构建经济社会环境协调发展的社会体系，建立人与自然互动的关系。建设资源节约型和环境友好型社会，既是应对资源短缺的根本战略选择，也是实现可持续发展的内在要求。

资源节约和环境友好两者的侧重略有不同。资源节约关注社会经济活动中的资源使用效率，但不能涵盖环境友好所包括的经济、社会、政治、文化和技术等要素，也达不到环境友好强调的人与自然和谐的哲学伦理层次；资源节约强调“节流”，环境友好可从“开源”和“节流”两个方面统筹社会经济活动的综合发展；环境友好比资源节约更多地强调综合运用技术、经济、法律、行政等多种措施降低环境成本，解决更为广泛的国计民生问题；环境友好比资源节约更为关注市场和消费对人类生活方式的影响，强调生活质量、生活内涵、生活意义的幸福指数。①

党的十七大报告再次强调，“坚持节约资源和保护环境的基本国策，关系人民群众切身利益和中华民族生存发展。必须把建设资源节约型、环境友好型社会放在工业化、现代化发展战略的突出位置，落实到每个单位、每个家庭”。这是历次党代会报告中首次提到“生态文明”的理念，报告中还把以建设节约资源能源和保护生态环境的产业结构、增长方式、消费模式为核心的生态文明作为小康社会目标的新要求之一。党的十七大报告对“绿色发展”路线——建设资源节约型、环境友好型社会的强调将有利于着力解决中国发展新阶段所面临的突出的资源环境问题。党的十八大在面对资源约束趋紧、环境污染严重、生态系统退化的严峻形势下，进一步重申要“坚持节约资源和保护环境的基本国策，坚持节约优先”，提出“加大自然生态系统和环境保护力度。良好的生态环境是人和社会持续发展的根本基础”。党的十八大报告把生态文明作为中国特色社会主义事业总布局的组成部分，建设资源节约型和环境友好型社会是涵盖其中的。美丽中国要通过建设资源节约型、环境友好型社会这样一个重大举措来实现。

(2)“两型”社会战略目标。建设“两型社会”的根本目的就是通过人与自然的和谐发展来促进人与人、人与资源、人与环境、人与社会的和谐。“两型社会”建设的出发点和落脚点是“人”，必须把实现最广大人民的根本利益作为“两型社会”建设的最终目标。“两型社会”建设的切入点是资源节约和环境保护。节约资源、实现资源高效

---

① 潘岳.和谐社会目标下的环境友好型社会.资源与人居环境,2008,(4):60—61.

利用、应对国内资源供需的矛盾对中国既是挑战，也是促进中国转变发展方式、实现可持续发展的重要机遇。因此，把资源节约型、环境友好型社会建设纳入国民经济和社会发展规划及地方规划，能够促进全球及国内可持续发展的双赢。为建设低投入、高产出、低消耗、少排放、能循环、可持续的国民经济体系和资源节约型、环境友好型社会，未来的中国在资源开发利用方面有更新的要求：一方面以科技进步和技术创新为推动力，调整优化经济结构，不断加强资源的循环利用，按照减量化、再利用、资源化的原则，在资源开采、生产消耗、废物产生、消费等环节，逐步建立全社会的资源循环利用体系；另一方面大幅度提高资源的利用效率，减少一定量经济活动所产生的废弃物，由此减轻对生态环境的损害。在环境保护方面：要求全社会都采取有利于环境保护的生产方式、生活方式、消费方式，建立人与环境良性互动的关系。良好的环境也会促进生产、改善生活、实现人与自然和谐。资源节约型和环境友好型的发展就是绿色发展，是我国实施科学发展观的内在要求。

(3)建设“两型社会”的路径选择。构建节约型社会是一个相当复杂的系统工程。因此，应该从如下工作来展开：一是转变经济发展方式，建立资源节约型国民经济体系；二是倡导资源节约型的生活方式和消费方式，提倡绿色消费，反对铺张浪费；三是提倡清洁生产，发展循环经济；四是加快新能源开发，积极推进传统能源清洁高效利用，全面落实能源节约的措施；五是建设节约型政府，将政府成本纳入官员政绩评价体系当中；六是加强节约型的体制机制建设；七是提高公众的节能意识。中国政府历来高度重视环境保护，建设环境友好型社会是一项重要的战略任务。我们必须坚持改革创新，形成建设环境友好型的保障体系。当前，应重点解决的问题：牢固树立和落实科学发展观；建立健全有利于环境保护的决策体系；完善环境保护投入的市场化体系；建立以循环经济为重要特征的经济发展模式；积极倡导环境友好的消费方式；大力发展和应用环境友好的新技术。

3. 和谐生态经济发展战略

生态文明的经济形态就是生态经济形态，又叫绿色经济形态。所谓的生态经济，就是能够满足我们的需求而又不会危及子孙后代满足其自身之需的前景,亦即不会危及布伦德兰委员会在差不多15年前所指出的那种未来前景的经济。① 实际上,生态经济就是以生态学基本原理来组织整个经济活动,以达到最优的资源配置的经济形态。和谐生态经济是指能够发挥所有人的潜能,经济增长的动力机制强劲,同时又符合生态学的基本原理,并且能够不断推进人与自然和人与人之间关系和谐,最终实现人类最大福利的这么一种经济形态或制度。② 和谐生态经济与生态经济、绿色经济都强调人与人和人与自然的和谐,都强调要特别保护自然资源和生态环境。绿色经济发展侧重于运动过程,而和谐生态经济则注重实际状态。因此,和谐生态经济发展战略理应成为绿色经济发展战略的重要内容。

和谐生态经济战略,是为了实现人与人和人与自然之间和谐相处、经济增长和人民福利持续改善的目标,制定的各种计划和策略的统一。主要包括物质资本、生态资本与知识资本相互增殖的计划与策略;积累绿色财富和增加绿色福利的计划和策略;实现人与人之间和谐、人与自然之间和谐的计划与策略等。整个战略的核心和战略目标就是如何提高人与人和人与自然和谐的程度,如何实现人与人和人与自然和谐的有机统一,如何实现人类社会的最大福利。和谐生态经济发展的战略重点,则是保证三类资本的相互增殖和生态资本的优先增长,实现经济发展与生态环境的相互适应、人口及其需要的增长与地理环境的承载能力相适应等。③

因此,要实施和谐生态经济发展战略目标,首先必须坚持以人为本的科学发展。始终把最广大人民的根本利益作为党和国家一切工作的出发点和落脚点,做到发展为了人民、发展依靠人民、发展成果由人民共享,促进人的全面发展。加快转变经济发展方式,提高发展质量,实现经济社会全面协调可持续发展。其次,正确处理短期增长与长远发展之间的关系,既不能因为过快的短期增长而牺牲长远发

---

① [美]莱斯特·R.布朗著,林自新等译.生态经济——有利于地球的经济构想.东方出版社,2002:84.

② 杨文进.和谐生态经济发展.中国财政经济出版社,2011:61.

③ 杨文进.和谐生态经济发展.中国财政经济出版社,2011:311—312.

展所需要的自然资源生态基础,又不能因为长远发展需要而过分抑制短期增长。再次,追求处理好经济增长与环境保护之间的关系。在坚持生态环境良性循环的基础上,实行经济社会和生态环境相互协调的双赢式发展战略,把社会发展和生态发展融入现代化建设整体发展目标之中,重视经济建设与生态建设同步进行,经济、政治、文化、生态协同发展。

三、实现绿色经济发展战略的支撑体系构建

绿色经济发展战略可以围绕主要环节和过程的绿色化来展开实施。要实现建设“美丽中国”的战略目标,必须构筑一系列的支撑体系。

1. 构筑以绿色战略性新兴产业为主体的绿色经济体系

战略性新兴产业是以重大技术突破和重大发展需求为基础,对经济社会全局和长远发展具有重大引领带动作用,知识技术密集、物质资源消耗少、成长潜力大、综合效益好的产业。[①] 战略性新兴产业是新兴科技和新兴产业的深度融合,既代表科技创新的方向,也代表着产业发展的方向。谁拥有健全的创新体系和强大的创新能力,谁就能掌握先机,赢得发展的主动权和引领地位。2009 年 11 月,温家宝总理在《让科技引领中国可持续发展》的重要讲话中,明确指出中国要培育和发展战略性新兴产业,这“是中国立足当前渡难关、着眼长远上水平的重大战略选择”,“既要对中国当前经济社会发展起到重要的支撑作用,更要引领中国未来经济社会可持续发展的战略方向”。并且指出战略性新兴产业必须掌握关键核心技术,具有市场需求前景,具备资源能耗低、带动系数大、就业机会多、综合效益好的特征。同时在讲话中提出了新能源、节能环保、电动汽车、新材料、生物科技、信息产业、空间海洋及地球深部勘探开发利用等战略性产业和

---

① “十二五”国家战略性新兴产业发展规划. 中央政府门户网站,2012-07-20.

技术领域。[①] 胡锦涛于2010年2月3日也在省部级主要领导干部深入贯彻落实科学发展观加快经济发展方式转变专题研讨班上指出，必须紧紧抓住新一轮世界科技革命带来的战略机遇，更加注重自主创新，谋求经济长远发展主动权，形成长远竞争优势，为加快经济增长方式转变提供强有力的科技支撑。加快发展方式转变要“加快推进产业结构调整，适应需求结构变化趋势，完善现代产业体系，加快推进传统产业技术改造，加快发展战略性新兴产业”[②]。2010年10月正式发布的《国务院关于加快培育和发展战略性新兴产业的决定》，确定了现阶段节能环保、新一代信息技术、生物、高端装备制造、新能源、新材料、新能源汽车等七大战略性新兴产业。2012年7月国务院印发了《“十二五”国家战略性新兴产业发展规划》，进一步明确了战略性新兴产业的发展目标、重点发展方向和主要任务，采取有力措施，强化政策支持，完善体制机制，促进战略性新兴产业快速健康发展。

绿色低碳既是新一轮技术和产业规模的主要特征之一，也是战略性新兴产业发展的最基本的要求。衡量战略性新兴产业选择和发展的标准是实现产业的绿色化、低碳化、生态化。战略性新兴产业依赖的技术创新具有绿色环保的取向，因此，培育和发展战略性新兴产业尤其绿色战略性新兴产业是寻求可持续增长、加速中国绿色转型乃至于协调中国环境与发展关系的根本途径。

2. 逐步形成以资源高效合理利用为特征的资源可持续利用体系

主要通过技术创新和制度创新加速实现资源能源的高效、可持续利用。一是加快建立以资源节约型、环境友好型产业及绿色战略型新兴产业为主导的绿色科技创新体系。创新已成为世界各国发展战略的核心。从中国过去30多年的发展历史看，创新能力相对不足，主要是以劳动密集型、资源高消耗、牺牲环境为支撑和代价的粗放发展模式。目前，我国核心技术自主创新能力比较薄弱，科技创新

---

① 温家宝.让科技引领中国可持续发展.人民网，2009－11－24.

② 胡锦涛在省部级主要领导干部深入贯彻落实科学发展观加快经济发展方式转变专题研讨班上的讲话.新华网，2010－02－03.

储备不足。新能源领域的一些核心技术缺失，智能电网发展滞后，部分环保技术与国外发达国家仍存在较大差距。中国在调整能源结构、提高能源资源利用效率、应对气候变化方面，已经并将继续做出积极努力。因此，我们必须加强宏观规划和配套设施建设，推动清洁能源和可再生能源有序发展。可再生能源应成为21世纪中国能源结构的基础。同时，要采取更强有力的措施，突破关键技术，提高能源利用效率和优化能源消费结构。[①] 世界各国都高度重视新能源产业发展，正在加快推进以绿色和低碳技术为标志的能源革命。为进一步加强中国绿色科技的创新力度，必须继续加大绿色科技研发的财政投入和政策倾斜力度，实行促进绿色技术自主创新的政府采购制度，加强绿色政策与创新政策的协调，创造有利于绿色科技创新的政策环境等。二是建立绿色制度创新体系。创新不仅仅意味着技术创新，也包含制度、政策和管理的创新。温家宝在2009年11月向首都科技界发表的题为“让科技引领中国可持续发展”的讲话中指出，要推动中国经济在更长时期内全面协调可持续发展，走上创新驱动、内生增长的轨道，就必须把建设创新型国家作为战略目标，把可持续发展作为战略方向。因此，我们必须抓住创新机遇，提高创新能力，加快制度创新，制度创新不仅仅是技术创新的保障和支撑条件，而应成为创新的主体部分。为此，要优先解决资源配置扭曲的状况，使其价格能够真实反映资源稀缺程度、市场供求关系以及污染排放的外部成本。减少政府的过度干预，依靠市场来进行调节。在涉及资源环境税（如能源税、环境税、碳税等）的问题上应统筹考虑，配合相关财政政策及整体税制改革步伐有序推开，同时减少人力资源相关税收，使税负总体水平保持平衡，以减少对企业竞争力的影响。

3. 建立一种以资源节约为核心，与经济发展水平和生态环境承载力相适应的绿色消费方式

绿色消费有狭义与广义之分，狭义的绿色消费是指消费方式生态化的一种基本要求，广义的绿色消费泛指一切有利于资源节约、环

---

① 温家宝. 让科技引领中国可持续发展. 人民网，2009－11－24.

境友好的消费,即等同于消费方式的生态化。我们这里取其广义。改变传统的经济增长方式必须有消费方式转变的配合。中国政府自2000年以来,先后提出了一系列与绿色发展有关的方略,特别是2004年提出的加快建设节约型社会,以节约资源和提高资源利用效率为核心,将节约能源、节约用水、节约原材料、节约和集约利用土地、推进资源综合利用和发展循环经济作为重点和优先领域,并且纳入"十一五"规划(2006—2010)中付诸实施。"十二五"时期是深入贯彻落实科学发展观,全面建设小康社会的关键时期,是加快转变发展方式、全面推进"两型社会"建设的攻坚时期。目前,我国在推进循环经济发展、建设资源节约型和环境友好型社会方面还存在一些困难和阻碍:一是节约优先的方针未能很好落实,节约优先的原则没有很好地体现到发展规划、城市建设和各项工作中;二是尚未建立促进资源节约的长效机制;三是缺乏大幅度提高资源利用率的关键技术;四是全民节约意识不强。因此,党的十八大对全面促进资源节约做了具体部署,确定了全面促进资源节约的基本领域,提出了全面促进资源节约的重点工作。全面促进资源节约,必须牢固树立节约资源理念,必须推动资源利用方式根本转变,必须推动能源市场和消费革命,必须加强耕地、水、矿产等资源保护,必须大力发展循环经济。[1]逐步形成健康文明、节约资源的消费方式,实现消费水平提高与物耗降低、污染减少,物质生活改善与资源节约利用的有机统一。

(作者简介:高红贵　中南财经政法大学经济学院教授)

---

① 如何全面促进资源节约?新华网,2013-02-22.

鄱阳湖生态经济区如何实施安全发展战略研究

麻智辉　高　玫　刘晓东　余永华

安全生产是一项基本国策,对江西省经济与社会发展具有重大影响。目前江西省正处在工业化、城镇化快速发展的时期,也处在生产安全事故易发、多发的特殊时期,有必要从战略高度探索安全发展问题。本课题主要围绕鄱阳湖生态经济区经济社会发展的大局,以科学发展、安全发展为主题,坚持安全第一,预防为主,大力推进科技兴安战略、安全文化战略、安全法规战略、安全投入战略、安全责任与监管战略,加强安全保障能力建设,提升公共安全素质和风险防控水平,为江西科学发展、进位赶超、绿色崛起创造良好的安全生产环境。

一、鄱阳湖生态经济区安全发展现状及问题

鄱阳湖位于长江中下游南岸、江西省北部,是我国最大的淡水湖,是四大淡水湖中唯一没有富营养化的湖泊,同时也是具有世界影响的重要湿地。在未来发展中,鄱阳湖地区既肩负着保护"一湖清水"的重大使命,又承载着引领经济社会又好又快发展的重要功能。包括南昌、景德镇、鹰潭3市,以及九江、新余、抚州、宜春、上饶、吉安的部分县(市、区),共38个县(市、区),面积5.12万平方公里,鄱阳湖生态经济区以江西省30%的面积,承载了全省近50%的人口,创造了60%以上的经济总量,具有良好的发展基础。然而在经济、社会快速发展的同时,鄱阳湖生态经济区的安全发展却面临新的机遇和挑战,安全发展是经济社会发展的基础前提和保障,是社会主义和谐社会的重要着力点

和切入点,必须纳入社会主义现代化建设的总体战略,与经济建设、社会发展各方面工作同时规划、统一部署、同步推进。

(一)鄱阳湖生态经济区企业安全发展现状

通过国家安全生产监督管理总局政府网站事故查询系统,以关键词"江西"进行查询,然后再进一步获取鄱阳湖生态经济区的数据,时间节点从2009年1月1日到2013年12月31日,再通过江西省安监局提供的一些材料为基础进行研究和分析。

1. 安全生产事故趋势分析

从2009年到2013年,鄱阳湖生态经济区共发生安全生产事故(不包括交通事故)279起,死亡371人,平均每年发生安全生产事故55.8起,平均每年死亡74.2人,平均每起安全生产事故死亡1.33人,38个区县中平均每个区县发生安全生产事故7.34起,平均每个区县死亡9.76人。截至2014年5月4日,通过该系统查询的数据显示,鄱阳湖生态经济区发生安全生产事故2起,死亡4人,分别是1月16日,南昌市进贤县文港镇电镀城工业园土方坍塌事故,造成3人死亡;4月29日,上饶市万年县矿业爆炸事故,造成1人死亡,2人失踪,2人受伤。从表1可以看出,2009到2010年安全生产事故呈现下降趋势,2010年以后有所上升。

表1　鄱阳湖生态经济区安全生产事故

年　份	2009	2010	2011	2012	2013	合计
事故发生数(起)	70	42	51	49	67	279
死亡人数(人)	82	61	65	63	100	371

2. 安全生产事故区域分析

从表2(表中"其他"是指上饶、宜春、吉安地区)可以看出,鄱阳湖生态经济区的安全生产事故主要分布在南昌市和九江市,其中南昌事故发生82起,占28.67%,死亡人数103人,占27.76%;九江事故发生 87 起,占 31.18%,死亡人数 100 人,占 26.95%。昌九地区的事故发生数和死亡人数均超过生态经济区总数的一半,昌九地区的安全生产状况直接关系到整个鄱阳湖生态经济区能否健康发展。

表 2 2009—2013 年鄱阳湖生态经济区安全生产事故分布情况

地　区	南昌	九江	抚州	景德镇	新余	鹰潭	其他
事故发生数(起)	82	87	16	23	27	9	35
死亡人数(人)	103	100	22	33	35	13	65

3. 安全生产事故类型分析

从表 3 可以看出,自 2009 年以来,鄱阳湖生态经济区安全生产事故主要发生在煤矿、非煤矿山、建筑业、烟花爆竹、危化品、商贸企业等领域。其中,商贸企业成为事故多发的主体,事故发生数 140 起,死亡人数 177 人;建筑业事故发生数 76 起,死亡人数 93 人,近几年有下降的趋势;危化品事故发生数 13 起,死亡人数 25 人;烟花爆竹事故发生数 12 起,死亡人数 16 人;非煤矿山事故发生数 25 起,死亡人数 25 人;煤矿事故发生数 13 起,死亡人数 35 人,2013 年成为煤矿事故发生频率较多的一年。事故发生原因主要集中在违反操作规程或劳动纪律、安全设施缺少等。

表 3 2009—2013 年鄱阳湖生态经济区安全生产事故类型情况

年　份		2009	2010	2011	2012	2013	合计
煤矿	事故发生数(起)	–	–	–	1	12	13
	死亡人数(人)	–	–	–	5	30	35
非煤矿山	事故发生数(起)	5	3	1	9	7	25
	死亡人数(单位:人)	5	3	1	9	7	25

续表

年 份		2009	2010	2011	2012	2013	合计
建筑业	事故发生数(起)	18	11	22	14	11	76
	死亡人数(人)	21	18	27	15	12	93
烟花爆竹	事故发生数(起)	4	–	4	1	3	12
	死亡人数(人)	7	–	5	1	3	16
危化品	事故发生数(起)	3	–	2	2	6	13
	死亡人数(人)	8	–	4	5	8	25
商贸企业	事故发生数(起)	40	28	22	22	28	140
	死亡人数(人)	41	40	28	28	40	177

(二)鄱阳湖生态经济区企业安全发展存在的问题

1. 专业监管人员缺乏

安全监督管理部门的队伍力量较弱。目前安监部门应做的工作和实际存在的管理人员数也是有差距的,管理人员数量较少,同时,管理人员的素质也是参差不齐,亟待提高。管理队伍中具有专业素质的执法人员非常少,远远不够安全生产监管需要,县安监部门在安全生产工作中几乎是“无所不为,无所不包”,所承受的工作范围、工作职责及压力超过其拥有职权能承受的,在安监生产监管最为直接、任务最重的乡镇和行业主管部门监管力量明显不足。乡镇的安监人员多为兼职且流动频繁,到了村一级,往往就是村主任一人负责安全生产监管,而没有专业人员负责把关,这就导致有时安全隐患往往就在眼前,但是安全监管负责人自己却发现不了,且他们很多都与当地的小企业主、小作坊主有着或这或那的关系,很难起到彻底的监管。

2. 企业监管力度及处罚力度不够

由于人员不够,专业监管人员匮乏,对企业的监管力度尤其是对中小企业的监管力度显得非常薄弱，随着经济的迅速发展，涉及环保、安全、消防等的行业进入门槛提高，但是之前遗留下来的高危企业和随着经济发展而新建的众多中小型企业的安全生产监管却日益重要，很多小企业安全意识淡薄，部分企业负责人法律意识淡薄，对安全隐患的严重性认识不足，不履行或不认真履行法定的安全生产义务，未设置专门的管理机构和配备专职管理人员，未保证应有的资金投入，比如很多涉及职业危害的企业，部分企业未依法开展职业卫生评价、竣工验收审核及职业危害申报，就投入生产运行，导致“新、改、扩”等项目建设与运行中的职业危害防护措施既缺乏专业指导，又缺失职能部门的监管，难以形成源头控制和本质安全。一方面监管人员少，监管企业多，导致全面监管企业的确难度很大，因为在监管时往往分高危行业、重点行业先监管，很多时候往往根据群众举报去进行监管，这样导致很多小企业成为漏网之鱼，为生产经营活动中事故的发生埋下隐患。另一方面，在处罚方面，执行不到位以及处罚受阻和处罚较轻，都放纵了企业对安全生产方面的重视。

3. 应急救援体系还不完善

随着经济的发展，生产发展过程中潜在的危险因素增多增大，企业的应急管理工作在制度、设备及与政府、部门的衔接上还存在诸多不足。首先，应急预案体系需补漏、质量亟待提高。企业的应急预案往往为应付安监机构的检查而设，预案覆盖面不全，很多企业虽然编制了应急预案，但也只是属于仅仅有文件而已，并没有系统地涉及企业生产。其次，应急管理物资准备工作滞后。生产经营单位安全生产应急管理工作理论研究得多，实际操作得少，甚至于连应急救援的物资也没有。最后，应急管理基础工作亟待加强。很多部门单位平时不注重应急管理工作，认为有发生事故反正有预案在那，不用急，所以这是当前地方安全生产监管中急需转变观念的一项工作。根据《安全生产法》规定，我国各级政府都会制定安全生产事故应急救援预案，但是这些预案往往制定后就束之高阁，无人问津，很少单位真正地去实践演练，检验预案的可行性，应急救援体系也失去了救援的功能。

4. 安监部门职能交叉,执法联动性不强

安全生产监管职能需进一步理顺和明晰,安全生产委员会每个成员单位的安全监管职能有待进一步梳理和依法明晰,现行有关法律法规对安监局“综合监管”职能规定过于原则。在安全监管工作中存在统筹不够、职能重叠、尺度不一等现象。目前负有行业监管职责的部门在所负责行业的划分上,思考不够细致,很多存在内在联系的“行业”被分割给不同的监管部门进行监管,并且分类标准并不一致;有些地方监管机构不能很好的根据当地情况履行自身职责也是阻碍安全监管进行的原因。如安监局、消防支队、质监局等安全监管部门缺乏执法沟通机制,一个企业今天消防去检查,明天质监局又去检查,后天安监局再去检查,或者今天镇里安全生产监管部门来检查,明天区里安全生产监管部门来检查,企业忙于应付。各安全监管部门工作不能合力,监管效果大打折扣,如果碰到有利益的事情,各安全监管部门争相进行监管,但是碰到难题,大家又都相互推诿、扯皮。

5. 政府财政拨付有限,监管设备不足

政府财政拨付主要用于公共安全基础设施建设、消除公共安全隐患、公共安全事故赔偿、安全生产应急救援、安全科技研究、宣传教育和安全监管等工作投入。有的地方政府因财力较雄厚,重视程度较高,能投入大量的资金进行整改、补救,逐步消除了安全生产隐患。但也有的地方政府因为财政吃紧,安全生产投入严重不足,不但原有的隐患得不到整改,新的安全隐患还不断增加,如果事故隐患长期得不到整改,极易发生事故。安全生产专项经费的到位,既可以充分保证安全生产监督执法检查工作和各类专项整治活动的有效开展,同时也可以进行安全生产宣传教育、举办安全生产培训。目前,鄱阳湖生态经济区内的很多地方政府经费还不到位,并且地区间严重不平衡,如南昌市专项经费1800万元,抚州市专项经费200万元,其他很多地级市专项经费只有几十万元。

6. 企业安全生产主体责任不落实

企业安全生产基础薄弱,不少企业仍存在重经济效益、轻安全生产的问题。安全管理流于形式,现场安全管理混乱,企业安全生产主体责任没有有效落实,安全风险和防范意识弱,内部安全管理体系不健全,各项安全管理规章制度、安全责任制、岗位操作规程等不完善,且贯彻执行情况不理想,安全生产投入保障不足,安全生产教育和培训缺乏,往往是"出了事"再加强应对,没有做到防患于未然。

7. 安全生产奖惩、责任压力存在不对称

一是安全监管人员在工作中奖与惩的力度不对称。现行的安全生产责任追究制,对惩的一面规定非常明确,但是对奖励流于形式,安监人员工作积极性不高,行业管理弱化,对安全生产工作重视程度逐年下降。特别是基层的优秀人才都不愿意进入安全监管队伍。二是政府与企业在安全生产工作中角色错位。根据《安全生产法》规定,企业主要负责人是安全生产的第一责任人,但是许多企业负责人对安全生产工作不重视,由于安全生产实行问责制,安全生产压力集中在政府安全监管人员身上,政府安全监管人员不得不充当起企业的安全生产检查员。

二、鄱阳湖生态经济区安全发展面临的挑战与机遇

(一)挑战

未来一段时期,是鄱阳湖生态经济区加速推进工业化、城镇化的关键时期,安全生产既要面对长期积累的问题,又要应对新情况新挑战。

一是随着长江经济带发展战略、鄱阳湖生态经济区建设、昌九一体化、九江沿江开放开发战略的实施,鄱阳湖生态经济区在未来一段时期内势必大量承接沿海发达地区产业转移,势必大力发展新兴产业,势必有大规模公路、铁路、航空等基础设施项目开工建设,势必刺激能源、交通运输、原材料扩能增产,导致安全生产战线拉长,监管监察覆盖面扩大,防范压力增强。

二是随着社会文明进步和人民生活水平的不断提高,人民群众安全健康权益意识不断增强,对安全生产产生了更高预期,而鄱阳湖生态经济区总体上处于工业化中期阶段,仍然是事故多发期,安全生产事故总量依然偏大,重特大事故时有发生,职业危害还不同程度存

在,时刻威胁着人民群众的生命财产安全,这就迫切要求在进一步降低事故总量、防范遏制较大事故、完善职业健康环境、促进安全发展上,付出更多的努力。

三是区域内经济结构调整和产业转移力度加大,在兼并重组和要素整合中企业内部管理可能出现"滑坡",安全生产不确定因素增加。

四是新技术、新工艺、新材料、新设备应用速度和农村劳动力转移就业频率加快,从业人员安全技能不足和安全技能培训滞后等问题更加突出,职业危害的压力加大。

五是安全生产监管人员素质、监管装备配备和科研技术支撑保障不到位,传统监管模式难以适应新时期新环境要求。

六是区域安全生产事故总量在2010年大幅度下降后,进一步下降的空间越来越小,抓巩固、防反弹的任务艰巨。

(二)机遇

与此同时,鄱阳湖生态经济区做好新时期安全生产工作也面临难得的历史机遇。

一是坚持科学发展为安全生产工作进一步指明了方向。随着安全生产工作在地方党委、政府政绩业绩考核中的权重进一步加大,各级党委、政府对安全生产的重视程度越来越高,为进一步做好安全生产工作提供了根本保证。另外,随着安全发展理念逐步深入人心,全社会关注安全的程度越来越高,为加强安全生产工作提供了强大推动力。

二是加快发展方式转变和产业结构优化升级,为解决安全生产深层次结构性的突出问题创造了有利条件。鄱阳湖生态经济区建设正按照"特色是生态,核心是发展,关键是转变发展方式,目标是科学发展、绿色崛起"的思路加速推进,未来一段时期,区域内将按照产业生态化、生态产业化的要求,大力发展战略性新兴产业和先进制造业,改造提升传统优势产业,逐步淘汰高风险、高能耗产业,加快发展现代服务业,实现产业结构的优化升级,从而将从源头上解决安全生产问题,从总体上提升安全生产和安全发展水平。

三是综合经济实力的不断增强，为安全生产提供了坚实的物质基础。未来一段时期，鄱阳湖生态经济区经济总量和财政收入都将保持平稳增长，用于安全生产监管监察能力、安全科技支撑能力、企业安全发展、事故预防和应急处置能力的投入将不断增加，经济发展的安全保障水平将逐年提高。

四是区域安全生产法规体系、监管执法体系、技术支撑体系初步建立，重点行业（领域）专项整治取得阶段性成效，全民安全素质不断增强，为未来的安全生产工作提供了新的起点。

三、鄱阳湖生态经济区安全发展战略的总体思路

（一）指导思想

以邓小平理论和“三个代表”重要思想为指导，深入贯彻落实科学发展观，紧紧围绕鄱阳湖生态经济区建设大局，以科学发展、安全发展为主题，以转变经济发展方式为主线，以保障人民群众生命财产安全为根本出发点，以遏制和防范重特大事故为首要任务，以提升全民安全素质和安全生产保障水平为着力点，不断创新安全监管体制机制，把经济发展建立在安全生产有可靠保障的基础上；坚持“安全第一、预防为主、综合治理”的方针，深化安全生产“三项行动”“三项建设”，强化企业安全生产主体责任，大力推进科技兴安，加强安全保障能力建设，提升公共安全素质和风险防控水平，切实改善作业场所环境条件，保障劳动者安全健康权益；坚持综合治理，强化政策治本和源头治本，加强监管执法，严格安全准入，强化专项整治。继续降低事故总量和伤亡人数，减少职业危害，有效防范和遏制重特大事故，促进安全生产状况持续稳定好转，为鄱阳湖生态经济区经济社会全面、协调、可持续发展提供重要保障。

（二）基本原则

——统筹兼顾，协调发展原则。正确处理安全生产与经济发展、安全生产与速度质量效益的关系，严守安全生产红线，把安全生产纳

入社会管理创新的重要内容，在发展中落实安全，在安全中促进发展，实现安全生产与经济发展、社会和谐的有机统一。

——注重预防，落实责任的原则。强化事前防范，坚持“关口前移、重心下移”，夯实筑牢安全生产基层基础防线，从源头上防范和遏制事故。全面落实“一岗双责”和企业主体责任，强化政府和企业第一责任人的责任，实现政府监管责任与企业主体责任的有机统一。

——突出重点，加强协作的原则。突出高危和重点行业领域的监管，严格安全准入，改善安全条件，强化监管执法，实现重点监管与一般监管的有机统一。坚持齐抓共管，完善联动协作机制，合力解决重点难点问题，实现安全生产综合监管与行业监管的有机统一。

——依靠科技，创新管理的原则。坚持科技兴安，完善安全生产技术支撑机构，开展安全科学技术创新，加快安全科技研发与成果应用，充分发挥科技支撑和引领作用。建立企业、政府、社会多元投入机制，加强安全监管监察能力建设，创新监管监察方式，通过体制机制创新解决经济社会发展中的安全问题，提升安全保障能力。

——坚持依法治安，综合治理。就是要依靠法制建立规范的安全生产法制秩序，要依法规范安全生产行为，使企业都能够依法生产经营，政府部门依法进行监管，形成一个安全生产的法制秩序，就可以保证安全发展战略的顺利实施。

（三）战略重点

安全生产战略重点就是要实现“五个转变”。

一是在管理时段上，由重事故查处向事前预防与应急处置并重转变。在以前相当长的一个时期，我国安全生产工作倾向于事故发生后的应急救援和事后查处。但是，最能体现“以人为本”要求的还是尽可能不出事故，尤其是不出重特大事故，这就需要我们突出以预防为主。预防的第一步便是要更新管理理念、强化时段管理，进而把预防预警与过程监管、风险控制有机结合起来，实现生产的本质安全。

二是在管理考核上，由重结果考核向过程考核、结果考核并重的方向转变。我国现行的安全生产工作中存在一个衡量安全生产工作的绝对指标，那就是事故死亡人数。随着我国经济规模的不断扩大，安全生产事故总量和死亡人数的下降空间越来越小，在这种形势下如果继续把事故死亡绝对数作为主要考核控制指标，安全发展在经济社会发展中的刚性约束和过程指导作用就会被弱化。因此必须调整现有的管理考核指标构成，把现行的重结果考核同安全生产过程考核结合起来。

三是在管理对象上，由重事故查处向隐患排查治理和事故查处并重方向转变。只对事故进行查处是远远不够的，还必须深刻分析事故产生的原因，从而对症下药。毋庸置疑，事故发生的原因是多方面的，既有江西省经济社会发展的特殊阶段、产业结构特点等宏观原因，也有非法违法、不重视、不规范等微观原因。但事故究竟来自哪里？答案却是唯一的，那就是事故源自于隐患，隐患是事故的“源头”，事故是隐患的结果或是“终端”，“零隐患”才能确保“零事故”的目标。因此，必须把抓好隐患排查治理放在更加突出的位置，切实加强隐患治理体系建设。

四是在管理手段上，由重行政手段向法律手段、经济手段、行政手段并重方向转变。安全生产综合监管工作属于行政管理范畴，但是安全生产工作涉及经济、社会、法制等多个领域。长期以来，安全生产管理大多依靠行政监管、生产许可、行政处罚等行政手段，但各级安全监管人员同监管任务和领域相比，编制机构和人数相对不足；现有的法律法规对安全生产违法行为规定的处罚性条款少，处罚的标准偏宽、偏软，较低的违法成本客观上造成企业对安全生产规定的漠视；有些安全生产中违法违规的企业，甚至是造成重特大事故的企业，依然可以享受国家有关经济、税收、社会等领域的优惠政策；有些重点工程在立项、审批、建设的过程中，没有安全监管机构的参与，安全设施“三同时”无法得到落实，安全监管出现了盲区和空白。手段的单一性，弱化了工作的有效性，仅靠行政手段实施综合监管出现了诸多的不适应。因此，必须调整现有管理手段，以修订《安全生产法》为契机，加快安全生产法律法规体系建设，把安全生产工作纳入社会诚信体系建设，综合运用行政、法律、经济等手段，调动社会各界和各部门力量，形成推动安全发展的强大合力。

五是在管理重点上，由重视防止事故人员伤亡向职业健康和防止事故伤亡并重方向转变。多年来，江西省安全生产统计和考核范围一直把安全生产事故伤亡人数纳入其中，但职业健康危害所造成的人员伤亡很少涉及。随着安全发展战略的深入实施，职业健康必将成为全社会关注的焦点问题，各级安全监管部门一定要把职业健康纳入安全生产工作重点和考核范围。

（四）战略目标

到 2015 年，基本形成规范的安全生产法治秩序，安全监管监察执法能力明显提高，安全生产法规标准体系、技术支撑体系、应急救援体系、培训体系和宣传教育体系进一步完善。安全生产专项整治持续深化，重点行业领域安全技术面貌明显改善，安全生产监管监察能力、技术支撑能力和事故应急处置能力增强，企业安全生产主体责任有效落实，重特大事故得到有效遏制，职业危害得到有效治理。

——安全生产状况全面好转，事故总量进一步下降。到 2015 年，全区生产安全事故死亡人数控制在 600 人左右。

——相对指标排位前移，生产安全事故死亡率进一步下降。以 2010 年数据为基数，到 2015 年全区亿元生产总值生产安全事故死亡率下降 36% 以上，年均下降 8.5%；工矿商贸就业人员十万人生产安全事故死亡率下降 26% 以上，年均下降 5.8%；道路交通万车死亡率下降 32% 以上，年均下降 7.4%；煤矿百万吨死亡率下降 28% 以上，年均下降 6.4%。

四、鄱阳湖生态经济区安全文化战略

（一）强化安全生产文化宣传和舆论监督

扎实开展“安全生产月”主题宣传、“安康杯”竞赛、“青年安全示范岗”等安全文化示范创建活动，推进企业安全文化建设，树立企业员工的安全生产主动意识，营造良好的安全文化氛围。通过电视、广播、网络、报纸等新闻媒体加强安全生产文化宣传，在社区、学校、工业园区等地定期举行展览、讲座等多种形式的安全生产宣教活动，定期组织法律法规、安全常识、事故案例警示教育宣传活动，普及安全知识，增强全社会科学发展、安全发展的思想意识。有步骤、有计划深入开展安全生产、应急避险、职业健康知识进企业、进学校、进乡村、进社区、进家庭活动，普及安全基础教育，强化防灾避险技能，努力提升全民安全素养。

（二）加强从业人员安全生产教育培训

加强对从业人员安全生产教育培训的组织管理工作，按照《安全生产法》《生产经营单位安全培训规定》等法律法规的要求，结合企业实际，认真开展安全生产教育培训工作，牢固树立“安全第一”的安全理念、遵章守法的管理理念、安全操作的工作理念，把安全生产教育培训工作纳入企业年度职工教育总体计划，保证培训经费和时间。有条件的企业，要保证职工培训教育的设备、设施和场所；不具备条件的企业，应委托其他有资质的培训机构开展培训教育工作。

积极探索企业职工全员安全培训的方法和路子，督促企业严格落实“三级”教育、复工教育、岗位再教育等基本教育培训制度。严格落实各级政府、企业主要负责人、安全管理人员、特种作业人员法定安全培训。积极探索外来务工人员就业安全教育的长效机制，充分发挥“农民工学校”、劳务市场、培训机构、劳务公司等媒介的服务主体功能，不断提升外来务工人员素质。加强安全生产培训市场管理，强化培训考核手段，加强案例教学、多媒体教学和互动式教学研究，提高培训教育机构的培训质量和水平。

（三）严格执行企业安全标准化制度

全面落实《企业安全生产标准化基本规范》（AQ/T9006－2010），深入开展以岗位达标、专业达标和企业达标为内容的安全生产标准化建设，不断提高企业安全管理水平。开展“岗位达标”，包括建立健全岗位安全生产职责和操作规程，明确从业人员作业时的具体做法和注意事项。从业人员要学习、掌握、落实标准，形成良好的作业习惯和规范的作业行为。企业要依据“岗位达标”标准中的各项要求进行考标，通过理论考试、实际操作考核、评议等方法，全面客观地反映每位从业人员的岗位技能情况，实现岗位达标，从而确保减少人为事故；开展“专业达标”，明确所涉及的专业定位，进行科学精细的分类管理。按月评、季评、抽查和年综合考评相结合的方式对专业业绩进行评估，对不具备专业能力的实行资格淘汰，建立“优胜劣汰”的良性循环机制，使企业专业化管理水平不断提高，提高生产力效率及风险控制水平；开展“企业达标”，从安全管理制度、安全生产条件、制度执行和人员素质等方面查找企业安全生产存在的问题并加以改进，建立完善的安全生产标准化体系，实现企业安全生产标准化达标。通过开展安全生产标准化达标工作，进一步强化落实安全生产“双基”工作，提高企业的安全生产管理水平和安全生产保障能力。

（四）严格执行建设项目安全设施和职业卫生“三同时”制度

加强建设项目的日常安全监管，严格落实审批、监管的责任。生产经营单位新建、改建、扩建工程项目的安全设施、职业病防护设施，必须与主体工程同时设计、同时施工、同时投入生产和使用。建设项目安全设施、职业病防护设施与主体工程未同时设计的一律不予审批，未同时施工的责令立即停止施工，未同时投入使用的不得进行项目竣工验收或颁发安全生产许可证，并视情节轻重追究有关单位负责人的责任。严格落实建设、设计、施工、监理、监管等各方安全责任。科学确定并严格执行合理的工程建设周期，不得干预和盲目赶超进度。严禁边勘察、边设计、边施工。对项目建设生产经营单位存在违法分包、转包等行为的，立即依法停工停产整顿，并追究项目业主、承包方等各方责任。

（五）严格执行重大隐患治理及重大事故查处督办制度

对安全隐患治理实行逐级挂牌督办、公告制度，重大安全隐患由省级安全监管监察部门或行业主管部门挂牌督办，并在主要媒体上予以公告，省级相关部门加强督促检查。对事故查处实行地方各级安全生产委员会层层挂牌督办,社会影响较大的事故查处实行省安全生产委员会挂牌督办。企业要经常性开展安全隐患排查,并切实做到整改措施、责任、资金、时限和预案“五到位”。建立以安全生产专业人员为主导的隐患整改效果评价制度,实行分类分批治理,重点监测监控。建立健全事故和隐患举报、重大危险源公示等社会监督机制。建立健全安全生产综合协调、激励约束、联合执法、信息共享、责任追究等工作机制。

(六)严格执行安全生产目标考核及责任追究制度

对各地区、各有关部门和企业完成年度生产安全事故控制指标情况进行严格考核,并建立激励约束机制。加大重特大事故的考核权重,对发生重大以上生产安全事故的,要视情节轻重追究县级分管领导或主要领导的责任,后果严重、影响恶劣的要按规定追究市级相关领导的责任。企业发生生产安全责任事故,追究事故企业主要负责人责任。对打击非法生产不力的地方实行严格的责任追究。严格实行企业安全生产零死亡目标考核和事故责任企业“黑名单”制度。对于发生重大以上生产安全责任事故或一年内发生 2 起以上较大生产安全责任事故并负主要责任的企业,以及存在重大隐患整改不力的企业,由省市安全监管监察部门会同有关行业主管部门向社会公告,并向同级投资、国土资源、建设、银行、证券等主管部门通报,一年内严格限制新增的项目核准、用地审批、证券融资等,并作为银行贷款等的重要参考依据。

五、鄱阳湖生态经济区安全科技战略

(一)加强安全生产科技支撑体系建设

要对安全生产科技经费给予支持,将安全生产领域亟待解决的重大基础理论和工艺性、共性、关键性技术研究纳入地方相关科技计划。充分推动安全生产技术服务社会化,依靠市场机制配置安全生产资源,大力发挥安全技术培训、检测、检验、评价、评估、认证、咨询等社会中介机构,完善安全生产技术服务体系,为企业安全生产和政府监管提供技术服务。

(二)完善安全生产技术支撑机构

依托安全监管部门直属科研单位和社会优势资源,建立完善省级安全生产监管监察支撑机构,搭建科技研发、检测检验、咨询认证与技术服务的工作平台;建设完善安全技术研究、应急救援指挥、调度统计信息、考试考核、危险化学品登记、宣传教育和执法检测等省级安全监管监察支撑机构。

(三)开展安全科学技术创新

强化企业技术管理机构的安全职能,鼓励企业开展安全科技研发,加快安全生产关键技术装备的换代升级。加大对高危行业安全技术、装备、工艺和产品研发的支持力度,引导高危行业提高机械化、自动化生产水平。开展安全产业调查,制定安全产业发展规划,重点发展安全装备制造业,研发制造检测监控、安全避险、安全防护、特种安全设施及应急救援等安全设备,优先发展工程项目风险管理、安全生产技术研发等咨询服务业。

淘汰落后工艺技术与装备。定期优化产业结构调整指导目录,强制淘汰不符合安全标准、职业危害严重、危及安全生产的落后技术、工艺和装备。支持有效消除重大安全隐患的技术改造和搬迁项目,遏制安全水平低、保障能力差的项目建设和延续。对存在落后技术装备、构成重大安全隐患的企业,要予以公布,责令限期整改,逾期未整改的依法予以关闭。

推广应用先进适用安全技术和装备。煤矿、金属与非金属矿山要全部安装监测监控系统、井下人员定位系统、紧急避险系统、压风自救系统、供水施救系统和通信联络系统等技术装备。危险化学品、烟花爆竹、民用爆炸物品的道路运输专用车辆,旅游包车和三类以上的班线客车要全部安装使用具有行驶记录功能的卫星定位装置;鼓励有条件的渔船安装防撞自动识别系统,大型起重机械要安装安全监控管理系统。

(四)完善安全生产科技研发平台

鼓励企业开展安全科技研发,加快安全生产关键技术装备的换代升级,加大对高危行业安全技术、装备、工艺和产品研发的支持力度,引导高危行业提高机械化、自动化生产水平。“十二五”期间,要继续组织研发一批提升江西省重点行业领域安全生产保障能力的关键技术和装备项目。以科研机构、大专院校为主体,形成安全新技术研发聚集地、孵化基地和产业化基地。开发研究安全生产新技术、新工艺,通过先进的技术和工艺提升安全生产水平,保障安全生产效能。把安全生产中亟待解决的关键性技术难题列入安全生产科技攻关计划,加快安全生产科技创新和成果转化步伐,大力推广先进的、适用的安全生产技术和创新成果,特别要在安全生产工艺装备研发、安全技术标准、安全技术应用、安全防护用品、安全监控技术、事故救援技术等方面取得新突破、新成果、新进展,全面提升各行业安全生产科技创新能力。

(五)建立安全生产网络信息系统

以省、市、县三级安全生产信息网络系统为基础,利用现代信息技术手段,积极推进信息化建设,建立和完善基于动态传感网络的物联网矿山安全信息系统、基于 GPS 系统的客车移动目标服务系统、安全生产管理信息系统、重大危险源远程视频监控预警系统、安全生产风险评估服务系统、大型起重机械安装安全监控管理系统和尾矿库运行实时监控系统等信息系统。建立信息通报机制,构建信息交换平台,实现信息共享,提高各种资源的利用率;及时完善更新信息系统,确保信息的准确、有效,加强信息报送、统计分析、事故救援总结评估、典型案例分析等工作,提升安全生产监管工作信息化水平,为政府的决策提供科学的信息保障。

(六)规范安全中介服务机构发展

依托科研院所,结合事业单位改制,推动安全生产评价、技术支持、安全培训、技术改造等服务性中介机构的规范发展。完善安全生产专业中介服务机构管理办法，保证专业中介服务机构从业行为的专业性、独立性和客观性。加强注册安全工程师的注册和继续教育管理，完善安全生产专家队伍。

以安全中介机构为主体，重点扶持一批专业化服务水平高、组织协调能力强的骨干安全中介机构，推动安全生产技术服务机构的规范发展。优先发展安全生产技术研发、工程项目风险管理等安全技术服务机构，制定完善安全生产技术服务机构管理办法，保证技术服务机构从业行为的专业性、独立性和客观性。培育和发展注册安全工程师事务所，规范和提高安全生产技术服务水平。

以重点实验室、工程研究中心和企业技术中心等机构为主体，通过资格审核、授权和挂牌，推动安全生产检测检验技术服务工作的开展。加强安全检测检验技术的研究和基础设施的建设，提高安全检测检验的水平和能力，形成强有力的安全生产检测检验技术支撑，为安全生产提供服务；加大对检测检验工作的监督，促进依法检验，规范运作。

（七）支持重点行业（领域）科学技术人才培养

加强安全技术与管理专业人才队伍建设，建立高层次人才的引进机制，注重科技人员的培养和知识更新，全面提高人员素质，支持和鼓励相关专业人才定向招生和培养。强化矿山等危险性较大行业的职业教育。解决工业化、城镇化和非公有制经济发展过程中安全技术和安全管理人员短缺问题，为中小企业安全生产管理提供人才和技术服务保障。

以省安全生产专家组为主体，吸收高等院校、科研单位、企事业单位和有关部门的技术人员和管理人员，建立安全生产专家信息库，为全省重大安全生产决策提供专家技术支持。在省安全生产监督管理局门户网站开设“安全生产专家频道”，充分发挥安全生产专家的作用，协助政府开展安全生产工作。开展“百名专家进矿山、进企业、进社区”的活动，推广国内外安全生产先进经验与成果。

(八)落实安全技术装备发展的产业政策

鼓励和引导企业研发、采用先进适用的安全技术标准和新装备、新工艺及新产品,通过提升改造,做大做强企业规模,取缔淘汰产能低、规模小、不具备安全生产条件的企业。加大对安全检测监控、安全避险、安全保护、个人防护、灾害监控、特种安全设施及应急救援等安全生产专用设备的研发制造,促进企业加快提升安全装备水平。

六、鄱阳湖生态经济区安全政策法规战略

安全生产法律法规是实施安全生产监管的有力武器,只有加强安全生产的立法工作,建立健全安全生产的法律体系,才能切实做到有法可依、执法必严、违法必究。当前鄱阳湖生态经济区要以贯彻实施《安全生产法》等国务院、国家安监局颁布的各项法律法规为契机,适应市场经济发展和安全监管的需要,加快安全生产法制建设。

(一)加快建立规范的安全生产法治秩序

2010 年 8 月,国务院召开全国依法行政工作会议,温家宝总理发表了重要讲话,会议提出要加快建设法治政府;国务院《意见》第三部分强调要“进一步加强安全生产法制建设”,要求要“健全完善安全生产法律制度体系”“加大安全生产普法执法力度”“依法严肃查处各类事故”。当前和今后一个时期,鄱阳湖生态经济区安监系统加强安全生产法制建设、推进依法行政工作,必须要以构建地方性法规和政策标准体系为重点,提高行政执法水平为核心、创新行政执法监督机制为手段、加强法制宣教工作为基础、推进科学决策为重要任务,推进安全生产各项工作法制化、程序化、规范化,建立规范完善的安全生产法治秩序。

(二)完善安全生产法规体系

研究修订完善《江西省安全生产条例》等安全生产相关的地方性配套法规,加快拟订有关安全生产监督管理、应急管理、建设项目安

全许可、注册安全工程师等方面的政策法规，进一步完善安全生产配套规章制度。《江西省安全生产事故隐患排查治理办法》和《江西省安全生产和重大安全生产事故风险“一票否决”实施办法》等法规应尽快出台并实施。根据国家有关法律规定，制定《安全生产举报奖励办法》和《安全生产监督检查条例》。

建立完善安全生产地方法规和标准体系，修订安全生产技术基础标准以及煤矿、非煤矿山、道路交通、建筑施工、烟花爆竹、危险化学品、民用爆破器材等有关行业的技术标准。进一步完善和落实安委会议事制度、部门联席会议制度、联合执法制度、隐患排查治理制度、重大危险源监控制度、事故约谈制度、事故和隐患举报制度。完善执法体制机制，规范行政执法自由裁量权和程序，建立对执法效果的跟踪反馈和评估制度。严格安全生产行政执法，依法打击取缔非法违法生产经营建设行为。

（三）强化安全生产法律法规的执行和监督

进一步制定安全生产激励、约束政策和制度措施，对不达标的企业实行退出机制，建立健全安全生产长效机制，以规范目前的安全生产监管工作。要立法加大处罚与事故赔付力度，增加企业违法成本，维护安全生产法制秩序。加大责任追究力度，按照“四不放过”原则，严肃查处事故原因，依法严惩事故责任人，依法追究相关责任人并及时进行处理。

（四）加强安全法规培训与宣传

安全生产管理涉及各行各业，专业性很强，监管人员要提高法治管理水平，必须加强培训与宣传，以提高法规制定者、执行者、监督者、相对人及公众的安全意识与水平。积极推动高危行业企业全员安全培训，重点抓好企业负责人、安全生产管理人员、特种作业人员培训。组织开展安全生产宣传咨询日、安全生产教育周、安全应急演练周和安全生产月等各项宣传活动，积极开展创建安全交通、安全企业、安全园区、安全社区、安全校园等各种活动。

七、鄱阳湖生态经济区安全投入战略

据国家安全生产监督管理局的一份研究报告显示，我国安全生产与经济发展有密切的关系，安全生产对经济发展的贡献率为2.4%~3.2%。我国安全生产的投入占整个国民经济总产值的比例仅为0.7%左右，而安全生产事故实际经济损失却占到2%~2.5%。由此可以看出，安全投入对经济发展的重要性。

（一）加大政府和企业对安全生产的投入

鄱阳湖生态经济区由于各级政府在安全投入资金不足，导致人员少，设备旧，员工的压力大，积极性不高，人才匮乏，给安全生产监管带来一定的困难。针对政府和相当一部分企业对安全生产投入严重不足，历史欠账较多，安全生产基础薄弱的现实，政府和企业都必须加大对安全生产的资金投入，依照《安全生产法》的要求，确保安全投入经费和企业生产条件的改善，对安全投入不足导致的后果由当地政府有关负责人和企业负责人承担。地方政府要制定合理的激励政策，提高全社会安全生产投入水平。隆重表彰安全生产先进单位，并在经济上给予适当奖励；对安全生产不达标、投入少的单位给予通报和经济上的处罚，甚至实行退出机制。

（二）实行安全专项经费稽查制度

《安全生产法》第十八条规定，生产经营单位应当具备的安全生产条件所必需的资金投入，由生产经营单位的决策机构、主要负责人或者个人经营的投资人予以保证，并对由于安全生产所必需的资金投入不足导致的后果承担责任。《安全生产法》虽然没有对企业安全生产的投入做出具体的数额规定，但实际上限定的要求更加严格了。而在实际执行过程中，由于没有实行稽查制度，这项规定在事先难以落实，只是出了事故后的总结，成为企业安全生产管理方面的一条事故原因，这样使企业产生侥幸和投机心理。

安全生产的投入应定性与定量相结合，明确企业安全生产专项经费投入项目,有关部门定期或不定期对企业安全生产投入进行财务审计并将审计报告报送当地安监机构,使安监部门的安全检查与事前安全投入的防范工作有机结合,确保企业的安全生产投入,防止事故的发生。

(三)实行积极的政府财政、金融、税收扶持政策

市场经济条件下,私营企业风起云涌,对推动鄱阳湖生态经济区经济社会发展做出了巨大的贡献。但是许多私营企业举步维艰,尤其是一些私营业主在企业创建之初,除对必不可少的生产设施投入外,在安全生产设施上能省则省,投产之时,安全就留有隐患,造成一批"先天不足的残疾儿"。从目前事故的分布状况看,中小企业和私营企业占生产安全事故总量和重特大事故的70%左右。对此,政府有关部门除了要加强对中小企业的安全生产监督管理,严把安全生产市场的准入关外,还应该在财政、金融、税收等政策方面给予扶持。一是给予安全设施装备的贷款支持,帮助企业加强技术改造,完善安全生产设施。二是对重大技术改造项目尽可能给予财政和税收扶持,或是实行阶段性税收优惠政策,使企业加快技术更新,保障安全生产。另外,各级政府设立应急救生经费,并列入政府财政预算;区内各教育部门设立学生伤害赔偿准备金。

(四)建立安全生产隐患整改基金

一部分企业因经济效益差,安全生产的基础十分薄弱,存在大量的安全事故隐患;一些地区的公共设施缺损严重,一旦发生事故,后果不堪设想,社会影响极大。因此,鄱阳湖生态经济区应该建立安全生产隐患整改基金,切实解决企业和社会上遇到的新问题。安全隐患基金的经费来源由地方政府先期注入一部分启动经费,然后将安全生产监管部门行政执法的经济罚没收入转为安全生产的投入资金,同时吸纳一部分社会和企业捐赠等。

(五)严格执行安全生产长期投入制度

严格执行安全生产经济政策,企业每年要按标准足额提取安全

生产费用，专户储存，专项用于安全生产及安全设备设施改造。加强对矿山、道路交通运输、建筑施工、危险化学品、烟花爆竹、民用爆炸物物品等高危行业企业安全生产费用的提取和使用管理的监督检查。切实做好尾矿库治理、扶持煤矿安全技改建设、瓦斯防治和小煤矿整顿关闭等各类资金的安排使用。依法加强道路交通事故社会救助基金制度建设，加快建立完善水上搜救奖励与补偿机制。高危行业企业探索实行全员安全风险抵押金制度。完善落实工伤保险制度，积极稳妥推行安全生产责任保险制度。

八、鄱阳湖生态经济区安全责任与监管战略

安全生产关乎国家财产利益、人民生命健康，国家为保证安全生产，保护人民生命安全，制定安全生产法律法规政策，地方各级政府机构负责安全生产监管工作的执行。安全生产监管工作能否取得进展，百分之九十取决于地方安全生产监管能否有效执行。针对鄱阳湖生态经济区安全生产监管存在的问题，本文提出了以下建议、对策。

（一）转变安全生产监管理念及方法

执法工作由查隐患为主转变为指导帮助企业建立完善的安全生产管理制度，推动企业落实安全生产主体责任，提升企业安全生产管理水平。一方面，企业要以“自查自纠”“全员参与”为核心原则，通过改变更新企业管理层的安全生产管理观念，牢固树立“以人为本”“安全发展”的理念，在一定程度上提供一些先进的管理方法，推动淘汰一批本质安全度不高的设施设备，培养一批掌握安全技能的员工，最终促使企业形成全员、全方位、全过程的安全管理模式。另一方面要创新政府监管策略。如建立相关职能部门的“监管协调制度”。即安全生产综合监管部门与专项监管部门（公安、检察、工会、技监等部门）定期的工作联席会议制度、情报通报制度、事故处罚协商制度、事故案件协查制度等；推行下级政府安全生产年度报告制度，即各级政府向上级政府（安监局处）报告年度安全生产状况；推行政府领导安

全生产述职制度，政府分管领导年底安全生产专项述职，与年终考核、晋级、升迁挂钩；将安全生产指标纳入社会发展指标体系，建议江西省统计局将如下五种安全生产指标：安全生产指数、10 万人死亡率、百万工时伤害频率、万车死亡率、百万吨煤死亡率等纳入社会发展指标体系中公布。

（二）健全安全生产监管监察体系

省、市、县三级工业主管部门要认真落实国务院〔2010〕23 号和赣府发〔2010〕32 号文件规定，落实安全生产指导管理职责，充实安全生产机构、人员和必要的保障条件，指导企业落实安全生产工作目标和行业安全生产标准，建立安全生产激励约束机制，参与重特大生产安全事故调查处理，加强企业安全生产隐患治理，发展安全产业，构筑本质安全型工业体系。

加强监管监察机构建设。调整充实省、市、县三级安全生产监管力量；进一步理顺和明确乡镇、街道安全监管机构执法职责和程序，充分发挥乡镇、街道安全监管机构的作用；鼓励和引导国家、省级经济技术开发区和工业园区设立安全监管执法机构，并将其纳入各级政府安全监管体系。

建设专业化的安全监管监察队伍。完善安全生产监管监察执法人员选拔与培养机制，建立安全生产监管监察执法人员执业资格制度，实现监管监察执法队伍的专业化和职业化；以岗位职责为基础，分级分类建立安全监管监察执法人员岗位能力评价体系，到 2015 年各级安全生产监管监察执法人员的执法资格培训及持证上岗率达到 100%；鼓励和支持安全监管监察执法人员到企业挂职锻炼。

（三）建立企业安全生产自律机制

“企业自律”就是要建立生产经营单位安全生产的自律机制。企业自律的完整含义应该包括企业在安全生产中的“自我约束”和“自我激励”两个方面。企业安全生产自我约束的实现离不开外部作用力，这种外部作用力主要有两种。其一是在良好的法治环境下，企业的安全生产行为和表现必须满足安全生产法律法规的要求；其二是在完善的市场竞争条件下,企业的安全生产行为和表现应该满足同行业企业之间公平竞争的需要,即企业的安全投入水平应该保持在同行业的基本要求之上。

企业安全生产自我激励就是企业在安全生产过程中制定超过法律法规的要求或超越自我现状的目标并有效实施,不断完善安全管理和安全技术改造,自觉地持续改进安全绩效,逐步达到安全生产管理的最佳境界。自我激励的关键是企业的负责人对安全生产的价值要有充分的认识以及将这种认识付诸行动的决心。

(四)加强从业人员劳动保护维权制

"职工维权"是指企业职工群众在生产劳动过程中,依据法律法规,对自身应该享有的安全和健康权利自觉地进行维护。国家通过制定法律、监督法律和执行法律,保护职工在生产劳动中的权利,企业必须遵守国家法律,避免法律制裁而保障职工的安全生产权利。靠国家和企业保护职工在生产经营活动中的安全生产权利仅是一方面,职工还应该主动维护自己的合法权益。

第一种是职工通过自己的合法组织如工会、职工代表大会等来进行,所采取的维权手段与过去的"群众监督"方法相类似,这种维权机制仍然可以称为"群众监督"机制。第二种是职工自己通过司法的手段来进行安全生产权利的保障,如法律仲裁、诉讼等,这种手段可以是职工的个人行为,不必经过工会或职工大会等组织。利用法律手段维权应该说是职工维权意识的进步,也是积极有效的手段。

(五)严格执行企业安全标准化制度

要全面落实《企业安全生产标准化基本规范》(AQ/T9006－2010),深入开展以岗位达标、专业达标和企业达标为内容的安全生产标准化建设,不断提高企业安全管理水平。开展"岗位达标",包括建立健全岗位安全生产职责和操作规程,明确从业人员作业时的具体做法和注意事项。从业人员要学习、掌握、落实标准,形成良好的作业习惯和规范的作业行为。企业要依据"岗位达标"标准中的各项要求进行考标,通过理论考试、实际操作考核、评议等方法,全面客观地反映每位从业人员的岗位技能情况，实现岗位达标，从而确保减少人为事故；开展“专业达标”，明确所涉及的专业定位，进行科学精细地分类管理。按月评、季评、抽查和年综合考评相结合的方式对专业业绩进行评估，对不具备专业能力的实行资格淘汰，建立“优胜劣汰”的良性循环机制，使企业专业化管理水平不断提高，提高生产力效率及风险控制水平；开展“企业达标”，从安全管理制度、安全生产条件、制度执行和人员素质等方面查找企业安全生产存在的问题并加以改进，建立完善的安全生产标准化体系，实现企业安全生产标准化达标。通过开展安全生产标准化达标工作，进一步强化落实安全生产“双基”工作，提高企业的安全生产管理水平和安全生产保障能力。

严格执行建设项目安全设施和职业卫生“三同时”制度，加强建设项目的日常安全监管，严格落实审批、监管的责任。生产经营单位新建、改建、扩建工程项目的安全设施、职业病防护设施，必须与主体工程同时设计、同时施工、同时投入生产和使用。建设项目安全设施、职业病防护设施与主体工程未同时设计的一律不予审批，未同时施工的责令立即停止施工，未同时投入使用的不得进行项目竣工验收或颁发安全生产许可证，并视情节轻重追究有关单位负责人的责任。严格落实建设、设计、施工、监理、监管等各方安全责任。科学确定并严格执行合理的工程建设周期，不得干预和盲目赶超进度。严禁边勘察、边设计、边施工。对项目建设生产经营单位存在违法分包、转包等行为的，立即依法停工停产整顿，并追究项目业主、承包方等各方责任。

（六）积极推进应急救援体系建设

加强应急管理体制和机制建设。建立结构完整、统一协调的应急救援管理组织体系，建设反应灵敏、运转高效的应急管理与协调指挥系统；加快突发生产安全事故灾难预测预警、信息报告、应急响应、恢复重建及调查评估等机制建设；加强各地区、各部门以及各级各类应急管理机构的协调联动，积极推进资源整合和信息共享，形成统一指挥、相互支持、密切配合、协同应对事故灾难的合力；研究建立保险、社会捐赠等方面参与、支持应急管理工作的机制，充分发挥其在生产安全事故预防和处置等方面的作用。

加快应急救援基地及队伍建设。根据煤矿、非煤矿山、道路交通、水上交通、危险化学品、消防、特种设备等行业或领域的特点、危险源分布情况，以各级政府部门、各类企业现有的专(兼)职应急救援队伍为依托，通过整合资源、调整布局、补充人员和装备，加快基本覆盖主要危险行业和危险区域的全省安全生产应急救援基地和队伍体系建设。

加强安全生产应急预案体系建设和管理。根据《江西省突发公共事件总体应急预案》《江西省安全生产事故灾难应急预案》要求，抓紧编制、修订各级各类安全生产应急预案和其他各类预案，搞好政府、部门、企业以及社会等相关应急预案的对接与协调，构建覆盖各地区、各行业、各单位的安全生产应急预案体系。

建立健全应急救援物资储备保障体系。建立应急物资与资金保障机制，完善安全生产应急救援物资储备制度，不断开拓社会化保障体系。严格制定保障措施，实现“定人、定责、定位”，确保各种应急救援物资在处置突发事件时，拉得出、联得动、用得上。

(七)加大培训、宣传力度，夯实安全生产基础

根据实际情况和现实需要加大行政过错责任追究力度，引导执法人员树立正确的安全观，确保依法行政。政府应加大安全投入的力度，特别是尽快建立符合实际情况的安全培训中心，场地、人员(包括教师)、设施要到位。人们的安全防范意识差，安全培训的任务重，安全培训特别是特种作业培训既能提高他们的自我保护能力，又能给他们增加一技之长。既要培训职工，又要培训主要负责人和安全管理人员，特别是特种作业人员，使职业培训和资格培训有机结合。对特殊群体(劳教人员)和弱势群体(农民工和伤残人员)应零成本培训。既要扩大培训范围和数量，更要注重培训质量，特别是应通过对安监执法人员的培训，实行持资格上岗制度，市、县(区)安监机构分管业务的领导及全体执法人员逐步凭全国注册安全工程师上岗，从根本杜绝“法盲执法”、执法犯法现象，使安全培训工作由量的扩张达到质的飞跃。通过全方位、深层次、多角度、宽领域的安全宣传、培

训提高全民素质,调动全社会关心支持安全生产工作的积极主动性,增强预防和减少事故的能力,从而夯实安全生产的基础。

(八)发挥监督检查作用,促进安全责任制的健全和落实

接受和实施外部监测评价,如第三方认证、行业检查等,发挥其“以外促内、以评促建”的监督机制,从“文件核查、交流沟通、现场核查”三个层次促进各级有效落实安全责任制。在各种检查中,需进一步将安全责任制的建立和落实作为监测的源头和重点进行关注、策划、实施和评价,首先通过文件审查确认受检查单位的安全责任制网络的充分性、适宜性和有效性;再通过交流和沟通,了解其各级人员对自己的安全职责和责任是否做到了应知应会、熟记于心;最后,在现场检查中核实安全职责是否执行到位。从以往检查人员对现场、事项的检查和发现问题,进一步转化到带领、引导和帮助责任人员认识其责任、发现问题和引发其改进思考;从帮助受检查组织发现和整改具体问题转化为重点促进其提升自我完善能力和预防能力。

(九)严格执行重大隐患治理及重大事故查处督办制度

对安全隐患治理实行逐级挂牌督办、公告制度,重大安全隐患由省级安全监管监察部门或行业主管部门挂牌督办,并在主要媒体上予以公告,省级相关部门加强督促检查。对事故查处实行地方各级安全生产委员会层层挂牌督办,社会影响较大的事故查处实行省安全生产委员会挂牌督办。企业要经常性开展安全隐患排查,并切实做到整改措施、责任、资金、时限和预案“五到位”。建立以安全生产专业人员为主导的隐患整改效果评价制度,实行分类分批治理,重点监测监控。建立健全事故和隐患举报、重大危险源公示等社会监督机制。建立健全安全生产综合协调、激励约束、联合执法、信息共享、责任追究等工作机制。

(十)严格执行安全生产目标考核及责任追究制度

对各地区、各有关部门和企业完成年度生产安全事故控制指标情况进行严格考核,并建立激励约束机制。加大重特大事故的考核

权重，对发生重大以上生产安全事故的，要视情节轻重追究县级分管领导或主要领导的责任，后果严重、影响恶劣的要按规定追究市级相关领导的责任。企业发生生产安全责任事故，追究事故企业主要负责人责任。对打击非法生产不力的地方实行严格的责任追究。严格实行企业安全生产零死亡目标考核和事故责任企业“黑名单”制度。对于发生重大以上生产安全责任事故或一年内发生2起以上较大生产安全责任事故并负主要责任的企业，以及存在重大隐患整改不力的企业，由省市安全监管监察部门会同有关行业主管部门向社会公告，并向同级投资、国土资源、建设、银行、证券等主管部门通报，一年内严格限制新增的项目核准、用地审批、证券融资等，并作为银行贷款等的重要参考依据。

（作者简介：麻智辉　江西省社会科学院经济所所长、研究员
高　玫　江西省社会科学院经济所副所长、研究员
刘晓东　江西省社会科学院经济所副研究员
余永华　江西省社会科学院经济所实习研究员）

构建生态文明发展成果的绩效考评体系*

李志萌 何雄伟 游冬娥 陈 宁 马 回

党的十八届三中全会报告明确提出“要加强生态文明制度建设。要把资源消耗、环境损害、生态效益纳入经济社会发展评价体系，建立体现生态文明要求的目标体系、考核办法、奖惩机制”。完善发展成果考核评价体系，纠正单纯以经济增长速度评定政绩的偏向。习近平总书记在2013年全国组织工作会议上明确指出，要改进考核方法手段，不能简单以国内生产总值增长率来论英雄。发展成果考核体系理念的转变，充分体现了新一代中央领导集体更加科学、务实和辩证的政绩考核导向和全面深化干部制度改革的决心。2014年11月国家发改委、财政部、国土资源部等六部门最近正式批复《江西省生态文明先行示范区建设实施方案》，江西以全境列入生态文明先行示范区建设地区，通过先试先行，形成生态文明建设“江西典范”。因此，必须建立一套科学有效的发展考核评价体系，指导美丽中国的江西先行实践。

一、生态文明考核评价体系研究现状

关于生态文明建设发展成果考核评价体系，最早可追溯到关于可持续发展评价体系的研究，关于绿色GDP核算、区域生态文明建设评价指标体系及以绿色导向的干部政绩考核体系等。

（一）可持续发展的评价体系

1992年，联合国环境与发展大会（UNCED）《21世纪议程》确定鼓

---

* 本项目组长：李志萌，副组长：何雄伟、游冬娥，成员：陈宁、马回

励发展的同时保护环境的全球可持续发展行动蓝图。此后一些国际机构、非政府组织及部分国家纷纷开展可持续发展指标体系研究工作，并提出各自的指标体系。诸如联合国可持续发展委员会(UNCSD)的可持续发展指标体系、联合国统计局的可持续发展指标体系框架(FISD)、世界银行(WB)的可持续发展指标体系、中国国家统计局提出的可持续发展指标体系等。国内外一些学者亦提出了若干城市或区域可持续发展的指标体系。如联合国可持续发展委员会在1999年根据"DSR"模型对经济层面、社会层面、环境层面、制度层面四个方面，建立包括15类39个子项的可持续发展评价指标体系。环境问题科学委员会(SCOPE)、联合国环境规划署(UNEP)提出可持续发展指标体系，内容包括人口、资源、环境、经济、社会等方面的一共25个指标，并且运用加权平均法来计算设定的可持续发展综合指数。

国内选择研究方面，国家环保总局(曹凤中等，1998)按照压力、状态、响应框架构建可持续发展城市判定指标体系，从经济发展、社会发展、环境与资源指标体系、域外影响与可持续发展指标体系四个方面，通过对环境、资源等描述性指标的货币化，将其综合成为综合性的单一指标：真实储蓄率。中科院可持续发展度指标体系(DSD)(牛文元等，1993)将可持续发展系统解析为生存、发展、环境、社会和智力五大支持系统，并用45个指数加以代表，以及219个指标对其进行定量描述。国家统计局和中国21世纪管理中心(1998)指标体系从经济、社会、人口、资源、环境和科教六大系统设置196个描述性(现状)和100个评价性(变化趋势)两类指标。

(二)关于绿色GDP核算体系

1993年联合国经济和社会事务部把绿色GDP定义为可持续发展的国内生产总值，是从中扣除自然资源的消耗成本与环境污染损失成本后的国内生产总值。世界资源研究所（WRI）的绿色GNP体系，是从GNP指标中减去资源环境的消耗值，对其进行"绿色"修正。国内方面，2012年，中国国际经济交流中心(CCIEE)和世界自然基金会(WWF)共同研究绿色经济指标体系，两家组织撰写的《超越GDP：中国省级绿色经济指标体系研究报告》，对我国各省绿色经济进行核算。该指标体系有助于地方政府衡量绿色发展、制定绿色经济政策。GDP 核算的生态文明评价体系构建(潘勇军,2013)以国民经济核算为方法论为指导,借鉴联合国综合环境经济核算体系(SEEA－2012)和中国绿色国民经济核算体系的相关理论,以生态 GDP 理论和内涵为出发点,构建生态 GDP 核算体系的核算框架。绿色考核方面一直以来难以解决的问题就是如何将环境污染与资源消耗准确评价。

(三)生态文明发展成果评价体系

国内学者对生态文明建设评价指标体系进行了大量研究,且其指标体系的构建主要参考原国家环境保护总局制定的生态县(含县级市)、生态省(自治区、直辖市)建设指标体系(修订稿,2007)。这为科学合理设置江西国家生态文明先行示范区建设评价指标体系奠定了坚实的基础。杨开忠(2009)利用地区生态足迹 EEI 指标衡量生态文明程度。朱成全、蒋北(2009)用水环境、大气环境、土壤环境、其他环境来衡量生态发展指数并据此构建生态文明评价指标体系。朱松丽、李俊峰(2010)单独设置了生态文化与制度指标系统。王文清(2011)将社会发展系统单独设置指标。韦贵红(2011)将中国省域生态文明建设评价指标体系(ECCI2010)以“总指标—考察领域—具体指标”三层指标为基本框架,以生态活力、环境质量、社会发展和协调程度为四大核心考察领域,共同组成生态文明指数(ECI)评价指标。王会、王奇、詹贤达(2012)关于生态文明内涵的生态环境、生态型物质文明、生态型政治文明、生态型精神文明、与区域外部的关系“1＋3＋1”的五大方面,构建基于生态文明内涵的生态文明评价指标体系的基本框架。严耕(2013)量化了生态、资源、环境与经济的协调程度,从生态活力、环境质量、社会发展和协调程度四个系统 22 个指标构建了生态文明评价体系。成金华、易杏花、陈军、张欢等(2013—2014)提出从资源能源禀赋、经济发展、环境友好、经济结构调整和居民幸福度五个方面构建生态文明评价指标体系,提出评价指标体系能够较好地反映环境问题的区域差异状况及生态文明建设的本质内涵,应考虑环境问题的差异特征。齐心(2013)根据十八大提出的经济建设、政治建设、文化建设、社会建设和生态文明建设“五位一体”的总体布局,以及城市生态化发展的理论,提出了由生态自然建设、生态经济建设、生态社会建设、生态政治建设、生态文化建设五个方面组成的衡量城市生态文明建设水平的指标体系。蔺雪春(2013)根据生态文明的系统特征,将城市生态文明的评价因子概括为六大类。张梅(2013)针对丽水市、张槐安(2013)针对毕节生态文明先行区建设提出了生态文明评价指标体系构建。

(四)以绿色导向的干部政绩考核区域实践

发展成果评价考核体系是区域经济社会发展方向的重要指挥棒。为此,中组部于2013年12月6日下发《关于改进地方党政领导班子和领导干部政绩考核工作的通知》提出对地方领导干部的考核,不能仅仅把地区生产总值及增长率作为考核评价政绩的主要指标,要根据不同主体功能区设置不同考核指标。在此之前,2008年贵阳市发布了《贵阳市建设生态文明城市指标体系及监测方法》。该指标体系包含生态经济、生态环境、民生改善、基础设施、生态文化和廉洁高效六方面的33项指标,在全国属首创。之后2010年浙江丽水市在全国率先创建了生态文明建设指标及考核办法。江西省率先建立的"绿色"市县考核体系,出台了《2013年度市县科学发展综合考核评价实施意见》,考核评价内容包括党的建设、社会建设、经济发展及成效、民生工程、生态环境共5个一级指标。在此之后,全国多个省份已经陆续推出或者正在制定对所辖市县领导干部政绩考核的改革。2013年江苏省环境科学研究院汇编了《生态文明建设相关指标体系汇编》、四川省2014年出台了《关于改进和完善市县党政领导班子和领导干部政绩考核工作的实施办法》、湖北省人大常委会通过的《关于大力推进绿色发展的决定》,云南省委印发了《关于加强和改进省管领导班子和领导干部综合考核评价工作的指导意见》,山东省也颁发相关文件,大幅降低GDP考核分值,不简单以GDP及增长率排名评定政绩和考核等次。此外,据统计,全国2787个县中,明确不考核GDP的县有1100多个,主要包括重点生态功能区、农产品主产区。目前,我国学者和政府官员对发展成果评价的认识和实践总体上还处于探索阶段,需要广泛吸取各地生态政绩考核的成功经验并加以总结推广。

二、生态文明发展成果考核评价体系的构建

建设生态文明,是关系人民福祉、关乎民族未来的长远大计。生态文明指标体系是生态文明建设的核心内容。它是对生态文明建设进行准确评价、科学规划、定量考核和具体实施的依据,目的是为了客观、准确评价人与自然的和谐程度及其文明水平。立足生态文明的内涵和基本特征,在遵循系统性与区域性相结合、综合性与代表性相结合、导向性与创造性相结合、定性与定量相结合原则的基础上,生态文明指标体系不仅可以在操作层面上帮助人们理解什么是生态文明的具体表现,而且可以使决策转向人与自然和谐的方向,对促进经济、资源、环境、社会和人口的协调发展起到一种导向作用。完善生态文明建设的考评机制,倒逼政府工作重心的转移。

(一)构建考核评价体系的基本思路

基于生态文明背景的发展成果考核评价体系是指根据国家主体功能区要求,针对不同区域的人口、社会、经济、资源和环境发展现状,采用一系列符合生态文明建设要求的发展成果相关的指标,通过适当的模型对其发展进行定性或定量评估。通过所做的发展成果的评价,可以对各区域的发展现状有一个总体全面的认识,了解发展中存在的问题,为制订正确的发展规划提供依据。

国家生态文明先行示范区建设,是十八届三中全会以来的一项重大举措,是探索当代中国转型时期可持续发展的先行先试,是我国推进生态文明建设顶层设计的系列政策之一,也是探索符合我国国情的生态文明建设模式的重要实践。在江西省生态文明先行示范省规划方案中,明确了建立生态文明建设评价体系的至关重要性,它是绿色经济的指挥棒。只有根据生态文明建设要求,将资源消耗、环境损害、生态效益等因素纳入评价考核范围,多维度、分层次构建经济社会发展评价体系;按重点开发、限制开发和禁止开发不同区域对生态文明建设建立不同的评价目标;科学分配权重和系数,建立生态服务功能价值核算体系,才能有效引导各基层单位工作重心的转移,实现绿色经济的崛起。

（二）构建发展成果评价指标体系的基本原则

在设置评价指标时，还必须遵循以下原则：

1. 导向性。基于生态文明建设背景的发展成果考核的目的就是规范、引导各区域向可持续发展的方向发展，考核应充分体现生态文明的"绿色"内涵，做到既考虑可持续发展的问题，又估计目标的可及性问题，从而达到能真实地体现科学发展观和生态文明建设的客观要求。

2. 差异性。各地特色不同，在制定成果评价指标体系时，既要遵循评价考核的基本原则和要求，坚持科学发展的导向，同时也要根据不同地区、不同层级领导班子和领导干部的职责情况，因地制宜制定考评办法，反映当地特色，符合本地实际。避免"一刀切"，脱离实际。

3. 科学性。指标体系必须建立在科学的基础上，指标概念必须明确，且具有一定的科学内涵，能够充分度量和反映区域的发展程度，保证评价结果的真实性和客观性。发展成果的指标评价指标要尽可能地量化，对于一些难以量化而又意义重大的指标也可以用定性指标描述。各项指标应互相独立，避免重复计算。

4. 整体性。指标体系作为一个整体，覆盖面要广，应能综合反映可持续发展的主要特征。既要有反映各子系统发展的指标，又要有反映各子系统直接相协调的指标。评价指标体系可分解为若干递阶层次结构，使指标体系合理、清晰。综合考虑各个内容要素的合力构成及逻辑关联度，进行系统分析，合理确定。

5. 动态性。从发展成果评价考核的角度看，考核指标应注重结果性指标，要正确对待显绩与潜绩。从对经济社会整体的发展影响来看，潜绩更带有根本性和长远性，是真正的政绩。正确分析当前与长远。打基础、利长远、可持续，是政绩考核的重要导向。政绩考核不仅要注重现状评价，也要分析过去基础、评估未来影响。因此，在设计指标体系的时候，要坚持整个评价系统应该是处于不断的变动中，要有相应的动态变动的指标以指导整个区域的可持续发展水平。

（三）构建发展成果评价指标体系的框架

按照系统复合理论，发展成果评价指标是一个由经济系统、环境系统、社会系统组成的复合系统。遵循上述原则,本文构建了目标层、准则层、指标层三个层次的指标体系框架。

1. 目标层:为了定量地反映各区域经济发展状态和发展差异,本文设计目标层——发展成果综合考核评价。该值是区域在发展经济过程中经济发展、产业发展、能源消耗、科技进步、社会进步、环境优化的综合体现。

2. 子目标层:为了进一步反映在区域发展过程中各个影响因素对综合值的影响,本文设计了经济发展水平评价系统、资源消耗水平评价系统、生态环境保护评价系统、生态文明水平评价系统、社会民生能力评价系统五个子目标层。主要基于以下考虑:低碳经济发展水平评价,涉及经济、产业、环境保护、制度、社会等各个方面,本评价系统将指标体系分为五大类,较好地体现了区域经济、社会、生态环境协调发展的思想,为全面构建区域发展评价提供了很好的框架。

在不同区域实行不同考核标准:

(1)在优先开发区和重点开发区域,实行工业化和城镇化水平优先的绩效评价,突出承接产业和人口转移方面的考核,考核指标包括GDP、吸纳外来人口规模等。

(2)在限制开发区域,对限制开发的农产品主产区,主要考核农业综合生产能力、农民收入等指标,不考核 GDP、投资、工业、财政收入和城镇化率等指标;限制开发的重点生态功能区、生态水源核心保护地区,主要考核大气和水体质量、水土流失治理率、森林覆盖率、森林蓄积量、生物多样性等指标,不考核 GDP、投资、工业、农产品生产、财政收入和城镇化率等指标。

3. 子系统和指标层:指标层是描述在社会发展过程中的一组基础性指标。本文主要参考国内外学者关于发展成果考核评价的指标体系,并采用理论和专家讨论进行取舍补充。

4. 评价体系权重和分值的确定。目标值的确定主要是借鉴当前主体功能区发展要求与目标,并通过专家咨询的方式确定区域发展的各指标的权重值,力求所确定的目标值科学、合理。在构建发展成果考核体系过程中,衡量具体指标值时,建议采用百分制打分。在四级细分量化指标的打分基础上,进行加权求和,得到三级指标的分数,再依次获得二级指标和最终一级指标的得分。

在不同的区域不同子系统权重不同:

(1)在优先开发区和重点开发区域,评价指标体系的经济发展水平评价系统、资源消耗水平评价系统、生态环境保护评价系统、生态文明水平评价系统、社会民生能力评价系统五个子目标层,应该是同等重要,不同子系统的权重应该占到20%。

(2)在限制开发区,考核重点应该是生态环境保护评价系统、生态文明水平评价系统、社会民生能力评价系统,对经济发展水平不做考核,其考核生态环境保护评价系统、生态文明水平评价系统、社会民生能力评价系统权重各占1/3。

基于主体功能分区的发展成果评价指标

目标层	准则层	指标层	指标性质
发展成果考核评价体系	经济发展水平	人均GDP(元)	正
		GDP增长率(%)	正
		人均地方财政收入(元)	正
		第三产业占GDP比重(%)	正
		城镇化率(%)	正
		人均社会消费品零售总额(元)	正
		循环经济增长值占GDP比重(%)	正
		高新技术产业占GDP比重(%)	正
		高新技术产业增长值增长率(%)	正
		三废综合利用产值占工业产值比重(%)	正
		信息产业增加值占GDP比重(%)	正
		科技进步贡献率(%)	正
		农产品绿色有机农产品种植面临比例(%)	正
		生态环保投入占财政支出比例(%)	正

续表

目标层	准则层	指标层	指标性质
发展成果考核评价体系	资源消耗水平	单位 GDP 能耗	负
		单位 GDP 水耗	负
		非化石能源占一次能源消费比重(%)	正
		土地集约利用率(%)	正
		工业废水综合利用率(%)	正
		工业废气综合利用率(%)	正
		城镇生活污水集中处理率(%)	正
		农村生活污水无害化处理率(%)	正
		城乡生活垃圾无害化处理率(%)	正
		主要污染物总量减排完成率(%)	正
	生态环境水平	全年空气质量达标率(%)	正
		城市建成区绿化率(%)	正
		人均公共绿地面积(公顷/人)	正
		生活饮用水达标率(%)	正
		噪音达标区覆盖率(%)	正
		森林覆盖率(%)	正
		自然保护区覆盖率(%)	正
		环境综合指标	正
		大气环境 NO_2 浓度	负
		大气环境 TSP 浓度	负
		烟尘控制区覆盖率(%)	正
		公众对生态环境的满意度	正
	生态文明水平	生态环境保护各项考核制度执行率(%)	正
		公众环境保护参与率(%)	正
		生态环境指数普及率(%)	正
		公众对政府满意度	正

续表

目标层	准则层	指标层	指标性质
发展成果考核评价体系	生态文明水平	生态环境议案、提案建议纳入相关政策比例(%)	正
		生态环境保护相关法律法规贯彻落实情况	正
		党政干部参加生态文明培训的比例(%)	正
		公共交通出行比例(%)	正
		有关产品政府绿色采购比例(%)	正
		生态文明建设占党政绩效考核的比重(%)	正
	社会民生水平	城镇居民人均可支配收入(元)	正
		农村居民纯收入(元)	正
		城镇居民恩格尔系数	负
		农村居民恩格尔系数	负
		基本社会保险覆盖率(%)	正
		城乡居民收入比	正
		就业水平指数(%)	正
		社会安全指数(%)	正
		每万人中的医院	正
		卫生院床位数	正
		人口平均预期寿命	正
		三产从业人员比例(%)	正

三、实施生态文明绩效考核评价的保障措施

按照《国家生态文明先行示范区建设方案(试行)》要求，通过5年左右的努力，江西作为先行示范地区，要基本形成符合主体功能定位的开发格局，资源循环利用体系初步建立，节能减排和碳强度指标下降幅度超过上级政府下达的约束性指标，资源产出率、单位建设用地生产总值、万元工业增加值用水量、农业灌溉水有效利用系数、城镇(乡)生活污水处理率、生活垃圾无害化处理率等处于全国前列，覆

盖全社会的生态文化体系基本建立。必须按照科学的指标体系,完成预计的目标,形成可复制、可推广的生态文明建设典型模式。

(一)完善发展成果考核制度

进一步完善发展成果考核的办法与意见,包括评估的方法和程序,发展成果考核的组织、领导和工作机构,考核结果的公开与运用等。确保生态相关考核内容要素在实际中可用、能用。国家及省市、县各级要制定具体的《生态文明发展水平具体考核办法》,把生态文明作为区域经济发展考核一项重要内容要素纳入制度化、规范化和科学化的轨道,形成生态文明考核的良性运作机制,引导领导干部树立视生态政绩为个人责任和追求的目标。完善考评监督机制,实现领导干部政绩评价的内容、方式和标准法律化、制度化。完善评价主体。构造包括上级组织、中介机构(公正、公平、严谨、专业)、民众多元评价主体。

(二)制定差异化政策支持

根据各主体功能区,建立体现生态文明要求的分类政绩考核评估体系。把生态红线作为生态安全的底线、公众健康的底线和可持续发展的底线。根据不同的主体功能区采取不同的政府投资政策:在限制开发区加大转移支付。在财政、投资及产业政策方面,建立生态激励型财政机制,对限制开发区域建立生态导向的激励机制,通过科学设置生态指标考核体系,将省财政转移支付与生态保护成效挂钩,实行生态补偿机制,加大对限制开发区的转移支付力度。在重点开发区域,重点支持城镇基础设施建设、部分欠发达地区的公共服务设施建设;在禁止开发区域,重点支持公共服务设施、交通设施、管护设施和生态环境设施建设,包括道路、信息、供水、污水、垃圾处理、天然林保护工程等。

(三)出台奖惩激励机制强化落实

政绩考核实行了多年,在一些地方效果似乎并不理想。究其原因,除了政绩考核偏重 GDP 的导向偏差,一个重要原因是,在实践中缺乏严格的责任追究。真正使这些“硬杠杠”成为广大干部政绩考核的硬指标。对环境保护工作实行问责制和“一票否决”制，将环境工作责任和考核结果作为领导干部任免奖惩的重要依据。加重生态政绩考核在整个政绩考核体系中的权重，不断推动生态政绩考核的发展。

(四)实行严厉的生态责任追究制度

要使政绩考核真正派上用场而不流于形式，必须强化责任追究的理念并付诸实行。注重强化评价考核体系中生态指标的“硬约束”“硬杠杠”。在评价考核体系中，要按照“严守资源消耗上限、环境质量底线、生态保护红线”的要求，确定生态文明建设相关的约束性指标，并实行领导干部生态环境损害责任终身追究制。严格执行新修订的环境保护法，以解决损害群众健康的突出环境问题为重点，加大对各类违法主体的处罚力度，实行最严格的生态环境损害赔偿制度。探索编制自然资源资产负债表，实行领导干部自然资源资产离任审计制度和生态环境保护责任终身追究制度。

（作者简介：李志萌　江西省社会科学院科研处处长、研究员
何雄伟、游冬娥、陈宁　江西省社会科学院助理研究员
马回　江西省社会科学院实习研究员）

东部地区经济发展动态绩效评价及路径启示

林昌华

一、引言

从系统论的角度看，某个区域经济实体均是一个投入产出不断循环的经济系统，如图1所示，区域经济要平稳运行首先需要人力、物力和财力的发展要素资源投入，经过生产、分配、交换、消费四个环节实现社会生产总过程的循环，这个循环过程在产出方面表现出了对区域内社会实体的综合影响，也即社会综合产出，主要表现在两个方面：其一是区域经济系统产出形成了供社会消费的各种物质和产品，也即价值表现通常用国内生产总值GDP来衡量；其二是区域经济系统的运行通过利用各种资源在综合循环过程中还会对承载的环境产生相应的影响，也即经济系统运行的生态表现反映在经济主体对自然的作用上；这个与现代社会的发展理念不谋而合，反映在区域经济发展中，不仅仅要重视经济建设还要关注生态文明建设，实现人与自然的和谐共处及均衡发展，从而也形成了一个审视区域经济系统运行健康与否的一个新的尺度和标准。由于地理区位优势及发展基础条件的差异，决定了我国各个区域经济发展不平衡的局面，从发展现状来看，随着“西部大开发”战略的快速推进，区域经济发展的差距虽呈现出不断缩小的趋势，但东部地区经济发展水平仍然领先全国，无论在发展质量还是发展层次上仍然相对较高，因此，在推进经济均衡发展的进程中，有必要充分研究和借鉴领先发展地区经济发展的规律和经验教训，从系统的角度更加全面地审视东部地区区域经济发展的绩效，找寻区域经济健康均衡发展的路径，探索影响区域经济发展效率的相关因素和关键发展要素，为未来中西部地区区域经济跨越发展提供参考和指引。在学界已有众多的学者在这一领域做出了卓有成效的尝试和努力，武春友、吴琪(2009)采用超效率 DEA 模型测算了我国 30 个省市的能源使用效率，提出了提升区域能源效率的对策和路径；张庆民、王海燕等(2011)通过使用改进的 DEA 模型测度了 10 大城市群的环境投入产出效率，指出了区域环境污染治理的改进方向；李海东、吴波亮(2013)运用超效率 DEA 三阶段模型对中国各省市经济发展效率进行评价，研究发现了外生的环境和随机误差对我国经济效率影响较大；计志英(2012)运用随机前沿分析法对东南沿海四省一市的经济效率及其影响因素进行实证分析，研究发现第三产业自身技术效率递减以及 FDI 是一种次优的制度安排，对本土企业具有挤出效应；刘建国(2012)深入剖析了中国区域经济效率的动态演进及其静态空间格局，从空间维度分析了经济效率的溢出效应。这些研究对区域经济发展绩效的评价提供了很好的借鉴参考，但很多学者没有融入生态影响因素来更加全面地考察分析。

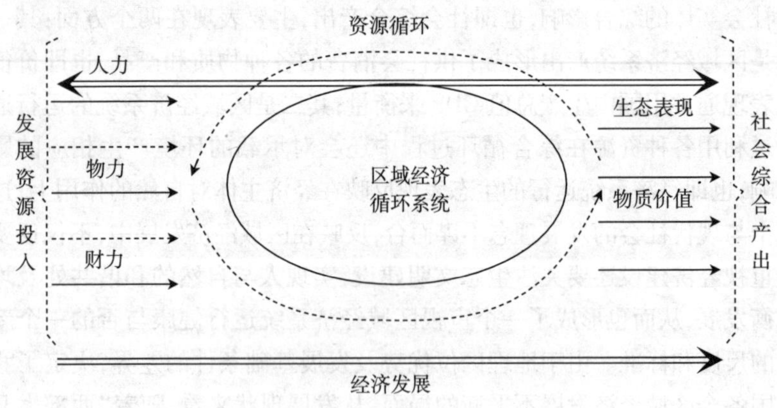

图 1　区域经济系统运行图

鉴于此，笔者尝试以系统论的角度来审视区域经济发展，在图 1 区域经济系统运行框架的基础上，选择合适的评价模型，构建涵盖“多位一体”经济发展内容的指标体系，从动态的角度相对全面地测度东部区域经济系统运行绩效，并对影响经济运行绩效的因素进行探究和对比分析，深入了解决定经济平衡发展的动力和路径。

二、分析模型构建

在实践应用中，对系统进行效率测度的方法多种多样，考虑到对于评价复杂系统的多投入多产出有效性评价方面的优势，学界普遍应用数据包络分析(DEA)这一非参数方法来评价生产效率。基于上述区域经济运行系统的分析框架，笔者采用非参数DEA线性规划方法，通过面板数据来计算总的因素生产率(TFP)变化、技术变化、技术效率变化和规模效率变化，这些效率构成的指数即Malmquist指数，它用来测量生产力的改变，并将其分解为技术改变和技术效率改变，进而提供更有价值的系统绩效信息。对于DEA模型的原理，学界已有大量文献对其进行了详细的陈述，是比较普遍性的分析模型，其原理大家也已比较熟悉，在此不再详细赘述；而以数据包络分析为基础的Malmquist指数法，主要分为给定产出水平下使投入最小和给定投入要素下使产出最大两种类型，来测算全要素生产率。在本文中笔者以社会综合产出最大来测度区域经济系统发展绩效，即全要素城镇化效率，这两种类型没有本质差别，主要是衡量系统运行的角度不同。按照该模型的理论框架，笔者以我国东部地区内各个省市区域作为一个决策单元，建立各个年度全要素生产效率的最佳生产前沿面，把各省市的发展绩效与这一前沿面进行对比，深入评价这些区域经济发展的效率和技术进步变化。在这种情况下，首先定义产出指标变量的距离函数：

$$D_0 = (X, Y) = \inf\{\delta: (x, y/\delta) \in P(x)\}$$

其中，x 和 y 分别为投入变量和产出变量矩阵，δ 表示面向输出的效率指标，$P(x)$ 为可能生产集合，那么基于产出指标变量的Malmquist生产率指数定义为：

$$M_0^t = \frac{D_0^t(x_{x+1}, y_{t+1}}{D_0^t(x_{t_1}, y_t)}$$

$$M_0^{t+1} = \frac{D_0^{t+1}(x_{t+1}, y_{t+1})}{D_0^{t+1}(x_t, y_t)}$$

这样便能用来测量技术效率变化指数,其中,D 是表示根据生产点在相同时间段或混合期间(即 t 和 $t+1$)同前沿面技术相比得到的输出距离函数,为避免随意选择一种参照技术,可通过其几何平均值来计算定向输出的 Malmquist 指数:

$$M_0(x_t,y_t,x_{t+1},y_{t+1})=\sqrt{\frac{D_0^{t+1}(x_{t+1},y_{t+1})}{D_0^{t+1}(x_t,y_t)}\times\frac{D_0^t(x_{t+1},y_{t+1})}{D_0^t(x_t,y_t)}}$$

这个是用来表示前沿面在区间 t 和 $t+1$ 变化的几何平均值,可以反映出全要素城镇化效率的变化趋势。

此外,还能够把技术效率变化指数进一步分解为纯效率变化和规模效率变化,即:

$$M_0(x_t,y_t,x_{t+1},y_{t+1})=\frac{S_0^t(x_t,y_t)}{S_0^t(x_{t+1},y_{t+1})}\times\frac{D_0^t(x_{t+1},y_{t+1}/VRS)}{D_0^t(x_t,y_t/VRS)}\times\sqrt{\frac{D_0^t(x_{t+1},y_{t+1})}{D_0^{t+1}(x_{t+1},y_{t+1})}\times\frac{D_0^{t+1}(x_t,y_t)}{D_0^{t+1}(x_t,y_t)}}$$

上述公式中等式右边第一项表示规模效率变化,第二项表示纯技术效率变化,最后一项表示技术变化,其值可能等于1、大于1或者小于1,分别表示没有变化、有改进和发生倒退。

上述 Malmquist 指数法可以动态地衡量区域经济发展的绩效,能够避免参数方法中函数形式设定失误而产生的分析结论偏差问题,为区域经济系统全要素生产率测量提供可靠参考。

三、指标选择及数据说明

根据国家统计局 2011 年 6 月 13 日公布的区域划分办法,我国的经济区域主要划分为东部、中部、西部和东北四大地区。其中,我国东部地区主要包括北京市、天津市、河北省、上海市、江苏省、浙江省、福建省、山东省、广东省和海南省 10 个省市,因此对东部地区经济发展评价的分析数据以上述省市为主。此外,考虑到统计口径的一致性和数据获得的便利性,笔者选取 2004—2012 年上述 10 个省市的面板数据作为样本区间,其中 2011 年和 2012 年部分数据存在缺失值,为使效率测度更加准确,笔者运用常见的指数平滑法做必要的插值处理,基于篇幅限制在此不再详细阐述。

对于评价指标的选择,在实践应用过程中,不同的学者出于不同的角度对区域发展的评价,通常根据选择模型的要求构建与之对应的指标体系,例如齐建珍(2003)提出区域转型效果的数学模型和评价指标体系,建立了相对全面的量化标准;吴冠岑、刘有兆等(2007)从可持续发展的角度,以发展度、持续度、协调度、趋势度等指标来评价区域经济、社会、资源、环境各个系统之间的协调关系;樊正强、李奇(2007)从系统创新角度,以科技、政策、制度、管理四项指标评价区域经济发展效果;程嘉怡(2009) 在面板数据基础上从区域经济开放、政府发挥作用程度、财政支出结构等方面评价经济发展成效。为此,笔者在参考学界关于区域经济系统分析的相关指标体系的基础上,以图 1 的分析框架为基础,基于 DEA 模型的构造特点,结合现代经济发展的趋势变化,不再单纯看重经济发展物质内容上的变化,更加关注有质量的经济增长,也即考虑生态效益体现人与自然和谐的经济发展诉求,加入了衡量区域绿色发展的相关指标,选取常见的资本、劳动力和环境治理费用作为投入变量,国内生产总值和资源循环利用总产值作为产出变量,以求更加贴近区域经济系统“多位一体”发展的价值诉求,投入产出指标的具体界定如下:

1. 资本要素投入

学术界对资本投入指标的构建,通常以固定资产净值年平均余额为尺度,通过永续盘存法计算其数值。本文对各个省市当年的资本投入是以横向比较的方式进行的,因此剔除价格因素对本文影响不大,考虑到数据获得的便利性,笔者以各年度全社会固定资产投资额来反映资本要素投入,单位为亿元。

2. 人力要素投入

反映在区域经济系统中也即劳动力投入,通常以各个省市年初和年末就业人数平均值来衡量,由于统计部门尚未对有效劳动时间进行衡量,因此选择从业人员数作为人力投入指标,单位为万人。

3. 环境治理投入

也即反映区域经济系统运行中,需要考虑社会生产过程对生态的负面影响,需要进行环境保护修复的相关活动,由此产生的各类环境治理投入,本文选择区域各年度环境保护投资额进行衡量,单位为亿元。

4. GDP 产出

用来衡量社会生产过程的物质产出,包括各类实物和相关的产品,通常以货币价值的形式来进行考量,本文选择常见的地区国内生产总值也即 GDP 作为产出指标,单位为亿元。

5. 循环利用产出

用以衡量区域经济循环系统运行的生态表现,体现区域发展进行生态改善减少社会活动对环境影响所做的努力,一定程度上反映出区域的生态效益。对这一方面的考量,尚无完全对应的指标与其相匹配,考虑到指标的可获得性和便利性,本文选择"三废"综合利用产值来近似地反映区域经济发展的生态循环产出。

笔者所选择的上述指标年度原始数据主要来源于历年的《中国统计年鉴》以及历年各省市统计年鉴和各省市年度统计公报数据汇总整理而得,各省市具体数据由于篇幅限制,在此不详细列出,模型分析计算的软件主要使用 EXCEL、SPSS 和 DPS 三大软件。

四、全要素生产率及其影响因素分析

按照上述模型分析思路,笔者通过软件对 2004—2012 年东部地区 10 个省市的全要素生产率进行测算,并把指数相应分解为技术效率、技术变化、纯技术效率、规模效率和生产率(TFP),分析计算结果如图 2 所示。

(一)全要素生产率平均变化及其分解情况

总体上,全要素生产率 TFP 和相对应的分解效率虽然波动较大表现出较大的不稳定性,但随着年份变化发展效率呈现出收敛态势,说明随着经济发展程度的提高,东部地区区域经济系统运行绩效逐渐趋向于相对平衡的发展状态,其经济发展的推动力趋于减弱。从图 1 中可知,2004—2012 年融入生态考量的区域经济发展 9 年平均全要素生产率为 0.9981,平均增长率为 -0.19%,为负增长状态,说明区域经济发展中资源利用和经济运行水平出现一定程度的下降态势,这一信息值得警惕。

此外,从全要素生产率分解的情况可以进一步探究全要素生产率变化的原因,从效率分解结果看,对于东部地区经济系统运行绩效的变化,只有技术进步对绩效变化起到正向的贡献作用,其平均增长率为 1.97%,说明科技进步及生产技术的更新对区域经济运行存在一定的推动作用,使区域资源使用效率得到正面提升;而技术效率对运行绩效的变化则是负面的影响作用,平均增长率为 -2.12%,对技术效率进一步分解为纯技术效率和规模效率后,探究技术效率下降的原因是由这两者共同造成,其中纯技术效率平均增长率为 -0.93%,规模效率平均增长率为 -1.2%,说明在区域经济系统运行中对经济活动的组织管理和资源配置方式均不够到位,从而制约了整个生产系统效率提升。

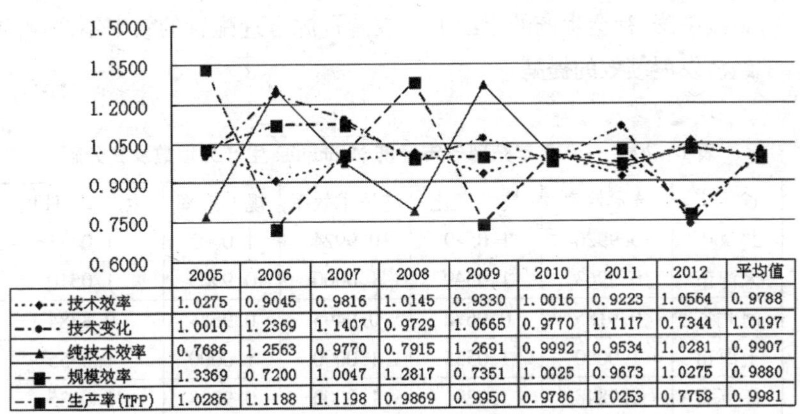

	2005	2006	2007	2008	2009	2010	2011	2012	平均值
技术效率	1.0275	0.9045	0.9816	1.0145	0.9330	1.0016	0.9223	1.0564	0.9788
技术变化	1.0010	1.2369	1.1407	0.9729	1.0665	0.9770	1.1117	0.7344	1.0197
纯技术效率	0.7686	1.2563	0.9770	0.7915	1.2691	0.9992	0.9534	1.0281	0.9907
规模效率	1.3369	0.7200	1.0047	1.2817	0.7351	1.0025	0.9673	1.0275	0.9880
生产率(TFP)	1.0286	1.1188	1.1198	0.9869	0.9950	0.9786	1.0253	0.7758	0.9981

图 2　东部地区经济发展 Malmquist 生产力指数及其分解

(二)省市全要素生产率测度结果

由表 1 对省市经济发展全要素生产率测算的结果可以看出,东部地区各个省市的全要素生产率也具有不同程度的差异,在 10 个省市中全要素生产率正向变动的区域有 5 个且均高于区域平均全要素生产率,按照效率高低排列分别是上海市(1.0555)、天津市(1.0510)、北京市(1.0471)、江苏省(1.0135)和浙江省(1.0054)五个省市;全要素生产率负向变动且低于区域平均全要素生产率的5个省市，按照效率高低排列分别是河北省(0.8884)、山东省(0.9717)、广东省(0.9753)、海南省(0.9873)和福建省(0.9972)五个省市。在这些省市中上海市的全要素生产率最高，9年间平均增长达到5.55%；从效率分解情况看，主要是由技术进步因素即科技引领和创新驱动等条件变化带动了上海经济运行效率的快速提升。这与上海作为中国的经济中心，科技发展要素活跃息息相关；而其他4个生产率较高的省市，技术进步在区域经济运行中同样发挥着主导作用，这也直接验证了"科技是第一生产率"的著名论断，因此在区域经济发展中应深入践行创新驱动发展战略，推动技术变化在区域经济系统中发挥更大的引领带动作用。而对于全要素生产率降低的省市，除海南省外，其主要原因是技术效率降低导致经济运行绩效下降，社会生产的组织方式或者资源合理配置的效率不高制约了经济发展绩效的提高。

表1　2004—2012年东部省市经济Malmquist生产力指数及其分解

省　市	技术效率	技术变化	纯技术效率	规模效率	生产率(TFP)
北京市	0.9926	1.0549	0.9924	1.0002	1.0471
天津市	0.9963	1.0549	1.0000	0.9963	1.0510
河北省	0.9185	0.9672	0.9495	0.9674	0.8884
上海市	1.0000	1.0555	1.0000	1.0000	1.0555
江苏省	0.9848	1.0291	1.0000	0.9848	1.0135
福建省	0.9758	1.0219	0.9769	0.9989	0.9972
浙江省	1.0000	1.0054	1.0000	1.0000	1.0054
山东省	0.9503	1.0225	0.9896	0.9603	0.9717
广东省	0.9717	1.0037	1.0000	0.9717	0.9753
海南省	1.0014	0.9859	1.0000	1.0014	0.9873
几何平均	0.9788	1.0197	0.9907	0.9880	0.9981

(三)区域经济绩效影响因素灰色关联分析

通过上述对东部地区经济发展绩效的动态评价，探究了近9年来东部地区经济发展绩效的变动趋势和发展轨迹,但还有必要进一步了解是哪些因素造成了这样的绩效变化,由于区域经济循环系统的运行最根本的载体是各种类型的产业实体,经济发展效率也同时反映在产业的运行表现上,因此,笔者在上述效率测算的基础上进一步探讨与全要素生产率密切相关的产业因素对其造成的具体影响。具体计量模型根据上述所获数据的特点,采用在区域经济要素分析中广泛应用的灰色关联分析模型进行深入研究,具体的思路是把上述计算获得的各年度东部地区平均全要素生产率作为母序列,选择区域经济构成中比重最大的高新技术产业产值、工业产值、农业产值和服务业产值四大类具体产业作为子因素,进行因素间时间序列的比较,从随机的时间序列中找到关联性,对区域经济系统进行更深入透彻的认识,从而区分出决定区域经济绩效的主导因素和次要因素,灰色关联分析主要是通过计算关联系数、灰色关联度和排关联序的方式进行因素分析,其原理和方法已十分普及,在此简单介绍笔者的灰色关联分析过程。

根据 Malmquist 法计算所得的反映经济发展绩效的全要素生产率(TFP)几何平均值是两年间效率的比值,根据上述灰色关联分析的思路,把这一平均值作为母序列进行因素比较,需要对各产业数据做相应变换处理,在构建分析时间序列时也同样取形式相同的两年间各产业产值比值作为一项序列指标数值,由此建立起下列灰色关联分析对比序列,即以上述测算所得全要素生产率作为灰色关联分析的参考序列 $X_0 = \{X_{01}, X_{02}, \cdots, X_{0j}\}$,分别以高新技术产业产值、工业产值、农业产值和服务业四大产业产值相应年份比值建立被比较序列,记作 $X_i = \{X_{i1}, X_{i2}, \cdots, X_{ij}\}$,其中 i 是被比较序列个数,j 为序列长度;具体数据如下:

表 2 东部地区区域经济绩效灰色关联分析对比序列

年 份	高技术产业 X_1	工 业 X_2	农 业 X_3	第三产业 X_4	平均效率 X_0
2004—2005	1.233046	1.264795	1.081188	1.207992	1.0286
2005—2006	1.224754	1.226632	1.101299	1.146376	1.1188
2006—2007	1.187295	1.231224	1.11682	1.2342	1.1198
2007—2008	1.115043	1.158764	1.110534	1.191369	0.9869
2008—2009	1.033019	0.978394	1.086835	1.143075	0.995
2009—2010	1.225262	1.228305	1.165043	1.186591	0.9786
2010—2011	1.13175	1.332867	1.114724	1.182542	1.0253
2011—2012	1.623175	1.229615	1.085519	1.118105	0.7758

注:表中数据由 2005—2013 年各省市统计年鉴各大产业产值数据汇总计算而得

如此便可计算灰色关联系数 μ_{ij},$\mu_{ij}=\dfrac{\min\min\Delta_{ij}+\rho\max\max\Delta_{ij}}{\Delta_{ij}+\rho\max\max\Delta_{ij}}$,其中 $\Delta_{ij}=|X_{0j}-X_{ij}|$,$\rho$ 为分辨系数,通常取值为0.5,进而可获得关联度值 $r_i=\dfrac{1}{n}\sum_{j=1}^{n}\mu_{ij}$,关联度 r 的几何含义通常表示被比较序列曲线与参考序列曲线之间的相似程度与一致程度,越接近于 1 则认为被比较序列曲线与参考序列曲线形状和趋势越接近。采用 DPS 系统中灰色系统分析模块,计算结果如图 3 所示:

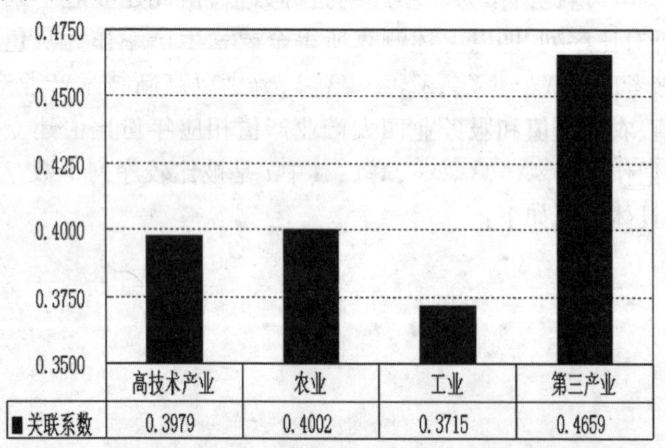

图 3 东部地区经济发展绩效影响因素灰色关联分析结果

从图3可以看出,区域经济系统产业运行状态与平均全要素生产率(TFP)之间关联度最高的是第三产业为0.4659,其次是农业为0.4002,再次是高新技术产业为0.3979,最后是工业为0.3715。分析结论说明,第三产业的发展对追求多位一体发展的区域经济系统绩效发挥着主导作用,与产业发展的规律相吻合,这也是发达区域随着经济发展层次的提高服务业比重越来越大的原因,从产业经济学角度看,第三产业的发展综合社会效益相对更高,对生态环境的负面影响相对较小,资源要素的利用程度相对较高,由此便能产生更大的社会综合产出,进而提升该领域的经济发展绩效。农业的发展相对于制造业虽然组织程度和运行水平较低,但农业对于生态环境的影响极小甚至起到一定程度的正向作用,因此生态效益相对较高,因此融入生态表现评价的经济发展绩效能够有较大提升,即综合社会产出表现较高,这是上述分析农业发展影响经济绩效仅次于第三产业的主要原因。而高新技术产业由于其环境污染小、产出效益高等原因,也会导致其在区域经济发展绩效提升中呈现积极作用,这也是当今背景下全球各经济体大力发展战略性新兴产业的主要原因。传统工业虽然组织效率高、物质产出水平高,但对生态环境的影响相对较大,尤其是"高污染、高消耗"的两高产业环境代价相对较大,决定了其对包含生态考量的区域经济绩效提升综合贡献相对较低。

五、主要结论及启示

本文运用我国东部地区10个省市2004—2012年的面板数据,在区域经济系统观的分析框架下,运用非参数估计DEA - Malmquist指数法测算,涵盖生态效益考量的区域经济发展全要素生产率、技术变化和技术效率指数,并把技术效率指数分解为规模效率和纯技术效率,来探索经济发展绩效的实际情况,运用灰色系统理论下的灰色关联分析模型进一步深入探究影响东部地区经济发展绩效的产业构成运行作用。综合上述分析内容,主要得出以下几个方面的结论:

(1)2004—2012年近9年来,东部地区经济发展的绩效在上述测算的平均全要素生产率(TFP)上的表现是:全要素生产率呈现出一定程度的下降态势，平均增长率为 -0.19%，平均全要素生产率虽然表现出上下波动的不稳定状态，但总体上为一种逐渐收敛的趋势；造成东部地区经济发展动态效率下降的主要原因是区域经济系统运行的技术效率下降，而技术效率的下降是由纯技术效率和规模效率共同降低作用而形成，可见在东部地区过去几年以来在资源利用配置上以及生产的组织管理过程中还存在较大的改进空间；此外，技术进步因素对区域经济发展绩效仍然发挥着正面拉动作用，因此要更加重视科技发展和技术创新的作用，进一步提升经济发展的绩效。

(2)从 10 个省市来看，区域内经济发展水平也存在较大差异，主要表现为经济运行的绩效呈现出两端分化的局面，在东部地区上海市、天津市、北京市、江苏省和浙江省等 5 个省市的经济发展平均全要素生产率处于稳步增长状态，其测量值均高于 1，也高于整个区域的平均生产效率，其中技术进步对绩效的拉动作用表现相对明显，技术效率影响相对较弱；河北省、山东省、广东省、海南省和福建省 5 个省市全要素生产率低于整个区域平均发展水平，且均处于下降态势，主要由技术效率下降而引发，其中由规模效率下降而引发的影响相对较大，纯技术效率的影响次之。

(3)以平均全要素生产率作为母序列的灰色关联分析显示，影响东部区域经济发展绩效的产业排序依次是第三产业比重、农业比重、高技术产业比重、工业比重。这个排序是由各个产业自身的运行特点决定，从分析结果可知要想获得较高的区域经济发展绩效，表现在政策方面的含义是首先要注重发展第三产业，着力改造提升商贸等传统服务业、鼓励发展生活服务业、大力发展现代服务业，提升服务业在经济发展中的作用，提高第三产业的运行水平；其次是不能忽略农业的基础作用，尤其是要强化现代农业的引领作用，推动经济结构发展更加均衡；鼓励发展高新技术产业，尤其是发挥战略性新兴产业的重要带动作用，推动区域经济发展综合效益的提高；对于传统工业则要进行必要的技术性改造，减少对承载环境的负面影响，尤其是逐步淘汰“高污染、高消耗”的两高工业；这样才能引领区域经济步入良性发展轨道，真正做到又好又快发展。

总之，在我国日益激烈的经济竞争中，要做到区域经济更有效率的发展,除了要因地制宜充分利用当地区位条件和特色资源外,还要注重产业结构上的优化,做到不唯 GDP 导向,关注生态综合效率,做到合理引导绿色发展,实现“百姓富”和“生态美”的有机统一,才能保持区域的持续健康发展的活力。

参考文献

[1]武春友,吴琦.基于超效率 DEA 的能源效率评价模型研究[J].管理学报,2009,6(11):1460—1465.

[2]张庆民,王海燕,等.基于 DEA 的城市群环境投入产出效率测度研究[J].中国人口·资源与环境,2011,21(2):18—23.

[3]李海东,吴波亮.中国各省经济效率研究:基于超效率 DEA 三阶段模型[J].贵州财经大学学报,2013(3).

[4]计志英.基于随机前沿分析法的中国沿海区域经济效率评价[J].华东经济管理,2012(9).

[5]刘建国.中国经济效率的影响机理、空间格局及溢出效应[D].东北财经大学博士学位论文,2012.

[6]唐启义.DPS 数据处理系统——实验设计、统计分析及数据挖掘(第 2 版)[M].北京:科学出版社,2010:695—700.

[7]齐建珍.资源型城市转型学[M].北京:人民出版社,2004:284.

[8]吴冠岑,刘友兆,付光辉.可持续发展理念下的资源型城市转型评价体系[J].资源开发与市场,2007,23(1).

[9]樊正强,李奇.基于系统创新的资源型城市产业转型评价指标体系研究[J].财会研究,2009,22.

[10]程嘉怡.资源枯竭型城市转型政策的实证研究——基于面板数据的分析[J].东北财经大学学报,2009,63(3).

[11]王海宏.基于 DEA 和灰色关联分析的南京市技术创新能力分析[J].电子测试,2013(20).

(作者简介:林昌华　福建社会科学院助理研究员)

发展生态能源　建设美丽乡村

马晓红

一、发展农业生物质能产业的重要性

生物质能是太阳能以化学能形式贮存在生物质中的能量形式，生物质能源作为一种洁净而又可再生的能源，是唯一可替代化石能源转化成气态、液态和固态燃料以及其他化工原料或者产品的碳资源。当前，我国城乡环境、农业和能源都面临严峻生态问题，而在众多的替代能源之中，生物质能的开发利用是最可行的一种。发展农村新能源是推进生态文明、建设美丽中国、构建和谐社会的重要切入点，是改变农村生产生活方式，促进农民增收、农业增效的有效途径，是清洁乡村的重要抓手。党的十八大把生态文明建设列入中国特色社会主义总布局，提出建设美丽中国的新要求，是发展理念和实践的重大创新，也是加快转变经济发展方式的重大而紧要的任务。

1. 生物质能有利于保护和改善生态环境，促进可持续发展

我国是世界上第二大能源生产和消费国，化石能源造成的环境污染相当严重。如煤炭占能源消费总量的比例高达69%，煤烟型污染程度一直较高。同时，部分农村地区大量使用薪柴等作为生活燃料，森林植被破坏严重；大量畜禽粪便得不到及时有效处理，面源污染日益加剧。从利用方式来说，生物质能是唯一可转换成气、液、固三种形态燃料的可再生清洁资源。积极发展生物质能产业，可以有效替代高污染、高排放的化石能源，降低薪柴使用量，资源化利用畜禽粪便等农业废弃物，是推动节能减排的战略举措，是保护生态环境的重要途径。

2. 物质能有利于拓展农业功能，促进区域经济发展和农民增收

发展农业生物质能产业，突破传统农业的局限，利用农产品及其废弃物生产新型能源，拓展了农产品的原料用途和加工途径，为农业提供了一个产品附加值高和市场潜力无限的平台。农业是唯一生产生物质的产业，在我国的节能减排及向低碳经济战略转型中，生物质能可发挥重大作用，成为生态农业的新内涵。发展生物质能源有利于转变农业增长方式，发展循环经济，延伸农业产业链条，提高农业效益，拓展农村剩余劳动力转移空间，在促进区域经济发展、增加农民收入等方面大有可为。

3. 生物质有利于发挥农业对能源的支持作用，缓解能源供应紧张局面

近年来，随着我国经济社会的快速发展，能源需求持续增长，供求矛盾日益突出。而我国生物资源丰富，可作为能源化利用的农作物秸秆和剩余物 4 亿吨，畜禽粪便 30 亿吨，城市生活垃圾近 2 亿吨。生物资源量折合每年约 4.3 亿吨标准煤，约占全国一次能源生产总量的 24%。生物质能开发有巨大的潜力。如果充分利用我国目前的农业生物质能资源，积极发展农业生物质能产业，对缓解化石能源供应紧张局面，优化能源结构，保障国家能源安全，建立稳定的能源供应体系具有重大意义。

从生物质能源产业的发展趋势来看，以非粮作物乙醇、纤维素乙醇和生物柴油等为代表的第二代生物燃料已成为许多国家开发生物燃料时的新宠，生产第二代生物乙醇的催化酶技术近两年成本快速下降，大规模工业生产的可行性非常强；从国内环境来看，近年来，国家及地方政府对生物质、农业生态种养殖支持力度不断完善和加大。《生物质能“十二五”规划》中，生物质能源已被列为国家战略新兴产业。生物质能产业将在“美丽中国”和新型城镇化背景下迎来发展新机遇，“美丽乡村”资源利用升级有望实现。

二、福建生物质能源产业发展现状

福建地处亚热带，生物质资源非常丰富。目前可作为能源利用的生物质主要有林业生物质、木质油料植物、农作物秸秆、畜禽粪便、农产品加工副产品以及能源作物。在林业生物质方面,福建现有植物种类达5000种以上,其中用材树种有400余种,为全国六大林区之一。福建省生物质能资源丰富,开发利用具有一定基础,生物质能的利用方式目前主要集中在以下几个方面:

1. 沼气广泛发展

多年来,在农村大力开展以沼气为重点的生态能源建设,形成了以沼气为主、多能互补的农村能源发展新格局,对建设社会主义新农村、发展循环经济、推进节能减排、建设生态文明起到了十分重要的作用。在农业部沼气建设项目的带动下,以"一池三改"为基本建设单元,"猪—沼—果"等生态农业模式得到积极推广,2013年新增沼气2.42万户,沼气建设从能源需求型阶段转化为目前的生态需求型阶段。沼气技术不断成熟,"常规水压型""曲流布料型""强回流型""旋流布料型"等池型不断推广;"一池三改"(改厕、改圈、改厨)功能效应不断扩展,以沼气为纽带、"畜—沼—果""猪—沼—渔"、"畜—沼—菜"、"庭院生态经济综合利用"、"农业废弃物综合处理及资源化利用"等生态农业模式不断创新;沼气配套管理与服务得到不断完善,从省到地市、县、乡、村都建立了沼气管理和推广机构以及服务站。

在农村大力开展以沼气为重点的生态能源建设,对农业、农村可持续发展和推动农村社会的文明进步发挥了重要作用,实现了粪便、秸秆、有机垃圾等农村主要废弃物的无害化处理、资源化利用;清洁了田园、水源,美化了家园;对减少化石能源消耗、改善自然生态环境发挥了不可替代的作用。农村能源建设成为新时期农村生态文明建设的重要内容。

2. 生物柴油和能源基地粗具规模

福建省生物柴油生产发展较早,主要是民营企业生产,目前已形成产业化发展。福建生物柴油三代技术都有不同程度的发展。目前第一代技术是以动植物废油脂为原料加工提炼成生物柴油。现已建成具有相当技术装备水平规模的生物柴油企业11家(其中5万吨级生产能力3家、2万吨级3家、1万吨级6家),境外上市3家,形成年生产能力35万吨左右。第二代技术以木本油料林的油脂为原料加工提炼成生物柴油。在有关部门大力支持下,多家民营、外资企业与科研机构合作,小规模建立示范基地,繁育栽培优良树种,探索经济模式,取得了可喜的成果。第三代技术是以海洋藻类和纤维素为原料制取生物柴油,在福建师大、厦门大学开展试验,也取得了阶段性的研究成果。

建立了以无患子为主的林业生物质能源树种基地。无患子果皮可做天然洗涤剂用品原料,果核可提取油脂转化成生物柴油,树叶皮可入药,综合利用率高,与其他能源树种相比具有较高经济效益,发展前景十分广阔。目前福建省已种植无患子基地27万亩,主要种植区有三明的建宁、宁化、尤溪、明溪,宁德的屏南、古田、周宁、寿宁,龙岩的武平、长汀,南平的顺昌、建阳,莆田的仙游,漳州的诏安等县。建宁县引进福建源华公司,以“公司+基地+农户”模式发展无患子,是目前福建省无患子种植面积最大的县,已种植无患子10万亩,该县已完成无患子原料林基地规划,至2020年规划发展无患子基地30万亩。

3. 生物质发电崭露头角

福建省生物质发电近年发展较快。我国首个鸡粪发电厂——亚洲最大的鸡粪发电厂,2007年在福建省光泽县正式动工建设,该项目由福建圣农公司和武汉凯迪发电控制公司共同投资,总投资4.8亿元,分两期进行:首期建设两台汽轮发电机组和循环流化床锅炉,投资2.8亿元,年处理鸡粪30万t以上,于2008年10月建成发电,年发电量达1.68亿千瓦时。该厂利用鸡粪与谷壳混合物为原料,通过直接燃烧发电,整个项目建成后,可以满足1.2亿羽肉鸡产生废弃物的资源化处理需求,并为当地农民提供更多就业岗位。

垃圾焚烧发电方面,福建表现也较为突出。垃圾焚烧发电是利用焚烧垃圾的余热发电,可减少排放垃圾体积85%~95%,避免土地资源浪费,垃圾焚烧产生烟气中的有害气体经处理达标后排放,可避免垃圾填埋而产生的二次污染,从而达到生活垃圾的减量化、无害化、资源化。福建省是全国第一个对垃圾焚烧发电设施进行规划的省份。焚烧发电处理量占全省生活垃圾无害化处理总量的78.9%。

三、福建农业生物质能产业发展中存在的问题

1. 对开发生物质能源战略意义的认识不足

福建省拥有适合发展的生物质能源产业，特别是生物液体燃料中的燃料乙醇和生物柴油均有较成熟的技术和资源，但开发生物质能源对可持续发展的重要意义尚未引起全社会的重视。因为生物质能源在能源领域里所占的比重较小，有些人认为生物能源成本较高，近期替代常规能源的潜力有限，无足轻重，因此从政策支持、资金扶持、加快发展、检查落实上都未引起足够重视。

2. 对生物质能源产业的投入较少

因为对生物质能源的认识不足，所以在生物质能源产业方面投入太少。生物质能源建设项目还没有规范地纳入各级财政预算和计划，没有为生物质能源建设项目建立如常规能源建设项目同等待遇的固定资金渠道。

3. 缺乏完整的激励政策

生物质能源产业在发展初期是弱势产业，投资高、技术含量高。在发展初期，政府支持和引导十分重要。政府应当把开发可再生能源技术作为一项减少常规能源消费量和改善环境的措施加以扶持，并采取税收、补助、低息贷款和信贷担保、建立风险基金、加速折旧、帮助开拓市场等一系列激励政策，以扶持生物质能源产业的发展。

4. 尚未建立有效的技术支撑体系

作为一个新兴产业，目前福建省的大部分相关企业生产规模偏小，集约化程度低，原料来源困难，产品质量不稳定，生产成本高。在不考虑常规能源对生态、环境造成负面影响的情况下，目前一部分生物质能源产品的成本较高，难以适应市场竞争的要求。另外，省内高校和研究机构缺乏这方面专门人才的培养体系，企业缺乏熟悉生产流程和工艺的技术人员和管理人员。

四、福建农业生物质能产业发展思路

在新的形势下，建设生态文明和美丽中国，对加快农村可再生能

源发展提出了迫切要求。福建省拥有发展生物质能源的优势和特色,在未来发展福建生物质能源的研发和产业化方面,应重视以下五点:

1. 加大宣传,提高认识

开发利用生物质能源将有助于中国能源结构多元化和实现低碳发展,对于调整产业结构、促进经济增长方式转变、推进经济和社会可持续发展意义重大。要充分利用广播、电视、报刊等新闻渠道大力宣传发展生物质能源产业的重要性和必要性,充分认识发展生物质能源对于保证国家能源安全、保护生态环境、保证农村经济持续健康发展、维护社会和谐稳定的重要意义。同时要把生物质能源与农业现代化结合起来,与生态保护结合起来,与新农村建设结合起来,与农民增收结合起来,努力提高全社会对发展生物质能源重要性的认识。

2. 加强生物质能源产业化技术研发

可设立生物质能源发展专项基金,重点资助生物质转化为能源的关键技术。比如,生物质预处理、水解、催化热解、气化和合成气催化转化等。还要依托省内的一些主要高校和研究所,比如厦门大学、福州大学和福建农林大学等进行生物质产业化技术的联合攻关。注重自主创新、集成创新、技术开发和技术引进消化吸收再创新相结合。重点支持能源作物的品种选育、高效生产燃料乙醇、生物柴油以及生物基材料的成套生产技术,促进重点技术与产业的新突破。促进产学研的联合,重点扶持合作关系清晰、合作实体明确、合作任务落实的产学研合作的示范工程,重点投资应用型或具有较大产业化潜力的研究项目。

3. 解决好投入机制问题

生物质能源产业是个新兴产业,技术和工艺的成熟需要一个过程,雏形期经营成本相对较高,需要较大投入。因此,要注意解决投入机制问题。政府应充分利用政策资源,依靠市场机制,培育企业主体,营造投资渠道,鼓励并支持民营资本进入生物质能源产业领域。充分利用市场机制。发挥国家投资引导作用,鼓励企业和社会投资,培育具有较强自主创新、技术开发能力和市场竞争力的生物能源企业。

4. 加强林业生物质能源产业发展

林业生物质能源产业，紧扣“三农”、能源和环境三大发展主题，代表着未来新兴产业的发展方向。这个产业不与农民争粮，不与粮食争地，不与传统产业争利，不与国家争资源。目前，福建省在能源甘蔗、能源林草、燃料酒精和生物柴油方面已具有一定的优势。福建省多山的地理条件似乎更适合于发展林业生物质，可以重点在以上领域多投入，以扩大成果，强化优势。充分利用荒山、盐碱地积极规划能源植物的规模化种植，扩大生物质液体燃料的原料来源，发展非粮食生物质液体燃料规模化加工业。建议在品种选育、科研投入、企业培育、基地建设、技术开发等几个重要环节，进行全面的规划布局，投入相应的人力物力，以尽快形成林业生物质能源产业。支持以油料作物为原料的生物柴油规模化生产，开发替代油源制造生物柴油新技术；鼓励研发新型催化剂及高效生物转化酶，提高生物质液体燃料制备转化率。积极争取碳汇资金。福建省种植木本油料树种，很大部分要在荒山荒地和非规划林地上种植，这些都符合碳汇林业的特点，省林业厅要根据目前碳汇林业快速发展的情况，设立福建省绿色碳汇基金会，把种植木本油料树种纳入碳汇林建设，争取国家和本省的绿色碳汇资金。

5. 发展庭院经济，优化能源结构

充分利用庭院空地、工余时间和家庭辅助劳力，发展生态庭院经济。为了提高土、水、肥和光热气资源的利用率，庭院种植业和养殖业主要是立体式的，大多是周围种植用材树，里面种植果树、蔬菜、花卉、药材等，同时养鸡和蚯蚓等。为了实现废物资源化和增加经营项目，应同时运用多级循环模式，常见的有粮—猪—肥—粮，种植—加工—养殖—种植等循环。采用生物质气化、沼气发酵等技术，加快农业“三废”（秸秆、粪便、垃圾）向“三料”（燃料、肥料、饲料）的转化，促进农业废弃物资源化利用，保护生态环境。大力发展农村户用沼气，重点推广如“猪—沼—果”“猪—沼—鱼”“猪—沼—菜”等沼气综合利用模式，引导农村庭院经济发展。以规模化畜禽养殖场（小区）为载体，以畜禽粪便等有机废弃物为原料，发展大中型沼气工程。对使用生物质固化成型燃料炉具的农户给予一次性补贴。加大对种植能源作物土地开发和整理的投入力度,对开发低质土地种植能源作物的农户给予补贴。

参考文献

[1]刘叶志.福建新能源产业布局的战略构想[J].发展研究,2010,12.

[2]林孟涛.加快发展福建省新能源产业的对策研究[J].东南学术,2012,(3).

[3]刘运权,王夺.福建生物质能源产业的发展思路与对策[J].能源与环境,2011,(4).

[4]官巧燕.福建生物质能利用与城市可持续发展[EB/OL].绿色中国,2011-01-05.

[5]程序.以生物能源产业重新振兴中国生态农业[J].中国生态农业学报,2013,(1).

(作者简介:马晓红　福建社科院经济所副研究员)

福建海洋生态文明示范区的发展战略研究

陈　捷

一、福建海洋生态文明示范区建设的条件与基础

(一)福建有丰富的海洋资源优势

福建港湾、海岛众多,海域面积大于陆域面积;大陆海岸线总长3752公里,居全国第二位,其中深水岸线居全国首位;面积超500平方米的海岛数量有1374个,居全国第二位;全省共有大小港湾125个,可建万吨级以上泊位的深水岸线长210.9公里,其中三都澳、罗源湾、兴化湾、湄洲湾、厦门湾、东山湾6大港湾拥有可建20万~50万吨级超大型泊位的深水岸线47公里,居全国首位;近海生物种类居全国前列,海洋矿产、能源及滨海旅游资源十分丰富。福建又有经略海洋的传统,福州昙石山文化、海上丝绸之路、郑和下西洋、马尾船政等都记录着福建与海洋千丝万缕的联系。而且,福建与台湾一水之隔,台湾海峡将两地紧紧连接在一起。建设海洋生态文明对于致力"开海兴闽"的福建尤为重要。

(二)海洋优势是福建诸多优势的集中体现

在福建的诸多优势中,除了海洋优势外,还有对台优势、华侨优势、生态优势、亚热带气候优势、政策优势等。这些优势大多与海洋优势有关,或者说是海洋优势派生出来的优势。如对台优势,就是因为福建东岸有一个宝岛台湾,闽台间有一道浅浅的海峡。政策优势,更是因为福建是沿海重要省份,才和广东一起最早享受特殊政策和

灵活措施,从而形成全方位多层次多形式的开放格局。生态优势和气候优势,也与海洋相关,因为海洋性气候特征,才会有如此丰富的自然生态。可以说,海洋优势是福建所有优势的集中反映,由海洋优势衍生而成的福建优势群,过去、现在和将来都是福建发展的重要支撑。

(三)福建海洋生态经济建设取得明显成效

作为全国海洋大省,福建发展海洋经济基础好、潜力大,适合发展临港重化工业和海洋高新技术产业,适合海产养殖和远洋运输,是福建经济发展不可或缺的重要资源。2013 年,福建坚持"百姓富、生态美"有机统一,海峡蓝色经济试验区建设取得良好成效。全年实现海洋生产总值 5900 亿元,同比增长 15%,占全省地区生产总值的 26.9%,三次产业比例约为 8.3∶43.1∶48.6,第一产业比例下降,第三产业比重上升。2013 年,海洋渔业、海洋交通运输业、滨海旅游业、海洋建筑业、海洋船舶修造业增加值总和约为 1860 亿元,较 2012 年增长 14.6%,占海洋经济主要产业增加值总量的 72% 左右。此外,近岸海域水质达到二类或优于二类的面积达到 63.9%,高于全国平均水平。

(四)当前是福建海洋生态文明发展的最佳时期

福建海洋生态文明的发展获得国家层面强有力的支持,迎来难得的战略机遇期。早在 2001 年时任福建省省长习近平就前瞻性地提出了生态省建设构想;2002 年,在习近平的指导推动下,福建成为全国首批生态省试点省份;2004 年,福建省委、省政府出台《福建生态省建设总体规划纲要》,生态省建设正式启动;2006 年,省政府下发《关于生态省建设总体规划纲要的实施意见》,全面推进生态省建设;2010 年制定了《福建省生态功能区划》,确定福建省生态功能分区,提出生态功能区划实施的保障措施;2011 年 3 月,国务院批准实施《海峡西岸经济区发展规划》,明确支持福建建设海峡蓝色经济试验区;2012 年国务院批准《福建海峡蓝色经济试验区发展规划》,明确了海峡蓝色经济试验区的战略定位;2014 年 3 月国务院下发《关于支持福建省深入实施生态省战略加快生态文明先行示范区建设的若干意见》,福建成为十八大以来,国务院确定的全国第一个生态文明先行示范区。从“生态省”到“生态文明先行示范区”,标志着福建的生态省建设由地方决策上升为国家战略。这是福建海洋生态文明建设的新起点,也是福建加快科学发展、跨越发展的新机遇。

二、福建对海洋生态文明建设的探索

从2001年时任福建省省长习近平前瞻性地提出了生态省建设构想至今十多年的不懈努力,福建在加快建立归属清晰、权责明确、监管有效的自然资源资产产权制度,进一步完善资源有偿使用和生态补偿制度,探索生态资本市场化运作等生态环境保护体制机制上,走出一条有借鉴意义的新路子,推动海洋生态文明建设走在了全国前列。

(一)建立海洋经济领导决策机制,形成合力

2012年,成立了福建省加快海洋经济发展领导小组,强化对海洋经济发展工作的领导和协调,形成合力,对推进海峡蓝色经济试验区建设发挥了重要作用。

(二)创新海域使用管理模式,深化海域使用权管理

福建省将海湾、海域作为一个单元,实行海域一体化管理。严格控制海湾内填海造地,鼓励海湾外填海造地,编制全省填海造地规划。支持采用BT模式投资填海造地,填海形成的建设用地由市、县人民政府土地收储机构,根据工程建设投资额和资金使用费用予以回购,拓宽填海造地的融资渠道,鼓励金融机构推广海域使用权抵押等融资业务。简化海域使用审批程序,实行审批并联制。

(三)大力推进科技兴海,加速科技成果转化应用

福建有效整合海洋科技优势资源,初步形成厦门、福州两个海洋科技发展中心,集聚海洋科技发展合力,科技进步对海洋经济贡献率

将近60%。充分发挥国家海洋三所、厦门大学、海洋学院等海洋科研教育机构的智库作用,以实施重大海洋科技项目为载体,加快提升自主创新能力,在海洋生物制药、海产品精深加工等方面取得重大突破。

(四)完善建设港口物流体系

福建积极整合港口资源,推进港口一体化建设。到2012年底,福建省已经拥有万吨级及以上深水泊位137个,沿海港口货物吞吐量超4亿吨,集装箱吞吐量突破1000万标箱。

(五)健全完善配套制度体系

在全国率先颁布实施了第一部海洋环保地方性法规《福建省海洋环境保护条例》和第一部省级海域使用补偿办法《福建省海域使用补偿办法》,2011年出台《福建省海洋环境保护规划(2011—2020)》,加上《福建省海域使用管理条例》等7部地方性法规和规章以及配套制定的《福建省海域使用权抵押登记暂行办法》等20多项制度,已经形成了具有福建省特色的海洋与渔业管理法规和制度框架。

(六)重视生态环境保护,发展海洋文化产业

实施水生生物资源养护与增殖,还开展了海洋环境评价、人工鱼礁海洋牧场技术体系构建,对海洋生态环境修复,并启动了政策性水产养殖保险(放心保)试点,力争到2015年近岸海域清洁、较清洁水面达65%以上。目前为止,福建已建立了5个国家级海洋公园和42个海洋保护区,成立了“福建省海洋文化中心”,大力推动海洋文化博物馆、海洋科技馆等项目建设。挖掘海洋文化内涵,发展海洋文化产业。积极推进海洋文化与信息技术结合,培育文化博览、动漫游戏、影视制作等海洋文化创意产业,推进国家海洋生态文明示范区建设。

(七)海洋新兴产业链进一步延伸

福建海洋渔业已从海洋捕捞、养殖和加工,向食品加工、饲料、船舶修造、海洋生化、海洋药物和休闲渔业等行业延伸。水产品加工业

通过引进先进技术、设备,逐步形成完整的产业体系。海洋运输业发展带动了船舶修造业、物流、仓储、港口贸易的发展,拓展了新的经济增长领域。特别是近年来,海洋生物医药业、游艇业、海水利用业、海洋信息服务业等海洋战略性新兴产业获得突破性发展。

三、福建海洋生态文明示范区建设面临的问题

(一)海洋生态环境保护形势依旧严峻

1. 海域总体污染趋势尚未得到有效遏制

随着城镇化、临港工业的快速发展,生活污染物、工业污染源入海量不断增加,海上溢油、危险化学品泄漏等污染事故时有发生,致使宁德沿海近岸、罗源湾、闽江口、泉州湾和厦门近岸海域污染加重趋势。据《福建省海洋环境保护规划(2011—2020)》显示,全省近岸海域海水水质达到清洁海域水质标准的比例为39.0%,较清洁海域比例为20.5%,轻度污染海域比例为10.1%,中度污染海域比例为18.3%,严重污染海域比例为12.1%。主要污染物为无机氮和活性磷酸盐。

2. 局部海域生态系统遭到破坏

福建已初步建立了海洋环境保护法制体系框架,海洋环境保护工作也走在全国前列,但局部海域生态系统受损现象仍然存在。由于海产养殖业迅速发展,局部海域养殖密度过大,养殖废水大量排放,造成沿岸海水富营养化,贝类产品微生物超标,导致水体缺氧和赤潮频繁发生,对海洋生物资源构成威胁。再加上大规模的围海造田、修筑海岸工程、捕捞失控等无序沿海开发行为,沿海滩涂湿地面积减少,生物多样性降低。中国鲎、大黄鱼、文昌鱼、中华白海豚等物种日趋减少;红树林面积减少一半以上。

3. 海湾资源有限与围填海需求矛盾突出

近年来兴起新一轮沿海投资和建设热潮,各地大规模填海造地,近10年福建平均每年填海25平方千米,居全国之首。根据各地需求,2011—2020年各地新提出在海湾内围填海规划面积达381平方

千米。但海湾、岸线等重要海洋资源开发布局仍显分散和无序，资源集约利用程度较低。围填海造成许多海湾面积缩小、生境变化、水交换能力下降、航道淤浅、码头港池的淤积加剧，严重影响海湾资源的可持续利用。

(二)海洋产业结构不够合理

近年来，福建海洋产业结构发生明显变化，海洋产业逐渐向高附加值、高技术含量的二、三产业演化，但又缺乏有规模的海洋特色产业、龙头企业和名牌产品。海洋生物制药和保健品制造业等新兴产业发展较快，但基础弱，起点低，规模小，在海洋经济中的比重较低。海洋产业结构的演化引起了海域资源在不同海洋产业部门间的重新配置，具体表现为：临港、临海工业布局不尽合理，重大产业项目基本布局在沿海主要海湾和港口周边区域；沿海滩涂、近岸海域等养殖用地被改作建设用途；渔业水体范围趋于萎缩。各地部门受行政分割体制和“分灶吃饭”财政体制的影响，往往从局部和短期利益出发，在项目招商引资中竞相洽谈或上马石化、冶金等重化项目，造成无序或过度竞争。

(三)海岛开发缺乏规划和管理

从总体看，福建海岛开发利用强度较低，经济发展缓慢，基础设施建设滞后，与周边陆地发展差距持续扩大。特别是无居民海岛保护与开发面临以下问题：一是海岛生态破坏严重。无居民海岛大多处于无人管理状态，如有的海岛随意开采花岗岩，对海岛的自然景观和生态环境造成较大破坏；还有的滥捕、滥采海岛珍稀生物资源等，致使海岛及其周边海域生物多样性降低，生态环境恶化。二是海岛开发秩序混乱。目前，除少数海岛通过正常途径获批为旅游用地外，多数无居民海岛缺乏统一规划和科学管理。一些单位和个人随意占有、使用、买卖和出让无居民海岛，造成国有资源性资产流失。

(四)港口综合开发利用层次不高

一是港口岸线没有集约开发。岸线资源集约化开发程度较低，不少港口缺乏有实力的大公司主导开发建设,存在着港口码头建设分散,港区、作业区功能雷同的现象;二是港口内部结构欠合理,货主码头多,公共码头少,影响了港口集约化、规模化和现代化水平的提高;三是泊位小而散,港口吞吐能力有限,集疏运条件有待提高,港口功能发挥受到影响。福州港、泉州港等相关省内港口都想做总枢纽港,缺乏分工协作、联合做大做强的体制;四是港城联动不力,"大港小城"的不对称现象造成港城良性互动机制缺乏,制约沿海地区的城镇化进程,城市与港口的内在联动机制以及港城综合竞争力有待提升;五是软服务能力有待提升。仓储、堆场、进出通关、金融保险、船舶等各类服务欠缺,海洋科技创新不够,海洋人才缺乏,物流产业不够发达。

(五)海洋生态文明保护工作的体制机制尚待完善

目前福建省海洋生态文明建设部门协调、共同推进的机制尚未建立。全省海洋经济管理机制具有海洋综合管理、海洋行业管理并存的特点,海洋资源产权管理和使用权划分不清,资源开发利用中缺乏有效的协调管理机制,各行业各自为政、无序开发的状况仍然存在;陆地和内河的环保执法由环境部门负责,而海洋的环保执法由海洋部门负责,海域管理涉及海洋与渔业、环保、海事、交通等多个涉海部门,部门分散管理,步调不一致,缺乏利益协调机制,容易导致海洋环境保护监管不力。

四、推进福建海洋生态文明示范区建设的战略思路

(一)实施资源开发与环境保护并举战略,构建多方协同的海洋环境治理机制

1. 严格执行海洋功能区域和海洋环境保护规划

福建海洋功能区域,早在 2006 年就获得国务院批复,2010 年又进行了调整、修编,修编成果的适用期限是到 2020 年。2011 年省政府印发的《福建省海洋环境保护规划(2011—2020)》,分析了海洋环

境保护的基本形势，提出了海洋环境分级控制、海洋生态系统保护、海洋污染防治等具体规定。我们要严格按海洋功能区划和海洋环境保护规划去做，对不符合海洋功能区划的用海项目一律不予审批。要严格控制湾内的围填海规模，统筹围填海指标，优先保障省重点项目用海需求。同时，要鼓励围填海向湾外转移，落实好湾外围填海的优惠政策，切实解决海湾资源与围填海需求之间的矛盾。

2. 提高岸线资源集约化开发程度

要有序开发利用岸线，坚持“深水深用”，创造条件促进“浅水深用”。要做好主要岸线的战略预算，确保全省保留的自然岸线比例不低于70%。当前要优先开展一批集中集约节约的区域用海规划，优先保证国家、省重点建设项目的海域开发利用。健全和完善海洋资源有偿使用制度，探索建立统一、开放、有序的海洋资源初始产权有偿取得机制。制定单位岸线和海域面积投资强度标准规范，引导海洋产业集聚发展，严禁盲目圈占海域、滥占岸线。坚持科学围垦、生态围垦，引导和推动围(填)海向湾外拓展。

3. 加强海陆污染联动整治

首先要加强海洋环境保护管理部门力量，建立综合性协调机构或海洋环境保护管理部门联席会议制度，重点解决陆海监管脱节问题，建立涉海生态环保协调工作机制，实现福建省海洋、环保两部门陆海环境保护工作的有效衔接。其次要建立切实有效的区域性共同防治污染合作机制，强化污染同防同治，实施海陆统筹、河海兼顾和一体化治理。兴化湾、湄洲湾和厦门湾管辖海域跨福州与莆田市、莆田与泉州市、厦门与漳州市，应尽快建立市级间海洋生态文明保护联动机制，加强闽江、九龙江、汀江、晋江等主要入海河流污染治理和生态工程建设，明确跨行政区域的海洋生态环境管理、污染物总量分配、跨界海洋生态文明保护和污染纠纷处理程序等方面的规定，共同做好海湾海洋生态文明保护工作。再次要实施《海洋生态补偿和损害赔偿办法》《入海污染物溯源追究办法》和《重点滨海沙滩保护规划》，建立以海洋生态建设为导向的海洋保护激励机制。实施主要河流入海污染物的溯源追究的生态补偿制度，实行以环境容量为基础的污染物排海总量控制及排污许可证制度。要尽快加强海水养殖规划，控制养殖密度，推广先进养殖方式。特别要重视发展临港型工业带来的污染问题，对大型石化、钢铁项目的建设，要做好环境风险评估，并在建设过程中采取相应的环保措施。

4. 建立海洋生态安全保障体系

要增加公共财政对海洋生态环境保护投入，将各级分成的海域使用金集中用于海域使用管理、海洋资源环境保护和整治、海洋科教等方面；保护和改善陆域生态系统，加大沿海地区生态公益林、重点防护林建设，在水体污染较严重的入海河流及重点水功能区，开展水环境生态修复工程；做好海洋保护区和海洋公园建设，对保护区建设成效进行评估；实施闽江口、福清湾、平海湾、泉州湾、九龙江口等海洋生态保护恢复工程，加大海洋生物资源养护力度，大力开展种植红树林、增殖放流、建设人工沙滩和人工鱼礁等生态修复工程。

5. 构建海洋防灾减灾新体系

建立多部门联动的海洋防灾减灾互动机制，严格控制海岸和海上作业污染风险，积极预防溢油污染事故；加强核与辐射安全风险防范，加强沿海核电等特种、涉海工程的风险评估与应急监测；建立健全海洋重大环境污染事故应急响应机制，加强事故现场应急监测、污染处理、环境损益评估及修复工作；完善省、市、县联网的海洋环境信息网络，加快建设近海岸海域环境浮标在线监测系统；建立海洋灾害综合观测预警网络，加大验潮站建设力度；建立沿海精细化风暴潮漫滩数值预报模式和精细化近岸海浪数值预报模式，开展风暴潮和近岸海浪灾害评估和区划，制定沿海风暴潮灾害风险淹没图、风险区划图和疏散路径图，以及近岸海浪灾害风险区划图，为海洋灾害预警应急决策提供科学的依据，最大限度降低海洋灾害损失。

（二）实施优化产业布局和转型升级战略，构建较强竞争力的现代海洋生态经济体系

1. 优化海洋开发空间布局

根据2012年国务院发布的《福建海峡蓝色经济试验区发展规划》，要坚持陆海统筹、合理布局，着力构建“一带、双核、六湾、多岛”

的海洋开发新格局。"一带"即以沿海城市群和港口群为主要依托，形成以若干高端临海产业基地和海洋经济密集区为主体、具有区域特色和竞争力的海峡蓝色产业带；"双核"即打造福州都市圈、厦漳泉都市圈成为提升海洋经济竞争力的两大核心区，成为我国沿海地区重要的现代化海洋产业基地、海洋科技研发及成果转化中心；"六湾"即推进环三都澳、闽江口、湄洲湾、泉州湾、厦门湾、东山湾六大重要海湾建设，建成具有较强竞争力的海洋经济密集区；"十岛"，就是着力提升两个海岛县和八个海岛乡镇的科学开发水平，建设"特色岛"，按照"科学规划、保护优先、合理开发、永续利用"原则，重点推进海岛保护开发，探索生态、低碳的海岛开发模式，发展海岛特色产业。

2. 推动产业转型升级

以转变经济发展方式为主线，着重建设现代海洋渔业基地、海洋战略性新兴产业基地、现代海洋服务业基地、新型高端临港工业基地。

第一，建设现代海洋渔业基地。大力调整优化养殖业结构，有效实施生态型海洋农牧化工程、水产品精深加工增殖与流通工程、人与自然和谐的休闲渔业工程、外向型远洋渔业产业化工程，做大做强加工流通业，拓展远洋渔业，发展壮大休闲渔业，促进渔业发展方式向主要依靠科技进步、自主创新、质量提升方向转变。

第二，建设海洋战略性新兴产业基地。要强化关键技术研发，突破重点领域，优先发展海洋生物医药业，加快发展海洋工程装备制造业，扶持发展海洋可再生能源业。加快推进沿海地区大型风电基地项目建设；有序推进潮流能、海洋藻类能开发，打造南日岛清洁能源基地；积极发展海水综合利用业，加快建设厦门国家级海水淡化技术和设备研发基地，扶持建设厦门、泉州、平潭海水淡化产业化基地。

第三，建设现代海洋服务业基地。发展壮大滨海旅游业，挖掘整合福建丰富的岛、景、渔、能和海洋文化等资源，规划旅游发展空间布局，打造海峡蓝色旅游带；提升发展港口物流业，加快建设闽江口内港区物流园区、厦门现代物流园区等九大现代物流园区；培育发展海洋文化与创意业，充分发掘昙石山文化、船政文化、妈祖文化、海丝文化、郑和下西洋文化等福建极具特色的海洋文化资源内涵；加快发展海洋信息服务业,整合利用全省海洋信息技术和资源,加快“数字海洋”建设。

第四,建设新型高端临港工业基地。要坚持低碳经济和循环经济理念,优化发展临海石化、冶金、能源产业,着力培育技术先进、资源节约、环境友好的新型高端临海产业。

(三)实施优势互补和共同开发战略,全面推进闽台海洋生态经济合作

台湾在海域资源开发方面已积累相当经验,在资金、技术、设备及管理方面占据优势,而福建最大的优势在于独特的港湾资源。由于闽台在海域资源禀赋、开发能力方面存在差异,可以此为切入点,并以两岸签署和实施经济合作框架协议(ECFA)为契机,积极探索闽台合作开发台湾海峡资源新模式,推动建立两岸海洋开发深度合作的长效机制,建设两岸海洋经济深度合作先行区。

1. 合作推进台湾海峡的资源开发保护与管理

要以台湾海峡海洋资源的开发与保护为目标,畅通闽台沟通渠道,完善双方协作机制,进一步提升合作水平。合作开展放流增殖活动,建立台湾海峡防污治污合作机制,构建海洋环境、生态及重大灾害动态监视监测数据资料共享平台,共同保护台湾海峡海洋资源和海洋环境。合作开展台湾海峡海域综合地质调查,加快台湾海峡油气资源的合作勘探和联合开发进程。尝试建立台湾海峡海域海洋、渔业联合执法机制,开展台湾海峡防灾减灾与救助合作,加强海洋预报技术研究与应用合作,促进台湾海峡海域和谐稳定。

2. 继续拓宽闽台海洋高端产业的对接领域

要充分发挥福建优越的海洋资源条件,以厦门两岸新兴产业和现代服务业合作示范区、闽台(福州)蓝色产业园建设为重点,积极承接台湾海洋产业转移,建设两岸高端临海产业和新兴产业深度合作基地。以先进制造业、现代渔业、滨海旅游业和海洋新兴产业为重点,有力推进闽台海洋产业深度合作。在福州、漳州海峡两岸渔业合作实验区的基础上,全面推进与台湾在水产养殖、水产品加工、闽台

渔工劳务合作、远洋渔业、休闲观光渔业、水产品营销以及科技合作等方面的交流与合作，把福建建成海峡两岸渔业合作实验区。加强闽台临港石化产业合作，引导和策划台湾石化产业的整体转移，形成上下游完整的台湾石化产业集聚区。积极引进台湾先进造船技术改造福建造船企业，提高船舶企业自主研发能力，把福建建成东南沿海船舶修造中心、集装箱船舶和中高档游艇生产基地。完善闽台滨海旅游产业对接机制，扩大大陆居民经福建口岸赴台湾旅游和台胞经福建口岸入闽旅游和赴祖国大陆旅游。拓展闽台风力发电、海洋生物医药、海洋可再生能源、海水综合利用、海洋新材料、海洋信息服务和深海产业、海洋油气勘探开发等海洋战略性新兴产业的合作，深化闽台在人才、技术、项目、知识产权等领域的交流和合作。

（四）实施创新发展和统筹监管的战略，增强海洋生态文明示范区的发展活力

福建已基本形成了以国家级海洋保护区为核心，省级海洋保护区为重点，市、县级海洋自然（特别）保护区为基础的海洋保护区体系。要进一步加强重点海域污染控制；加强海洋环境保护监督管理；加强突发环境事件应急管理；协调跨部门、跨行业、跨地方的海洋开发和海洋权益重大事项。

1. 创新海洋产业发展方式

建立海洋产业发展分类引导机制，加快完善海洋科技创新体系，进一步深化海洋科技创新激励机制，推进海洋技术成果转化；打造金融服务平台，优化海洋经济发展生态环境；完善海洋生态环境保护工作机制，进一步深化统筹协调海洋环境保护工作机制。

2. 创新海域使用审批服务机制

规范海域、岸线使用审批程序，推行海域使用并联审核机制，尽快实现项目用海的海域使用论证、环境影响评价、防洪影响评价等同时进行，提高审批效率。深化海域使用权改革，确立海域使用权、海岛使用权与土地使用权具有同等的法律地位，有效解决“海域使用权证”难以进入基本建设程序的问题。

3. 统筹海洋综合执法方式

建立海洋领导委员会及沿海地市行政领导联席会议制度，统筹兼顾海洋行政管理、海洋行政执法、海洋科技、海洋服务等各项工作，推进海上统一联合执法和管理体制改革。建立一支相对固定的海上综合执法队伍，规范海域开发和保护行为，努力构建福建“平安海域”。同时，逐渐强化海洋事务综合协调、海洋经济分析、海洋战略研究、海岛生态保护、海洋基础及综合调查、海洋预报减灾和海洋可再生能源研发应用等一系列新职能。

参考文献

[1]国务院.国务院关于支持福建省深入实施生态省战略加快生态文明先行示范区建设的若干意见(国发〔2014〕12号)[R].

[2]国家发展和改革委员会.福建海峡蓝色经济试验区发展规划[R].2012年11月.

[3]福建省人民政府.福建省海洋环境保护规划(2011—2020)(闽政〔2011〕51号)[R].

[4]刘赐贵.加强海洋生态文明建设　促进海洋经济可持续发展[N].人民日报,2012-06-07.

[5]尤权.加快建设海峡蓝色经济试验区[N].经济日报,2013-03-09.

[6]伍长南.福建海峡蓝色经济区发展路径研究[J] 福建金融,2013,(3).

(作者简介:陈捷　福建社会科学院)

河南省低碳经济发展路径研究:基于能源消费和碳排放视角

彭俊杰

气候变化和CO_2浓度升高一直是人们普遍关心的科学问题。根据IPCC(2007)评估报告表明,大气CO_2浓度已由工业革命前期的280μmol·mol^{-1}上升到当前的380μmol·mol^{-1},21世纪末期可能达到700μmol·mol^{-1};与此同时全球地表的平均增温在21世纪末期将可能达到1.1℃~6.4℃。全球变化背景下,能源问题已经成为经济发展的焦点和热点问题。近二十年来,人们一直致力于经济增长与碳排放、经济增长与能源消费之间关系的研究。已有研究表明:能源作为经济社会发展的物质基础,是经济增长不可或缺的要素之一。经济的高增长和能源的高消耗,并产生较高的碳排放,从而引起了环境质量下降,制约了环境发展的可持续性,并潜在威胁着生态系统的健康和安全。然而,对能源消费与经济增长的因果关系仍然没有得出一致的结论。是经济增长导致能源消费,还是能源消费促进了经济增长,或者二者互为因果关系,学术界争论不一。因此,正确认识并处理好能源消费、碳排放与经济增长的关系,对节能减排和实现能源、经济的可持续发展具有重要的理论和现实意义。

河南作为我国的农业大省,同时也是一个能源生产和消费的大省。2011年河南省实现国内生产总值26931.03亿元,同比增长11.9%,是2002年的2.94倍。一次能源生产总量从1978年的4434万吨标准煤上升到2011年的1.83亿吨标准煤;能源消耗总量从1978年的3353万吨标准煤上升到2011年的2.31亿吨标准煤。特别是十六大以来,河南省工业增加值年均增长16.4%,高于GDP年均增速3.6%。但是,高投入、高消耗、高排放、低效率的粗放型经济增长模式依然存在,经济增长与能源消耗之间的矛盾日益突出。2005—2011年河南平均万元GDP能耗为1.10吨标准煤,比全国平均水平0.989吨标准煤高11.71%;平均每吨标准煤的能源利用效率为9300元,低于全国平均水平10500元的1.43%。从环境污染角度看,2011年全省化学需氧量(COD)排放总量143.67万吨,是上年的2.32倍;二氧化硫(SO_2)排放总量137.05万吨,比上年增长了2.38%。可见,资源、能源和环境的现实压力已成为制约河南经济发展的最大瓶颈。协调能源消费、碳排放和经济增长之间相互关系,加快经济增长方式转变,便成为值得研究并引起足够重视的问题。本文基于国内外相关问题的前沿研究成果,试图实证分析1978—2011年河南省能源消费与经济增长之间的协整关系和Granger因果关系,在此基础上重点研究2005—2011年碳排放与经济增长之间的关系,并据此提出相应的政策建议。

一、文献综述

能源与环境问题是事关经济社会可持续发展全局的重大战略问题。当前能源与环境问题日趋严重,引发了世界范围内的研究热潮。学术界对能源消费、碳排放与经济增长之间关系的实证分析,归结起来,主要表现在能源消费与经济增长、环境污染与经济增长两个方面的研究。

关于能源消费与经济增长之间的关系,最初的研究源于Kraft J和Kraft A,他们基于1947—1974年数据分析了美国GNP与能源消费之间的关系,发现GNP到能源消费存在单向因果关系,即经济增长将带动能源消费。Stern将上述的样本区间更新为1947—1990年,发现能源消费到GDP存在单向Granger因果关系。Glasure和Lee引入协整检验和误差修正模型研究韩国和新加坡的能源消费和GDP之间的相互关系,并指出二者存在双向的因果关系。Fatai等应用Toda－Yamamoto因果关系检验法和自回归分布滞后模型(ARDL)检验了新西兰、澳大利亚、印度、印度尼西亚、菲律宾和泰国的能源消费与 GDP 之间的因果关系，结果表明菲律宾和泰国的能源消费与经济增长之间存在双向的 Granger 因果关系，印度和印度尼西亚的能源消费与经济增长之间存在单向 Granger 因果关系，新西兰和澳大利亚存在 GDP 到最终总能耗的单向 Granger 因果关系以及 GDP 到工业、商业能耗的单向 Granger 因果关系。由于不同国家和地区发展程度、经济结构和体制的差异以及政策导向、研究方法和样本量的差异，能源消费与经济增长的内在依存关系也会产生显著的差异。归结起来，二者之间的关系主要存在以下三种类型：① 从能源消费到经济增长或者是从经济增长到能源消费的单向因果关系；② 能源消费与经济增长之间的双向因果关系；③ 能源消费与经济增长之间不存在因果关系。

关于环境污染和经济增长之间的关系，学术界主要致力于验证环境库兹涅茨曲线(EKC)假设的可靠性及其二者之间关系机制的研究。所谓的环境库兹涅茨曲线(EKC)就是假定环境质量下降和人均收入增长之间存在倒 U 形曲线关系，也就是说在经济发展初期，环境污染随着收入水平的增长而上升，当收入增长超越一定的临界值时，环境质量将开始逐渐改善。John 和 Pecchenino 利用代际交叠模型分析经济增长与环境质量之间的潜在冲突关系，指出消费行为是引起外生经济增长和环境污染的环境库兹涅茨曲线的原因。Stokey 则认为引起环境库兹涅茨曲线的主要因素是内生技术水平和政策导向。就温室气体 CO_2 为例，大量的实证研究都在枚举碳排放阻碍经济的可持续发展及其所带来的可能危害。Galeotti 等发现碳排放与经济增长呈现符合环境库兹涅茨假设的倒 U 形曲线关系。Shafik 和 Banhyopadhayay，Shafik，Fodha 和 Zahdoud 得到线性关系；Friedl 和 Getzner，Zarzoso 和 Maranco 则得到 N 形关系。

国内的一些学者对能源消费和经济增长三者之间的相关关系也进行了诸多研究。韩智勇等利用协整分析和因果关系方法研究 1978—2000 年我国能源消费和经济增长相关关系，结果表明二者之间存在双向因果关系，但不具有长期的协整性。赵进文和范继涛利用非线性 STR 模型研究我国能源消费与经济增长之间的内在结构依存关系，指出经济增长对能源消费具有非线性、非对称性和明显的阶段性特征。李文浩利用1991—2007年省际面板数据研究能源开发强度对经济增长的影响以及影响的时间趋势和地区差异,研究发现能源开发强度总体上制约经济增长,并且对西部和中部经济表现为负影响,对东部经济表现出的正影响。关于环境污染和经济增长之间方面,王立平等基于环境库兹涅茨曲线假定,运用空间动态面板模型并引入空间相关因素进行了相关的研究,结果表明,我国基本满足环境库兹涅茨曲线假定,并且指出环境污染的主要原因是地理因素而非经济因素。陈耀辉和汪古月以江苏省为例,选取1989—2009年GDP为增长指标,应用协整方程和脉冲响应模型研究能源消费、环境污染和经济增长的相互关系,指出能源消费与经济增长长期存在显著的正相关关系。姚露露和高志刚研究表明新疆能源消费和经济增长是碳排放的Granger原因,并且三者存在长期均衡性。

综合以上分析,各种计量经济学的研究技术和方法被应用来验证能源消费、环境污染和经济增长之间关系的有效性。然而,不同国家或地区三者之间的内在依存关系不同,这取决于研究区间的设定、研究变量的选取和当地的经济发展程度。

二、数据与方法

(一)数据来源

选取河南省1978—2011年年度国内生产总值(GDP,亿元)和能源消费总量(EC,万吨标准煤)为研究变量。为了减少价格因素和数据波动对研究结果可能产生异方差的影响,国内生产总值以1952年不变价格计算得到实际国内生产总值,并将国内生产总值和能源消费总量分别取对数处理,得到1978—2011年LnGDP和LnEC的时间序列(图1A)。1978—2011年两组变量的一阶差分后序列△LnGDP和△LnEC的趋势图如图1B所示。所有数据均来源于国家统计局编制的《中国统计年鉴》、《中国能源统计年鉴》以及河南省统计局编制的《河南省统计年鉴》。

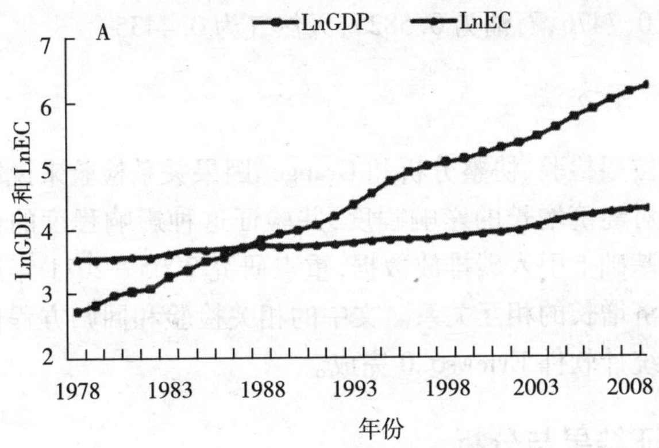

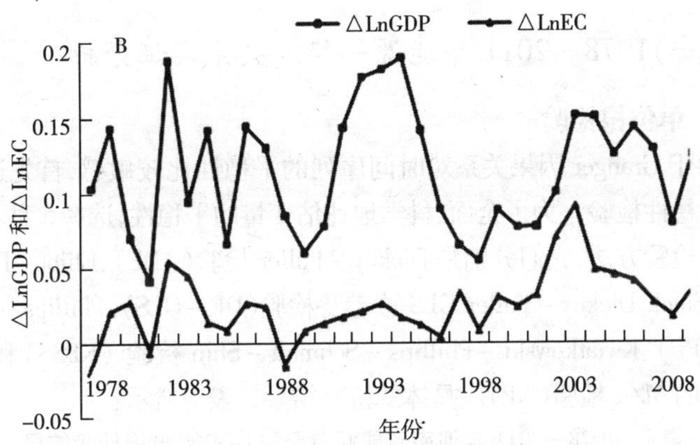

图 1 1978—2011 年河南省 GDP 和能源消费
变化趋势(A)和一阶差分变化趋势(B)

(二)CO_2排放量的估算

碳排放量计算的基本公式可以表述为:

$$C = \sum_{i=1}^{3} E_i F_i = \sum_{i=1}^{3} E_i \frac{E_i}{E} F_i$$

式中 C 为由能源消费引起的碳排放量;E 表示能源消费总量,E_i 表示煤、石油、天然气的能源消费量;F_i表示各类能源的碳排放系数,均来源于国家发展与改革委员会能源所公布的数据,其中煤炭的碳排放系数为0.7476,石油为0.5825,天然气为0.4435。

(三)研究方法

通过单位根检验、协整分析和Granger因果关系检验来说明河南省能源消费对经济增长的影响程度,并验证这种影响程度的长期稳定性。在此基础上引入碳排放数据,重点研究2005—2011年近7年碳排放和经济增长的相互关系。文中的相关检验和回归方程借助于计量经济学统计软件Eviews6.0完成。

三、实证结果与分析

(一)1978—2011年能源—经济关系实证分析

1. 单位根检验

由于Granger因果关系对时间序列的平稳性比较敏感,首先进行变量的平稳性检验。为了全面、科学地评估变量的平稳性,选择5种不同的单位根检验方法,它们分别是Dickey－Fuller检验(ADF)、Elliot－Rothenberg－Stock Dickey－Fuller GLS去趋势检验(DF－GLS)、Phillips－Perron检验(PP)、Kwiatkowski－Phillips－Schmidt－Shin检验(KPSS)和Ng－Perron的MZa检验(NP)。具体的检验结果如表1所示:

表1　1978—2011年河南省能源消费和GDP单位根检验结果

		ADF	DF－GLS	PP	KPSS	NP(MZ_a)
原序列						
含有截距	LnEC	0.910(0;AIC)	0.278(1;AIC)	1.764	0.653[b]	0.608(1;AIC)
	LnGDP	0.189(0;AIC)	0.281(1;AIC)	0.189	0.683[b]	－1.471(1;AIC)
含有截距和趋势	LnEC	－0.841(0;AIC)	－1.037(1;AIC)	－0.984	0.177[b]	－3.553(1;AIC)
	LnGDP	－2.917(1;AIC)	－2.012(0;AIC)	－2.245	0.055[a]	－6.495(0;AIC)

续表

		ADF	DF - GLS	PP	KPSS	NP(MZ_a)
一阶差分序列						
含有截距	LnEC	-3.810(0;AIC)[a]	-2.870(0;AIC)[a]	-3.806[a]	0.355[b]	-9.767(0;AIC)[b]
	LnGDP	-4.037(0;AIC)[a]	-4.078(0;AIC)[a]	-4.032[a]	0.076[a]	-14.528(0;AIC)[a]
含有截距和趋势	LnEC	-3.983(0;AIC)[b]	-3.883(0;AIC)[a]	-3.983[b]	0.118[a]	-14.672(1;AIC)[c]
	LnGDP	-3.972(0;AIC)[b]	-4.103(0;AIC)[a]	-3.967[b]	0.070[a]	-35.426(2;AIC)[a]

注:上标 a、b、c 分别表示 1%、5%和 10%的显著水平;AIC 代表最小信息准则;括号里的数字代表根据 AIC 准则选定的滞后阶数。

在表 1 的结果中,KPSS 检验的原假设是时间序列平稳,其余检验方法的原假设是能源消费与 GDP 二者之间的时间序列非平稳,当检验值小于显著水平的临界值时,拒绝原假设。结果表明,不管是含有截距或者含有截距和趋势的情况下,5 种单位根检验方法均显示变量的原序列是不平稳的。虽然变量的一阶差分序列在 KPSS 检验和其他检验结果上存在冲突,但是总体上来说他们的一阶差分序列是平稳序列。因此,对于变量的同阶单整序列可以进行协整关系检验。

2. 协整检验

协整检验主要是分析变量的自身非平稳时间序列的长期均衡关系。常用的协整检验方法主要有 Pedroni 基于残差的协整检验和 Kao 基于残差的 ADF 协整检验。Pedroni 基于残差的协整检验有两种类型:一种是组内方法,包含 Panel v - Statistic、Panel rho - Statistic、Panel PP - Statistic 和 Panel ADF - Statistic 4 种统计量;一种是组间方法,包含 Group rho - Statistic、Group PP - Statistic 和 Group ADF - Statistic 3 种统计量。具体检验结果如表 2 所示:

表2 1978—2011年河南省能源消费和GDP协整检验结果

		统计量	伴随概率
Pedroni 基于残差的协整检验	Panel v - Statistic	2.506	0.006
	Panel rho - Statistic	-3.110	0.001
	Panel PP - Statistic	-2.863	0.002
	Panel ADF - Statistic	-2.765	0.003
	Group rho - Statistic	-2.185	0.010
	Group PP - Statistic	-2.877	0.002
	Group ADF - Statistic	-2.760	0.003
Kao 基于残差的 ADF 协整检验		-2.600	0.010

Pedroni 基于残差的协整检验中，Panel v - Statistic、Panel rho - Statistic、Panel PP - Statistic 和 Panel ADF - Statistic 在1%的显著水平下接受变量的协整假设；Group rho - Statistic、Group PP - Statistic 和 Group ADF - Statistic 在5%的显著水平下接受变量的协整假设。Kao 基于残差的 ADF 协整检验结果在5%的显著水平下接受变量的协整假设。因此，可以得出能源消费和GDP之间具有长期的协整关系。

3. Granger 因果关系检验

Granger 因果检验是用来检验变量间存在的因果关系及其方向。检验结果如表3所示：

表3 1978—2011年河南省能源消费和GDP Granger因果关系检验结果

原假设	滞后期	样本数	F统计量	P值
LnGDP 不是 LnEC 的 Granger 原因	1	33	0.487	0.491
LnEC 不是 LnGDP 的 Granger 原因	1	33	0.800	0.378
LnGDP 不是 LnEC 的 Granger 原因	2	32	1.149	0.332
LnEC 不是 LnGDP 的 Granger 原因	2	32	0.256	0.776

续表

原假设	滞后期	样本数	F 统计量	P 值
LnGDP 不是 LnEC 的 Granger 原因	3	31	2.565	0.078
LnEC 不是 LnGDP 的 Granger 原因	3	31	0.438	0.728
LnGDP 不是 LnEC 的 Granger 原因	4	30	2.504	0.073
LnEC 不是 LnGDP 的 Granger 原因	4	30	0.168	0.952

在5%的显著水平下拒绝"LnGDP 不是 LnEC 的 Granger 原因"的假设表明 LnEC 是 LnGDP 的 Granger 原因;在5%的显著水平下拒绝"LnEC 不是 LnGDP 的 Granger 原因"的假设表明 LnEC 是 LnGDP 的 Granger 原因。因此,无论是在滞后一阶、二阶、三阶还是四阶的情况下,均存在且仅存在着从能源消费到经济增长的单向 Granger 因果关系。

4. 模型的估计与分析

通过 Granger 因果关系检验由此确定 LnGDP 为被解释变量,LnEC 为解释变量;e_t为随机扰动项,运用最小二乘法进行回归分析,得到对应的最佳协整方程为:

$$LnGDP = -12.007 + 4.293LnEC + e_t \quad (1)$$

$$(-15.304)(21.150)$$

$$R^2 = 0.933,\ R^2_{adjust} = 0.931,\ F = 447.33,\ D.W. = 0.088,\ P < 0.01$$

由协整回归方程(1)可以看出,河南省能源消费与经济增长呈显著的正相关关系,其中能源消费对经济增长的方差解释量为93.3%,调整后的方差解释量为93.1%。能源消费每增加1个百分点,会带来GDP增加约4.29个百分点,说明河南省正处于工业化中期,经济的增长对能源有较强的依赖性。

(二)2005—2011 年碳排放和经济增长关系实证分析

1. 碳排放的现实压力

从河南省能源消费的构成情况来看,煤炭所占比重由1978年的

92.3%下降到2011年的83.5%，降幅显著，线性趋势表明年均降幅为0.18%($R^2=0.77, P<0.01$)；石油所占比重由1978年的6.8%上升到2011年的9.8%，年均显著升高0.07%($R^2=0.40, P<0.01$)。天然气所占比重由1980年的0.2%上升至2011年的3.3%，年均增幅约0.05%($R^2=0.46, P<0.01$)。水电所占比重由1978年的0.9%上升至2011年的3.4%，年均增幅约0.05%($R^2=0.48, P<0.01$)。虽然天然气和水电所占比重有所上升，煤炭所占比重下降显著，但是能源消费结构仍以煤炭为主，而且在加快城市化和工业化的进程中，以煤为主的资源禀赋条件决定了河南省在未来10~20年以煤为主的能源消费结构不会有太大的改变。

2. 2005—2011年碳排放数据

由表4可以看出，2005—2011年河南省碳排放量呈逐年递增的趋势。碳排放总量从2005年的10933.36万吨增加到2011年的17241.06万吨，增加了近一半以上，线性趋势表明，年均增长7.01%($R^2=0.988, P<0.01$)。其中，第一产业碳排放总量从2005年的344.77万吨增加到2011年的481.87万吨，年均增长4.87%($R^2=0.708, P<0.01$)；第二产业碳排放总量从2005年的8635.08万吨增加到2011年的13258.18万吨，年均增长5.12%($R^2=0.958, P<0.01$)；第三产业碳排放总量从2005年的1953.51万吨增加到2011年的3506.01万吨，年均增长7.15%($R^2=0.811, P<0.01$)。三大产业中，第二产业的碳排放量所占比重平均在80%以上。河南省人均碳排放量也呈逐年递增趋势，平均为1.40吨/人，说明碳排放的增长速度大于人口的增长速度。

表4 2005—2011年河南省碳排放总量、人均碳排放量和各产业碳排放量

	2005	2006	2007	2008	2009	2010	2011
碳排放总量（万吨）	10933.36	12135.92	13335.07	14186.13	14765.59	15750.15	17241.06
人均碳排放量（吨/人）	1.12	1.24	1.35	1.43	1.48	1.51	1.64
第一产业（万吨）	344.77	361.06	352.57	362.92	371.31	407.47	481.87

续表

	2005	2006	2007	2008	2009	2010	2011
第二产业（万吨）	8635.08	9758.15	10905.83	11637.55	12068.87	12367.22	13258.18
第三产业（万吨）	1953.51	2016.71	2076.67	2185.66	2325.41	2975.46	3506.01

注:第一产业主要指农、林、牧、渔业;第二产业主要指工业和建筑业;第三产业主要包括交通运输、仓储和邮政业,批发、零售业和住宿、餐饮业以及其他。

3. 2005—2011 年人均 GDP,碳排放强度和碳排放弹性系数

人均 GDP 能够综合反映一个国家或地区的经济发展水平和居民收入水平。一般来说,人均 GDP 越高,其人均产品和服务的生产能力就越强,居民的物质生活就越丰富。2005—2011 年河南省人均 GDP 以年均 13.70% 的速度增长,人均 GDP 的增长与碳排放的增长同步,二者显著正相关($R=0.996, P<0.01$)。这一研究结果表明,在研究时段内,人均 GDP 增长是驱动碳排放增长的关键因素。河南省要想实现节能减排,必须权衡碳排放与经济发展的关系,努力实现减排与发展的双赢。

碳排放强度即为单位 GDP 的碳排放量,反映了一个国家或地区经济增长对碳排放的贡献程度。单位 GDP 的碳排放量越大,表明随着经济的快速发展,相同数量的 GDP 的增加会带来碳排放量越多,从侧面反映出该地区的能源消费结构和经济发展水平之间的关系。由表 5 可以看出,2005—2011 年河南省单位 GDP 碳排放量呈显著下降趋势($R^2=0.982, P<0.01$),从 2005 年的 1.033 吨/万元降至 2011 年的 0.640 吨/万元,平均每年下降约 0.068 吨/万元,表明自 2005 年以来,经济增长速度快于碳排放增长速度,同时也是转变经济发展方式、调整能源消费结构和提高能源利用效率的结果。通过计算碳排放弹性系数(即碳排放的增长率/GDP 的增长率)也可以反映碳排放与经济增长之间的关系。2005—2011 年河南省碳排放弹性系数均小于 1,说明碳排放的增长速度小于经济的增长速度。

从各产业部门单位 GDP 的碳排放量来看,2005—2011 年河南省三

大产业单位 GDP 的碳排放量均呈显著下降趋势。线性趋势表明，第一产业年均下降 0.01 吨/万元($R^2=0.773, P<0.01$)，第二产业年均下降 0.12 吨/万元($R^2=0.986, P<0.01$)，第三产业年均下降 0.03 吨/万元($R^2=0.636, P<0.01$)。其中，第二产业平均单位 GDP 的碳排放为 1.19 吨/万元，是第三产业的 2.50 倍，第一产业的 7.88 倍。由此可以看出，每创造单位 GDP 所产生的碳排放量，第二产业比第一产业、第三产业所占的比重较大。因此，实现第二产业的减排目标是关键。

表 5　2005－2011 年河南省人均 GDP，碳排放强度和碳排放弹性系数

产业	项目	2005	2006	2007	2008	2009	2010	2011
总量	GDP(亿元)	10587.42	12362.79	15012.46	18018.53	19480.46	23092.36	26931.03
	碳排放总量(万吨)	10933.36	12135.92	13335.07	14186.13	14765.59	15750.15	17241.06
	人均 GDP(元)	10800	12600	15200	18200	19500	22100	25700
	单位 GDP 碳排放量(吨/万元)	1.033	0.982	0.890	0.787	0.787	0.682	0.640
	碳排放弹性系数	0.499	0.656	0.461	0.319	0.503	0.360	0.569
第一产业	GDP(亿元)	1892.01	1916.74	2217.66	2658.78	2769.05	3258.09	3512.24
	碳排放量(万吨)	344.77	361.06	352.57	362.92	371.31	407.47	481.87
	单位 GDP 碳排放量(吨/万元)	0.182	0.188	0.159	0.136	0.134	0.125	0.137
第二产业	GDP(亿元)	5514.14	6724.61	8282.83	10259.99	11010.50	13226.38	15427.08
	碳排放量(万吨)	8635.08	9758.15	10905.83	11637.55	12068.87	12367.22	13258.18
	单位 GDP 碳排放量(吨/万元)	1.566	1.451	1.317	1.134	1.096	0.935	0.859
第三产业	GDP(亿元)	3181.27	3721.44	4511.97	5099.76	5700.91	6607.89	7991.72
	碳排放量(万吨)	1953.51	2016.71	2076.67	2185.66	2325.41	2975.46	3506.01
	单位 GDP 碳排放量(吨/万元)	0.614	0.542	0.460	0.429	0.408	0.450	0.439

注：第一产业主要指农、林、牧、渔业；第二产业主要指工业和建筑业；第三产业主要包括交通运输、仓储和邮政业、批发、零售业和住宿、餐饮业以及其他。

四、研究结论与政策建议

(一)研究结论

基于以上研究,可以得出以下主要结论:

(1)总体来看,1978—2011 年河南省能源消费与经济增长之间具有长期的协整关系,且存在从能源消费到经济增长的单向 Granger 因果关系,能源消费每增加 1 个百分点,会带来 GDP 增加约 4.29 个百分点。河南省经济快速发展是以能源的大量消费为前提的,特别是对煤炭资源具有较强的依赖性。

(2)2005—2011 年河南省碳排放量和人均碳排放量均呈逐年递增的趋势,并且碳排放增长速度大于人口的增长速度。其中,三大产业所产生的碳排放量中,第二产业所占比重最大,平均在 80% 以上。

(3)研究时段内,人均 GDP 增长是碳排放增长的关键驱动因素。碳排放弹性系数小于 1,碳排放增长速度小于经济增长速度。三大产业部门单位 GDP 的碳排放量中,第二产业所占比重最大。因此,河南省在减少碳排放,发展低碳经济的过程中,必须慎重考虑其对经济发展的影响,并且第二产业的 CO_2 减排是今后节能减排的重要领域。

(二)主要的发展路径

为了实现河南省经济的健康永续发展,减少能源粗放型消费所带来的生态环境破坏,促进社会—经济—自然复合生态系统的和谐共存,基于以上分析,提出以下相关政策建议:

1. 确保能源安全,增加能源有效供给

能源安全不仅关系到经济发展,同时也关系到政治和军事安全。河南省能源供需矛盾突出,煤炭供需平衡受价格影响较大,加之 2003 年以来国际石油价格快速飙升并大幅波动,能源有效供给日趋紧张。并且能源消费结构单一,煤炭在能源消费中仍然占主体地位,石油、天然气和水电等清洁能源比重较小,清洁能源发展缓慢。因此,短期内增加电力和石油的有效供给,是保障经济正常运行的主要方式之一。从国家战略角度出发,加强国际能源合作,力求能源供应渠道的多样化;加强能源战略储备,尤其是加强石油战略储备,充分利用国内国外两个市场,采取综合措施,保障能源安全。

2. 降低单位 GDP 能耗,提高能源利用效率

长期以来,河南省的经济发展以牺牲高能耗为代价,能源利用效率低于全国平均水平。以 2010 年河南省六大高耗能行业单位产值能耗与全国比较为例,河南省煤炭开采和洗选业,石油加工、炼焦及核燃料加工业,非金属矿物制品业,黑色金属冶炼及压延加工业分别是全国平均水平的 2.49、2.90、1.41 和 2.92 倍;化学原料及化学制品制造业,电力、热力的生产和供应业分别是全国平均水平的 10.89 倍和 22.71 倍。因此,主要是化学原料及化学制品制造业,电力、热力的生产和供应业,石油加工、炼焦及核燃料加工业和黑色金属冶炼及压延加工业等行业的高能耗导致河南省国民经济整体单位 GDP 能耗高出全国平均水平。调整能源结构,加快技术进步与创新,从根本上转变"高投入低产出"经济增长模式,优先发展知识密集型和技术密集型产业。

3. 推动工业转型升级,走新型工业化道路

新型工业化道路具有科技含量高、经济效益好、资源消耗低、环境污染少等鲜明特征,推动工业转型升级是走新型工业化道路的必然选择。按照高端、高质、高效的原则,推动工业向内涵发展、创新驱动、绿色低碳、智能制造和服务化发展转型;调整产品结构向高附加值、深加工、高端价值链方向发展,大力推动生态经济、循环经济发展,加强资源节约和综合利用。

4. 优化产业结构,构建现代产业体系

优化三次产业结构,控制高能耗、高排放产业过快增长,逐步降低第二产业在国民经济生产总值中所占的比例。加大支农惠农政策力度,积极发展现代农业。逐步做到用现代物质条件装备农业,用先进科学技术改造农业,推进农业向现代经营方向转变,引领农业向现代发展理念转变,提高农业水利化、机械化和信息化水平;大力发展第三产业特别是现代服务业,减少工业对碳排放的需求。充分发挥服务业引导作用,科学规划,突出重点,加强制度创新和政策调整,优化服务业发展环境,推进服务业快速、健康发展,逐步扭转能源消费结构和人们的消费方式。

5. 加大清洁能源开发,促进能源多元化发展

大力发展新能源和可再生能源,实施清洁能源技术创新战略。加大技术研发、应用和推广的投资规模,建立碳捕获与封存机制,提高清洁能源的核心竞争力。根据2007年国家发展改革委员会制定的《可再生能源中长期发展规划》的目标,力争到2010年使可再生能源消费量达到能源消费总量的10%,到2020年达到15%。如果2020年的目标得以实现,将会减少800万吨SO_2的排放,300万吨氮氧化物的排放和1.2亿吨CO_2的排放。立足于河南实际,因地制宜、统筹推进生物质能、太阳能、风能、地热能等多种可再生能源开发和利用,努力提高非化石能源在能源消费中的比重;综合利用税收、金融、财政等经济手段鼓励清洁能源发展,积极构建农村绿色能源体系,完善相关法律保障,加强有效监管,促进能源健康、持续、多元化发展。

参考文献

[1] IPCC. Climate Change 2007: The Physical Science Basis. Contribution of Working Group I to the Fourth Assessment Report of the Intergovernmental Panel on Climate Change [R]. 2007.

[2] Kraft J, Kraft A. On the Relationship Between Energy and GNP [J]. *Journal of Energy and Development*, 1978, 3: 401-403.

[3] Stern D I. Energy Use and Economic Growth in the USA: a Multivariate Approach [J]. *Energy Economics*, 1993, 15: 137-150.

[4] Glasure Y U, Lee A R. Cointegration, error-correction, and the relationship between GDP and electricity: the case of South Korea and Singapore [J]. *Resource and Electricity Economics*, 1997, 20: 17-25.

[5] Fatai K, Oxleyb L, Scrimgeour F G. Modeling the causal relationship between energy consumption and GDP in New Zealand, Australia, India, Indonesia, The Philippines and Thailand[J]. *Mathematics and Computers in Simulation*, 2004, 64 (3-4): 431-445.

[6] Grossman G M, Krueger A B. Economic growth and the environment [J]. *Quarterly Journal of Economics*, 1995, 110 (2): 353 - 377.

[7] John A, Pecchenino R. An overlapping generations model of growth and the environment [J]. *The Economic Journal*, 1994, 104: 1393 - 1410.

[8] Stokey N L. Are there limits to growth [J]. *International Economic Review*, 1998, 39(1): 1 - 31.

[9] Galeotti M, Alessandro L, Pauli F. Reassessing the environmental Kuznets curve for CO_2 emissions: A robustness exercise [J]. *Ecological Economics*, 2006, 57:152 - 163.

[10] Shafik N, Bandyopadhyay S. Economic Growth and EnvironmentalQuality: Time Series and Cross - Country Evidence. Background Paper for the World Development Report [R]. 1992.

[11] Shafik N. Economic development and environmental quality: an econometrics analysis [J]. *Oxford Economic Papers*, 1994, 46: 757 - 773.

[12] Fodha M, Zaghdoud O. Economic growth and pollution emissions in Tunisia: an empirical analysis of the environmental Kuznets curve [J]. *Energy Policy*, 2010, 38: 1150 - 1156.

[13] Friedl B, Getzner M. Determinants of CO_2 emissions in a small open economy [J]. *Ecological Economics*, 2003, 45: 133 - 148.

[14] Zaroso I M, Morancho B A. Pooled mean estimation for an environmental Kuznets curve for CO_2 [J]. *Economics Letters*, 2004, 82(1): 121—126.

[15]韩智勇，魏一鸣，焦建玲，等.中国能源消费与经济增长的协整性与因果关系分析 [J].系统工程，2004，7:17—21.

[16]赵进文，范继涛.经济增长与能源消费内在依从关系的实证研究 [J].经济研究，2007，8:31—42.

[17]李文浩.中国低碳经济的发展研究——基于能源开发与经济增长的视角 [J].经济学家，2012，1: 21—29.

[18]王立平，管杰，张纪东.中国环境污染与经济增长：基于空间动态面板数据模型的实证分析 [J].地理科学，2010，6: 818—824.

[19]陈耀辉，汪古月.能源消费、环境污染与经济增长关系的实证分析——以江苏省为例 [J].理论建设，2011，6: 58—60.

[20]姚露露，高志刚.新疆能源消费、经济增长与碳排放关系的实证研究 [J].新疆大学学报(哲学·人文社会科学版)，2012，1: 20—24.

[21]国家统计局.中国统计年鉴 2012 [Z].北京：中国统计出版社，2012.

[22]国家统计局. 中国能源统计年鉴 2011 [Z]. 北京:中国统计出版社, 2011.

[23]河南省统计局. 河南省统计年鉴 2012 [Z]. 北京:中国统计出版社, 2012.

[24]国家发展和改革委员会能源所. 中国可持续发展能源暨碳排放情景分析 [R]. 2003.

(作者简介:彭俊杰　河南省社会科学院助理研究员)

湖南省城市土地低碳利用系统综合评价及分析

毛德华　熊雅萍　黄　婕　周国华
胡贤辉　伍　婷　吴虹雨

为了应对全球变暖的影响，低碳经济成为世界各国经济发展转型方向与共同发展战略。低碳经济是以低能耗、低污染、低排放为基础的经济模式，是人类社会继农业文明、工业文明之后的又一次重大进步。城市土地是城市区域内各种生产与生活活动的物质载体，进行着复杂而强烈的物质与能量交换，同时又是人类社会发展的最重要的平台。由于全球碳排放80%以上来自城市，因此城市节能减排对全球气候与环境的影响意义重大，两者结合而形成的城市土地低碳利用研究将成为城市科学、土地科学及环境科学领域研究的新热点。但目前对于城市土地低碳利用研究在国内外还很薄弱，本文将界定城市土地低碳利用的概念、内涵，构建城市土地低碳利用系统模型、指标体系与评价方法，综合评价湖南省13个地级市的土地低碳利用水平并进行分析。

一、城市土地低碳利用概念与内涵

依据低碳经济与城市土地利用的相关理论，结合低碳经济对城市土地利用的基本要求，确立城市土地低碳利用的概念和基本内涵，从而为建立城市土地低碳利用系统模型奠定理论基础。

（一）城市土地低碳利用的概念

城市土地低碳利用实际上就是城市土地利用的低碳化形态，综合考虑土地的生态价值、经济价值以及社会价值的既“低碳”又“经济”的城市土地利用方式。具体而言,城市土地低碳利用是在保障城市社会经济发展的基础上,充分做到土地利用碳减排;更深入的阐述是指在城市发展过程中,以科学、理性和可持续的发展观为指导,以实现城市低碳化发展为根本目标,同时做到控碳源与保碳汇,着力提高城市土地综合利用效率,力争以较少的城市土地利用净碳排放量,创造尽可能多的经济效益、社会效益和生态效益的城市土地利用行为。

(二)城市土地低碳利用的内涵

城市土地低碳利用是低碳理念植入城市土地利用与城市科学、土地科学领域而产生的一个全新的名词。从上述城市土地低碳利用的概念出发对其内涵加以认识,主要体现为一手抓城市土地利用低碳排放,一手抓城市土地利用综合效益,两手都不能松懈。

一手抓城市土地低碳排放。表现在:①城市土地低碳利用要达到最高层面的总体碳源控制和碳汇保持,通过实现各类城市建设用地低碳利用的协同发展,科学控制城市建设用地的总碳量;②城市土地低碳利用要实现其碳源、碳汇层面分项碳量优化,科学控制各类城市建设用地碳排放,提升固碳地类的碳汇能力。

在碳源控制方面,可通过用地结构调整,协调城市建设用地综合利用以最大限度地降低土地利用碳排放,包括控制建设用地规模、扩展速度,优化城市建设用地空间布局以降低各类用地碳排放量等,注重土地生态利用,减小土地利用行为对环境的破坏性影响;而“碳汇”能力提升方面则可以通过从土地碳汇保育入手,如增加城市绿地面积和功能来提高城市陆地生态系统的碳汇减排效果。

一手抓综合效益。表现为要创新土地利用方式,倡导土地立体开发、混合利用、存量土地利用,防止房地产商囤地等土地闲置和资源浪费行为的发生,继续促进土地集约利用,提高城市土地资源利用效率;利用导向型的产业用地供地政策来调节产业用地比例,既能控制高能耗、高碳排放项目用地,又能提高土地单位经济产出。

城市土地低碳利用既反对唯利是图、以环境换发展的粗放型土地利用与开发,也不赞同机械的保有土地生态而放弃灵活获取经济效益的机会。着力从制订科学的土地利用规划、采取新一轮新能源革命的技术成果推行节能减排入手,实现源头上遏制、环节中减少、循环中中和碳排放的城市土地利用形态。

二、城市土地低碳利用系统综合评价方法与步骤

(一)城市土地低碳利用系统的内涵

依据系统论的一般原理,结合城市土地低碳利用的概念、内涵和客观要求,城市土地低碳利用是一个由多个子系统相互促进、相互制约而构成的具有特定结构和功能的、开放的、动态而复杂的巨系统。系统中每一个子系统都是由多要素、多结构和多变量组成。

为便于构建城市土地低碳利用系统模型,按其构成部分的层次高低相继分解成四个层次——总体层、子系统层、要素层和变量层,总体层指的是一个综合效应值,即城市土地低碳利用总体水平,体现为城市土地利用净碳排放量的高低;子系统层反映的是对城市土地利用净碳排放量起直接作用的系统组成部分,具体则指的是城市土地利用的碳源子系统和碳汇子系统两个部分;要素层指的是反映子系统层内的系统要素,具体包括城市土地利用的碳源各要素和碳汇各要素;因子层指的是影响系统要素运行的具体因素,可通过选取相应的因子指标来加以反映。城市土地低碳利用系统层次构建如图1所示。碳源子系统的组成要素是指产生碳排放的城市土地利用方式。此处主要包括居住用地碳排放、商服公共用地碳排放、交通用地碳排放和工业用地碳排放四个方面。要将城市土地利用碳源子系统的总体碳排放控制到最小,既要做到降低各业用地方式的碳排放,还要做到各业用地低碳利用之间的一种协同发展,因为系统要素之间的相互作用是影响系统综合效益的重要内在因素。然后,通过选取能够分别反映居住用地碳排放、商服公共用地碳排放、交通用地碳排放及工业用地碳排放四种要素的相关因子指标,就可反映出各要素受其所辖因子的影响程度,从而为量化要素的客观现状与发展趋势提供基础依据。

碳汇子系统的组成要素指的是消除已排出碳量的城市土地利用类型,在本文中,考虑到城市土地的研究范围是城市市域土地,故只将城市绿地作为唯一碳汇地类纳入碳汇子系统。

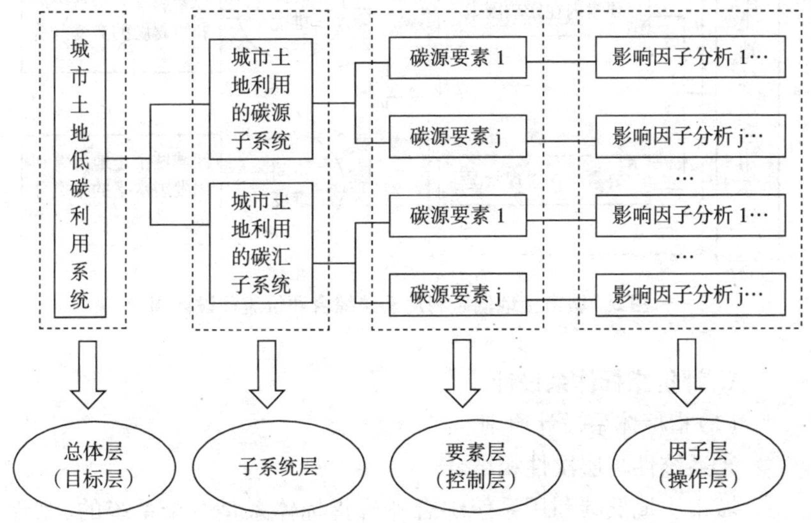

图 1　城市土地低碳利用系统构建图

(二)城市土地低碳利用系统综合评价研究

城市土地低碳利用系统是一个全新的概念,目前缺乏准确和科学的评价标准。本文根据城市土地低碳利用系统层次选取相应的评价指标,在一定时间和一定空间内对其发展状态进行比较研究,运用分析得出的结论对系统进行反馈,有利于系统发展的自我协调和控制,进而为政府制定更利于城市土地低碳利用的规划和政策提供依据。

从总体上来说,城市土地低碳利用系统综合评价及分析需完成两个方面的内容,分别是基于时间维度的系统内在影响变量贡献性和障碍性程度测度分析,以及基于空间维度的区域城市土地低碳利用发展水平比较测度的聚类分析,流程设计如图 2 所示。本文主要对湖南省 13 个地级市进行综合评价与对比分析,因此主要是进行空间维度的测度。

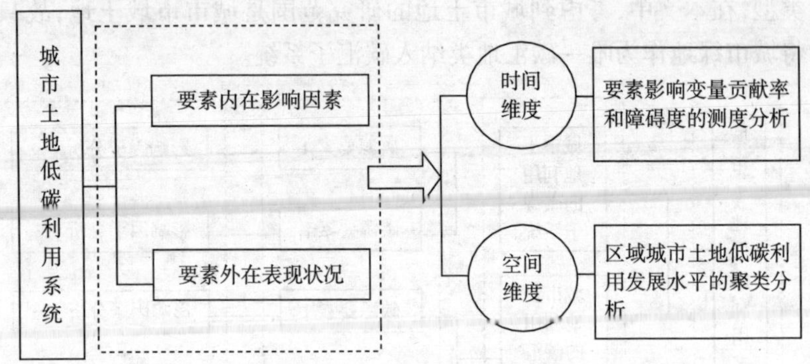

图2 城市土地低碳利用系统综合评价流程设计图

1. 评价指标体系设计

(1)指标体系设计原则

①系统性与层次性相结合

城市土地低碳利用系统综合评价指标体系是一个系统的、综合性的指标体系。城市土地利用对低碳经济的影响需综合考虑人、社会经济和环境等多个方面,涵盖了整个碳源—碳汇、土地利用和经济发展状况三者协调发展的过程,指标设计必须利用多学科间的交叉和综合知识,系统而又层次分明地进行指标体系的构建。

②可比性与可行性相结合

可比性要求评价结果在时间上实现现状与过去可比,才能准确反映系统协调发展的演进轨迹;在空间上实现不同区域之间可比,从而通过区际比较来反映研究目标的优势和缺陷。此外,城市土地低碳利用系统的评价指标体系必须是科学可行的,能起到为城市管理政策制定和科学管理服务的作用,应具有较强的实际操作性,因此要求指标资料能获取且将其量化。

③全面性和代表性相结合

城市土地低碳利用系统的协调优化发展具有深刻而丰富的概念内涵,它要求指标体系必须具有足够的覆盖面和综合性。指标往往是经过加工处理的,通常以地均、百分比、增长率、效益等表示,要能准确、清楚地反映问题,能全面并综合地反映城市土地低碳利用系统协调优化发展的各种因素。同时要求指标体系内容简单明了、准确,并具有代表性。

(2)指标体系的构建

以评价内容为基础,指标体系设计原则为依据,结合城市土地低碳利用内涵与系统模型,按照评价目标的大小将指标体系组成三个层次的树型结构,自上而下分别为目标层、控制层和操作层,各层次的具体内容及操作层指标释义分别如表 1 所示。

表 1 城市土地低碳利用系统评价指标体系表

目标层	控制层	操作层	释义
城市土地低碳利用	居住用地低碳利用	地均居住人口数 X_1	城市户籍人口数/居住用地面积
		居民消费系数 X_2	城市居民家庭居住消费支出/总消费支出
		地均生活垃圾清运量 X_3	生活垃圾清运量/居住用地面积
		居住用地紧凑系数 X_4	住宅建筑总面积/居住用地面积
	商服公共用地低碳利用	地均第三产业从业人数 X_5	第三产业从业人数/公共设施用地面积
		第三产业产值比重 X_6	第三产业产值/社会总产值
		金融业产值比重 X_7	金融业产值/第三产业产值
		商服公共用地比重 X_8	公共设施用地面积/城市建成区面积
	交通用地低碳利用	地均公路客运量 X_9	公路客运量/对外交通面积
		城市公交通勤系数 X_{10}	公共交通标准运营车数/道路广场用地面积
		地均私人汽车拥有量 X_{11}	私人汽车拥有量/交通用地面积
		交通用地紧凑系数 X_{12}	1/人均拥有道路面积
	工业用地低碳利用	地均工业从业人数 X_{13}	工业从业人数/工业用地面积
		工业产值比重 X_{14}	工业产值/社会总产值
		地均工业废气排放量 X_{15}	工业废气排放量/工业用地面积
		工业用地比重 X_{16}	工业用地面积/城市建成区面积
	城市绿地低碳利用	绿化覆盖率 X_{17}	城市园林绿地面积/城市建成区面积
		地均人口数 X_{18}	1/人均公共绿地面积

2. 评价指标权重的确定和标准化

(1)指标权重确定

本文选用层次分析法确定权重,可以分别得到各操作层对控制层、各控制层对目标层以及各操作层对目标层的权重,并且可以分别算出各操作层、各控制层的得分。

层次分析法分析问题大体要经过五个步骤:建立层次结构模型——构造判断矩阵——层次单排序——层次总排序——一致性检验。由于前文指标体系的建立已经确定了目标层、控制层和操作层,下一步就是在各层内元素中进行两两比较构造判断矩阵。判断矩阵表示本层对上一层次因素与本层其他有关因素之间相对重要性的比较,这是层次分析法工作的出发点与最关键的一步。因篇幅所限,在此不再赘述。

(2)数据标准化处理

数据标准化处理是通过一定的数学转换来消除原始指标量纲影响的方法,即把性质、量纲各异的指标值转换为可以相互比较的相对数。研究常选取目标范围内每一指标的最大(小)值、平均值或者合理值作为无量纲化的基准值。

本文采用极差标准化方法,以每一项指标中的最大(小)值为标准值进行标准化。将所有指标分为两种类型:①对城市土地低碳利用起正作用的指标(S);②对城市土地低碳利用起副作用的指标(T)。对于以上两种指标分别按下式进行赋值:

$$S'_{ij}=\frac{S_{ij}-S_{ij,min}}{S_{ij,max}-S_{ij,min}}\text{(正向指标)} \tag{1}$$

$$T'_{ij}=\frac{T_{ij,max}-T_{ij}}{T_{ij,max}-T_{ij,min}}\text{(负向指标)} \tag{2}$$

式(1)(2)中:S'_{ij}、T'_{ij}分别为第 i 年第 j 项评价指标的标准化分值;S_{ij}、T_{ij}分别为第 i 年第 j 项评价指标的原始数据;$S_{ij,max}$、$S_{ij,min}$、$T_{ij,max}$、$T_{ij,min}$分别为 S_{ij}、T_{ij}中的最小值和最大值,其值介于 0~1 之间。其中,X_4、X_6、X_7、X_{10}、X_{12}、X_{14}、X_{17}为影响城市土地低碳利用的正向指标,其余为负向指标。

3. 城市土地低碳利用系统综合评价指数的计算

目前,多目标综合评估法是对城市土地利用系统的综合评分最常用的方法。但此方法计算总分值时采用线性加权加法,这便默认了各指标属性值之间可补偿性的存在,并且很大程度上是一种线性的可补偿性,而城市土地低碳利用系统的各评价指标属性值并不能完全补偿,即便有这种补偿性也不是线性的。本文中城市土地低碳利用系统中控制层指标之间不能相互补偿,而每一控制层指标下的操作层指标之间可以补偿,所以采取改进的多目标综合评估法——“加权和与加权积的混合算法”来计算综合评价指数,具体计算公式如下:

$$E = \{ \prod_{m=1}^{n} [W_m \cdot \sum_{k=i}^{j} (W_k \cdot L_k \cdot 100)] \}^{(1/n)} \tag{3}$$

式(3)中:E 为城市土地低碳利用碳源子系统的综合评价指数,m 为控制层指标的代码,n 为控制层指标的数目,k 为控制层指标 Y_m 及所辖的操作层指标的代码,W_m 为控制层指标 Y_m 的权重,W_k 为操作层指标 X_k 的层内权重值,L_k 为操作层指标 Y_k 的标准化属性值。

三、湖南省城市土地低碳利用系统综合评价结果及分析

(一)湖南省城市土地低碳利用综合测度结果

本文以2010年作为评价标准年,湖南省13个城市(地级市)指标体系中各指标的原始数据基本都来自于各个城市统计年鉴和其他相关统计资料,包括《中国城市统计年鉴》《中国区域经济统计年鉴》《中国城市(镇)生活与价格年鉴》《湖南第二次经济普查数据集》《湖南统计年鉴》等。2010年各城市指标体系原始数据表略。

运用层次分析法得出的各操作层层次单排序权重值、控制层单排序权重值与操作层总排序权重值见表2。

表 2 城市土地低碳利用系统各层次评价指标的权重

控制层			操作层			
指标名称	指标代码	指标权重	指标名称	指标代码	层次单排序权重	层次总排序权重
居住用地低碳利用	Y_1	0.1251	地均居住人口数	X_1	0.1671	0.0209
			居民消费系数	X_2	0.1182	0.0148
			地均生活垃圾清运量	X_3	0.4531	0.0567
			居住用地紧凑系数	X_4	0.2616	0.0327
商服、公共用地低碳利用	Y_2	0.0607	地均第三产业从业人数	X_5	0.1411	0.0086
			第三产业产值比重	X_6	0.4550	0.0276
			金融业产值比重	X_7	0.2627	0.0160
			商服、公共用地比重	X_8	0.1411	0.0086
交通、广场用地低碳利用	Y_3	0.2577	地均公路客运量	X_9	0.1474	0.0380
			城市公交通勤系数	X_{10}	0.0942	0.0243
			地均私人汽车拥有量	X_{11}	0.5106	0.1316
			交通用地紧凑系数	X_{12}	0.2479	0.0639
工业用地低碳利用	Y_4	0.4033	地均工业从业人数	X_{13}	0.0991	0.0400
			工业产值比重	X_{14}	0.2194	0.0885
			地均工业废气排放量	X_{15}	0.2428	0.0979
			工业用地比重	X_{16}	0.4387	0.1769
城市绿地低碳利用	Y_5	0.1532	绿化覆盖率	X_{17}	0.6667	0.1021
			地均人口数	X_{18}	0.3333	0.0511

然后利用公式(1)(2)对原始数据进行标准化。计算结果略。

采用加权和与加权积的混合算法,利用公式(3)对湖南省2010年13个城市土地低碳利用系统进行综合评价,结果见表3。

表3 湖南省13个城市土地低碳利用系统控制层与目标层综合评价指数

城市	居住用地低碳利用	商服公共用地低碳利用	交通用地低碳利用	工业用地低碳利用	城市绿地低碳利用	城市土地低碳利用	名次
长沙市	9.63	3.65	11.83	26.34	14.40	10.95	1
株洲市	6.89	2.19	17.12	18.26	12.13	8.94	6
湘潭市	6.16	2.16	20.27	30.37	10.98	9.79	2
衡阳市	6.15	1.95	19.15	27.24	6.57	8.37	8
邵阳市	4.10	1.75	8.95	24.49	12.69	7.24	12
岳阳市	7.52	1.29	19.60	26.61	14.76	9.43	4
常德市	7.58	1.52	17.80	29.15	9.66	8.96	5
益阳市	7.34	1.72	15.16	16.88	8.60	7.74	11
张家界市	3.93	4.52	21.26	20.35	10.57	9.59	3
郴州市	9.43	1.27	18.83	30.01	4.52	7.90	10
永州市	5.06	2.00	16.72	26.05	1.23	5.58	13
怀化市	5.92	2.34	20.83	15.67	11.24	8.73	7
娄底市	7.05	1.48	13.66	26.65	10.33	8.29	9

(二)湖南省城市土地低碳利用系统综合评价结果分析

从综合评价指数来看,从高到低的排序是长沙市、湘潭市、张家界市、岳阳市、常德市、株洲市、怀化市、衡阳市、娄底市、郴州市、益阳市、邵阳市、永州市。其中前9个城市,处于平均指数(7.97)以上,有4个城市处于平均指数以下。

为了进一步分析13个城市所处的类型,把表3中的湖南省13个城市土地低碳利用系统综合指数,运用SPSS17.0软件,相似测度采用平方欧氏距离,聚类结果为五类,选择组间平均联结法聚类,可得到树形图如图3、表4所示。

```
CASE        0        5        10        15        20        25
Label1    Num  +---------+---------+---------+---------+---------+
株洲市      2   -+
常德市      7   -+-+
怀化市     12   -+ +-----+
岳阳市      6   -+ |     |
张家界市    8   -+-+     |
湘潭市      3   -+       +---------------+
衡阳市      4   -+ |                     |
娄底市     13   -+-+     |               |
益阳市      9   -+ +-----+               +-----------------------+
郴州市     10   -+ |                     |                       |
邵阳市      5   ---+                     |                       |
长沙市      1    -------------------------+                       |
永州市     11   ---------------------------------------------------+
```

图 3　湖南省 13 个城市土地低碳利用系统综合评价指数树状聚类图

表 4　湖南省 13 个城市土地低碳利用系统综合评价指数聚类结果

类别	城　市	类规模
1	长沙市	1
2	株洲市、湘潭市、岳阳市、常德市、张家界市、怀化市	6
3	衡阳市、益阳市、郴州市、娄底市	4
4	邵阳市	1
5	永州市	1

由表 4 和图 3 可以看到，湖南 13 个城市土地低碳利用系统综合水平可以分为 5 类，第 1 类城市为长沙市，说明长沙市城市土地低碳利用系统水平在全省范围内处于高等水平，城市土地低碳利用系统

各项指标整体而言较好,城市总体经济社会发展水平高,尤其在城市居住和工业减排方面工作取得很好的成效,交通通勤率高,产业结构合理,用地结构优化程度中等偏上,城市绿化建设完善,生态宜居。第2类城市为株洲市、湘潭市、岳阳市、常德市、张家界市、怀化市,这些城市土地低碳利用系统水平中等偏上,城市居住、交通和工业减排效果较好,虽然各类用地结构欠优化,但用地布局较紧凑,使用效率较高,城市绿化环境良好,城市居民居住消费水平合理,公共设施配套完善。第3类是衡阳市、益阳市、郴州市、娄底市,城市土地低碳利用系统处于中等水平,产业结构不尽合理,第三产业发展不够,公共设施用地比重低,交通、工业减排工作有待提高。第4类为邵阳市,第5类是永州市,这两类城市土地低碳利用系统处于较低水平,主要体现在城市人口密度大,导致生活垃圾、交通、工业废弃物排放增多,减排效率低,城市绿化覆盖不足,碳汇能力弱,城市各类用地结构和布局不合理,用地松散,尤其是居住用地存在不集约的现象。

参考文献

[1] 冯之浚,牛文元.低碳经济与科学发展[J].中国软科学,2009,(8):13—19.

[2] 汪友结.城市土地低碳利用的外部现状描述、内部静态测度及动态协调控制[D].浙江大学博士学位论文,2011.

[3]徐晓敏.层次分析法的运用[J].统计与决策,2008,(1):156—158.

(作者简介:毛德华　洞庭湖流域资源利用与环境变化湖南省高校重点实验室主任,土地科学系主任,国土研究所副所长

熊雅萍、周国华、胡贤辉、伍婷、吴虹雨　湖南师范大学资源与环境科学学院

黄婕　华润置地(湖南)有限公司)

基于影子价格的森林碳汇产权价值补偿标准研究

华志芹

一、引言

森林生态系统是陆地生态生态系统最大的碳库，随着国内外对低碳减排的呼声日益剧增，森林碳汇较低的减排成本越来越受到重视，尤其自《京都议定书》规定清洁发展机制下的森林碳汇项目所获得的森林碳信用可以成为 CO_2 减排的替代方式之后，确立了森林碳汇服务的经济属性，即森林碳汇服务的价值以降低社会减排成本的方式得以体现。

森林碳汇服务具有“公共品”属性，但是与水资源、土地资源等公共品不同，它是森林生态系统提供的特定服务，更具体而言，森林碳汇服务是森林立木在生长过程中因光合作用产生的固碳效应，因此森林碳汇价值以森林生态系统的存在性价值为基础，补偿森林碳汇价值实质补偿了森林立木所有者的收益损失（假定森林立木所有者与森林经营者是相同的主体）。既然森林碳汇价值是立木所有者不同属性的产权收益，那么森林碳汇价值可以转化为森林碳汇产权价值，森林碳汇产权价值的受益者为林木所有者，森林碳汇产权价值的受益者的对立方应当为森林碳汇产权价值的补偿者，而且森林碳汇产权的补偿者根据“谁收益、谁补偿的原则”可以确定为社会整体。因此准确衡量森林碳汇产权价值成为确定合理的森林碳汇产权价值补偿标准的关键。国外研究并没有直接提出“补偿”森林碳汇产权价值，而是通过森林碳汇项目下的林业碳信用市场价格间接体现森林碳汇产权价值,但是由于森林碳汇计量存在较大的不确定性,而且多数学者认为森林碳汇项目具有较高的交易成本,因此造林与再造林项目下的林业碳信用价格能否成为森林碳汇产权价值补偿标准值得商榷。竞争性的森林碳汇产权市场价格理论上是产权需求者与产权供给者形成的均衡价格,在一定程度上反映了森林碳汇产权价值。但是实践中,买方垄断下的森林碳信用价格扭曲了森林碳汇产权价值。从项目产权层次分析,森林碳信用市场价格将体现森林碳汇产权价值,但是从生态产权层次分析,森林碳汇产权价值是衡量森林生态系统的碳汇效应对整个社会产生的固定碳排放贡献,表现为森林碳汇效应增加的社会福利。

本文试图利用森林碳汇产权的影子价格方法探讨森林碳汇产权价值,据 Kantorovitch & Jan Tinbergen(1939)对影子价格的定义中可以得到:有限资源或产品在最优分配、合理利用条件下,对社会目标的边际贡献或边际收益即为影子价格。因此,本文将森林碳汇产权影子价格定义为森林碳汇效应降低社会减排成本的边际贡献。森林碳汇效应假定为森林立木的固碳量,并且利用森林储蓄量方法近似计算森林碳储量,从而获得森林立木蓄积量变化对社会减排成本的影响。森林立木蓄积量变化在一定程度上反映了森林立木所有者对立木的处置权、收益权等的决策行为,因此补偿森林碳汇产权价值的结果能够从森林立木蓄积量变化中体现出来。森林碳汇产权影子价格反映了补偿森林碳汇产权价值之后的社会边际减排成本的变化程度。

二、基于可计算一般均衡模型的森林碳汇产权影子价格核算

动态可计算一般均衡模型被广泛应用于贸易问题,碳关税、环境等的政策模拟与效应分析中,关于森林碳汇减排量抵扣碳排放制度以及对社会减排成本的影响并没有较多研究。本文假设社会减排成本包括了社会投资林业生态环境的成本与投资各行业(非林业)碳减排技术两部分成本,将第一部分投资成本设定为森林碳汇产权投入成本,第二部分投资成本为碳排放权投资成本,从而森林碳汇产权的

影子价格能够通过森林碳汇产权投入量变化对社会减排成本变化的影响反映出来。

本文构建了包含森林碳汇产权的递归动态可计算一般模型，包含了6个账户：商品账户（C=2）、行业账户（I=2）、要素账户（劳动、资本、合成碳汇产权）、1类企业账户、1类居民账户、1类政府账户，调出—调进账户，不考虑国外账户，模型的基本结构如图1所示。该模型主要包括静态模块：生产决策模块、收入支出决策模块、均衡闭合模块，动态模块：碳汇平衡模块、投资模块实现相应的跨期静态模型的链接。假设每个行业只生产1种商品，社会核算矩阵的横向描述了产品的流向，包括中间需求，投资需求，居民、政府的消费需求。社会核算矩阵的纵向描述了产品的投入，包括中间投入、要素投入、直接税与间接税。

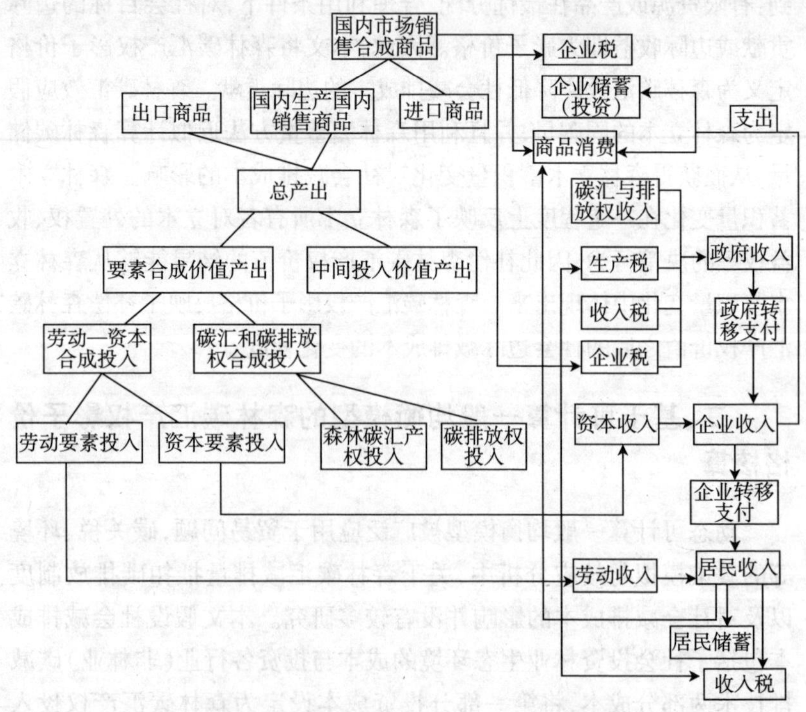

图1　包含森林碳汇产权的CGE模型结构

(一)生产模块

该模块描述企业追求成本最小化的生产行为,得到最优化的产出与价格方程,关键是选择适当的生产函数描述生产过程。本文运用了常替代弹性函数(CES)与里昂惕夫(Leontief)生产函数进行描述,例如运用 CES 函数描述劳动与资本结合产生劳动—资本合成投入(K_L),森林碳汇产权与碳排放权产生合成碳汇产权(CER)。通过 CES 函数描述生产过程,参照已有研究劳动与资本之间具有一定的替代弹性,因此利用 CES 函数描述 $K-L$ 合成如表达式(1),因假设森林碳汇产权具有抵减碳排放的效应,即森林碳汇产权与碳排放权具有替代弹性,因此合成碳汇产权如表达式(2):

$$KL = A[\alpha K^{\rho} + (1-\alpha)L^{\rho}]^{\frac{1}{\rho}} \tag{1}$$

$$CER = B[\beta Forcar^{\varepsilon} + (1-\beta)allower^{\varepsilon}]^{\frac{1}{\varepsilon}} \tag{2}$$

其中 A、B、α、β 都表示了相应函数中的份额参数,ρ、ε 表示相应的替代弹性系数,假设 $K-L$ 合成品与 CER 之间没有替代关系,因此用 Leontief 函数的形式描述了两者的产出关系,如表达式:

$$Y = MIN(\mu KL, \nu CER) \tag{3}$$

μ、ν 表示了 $K-L$ 合成品与 CER 在产出函数中的固定系数,总产出由中间投入与要素合成品的增加值构成,为简化模型,本文选择了线性方程将这两部分加成,如表达式(4),(5):

$$Q_i = QVA_i + QINTA_i \tag{4}$$

$$QINTA_i = \sum_{j=1}^{n} a_{ij} \times Q_i \tag{5}$$

其中,Q_i 为 i 部门的总产出,QVA_i 为合成要素价值增值,$QINTA_i$ 为中间投入价值增值。a_{ij} 为投入-产出系数。

(二)收入/支出模块

该模块描述了居民、企业、政府的收入与支出的关系,居民的收入主要为劳动投入与工资的乘积,另加企业对家庭的转移支付。企业的收入主要为资本投入与资本的收益率之乘积,另加政府对企业的转移支付。政府的收入主要为直接税与间接税之和。企业的碳排放权收入可以视为政府对企业的部分转移支付。居民的支出主要用于商品消费、交纳政府的收入税,剩余支出就是储蓄。在文中因只有两种商品,因此消费采用线性支出函数表示,可支配收入与边际储蓄倾向的乘积就是储蓄。企业的支出包括投资、转移支付与所得税,剩余为企业的储蓄。政府的支出则包括了政府消费、对企业的转移支付以及政府的储蓄。

(三)调进—调出模块

考虑国内其他省份的调进商品与省内生产的商品共同满足商品市场需求,因此模型中参照一般 CGE 模型采用的利用 CES 函数描述进口商品与国内商品合成,而出口商品与国内生产商品的合成体现总产出,文中运用 CET 函数进行描述。CES 函数与 CET 函数在表达形式上相同,区别体现在替代弹性 CET 函数为大于 1 的数值,而 CES 函数为介于 0 至 1 之间的数值。因没有考虑关税、汇率等复杂变量,因此以调进/调出商品与省内商品之间的销售价格差异来表达调进商品价格与调出商品价格。

(四)碳平衡模块

文中将合成碳汇产权产出抵扣碳排放量的差值表示为净增加的碳汇数量,如表达式(6),将净增加的碳汇数量与真实 GDP 的比值保持不同时期的稳定,如表达式(7)。

$$Netforcar = sum(i, \mathrm{CER}(i)) - coem \tag{6}$$

$$\begin{aligned}\mathrm{RGDP} = & sum(i, gcon(i)) + sum(i, hcon(i)) + htax + etax + gtre \\ & + hsav + gsav + esav + etrh - cfcr \times netforcar\end{aligned} \tag{7}$$

其中 $gcon(\mathrm{i})$ 为政府消费,$hcon(\mathrm{i})$ 为家庭消费,*htax* 为收入税,*etax* 为企业税,*gtre* 代表政府转移支付,*etrh* 代表企业转移支付,*hsav* 为家庭储蓄,*gsav* 为政府储蓄,*esav* 为企业储蓄,*cfcr* 为森林碳汇产权投入成本。企业根据能源消费数量,间接得到碳排放数量,参照现有国际热量值换算标准,设定一吨标准煤的碳排放系数为 2.7 吨 CO_2,将能源消费增长假设为外生变量,那么碳排放变化也是外生给定。

(五)均衡闭合模块

依据一般均衡模型的闭合方法,商品市场、要素市场都将处于总供给等于总需求的状态,碳动态平衡模块也将处于净增加的碳汇量与真实 GDP 保持在基准年水平。对于家庭、企业政府收支平衡,选择各类税率外生,将储蓄内生的闭合原则。对于投资,采用了新古典闭合原则,即总储蓄等于总投资,通过投资与调出账户的差值实现平衡。

三、湖南省森林碳汇影子价格的实证分析

湖南省森林资源类型丰富,主要有针叶林、常绿阔叶林,从龄级上进行分类,包括了幼龄林、中龄林、近成熟林、成熟林、过熟林。随着湖南省“两型社会”建设的推动,武陵山区及洞庭湖区的生态环境保护,以及林业重点工程,森林资源保护制度和措施的实施,森林生态系统的碳汇量 2011 年已经达到 5.9494×10^8吨,比 2000 年增长了 1.716×10^8吨。森林碳汇效应的经济价值也将越来越明显(胡长青等,2005),根据固定碳单价 85 元/吨碳(何丽莎,2002),251 元/吨碳(薛达元,1997),305 元/吨碳(施溯筠,2002)分别计算森林碳汇价值量,结果显示森林碳汇经济价值分别达到 1840 亿元、5442 亿元、6603 亿元。本文从动态可计算一般均衡模型中计量森林碳汇影子价格,在此基础上反映森林碳汇价值。

(一)模型的数据基础

湖南省的社会核算矩阵表(Social Accounting Matrix, SAM)是求解可计算一般均衡模型的数据基础,本文在湖南省 2007 年的投入—产出表基础上,并结合 2007 年的林业统计年鉴,湖南省统计局的相关数据,森林碳汇项目中反映出的森林碳汇成本价格,湖南省财政年鉴中政府的支出数据等编制了湖南省 2007 年的社会核算矩阵。因本模型中将林业从农业中分离,单独将林业部门作为碳汇性部门,其他非林业部门统一归并为碳源性部门,因而中间投入的数据只能通过 2002 年 122 个部门中林业与非林业部门的中间投入—产出关系间接计算得到,居民、

政府对两类不同碳质属性部门生产的商品消费,以及劳动投入、资本投入、生产税等都按比例进行换算。这些数据都可以直接从投入—产出表中直接获得,或者通过投入—产出表中的数据推算可以得出,例如资本报酬以固定资产折旧与企业盈余两项之和来衡量。但是如企业森林碳汇产权收入与碳排放权收入这两个虚拟数据没有现实的统计数值,本文假设以 CDM 广西珠江流域治理再造林项目的碳汇成本 40 元/吨 CO_2作为森林碳汇的价格,参考尹少华、周文朋(2013)对湖南省主要树种的森林碳汇量估算结果,推算森林碳汇产权收入。将碳排放权收入以政府对环境保护的支出来衡量。另有一些数据通过表中的横向与纵向平衡关系而推算得出,如政府储蓄单元项。

(二)包含森林碳汇产权价值的 SAM

SAM 表主要包括商品、生产活动、要素、机构、投资、调入—调出账户的数据结构,本文将商品细分为林业部门的碳汇性商品与非林业部门的碳源性商品,生产活动细分为固碳性活动与排碳性活动,要素包括劳动、资本、碳排放权,机构细分为企业、家庭、政府三大主体,国内不同省份之间存在商品的调出与调入关系,因为国外商品与国内商品的碳生产活动具有较大差异性,因此本文未将国外与国内的进出口关系考虑在内,衡量国内的森林碳汇产权价值忽略国际森林碳汇产权价值的影响可以相对简化模型,而又不会使得结果产生较大偏差。

(三)湖南省森林碳汇产权影子价格模拟

本文采用递归动态方法实现影子价格的模拟。以 2007 年 SAM 中的数据结构为基准对模型进行校准,以 2008 年至 2011 年的碳平衡模块进行模拟预测。设定基准年的价格系数为 1 单位(1 单位 = 10^4 元),碳汇产权成本为 1 单位(1 单位 = 10^4元/万吨)。通过 GAMS21.5 软件模拟得到,森林碳汇产权投入成本的模拟值为0.0212单位,碳排放权投入成本的模拟值为 0.2070 单位。模型稳定状态下,初始值变化,将不改变森林碳汇产权投入与碳排放权投入的关系,因此森林碳汇产权投入成本与碳排放权投入成本保持了1:10 的比例关系。现实 2007 年的森林碳汇产权投入成本约为 40 元/吨碳,那么碳排放权投入成本约为

400 元/吨碳。2008 年模拟结果为森林碳汇投入成本比 2007 年降低了 0.0018 单位,碳汇产权的投入量增加了 2532.85 万吨,碳排放权成本降低了 0.0178 单位,碳排放权投入量增加了 1213.06 万吨,而且合成碳汇产权抵扣碳排放量的净剩余量比 2007 年的净剩余量降低了 4334.05 万吨。将 2008 年的模拟值换算为实际值,森林碳汇产权投入成本为 36.6 元/吨碳,碳排放权投入成本为 374.65 元/吨碳,2008 年合成碳汇产权投入成本比 2007 年降低了 22139.38 万元,因此利用影子价格的计算公式间接得到森林碳汇产权影子价格为 8.74 元/吨碳。运用相同的计算方法,2009 年森林碳汇产权投入成本模拟值比 2007 年降低了 0.0010 单位,碳排放权投入成本降低了 0.0096 单位,因此 2009 年真实的森林碳汇产权投入成本为 38.11 元/吨碳,碳排放权投入成本为 390.89元/吨碳。森林碳汇产权的投入量降低了 1312.20 万吨,碳排放权投入量增加了 635.4 万吨,2009 年合成碳汇产权投入成本比 2007 年降低了 3308.43 万元,2009 年比 2008 年的合成碳汇产权投入成本增加了 18830.95 万元。2008—2009 年森林碳汇产权影子价格为 15.42 元/吨碳,而且 2009 年合成碳汇产权抵扣碳排放量的净剩余量比 2007 年的剩余量降低了 8286.15 万吨。2010 年的森林碳汇产权投入成本模拟值比 2007 年降低了 0.0002 单位,森林碳汇产权的投入量降低了329.62 万吨,碳排放权成本模拟值降低了 0.0025 单位,碳排放权投入量增加了 161.08 万吨,实际的森林碳汇产权投入成本为 39.62 元/吨碳,碳排放权投入成本为 385.84 元/吨碳。2010 年合成碳汇产权投入成本比 2007 年降低了 2155.63 万元,因此 2010 年比 2009 年的合成碳汇产权投入成本降低了 1152.79 万元,2009—2010 年森林碳汇产权影子价格为 1.17 元/吨碳,而且合成碳汇产权抵扣碳排放量的净剩余量比 2007 年的净剩余量降低了 16420.2 万吨碳。2011 年的森林碳汇产权投入成本模拟值比 2007 年的森林碳汇产权投入成本增加了 0.0008 单位,森林碳汇产权的投入量增加了 933.38 万吨,碳排放权成本模拟值增加了 0.0074单位,碳排放权投入量降低了 461.65 万吨,真实的森林碳汇产权投入成本为 41.5 元/吨碳,碳排放权投入成本为 424.55 元/吨碳,因此 2011 年合成碳汇产权投入成本比 2007 年降低了 9933.43 万元,2011 年合成碳汇产权投入成本比 2010 年降低了 7777.8 万元,2010—2011

年的森林碳汇产权影子价格为 -6.15 元/吨碳,合成碳汇产权抵扣碳排放量的净剩余量降低了 13110.3 万吨。

基于 2008—2011 年森林碳汇影子价格的模拟,对 2012—2020 年森林碳汇产权影子价格进行预测。假设 2012—2015 年森林碳汇固碳量保持 5% 的增长速度,但是碳排放量随着经济增长变缓而保持在 2%、3%、5% 的增长速度,2015 年之后森林固碳量以 1% 的速度下降,碳排放量保持年均 2% 的下降速度,那么预测结果如表 1 所示:

表 1 2012—2020 年的森林碳汇产权影子价格

	森林碳汇产权成本(元/吨碳)	森林碳汇产权投入变化量(万吨)	碳排放权成本(元/吨碳)	碳排放权投入变化量(万吨)	森林碳汇产权影子价格(元/吨)
2011—2012	43.39	1183.15	444.75	-597.54	-25.60
2012—2013	45.47	1129.52	465.94	-585.17	-44.66
2013—2014	47.73	1081	488.31	-571.65	-66.21
2014—2015	50.00	1031.67	511.68	-559.68	-91.26
2015—2016	49.63	-208.66	506.93	114.29	-102.62
2016—2017	49.05	-211.01	501.98	114.8	-94.70
2017—2018	48.67	-212.28	497.22	115.33	-92.41
2018—2019	48.11	-214.66	492.27	115.85	-85.42
2019—2020	47.73	-216.7	487.72	116.37	-80.08

(四)模拟结果分析

2007—2020 年森林碳汇产权的影子价格是动态变化的,影子价格在 2010 年之前表现为正值,而在 2010 年之后表现为负值。影子价格为正从数学角度解释为森林碳汇产权投入变化与合成碳汇产权成本变化是一致的,即增加森林碳汇产权投入将增加合成碳汇产权的投入成本。影子价格为负值即体现了森林碳汇产权投入增加将降低合成碳汇产权的投入成本,实质体现了森林碳汇产权的成本抵扣效应,而这正是森林碳汇产权价值的内涵。2010—2015 年森林碳汇产权影子价格随着森林碳汇成本增加而不断增加(影子价格的绝对值),反映了森林碳汇产权的成本抵扣效应越来越显著,森林碳汇产权价值越来越高。因此影子价格变化与森林碳汇产权价值变化是一致的,在一定程度上影子价格适用于补偿森林碳汇产权增加的投入成本。

2007—2010 年森林碳汇产权投入成本相对下降,但是森林碳汇产权投入也相对下降,森林碳汇产权表现为弹性为正的投资商品,这从侧面反映出森林碳汇产权的成本需要提高至投资者"必要成本"的程度,这样才能使森林碳汇产权的投资具有激励效应。随着森林碳汇产权投入下降,碳排放权投入数量增加,但是碳排放权成本下降。因此碳排放权的价格弹性为负值,碳排放权属于正常的投资品,只有降低成本才具有投资激励效应。

通过模拟预测得出以 2007 年为基准年的合成碳汇产权的投入抵扣碳排放量的净剩余量在 2008—2020 年间总体呈现下降趋势,2011—2020 年虽然森林碳汇产权投入相比于 2007 年增加,但是碳排放权投入相比 2007 年降低,而且 2011—2015 年碳排放量增加,因此合成碳汇产权的投入抵扣碳排放量的净增加的碳汇量低于基准年,甚至在 2015 年达到最低值。2015—2020 年,由于碳排放量降低,而且碳排放权投入量增加使得净碳汇增量出现小幅增长,因此森林碳汇产权投入增加将降低合成碳汇产权投入抵扣碳排放量的成本,使得净碳排放强度(净剩余量/真实 GDP)维持在基准年水平,但是增加净碳汇量的绝对值关键需要降低碳排放量。

四、结论与讨论

森林碳汇产权影子价格计量为森林碳汇产权价值补偿标准的确定提供了可行的方法,基于一般均衡模型下的森林碳汇产权影子价格突破了以森林碳汇项目的局部均衡价格反映森林碳汇产权价值的局限性,但是森林碳汇产权价值仍然与影子价格存在差异性。(1)影子价格体现了森林碳汇产权降低社会减排成本的贡献,已经将森林碳汇效应的存在性价值转变为市场价值,可能降低了森林碳汇产权价值。(2)基于可计算一般均衡模型的影子价格虽然考虑了森林立木所有权者的决策行为,但是并没有将森林碳汇产权价值与森林立木其他产权价值进行比较,因此森林碳汇产权价值的补偿标准以影子价格为参考依据,但是需要根据森林碳汇效应对社会贡献的价值评估进行变化。

参考文献

[1] Sedjo, R. A., Wisniewski, J., Sample, A., Kinsman, J. D. The economics of managing carbon via forestry: assessment of existing studies[J]. *Environ. Resour. Econ.* 1995, 6, 139 - 165.

[2] Marland, G., McCarl, B. A., Schneider, U.. Soilcarbon: policy and economics[J]. *Climatic Change*. 2001, 51(1), 101 - 117.

[3] Angelsen A (2008a) REDD models and baselines. Int For Rev 10(3):465 - 475.

[4] Murray B, McCarl B, Lee H. Estimating leakage from forest carbon sequestration programs[J]. *Land Econ.* 2004, 80(1):109 - 124.

[5] Coomes O, Grimard F, Potvin C, Sima P. The fate of the tropical forest: carbon or cattle? [J]. *Ecol Econ.* 2008, 65(3):207 - 212.

[6] Paul Dargusch, K. Lawrence. A Small - Scale Forestry Perspective on Constraints toIncluding REDD in International Carbon Markets[J]. *Small - scale Forestry*. 2010, 9:485 - 499.

[7] 贺菊煌,沈可挺,等.碳税与二氧化碳减排的CGE模型[J].数量经济技术技术研究,2002(10): 39—47.

[8] 胡长青,等.湖南省森林生态系统碳汇经济价值初探[J].湖南林业科技,2005(3):1—6.

[9] 尹少华,周文朋.湖南省森林碳汇估算与评价[J].中南林业科技大学学报,2013(7):137—152.

(作者简介:华志芹 湖南省社会科学院经济所助理员)

绿色崛起:推进江西生态文明示范省建设的思考

江西省社科院课题组*

人类社会正跨入生态文明新时代,建设生态文明是一场涉及价值观念、生产方式、生活方式以及发展格局的全方位变革的系统工程。党的十八大报告提出:“把生态文明建设放在突出地位,融入经济建设、政治建设、文化建设、社会建设的各方面和全过程,努力建设美丽中国,实现中华民族永续发展。”建设生态文明,是关系人民福祉、关乎民族未来的长远大计。生态文明示范省建设是一项高于“生态省”“生态经济区”实践之上更高层次的要求,是国家“五位一体”发展战略和“美丽中国”建设在地区的探索实践。目前,江西正处在科学发展、绿色崛起的关键阶段,如何在生态文明观统领下,发挥江西生态资源核心竞争力的优势,创新区域发展形式,江西省委十三届七次全体(扩大)会议已明确提出坚持生态立省,要在发展中保护,最大限度地巩固好发挥好江西的生态优势,努力把江西建设成为全国生态文明示范省,为建设美丽中国做出新的更大贡献。

一、生态文明示范省建设是创新区域发展的新形式

1. 生态文明示范省建设是高于“生态省”“生态经济区”等已有实践之上更高层次的要求

生态文明以尊重和维护自然为前提,以生态环境生产力为根本动力,以人类社会良性循环发展为根本宗旨,最终实现可持续发展的

---

* 课题组成员:李志萌、麻智辉、曾晓翔、高玫、张宜红。

经济模式、健康合理的消费模式以及人与自然和谐相处的共生模式。建设生态文明示范省是一项复杂和艰巨的系统工程，其复杂性在于它与当地经济社会的发展融为一体，不可分割，其艰巨性在于建设生态文明省是建设生态省、“生态经济区”及“两型社会”等已有区域实践之上更高层次的要求。江西推进生态文明示范省建设是实现经济、社会和人口、资源、环境协调发展，主动适应全球经济社会发展趋势和提高综合竞争力的需要，将生态文明融入政治建设、经济建设、文化建设、社会建设的各方面和全过程，是“五位一体”国家发展战略、“美丽中国”建设在江西的探索实践。

2. 生态文明省建设要求经济发展与环境退化脱钩，实现生态与经济的融合共生

实现经济发展与环境退化脱钩，就是要通过生态现代化，利用人类的智慧去协调发展与环境的矛盾，达到经济与环保双赢的目的，其中包括经济发展与自然资源消耗增长脱钩、经济发展与能源消耗增长脱钩、经济发展与环境污染增长脱钩、经济发展与生态退化等逆向脱钩；经济发展与环境进步正向良性耦合。2011 年联合国环境规划署发布报告警告说，如果经济增长速度与自然资源消耗速度不脱钩，到 2050 年人类每年消耗的能源将是目前的 3 倍，地球将不堪重负。促进生态与经济的融合共生，经济发展与资源消耗脱钩，已成为世界发展共识与必然趋势。江西的经济增长很大程度上是依赖过度消耗自然资源粗放发展来实现的，传统生产要素的比较优势正在消失，经济的持续发展与环境容量、资源承载力矛盾突出，正面临着发展不足与经济转型双重压力，必须积极应对挑战，发挥生态环境资源生产力的优势，实现生态与经济的深度融合，在欠发达地区走出先污染后治理的困境，实现生态保护与经济社会发展互动协调。

3. 生态文明示范省建设要让居民享受经济发展成果的同时享受到生态环境改善的成果

提升群众的民生幸福指数，必须把工作的着力点放在解决人民群众所思所想所盼的切身利益问题上。我国正处在环境的敏感期，生态安全是发展的底线，随着工业化、城镇化快速推进，以及长期粗放增长的生态负债，公众对环境问题更加敏感和警觉，环境健康事件也进入高发期,随着人民生活水平的提高,对生态系统服务的需求越来越大,生态产品的稀缺性正在凸显。建设生态文明示范省,提升环境质量,改善人居环境,是发展升级、小康提速的重要内容。江西省委十三届七次全体(扩大)会议庄严提出“良好的生态环境,是我省科学发展绿色崛起的生命线;不论多么赚钱的项目,如果污染了环境破坏了生态,都是不可饶恕的犯罪;如果为一时发展而污染了老百姓赖以生存的水、土壤和空气,那我们就是千古罪人”。江西与发达地区不比楼的高度,不比马路的宽度,比的是城市的绿化,比的是市民的舒适度,比的是城市的文化特色,要努力把环境敏感期变成生态建设的加速期、环境质量的改善提升期。

二、生态文明示范省建设优势和问题并存

1. 生态环境优良与生态环境脆弱的矛盾

20 世纪 80 年代,江西实施了“治山、治江、治湖、治穷”的山江湖工程,开始了不懈的生态建设实践。目前,江西森林覆盖率达到63.1%,大气质量、水资源总量和水质、湿地面积、生态多样性等各项生态指标居全国前位,根据中国社会科学院 2013 年《城市竞争力蓝皮书》中,2012 年中国生态城市竞争力前 10 名的城市分别是澳门、香港、南昌、随州、上饶、黄山、景德镇、烟台、九江和广州,其中江西占有 4 席。但生态系统结构和功能有待改善,江西省中幼林面积占林分总面积的 87.7%,而成、过熟林面积只占 12.3%。林分平均蓄积为 42.1 立方米/公顷,为全国平均水平的 48.2%,在全国仅位列第 19 位。同时,江西的生态优势,是建立在工业化程度比较低的基础上的,是一种原始性的生态优势,非常脆弱。随着工业化进程的加速,工业化与可持续发展的矛盾不断尖锐起来,生态环境恶化趋势日趋明显,这种现象已在一些地方开始显现。

2. 产业转型升级与结构“高碳”锁定的矛盾

江西在努力探索欠发达地区生态经济协调发展的路径,特别是 2009 年“鄱阳湖生态经济区”建设上升为国家发展战略后,在树立生态文明理念、产业生态化、生态工业园区建设等方面进行了有益的实践,为建设生态文明示范省打下了坚实的基础。但江西省的发展基础还很

薄弱,欠发达的省情还未根本改变,提高经济质量、做大经济规模,促进工业化、城镇化,依然是"十二五"甚至更长时间江西经济发展的主旋律,而这势必给江西生态环境带来巨大压力。工业化和重工业化加大了江西各类环境风险。2000—2010年江西省第二产业和工业增加值占GDP的比重呈持续增加的趋势,分别由2000年的35.0%和27.2%增加到2010年54.2%和45.5%,规模以上工业中重工业增加值比重一直维持在高于65%的水平。近年来,江西省产业结构中"三高"行业产能迅速扩张,化学工业、有色金属冶炼加工、黑色金属冶炼加工等,加大了江西节能减排和工业污染治理压力和难度。这些传统产业的"高碳"锁定,对江西节能减排,产业低碳化改造升级带来巨大的压力。

3. 经济增长与唯GDP干部政绩考核的矛盾

改革开放30多年,我国的经济实力大大增强,但在GDP主导的考核机制下,一些地方政府大搞形象工程、政绩工程,以大量基础设施投资拉动GDP数字增长。可以说,当前我国及江西经济面临的一系列困境,都和长期以来地方官员为了政绩,热衷不断提高地方经济增长指标有关。唯GDP的官员政绩考核与升迁机制主要围绕经济绩效展开,各级政府比拼的是经济规模、增长率这样的"硬指标"。这种考核模式对激励官员干劲、推动地区经济发展固然起到一定作用,但其负面效应也越来越突出。为了避免GDP"排名落后"创造政绩,一些地方不择手段甚至竭泽而渔,出现了重复投资、低水平建设、招商引资混乱等现象,衍生出产能过剩、投资—消费失衡等普遍性的难题,群众利益经常成为所谓地方发展的牺牲品。目前到了加快政府职能转变、发展模式转型,以及真正改变GDP为上的政绩观的时候了,但绿色GDP核算体系还不完善,绿色政绩导向及政府提供包括环境保护在内的公共服务,创造良好的市场竞争环境,培育新的竞争力和现代生产要素的能力还有待提高。

三、生态文明示范省建设的目标、发展重点任务

1. 建设目标:在生态文明观统领下,将生态文明建设融入经济、政治、文化、社会建设的各方面和全过程

生态文明示范省建设的核心是可持续发展,特色是低碳、绿色、生

态产业,关键是转变发展方式,把江西建成"水清、地绿、天蓝"美丽中国的闪亮的明珠,生态文明的先行示范区。通过生态建设与经济发展深度融合,经济发展与资源环境逐步"脱钩",提升环境质量;生态文化和价值观成为共识,生态文明制度建设初步形成,生态资源优势转化为市场竞争优势,与全面建成小康社会同步进行,推进江西的绿色崛起。

到2015年,生态与经济融合机制逐步形成,生态产业体系基本形成,推进经济的生态化转型升级,城镇化水平不断提高,城乡居民收入实现较大增长,民生幸福指数不断提高,全面建成小康社会步伐加快,全国生态文明示范省建设取得显著成效;到2020年,确保GDP比2015年翻一番,实现绿色经济崛起、城乡环境宜人、生态文化普及、生态文明制度完善,在全面建成小康社会的基础上,建成全国生态文明示范省,实现在全国生态文明建设领先的目标,并发挥示范引领作用。

2. 推进生态文明建设重点任务

优化江西国土空间的开发布局。以国土主体功能区划作为指导,合理开发布局进行顶层设计。依据《全国主体功能区规划》和《江西省主体功能区规划》遵循不同国土空间的自然特性以及江西省城镇化格局、生产力布局的现状和趋势,着力构建全省的国土开发总体战略格局,确定优化开发区、重点开发区、限制开发区和禁止开发区。增强"五河一湖"及东江源区等自然保护区、生态功能区的生态安全功能,根据生态适宜性,进一步划定江西省国土开发总体布局,划定"生存线""生态线""发展线"和"保障线",全面加强江西国土空间开发的管控。实现鄱阳湖生态经济区建设和赣南等原中央苏区两大国家战略联动集聚发展,优化发展和重点培育城市群,集中力量加快推进昌九一体化,推进南昌打造核心增长极和九江沿江开放开发,鼓励支持各地找准定位竞相发展。优化产业布局,坚持工业化、信息化、城镇化、农业现代化"四化"同步发展。

全面促进江西节约资源。要做好绿色发展、循环发展、低碳发展的各项工作。优化产业结构,构筑生态产业体系;发展循环经济,切实转变生产方式;推进节能减排,保护和修复生态环境。加快构建以生态从严保护、资源深度开发、生产清洁低碳、产业升级高效为主要特征,以绿色农业为基础、绿色工业为支撑、绿色服务业为主导的绿色经济体系，推进经济发展绿色转型。大力发展新能源、新材料、节能环保等新兴产业，发展工业经济，坚持在技术升级上做好“加法”，在污染排放上做好“减法”；大力发展循环经济，推进资源集约利用、循环利用，引导企业加强自主创新，发展再生资源产业，促进生产、流通、消费过程的减量化、再利用、资源化，真正做到各类资源“吃干榨尽”“变废为宝”。

加大自然生态系统和环境保护力度。切实保障生态安全，一方面进行自然保护和生态保育，包括天然林保护、退耕还林、水土保持、生物多样性保护、生态农业等等，加大自然生态系统修复力度，增强生态产品生产能力；另一方面是环境保护，包括水环境、大气环境、噪声污染环境、固体废弃物的处置、土壤保护等等。要开展以“净空、净水、净土”为内容的“三净”行动。明确“十二五”期间加强重金属的治理，到2015年重金属年排放总量比2007年减少15%。加强食品安全管理，健全覆盖“从农田到餐桌”大食品安全控制体系。

加强生态文明的制度建设。综合运用行政、法律、经济和宣传教育等综合手段，建立权责明确、管理规范的生态文明示范省建设管理机制。科学设计江西生态文明示范省建设的指标体系，把资源消耗、环境损害、生态效益纳入经济社会发展评价体系，建立体现生态文明要求的目标体系、考核制度、奖惩机制、管理制度、生态补偿的财政支持和市场调节机制，加强生态文明宣传教育，拓宽公众参与渠道，营造全社会共同参与生态文明示范省建设的良好氛围。

四、江西推进生态文明示范省建设的政策机制

1. 尽快制订战略规划，建立工作组织推进机制

以“生态文明建设全国领先”为目标，制订《江西推进生态文明示范省建设战略规划》，明确江西省推进生态文明示范省建设的长期目标和阶段性目标、发展路线图和优先领域，逐步实现经济社会发展与资源环境消耗的相对脱钩。同时，参照海南、贵州、江苏、浙江等省推进生态文明示范省试点的做法，组建由省政府主要领导任组长，省直有关部门主要负责人为成员的推进江西生态文明示范省建设领导小组，负责研究解决推进生态文明示范省建设中的重大问题。领导

小组下设办事机构,负责具体工作的综合协调。各设区市、县(市、区)要参照推进江西生态文明示范省建设领导小组的组建模式,成立生态市、县建设领导机构,开展全国生态文明示范工程试点市县工作,领导各个层面的生态文明示范省创建活动。

2. 形成生态文明与经济、政治、社会、文化建设融入机制

积极探索生态文明建设规律,以推进经济、政治、社会、文化生态化,来加快生态文明建设。一是经济发展的生态化。转变经济发展方式,走新型工业化道路,推动经济发展转移到全面、协调、可持续的轨道上来。加快构建以生态从严保护、资源深度开发、生产清洁低碳、产业升级高效为主要特征,以绿色农业为基础、绿色工业为支撑、绿色服务业为主导的绿色经济体系,推进经济发展绿色转型。二是政治建设的生态化。强化政府对生态文明建设的主导作用,建立和完善生态文明建设的法律法规体系和制度保障体系,动员和组织全社会的力量依法推进生态文明建设,推动环境保护的公众参与和民主监督。三是文化建设的生态化。结合江西实际挖掘、整理、展示和建立一套渗透全社会道德、消费、社会行为各层面的生态教育机制、生态行为规范和生态消费模式。倡导绿色环保的生活方式,培育和弘扬绿色低碳文化,使广大人民群众特别是各级领导干部树立生态文明理念。四是生活环境的生态化。建设遵循生态伦理和生态公平正义建设小康社会。坚守"蓝天白云、青山绿水"的底线,坚决不以牺牲环境换取发展,加大环境污染的整治力度,增加环境保护的资金投入,创造让人民群众放心、满意的生态环境。

3. 制定促进生态经济融合共生的政策

完善生态产业政策。制定推进江西生态文明示范省建设产业指导意见,定期修改和发布优先发展的产业、产品、技术与工艺目录。鼓励和支持资源节约和综合利用型项目,在投资、融资等政策上,鼓励发展有利于保护生态环境的新能源、新材料、生物医药等战略性新兴产业。

实施生态补偿政策。对因开发利用自然资源而损害生态功能和生态价值的单位和个人征收生态补偿费。加大财政转移支付力度,提高森林生态补偿政策标准,探索建立区域内流域生态补偿机制,进一步完善鄱阳湖湿地和流域生态补偿机制、"五河一湖"及东江源保护区生态环境保护"以奖代补"政策。继续深化林地产权制度改革,放手发展非公有制林业,切实保护经营者的合法权益。

完善价格和收费政策。探索在鄱阳湖生态经济区内建立排污权交易试点。建立有利于引导各类利益主体参与可持续发展的价格调节机制,加快推进土地、水、森林、矿产等资源型产品及要素价格改革,通过价格调节,引导各类相关利益主体的法人强化节约资源,严格保护城乡生态环境,真正发挥价格机制在资源的市场供求和可持续利用等方面的调节功能。

4. 加大财政投入力度,建立多元化融资渠道

加大财政投入力度。借鉴江苏、浙江等省的做法,采取财政贴息、投资补助和安排项目前期经费等手段,设立推进江西生态文明示范省建设引导资金,用于支持重点建设项目,并使社会资本对生态建设投入能取得合理回报,推动生态建设和环境保护项目的社会化运作。各级政府按照建立公共财政的要求,把推进江西生态文明示范省建设资金纳入本级年度财政预算,保证逐年有所增长。对于生态保护和建设、重要生态功能区、自然保护区和生物多样性保护与建设、生态环境监督能力建设等社会公益型项目,要以政府投资为主体,实施多元化投资。重大的生态文明示范省建设项目应优先纳入国民经济社会发展计划。加大对生态创建工作的以奖代补力度。

建立多元化融资渠道。发挥市场机制配置资源的基础性作用,采取政府引导、社会投入、市场运作的方式,拓宽推进江西生态文明示范省建设融资渠道。采取建立政府引导资金、政府投资的股权收益适度让利、财政贴息、投资补助和安排前期经费等手段,引导民间资本投入生态文明示范省建设领域。积极支持生态项目申请银行信贷、设备租赁融资和国家专项资金,发行企业债券和上市融资。鼓励不同经济成分和各类投资主体,以独资、合资、承包、租赁、拍卖、股份制、股份合作制、BOT 等不同形式参与生态文明示范省建设。充分利用现代金融工具,在国际国内资本市场上为生态文明示范省建设项目融资。

5. 建立健全法规制度体系,创新干部政绩考核机制

加强推进江西生态文明示范省建设方面的立法工作,重点制定推进生态文明示范省建设、发展循环经济、清洁生产、饮用水水源保护等方面的地方性法规、规章,建立具有江西特色的生态文明示范省建设法规体系、行政体制、司法体制、督查体制、市场机制成功配套、执行有力,生态文明建设进入良性运行轨道。

改革完善对领导干部的考核机制,改进考核方法手段,出台建设生态文明城市指标体系,包括生态经济、生态环境、民生改善、基础设施、生态文化、政府廉洁等方面指标,让生态文明从抽象理念变得看得见、摸得着、干得来。在推进生态文明示范省建设过程中,实行分类考核、差异化考核,不唯 GDP,不以数字论英雄。根据主体功能区定位探索设立不同的考核目标,细化和研究区域化标准,尽快形成共同承担责任,但有区别的目标、任务考核体系,并积极推进具体配套政策措施的制定和施行。

6. 创新公众参与和环境决策机制

推进公众参与机制创新。实行政府环境行为和企业环境行为信息公开化,建立和完善有奖举报等激励机制,为公众行使知情权、参与权、监督权创造条件,推动公众广泛参与生态环境保护和建设;建立公众听证制度,让公众参与法规政策制定和环境影响评价;充分发挥各种社会团体组织在生态文明示范省建设中的作用,发展壮大环境保护志愿者队伍,引导和组织更多的公众参与生态文明示范省建设。

建立和完善环境决策机制。建立战略决策环境影响评价制度,以国家《环境影响评价法》为基础,将环境影响评价由现行的建设项目评价提升到战略决策评价,从决策和源头上控制环境污染和生态破坏;政府制订的发展计划、重大的区域开发和建设规划、资源开发和基础设施建设方案等,决策或起草过程中必须进行生态环境影响和对策评估,并将评估结论作为决策的重要依据;对实施项目可能造成的生态破坏和不利影响,必须有相应的减轻对策和修复治理措施。

(作者简介:李志萌　江西省社科院科研处处长、研究员
麻智辉　江西省社科院经济研究所所长、研究员
曾晓翔　南昌市环保局副局长、高级经济师
高　玫　江西省社科院经济研究所副所长、副研究员
张宜红　江西省社科院产业经济研究所、助理研究员)

基于能值分析的复合农业生态系统的生态效率的研究

李翠坤　管卫兵

能值分析是由美国著名生态学家奥德姆于20世纪80年代创立的一种以能值为测度单位的环境经济系统综合核算方法，这种定量研究方法已被广泛应用于区域可持续发展的战略性研究中。关于能值分析的方法许多学者都在做，从能值理论应用的范围来看，主要涉及以下领域：(1)应用于有机循环生态系统。比如，基塘农业模式的生态效益和经济效益进行定量分析(陆宏芳等，2003)。对稻蟹鳅生态系统的可持续性进行评价并与传统的稻蟹生态系统单作稻系统进行比较(赵忠宝等，2013)。奶牛—沼气—牧草循环农业系统的结构功能和生态经济效益进行探讨(李艳春等，2010)。苇田养蟹生态系统进行评价(张义勇等，2010)。(2)应用于自然—社会—经济生态系统。比如对海南省农业进行分析和评价(张耀辉等，1999)。还分析评估了各省市农林牧渔等主要产品的能值及其宏观经济价值。用能值理论客观评价江西农业生态经济系统的现状(康文星等，2011)，为江西农业系统可持续发展的对策制定提供依据。基于能值分析的西北地区、山东省及江苏省等农业经济系统的能值研究(刘继展等，2005)。生态村庄的能值分析(Giuseppe，2007)应用于农田(种植业)生态系统的能值分析，通过计算农田中的能量产投比及能量转换效率等来研究和评价农业生态系统的功能，如高产粮区农田生态系统可持续性的能值分析(赵桂慎等，2011)。研究了中国蚕桑生态系统的内部结构及其与外界自然、环境、经济之间的关系(陈敏刚等，2006)，定量计算了反映中国蚕桑生态系统的能值指标，并与中国农业生态系统相比较。温室中有机和传统辣椒的能值分析(KHALAF，

2007)。巴西大豆的能值分析(Enrique,2005)。(3)能值理论与方法的研究。陆宏芳、蓝盛芳等简要回顾讨论了农业生态系统能量分析研究的历史和进展,着重讨论了能值分析方法对传统能量分析方法的新发展,分析了农业生态系统能量分析目前存在的问题,并就其进一步发展方向进行了探讨;薛冰、李春荣等对能值研究在基础理论阐释、指标体系开发、案例实证研究等方面存在一些急需解决的关键问题进行了总结和阐述。

本文要研究的生态系统是新的复合的,以水产为核心,称之为陆基生态渔场,和国内桑基鱼塘相似,但更为复合。研究该系统的生态效率,目前对基塘进行能值分析的学者很多。但普遍存在生态链简化甚至断裂、符合程度低、内部物质循环利用特性差等问题。鱼塘养殖中直接投加的饲料一部分转化为鱼类的生物量,一部分在水中转化成悬浮的有机固体或溶解性物质;鱼类的粪便包括摄食饲料中未消化的部分和肠道内的黏液,含氮、磷等,沉积在池底成为厌氧性有机物,这些物质易使池水发生缺氧,水质恶化,产生 H_2S、NH_3、NO 等有害气体,易造成水体富营养化或诱发病害。而陆基渔场生态系统中将高密度养殖的肥水循环供给水稻田或者水生蔬菜塘,可以使水机物被循环利用。因此,比一般的基塘具有更高的能值产出率和较低的环境负载率,具有更高的可持续性。

一、材料和方法

(一)研究地区概况

陆基生态渔场是基塘农业的一种形式。构建技术是模仿天然渔场形成的原理,将其他高密度养殖系统的如甲鱼、黑鱼、虾类等池塘的肥水进行循环利用供给水稻田或水生蔬菜种植池塘,同时水稻田或水生蔬菜种植池塘也成为一个水净化系统,其他养殖系统也尽量以复合生态养殖系统形式出现,如甲鱼和菱角混养,河蟹和水生植物共生,四大家鱼混养。所有养殖系统在养殖过程中出现病害、水质恶化时,可以自主地进入或退出整个养殖系统。整个种养殖过程,全部采用生物综合防治技术(IPM)进行病虫害的防治。在养殖过程中,会减少对增氧机的利用,而通过水系在不同养殖系统间的流动,实现营养物质的循环利用,进而免化肥、饲料、农药等试剂的运用,减少农业和水产业大量的面源污染(通过径流过程而汇入受纳水体引起的污染形式),从而实现全面的生态效益的提高过程。整个养殖过程,仅按有机标准投喂野生杂鱼和田螺等作为鱼、蟹的饵料,而相关植物不需要任何的外源营养。

(二)研究方法

1. 能值基本理论

一流动或储藏的能量包括另一种类别能量的数量,称为该能量的能值。奥德姆进一步将能值解释为产品或劳务形成过程直接或间接投入应用的一种有效能总量就是其所具有的能值。因为任何形式的能量均源于太阳能,所以一般常以太阳能为基准来衡量各种能量的能值,单位为太阳能焦耳 Sej。以太阳能值为基准,可以衡量和比较不同类别、不同等级能量的真实价值。可以把不同类别、不可比较的能量转换成可进行比较的同一标准。能值分析是以能值为基准,通过能值转换率将生态系统或生态经济系统中不同种类、不同比较的能量转换成同一标准的能值来衡量和分析并从中评价其在系统中的作用和地位。

2. 制定能值分析步骤

根据奥德姆提出的能值分析一般流程,结合该系统的实际情况,制定生态系统能值分析具体步骤:

(1)通过调查、测定、计算和文献搜索,整理收集一个完整生产年度的投入和产出的数据及当地气象数据,整理分类并存储。通过收集的资料,绘制能值系统图。

R 为可更新环境资源,*N* 为不可更新环境资源,*F* 为不可更新工业辅助能,*T* 为可更新工业辅助能,*Y* 为产出。

(2) 计算各种来源的能值投入和不同的能值产出,并按照不同类别的资源能量进行归类,制作系统能值投入/产出分析表。

(3) 在能值投入/产出分析表的基础上,建立该生态系统能值指

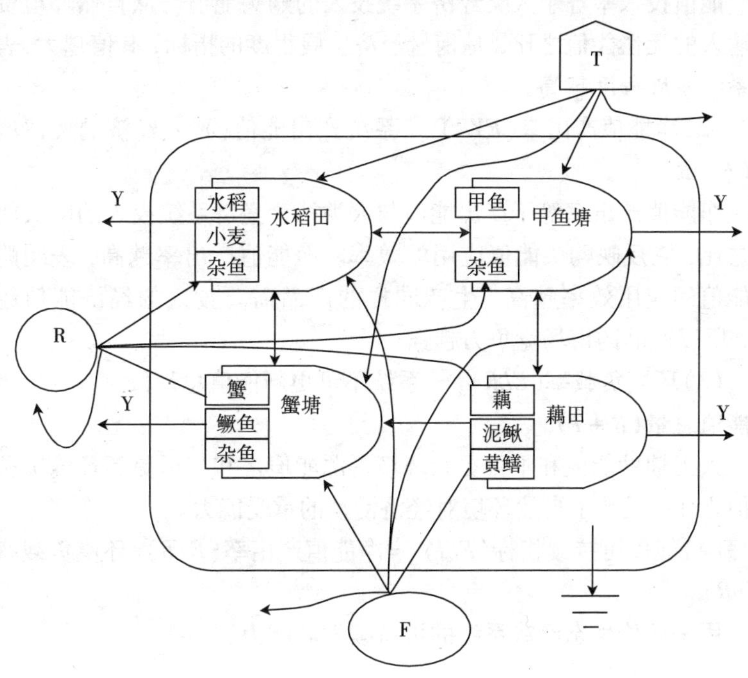

图 1　陆基渔场生态系统的能值流图

标体系，能值指标主要有能值投资率、净能值产出率、环境负载率等。

3. 能值计算方法

太阳能值 = 原始数据 × 能值转换率

太阳光能 = 面积 × 太阳光平均辐射量

雨水势能 = 水密度 × 面积 × 年平均降雨量 × 平均高度 × 重力加速度

雨水化学能 = 水吉布斯自由能 G × 年平均降雨量 × 面积

4. 主要能值指标

(1)能值投资率(EIR) = 经济的反馈能值($F+T$)/环境的无偿能值($R+N$)

能值投入率等于人类经济系统投入的购买能值与从自然环境资源输入的无偿能值之比，是衡量经济发展程度的指标，其值越大，表示系统发展程度越高。

(2)净能值产出率(EYR) = 系统产出能值(Y)/ 经济的反馈能值($F+R$)

净能值产出率等于产出能值与人类社会经济系统投入的购买能值之比，它反映购买能值应用的效率。净能值产出率越高，表明购买能值的应用效率越高，生产同样的产品需要投入的经济能值越少，所以产品的市场竞争力越强。

(3)环境负载率(ELR) = 系统不可更新能值总量($F+N$)/可更新能值总量($R+T$)

人工辅助能值和不可更新环境资源能值之和与可更新环境资源能值之比，反映了自然环境对经济活动的承受能力。

(4)能值可持续指标(ESI) =净能值产出率(EYR)/环境负载率(ELR)

用来评价生态经济系统的可持续发展能力。

二、结果分析

(一)能值分析表编制

按照上述方法，经过计算整理，得到该生态系统的各种子系统的能值投入和产出，表1为蟹塘的能值投入和产出，表2为甲鱼塘的能值投入和产出，表3为藕田的能值投入和产出，表4为水稻田的能值投入和产出。

表1 蟹塘的能值投入和产出

项目	原始数据	能值转换率（Sej/j）	太阳能值（Sej）
可更新环境资源 R			
太阳能值	1.01E+15	1	1.01E+15
风能	4.89E+12	1500	7.34E+15
雨水势能	1.61E+11	8888	1.43E+15
雨水化学能	2.84E+11	15423	4.38E+15
合计			1.42E+16
不可更新环境资源 N	0	0	0
不可更新工业辅助能 F			
农用机械	4.2E+8	66000	2.77E+13
电力	3.42E+10	1.59E+5	5.44E+15
合计			5.47E+15
可更新有机能 T			
杂鱼	8.25E+9	2.00E+6	1.65E+6
水草种子	1.97E+9	2.4E+4	4.73E+13
螺丝	1.37E+9	2.00E+6	2.74E+15
蟹苗	1.10E+9	1.71E+6	1.88E+15
鳜鱼苗	1.10E+9	2.00E+6	2.20E+15
合计			7.99E+15
产出 Y			
蟹	1.48E+11	1.71E+6	2.53E+17
杂鱼	1.65E+11	2.00E+6	3.30E+17
鳜鱼	8.25E+10	2.00E+6	1.65E+17
合计			7.48E+17

表2 甲鱼塘的能值投入和产出

项目	原始数据	能值转换率（Sej/j）	太阳能值（Sej）
可更新环境资源 R			
太阳能	1.50E+14	1	1.50E+14
风能	7.24E+12	1500	3.92E+15
雨水势能	2.39E+10	8888	2.12E+14
雨水化学能	4.20E+10	15423	6.48E+14
合计			4.93E+15
不可更新环境资源 N	0	0	0
不可更新工业辅助能 F			
机械	4.2E+8	66000	2.77E+13
电力	1.12E+10	1.59E+5	1.75E+15
合计			1.78E+15
可更新工业辅助能 T			
甲鱼苗	0.26E+9	8.03E+6	2.15E+15
杂鱼	0.55E+9	2.00E+6	1.10E+15
合计			3.25E+15
产出 Y			
甲鱼	7.85E+9	8.03E+6	6.3E+15
杂鱼	2.93E+9	2.00E+6	5.86E+15
合计			1.22E+16

表3　藕田的能值投入和产出

项目	原始数据	能值转换率（Sej/j）	太阳能值（Sej）
可更新环境资源 R			
太阳能	2.64E+14	1	2.64E+14
风能	1.27E+12	1500	1.91E+15
雨水势能	4.18E+10	8888	3.72E+14
雨水化学能	7.36E+11	15423	1.14E+16
合计			1.39E+16
不可更新环境资源 N	0	0	0
不可更新工业辅助能 F			
机械	4.20E+8	66000	2.22E+13
电力	2.52E+10	1.59E+5	4.01E+15
合计			4.01E+15
可更新工业辅助能 T			
藕种子	0.37E+11	2.74E+4	1.02E+15
黄鳝	1.74E+10	2.00E+6	3.48E+15
泥鳅	1.14E+9	2.00E+6	5.7E+15
合计			1.02E+16
产出 Y			
藕	3.6E+11	2.74E+4	9.9E+15
黄鳝	7.5E+9	2.00E+6	1.5E+16
泥鳅	8.75E+9	2.00E+6	1.75E+16
合计			3.45E+16

表4 水稻田的能值投入和产出

项目	原始数据	能值转换率（Sej/j）	太阳能值（Sej）
可更新环境资源 R			
太阳能	7.52E+14	1	7.52E+14
风能	3.61E+11	1500	5.42E+14
雨水势能	1.19E+11	8888	1.06E+15
雨水化学能	2.10E+11	15423	3.20E+15
合计			5.55E+15
不可更新环境资源 N	0	0	0
不可更新工业辅助能 F			
农用机械	8.4E+10	66000	5.54E+15
电力	1.5E+11	1.59E+5	2.39E+15
燃油	2.32E+9	66000	1.53E+14
合计			2.96E+15
可更新有机能 T			
水稻种子	1.20E+10	2.00E+5	2.4E+15
小麦种子	0.8E+10	2.00E+5	1.6E+15
人力	0.4E+9	3.80E+5	1.52E+15
合计			5.52E+15
小麦	9.54E+10	6.80E+4	6.49E+15
水稻	4.89E+10	3.59E+4	1.76E+15
杂鱼	1.38E+10	2.00E+6	2.76E+16
合计			3.59E+16

(二)能值数值分析

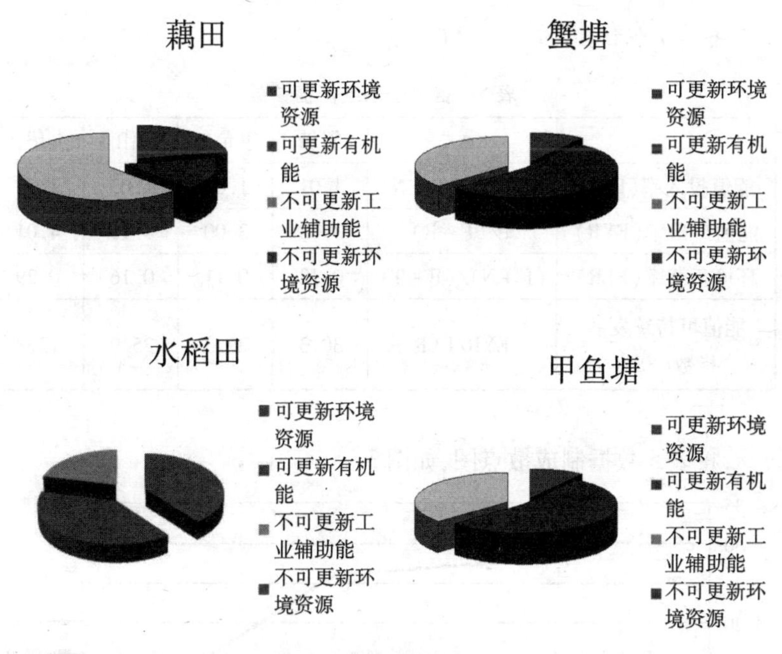

图2 各子系统的能值数值分析

由上图可以看出,四个子系统的能值投入情况,可更新环境资源能值所占比例最大,说明各子系统对购买能值的依赖性小。因为本系统具有良好的系统内部物质循环利用的特性,如从蟹塘流出的高密度肥水中的有机营养物质流入稻田或者藕田以后营养会被植物利用。减少了对外部投入的依赖,提高了系统的能值效益和可持续生产的能力。陆宏芳等对基塘农业生态工程模式的能值评估结果同样证明,由于畜牧业增益环的引入增强了系统的内部能值循环,提高了系统的综合效益和可持续性。从上面的四个图中还可以看到可更新工业辅助能所占的比例次之,反映出在农业生产中对人力资源、秸秆还田等有机能值投入对该复合系统的健康运作起了重要作用,这也是建设生态农业的必然要求。工业辅助能值投入比例最低,降低工业能值的投入,提高可更新人工辅助能值的比例是建设生态农业的必然趋势，也是保护农业生态环境的重要环节。

（三）能值指标和分析

表5　各个子系统能值参数

	公式	蟹塘	甲鱼塘	藕田	水稻田
能值投入率（EIR）	(T+F)/(R+N)	1.01	1.02	1.03	1.53
能值产出率（EYR）	Y/(F+R)	3.63	3.00	4.15	4.01
环境负载率（ELR）	(F+N)/(R+T)	0.12	0.11	0.16	0.29
能值可持续发展指数（ESI）	EYR/ELR	30.3	27.3	25.9	13.8

将表5数据制成散点图，如图3：

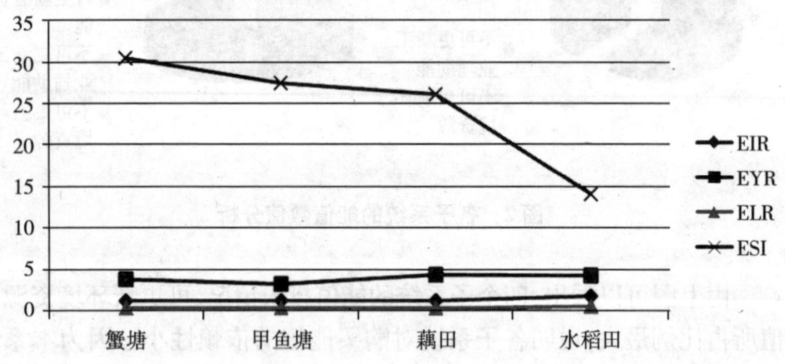

图3　子系统能值参数分析

由图3可知四个系统的能值产投入率、能值产出率、环境负载率均相对平稳，没有较大的波动。位于最下方的是环境负载率，而本系统因为内部能值的循环利用而降低的环境负载率和能值投入率。水稻的能值可持续发展指数最低，这是因为由于陆基渔场生态系统中的稻田需要每月进水一次，所进的水里面含有鱼卵。当净化后的水被排出以后这些鱼卵会留在稻田中。所以最终的总的能值产出率远远高于鸭稻共生。环境负载率反映了自然环境对经济活动的承受能力。但这稻田里面的负载率主要高在用电量上面,导致自然环境对经济活动的承受力虽然增大了,但相应的产出率并没有因此而达到应有的增大,所以能值可持续发展指数低。

三、讨论

将陆基渔场生态系统的四个子系统与之类似的有机循环系统的能值参数进行比较:

表6 陆基渔场与其他有机循环系统的能值参数比较

参数	EIR	EYR	ELR	ESI	参考文献
稻鸭共生	1.71	1.82	0.87	2.09	席运官,2006
苇田养蟹	0.304	2.56	0.49	5.22	张义勇,2011
稻蟹鳅	2.34	4.61	2.71	1.69	赵忠宝,2013
整合生产系统	2.28	1.44	3.13	4.46	Otávio,2004
瓜菜基塘	1.57	1	0.27	8.44	陆宏芳,2003
蟹塘	1.01	3.63	0.12	30.3	陆基渔场
甲鱼塘	1.02	3.00	0.11	27.3	陆基渔场
藕田	1.03	4.15	0.16	25.9	陆基渔场
水稻田	1.53	4.01	0.29	13.8	陆基渔场

(一)能值投入率

能值投入率是用购买的能值除以不可更新环境资源。而能值产出率是(N+R+F)/F=1+1/EIR,所以能值产出率和能值投入率是相同的意思、不同的表达方式。用能值投入率来进行能值评价会使讨论变得更加简单易于理解。一个系统的能值投资率越低,说明该系统对外部经济系统的需求越小。简而言之,能值投入率就是评价一个过程是否有效地使用了投入的能值。能值投入率越低表示系统在利用内部可更新资源时更加有效,且内部可更新资源可以持续补充系统。如果一个生产系统主要是基于不可再生自然资源的,那么在竞争力方面,要比一个只需要更少经济能值投入和更多自然资源投入的系统的竞争力弱。水稻田能值投入率为1.53,蟹塘的能值投入率为1.01,甲鱼塘的能值投入率为1.02,藕田的能值投入率为1.03。能值投入率低于其他系统,这主要是因为系统内部实现了能量的循环利用,需要从外界购入的能值变少。瓜菜基鱼塘农业生产模式是新兴的典型基塘农业生态工程模式,目前由于技术和经济的原因,即使使用清淤泥机来清理基塘的淤泥也无法使基塘高效运转。鱼塘整体日渐变浅,这直接导致了水体富营养化鱼产量降低,也大大消耗了水体中的氧气。若使用增氧机,增氧时间较长成本较大。而陆基生态渔场的水循环技术解决了这一问题。所以能值投入率低于瓜菜基塘模式。苇田养蟹生态系统中苇田的水需要人工抽换。需要的人工辅助能较多,所以能值投入率较高。巴西的小麦—猪—鱼整合农场的符合度较低,该整合系统放了杀虫剂氮肥磷肥等化学农药,一部分有机肥来自猪粪。而猪和鱼则用小麦投喂,这必然会增加能值投入率。

(二)能值产出率

能值产出率衡量了生态系统的生产效率,它是用总的产出太阳能值比购买的能值投入(赵桂慎,2011)。这个比例可以衡量一个系统通过投入外界资源而开发和利用当地资源的一种能力。最低的能值产出率为1,意味着这个系统的能值投入和产出的能值相同。那么该系统就没有利用和开发当地的资源。所以如果一个系统的能值产出率为1或者比1稍高的时候,这就意味着该系统并没有为经济提供额外的能值,它只是把一能值从一种形式转换成另外一种形式。陆基生态渔场的蟹塘、藕田、甲鱼塘、水稻田的能值产出率分别为3.63、4.15、3.00、4.01,这些子系统的能值产出率均高于其他系统。说明该系统运转效率较高,能值回报率较高,产品具有价格竞争力,这可以解释我们力推该系统的原因。席运官对稻鸭共生的生态系统做能值分析的结果与陆基生态渔场的能值参数进行比较发现,其产出率远低于后者,这主要是因为鸭稻共作生态系统中养鸭的主要目的是发挥其防治有机水稻田的杂草和虫害功能,从而有效地减少人工生物农药的使用。但没有耦合稻田养鸭的功能与效益关系导致能值的产出率不理想。赵忠宝做的稻—蟹—鳅生态系统的能值分析,其能值产出率为4.61,高于陆基渔场生态系统的蟹塘。由于泥鳅属于杂食性鱼类,能吃稻田中的嫩草、底栖动物、水生昆虫、浮游生物,又可以残饵、鱼粪为食,在不增加稻田养蟹投喂饵料的情况下实现一部分泥鳅的增收,实现了稻、蟹、鳅"三丰收",所以其能值产出率较高。

(三)环境负载率

当一个过程需要环境的服务,它就会给环境带来影响。大多数情况下,环境都会为某个经济过程和人类的行为提供一个有限的可更新的能力。若某个过程消耗掉了这种能力,那么其他过程如果继续消耗的话就会造成当地环境的严重退化。当环境负载率在2以下时说明某过程对系统的环境影响较小。若环境负载率在3~10之间说明对环境有中等程度的影响。若环境负载率大于10说明对环境影响过大,在相对较小的环境中集中应用了过多的不可更新资源。陆基渔场生态系统的各个子系统的环境负载率分别为0.12、0.16、0.11、0.29。在陆基渔场生态系统中,工业辅助能值只占总能值的16%,工业对该系统的影响轻微;大部分能值来源于自然环境和可再生的有机能,在使用自然环境资源方面,该生态系统也显示出强大的生态效益,其利用的能值大部分是可再生的自然资源,对不可更新的自然资源几乎没有消耗。其他系统都没有做到全部有机,会有少量化肥农药或者饲料的投喂,这必然会增加环境负载率。

(四)能值可持续发展指数

系统可持续能值指数是净能值产出率与环境负载率的比值。可持续发展指数表明了农业生态系统的经济发展与资源环境之间的关系,卓玛措等研究显示如果一个地区的系统净能值产出率高而环境负载率相对较低,则它是可持续的,具有较强的可持续发展能力和较大的发展潜力,反之则不可持续。陆基渔场生态系统的可持续发展指数分别为30.3、25.9、27.3、13.8。通过种秸秆还田和有机营养循环利用而不投喂化肥农药形成的复合农业模式有利于降低废弃物的排放，降低环境负载率，通过提高系统的净能值产出率提高系统的生产效率，同时提高系统的可持续发展指数。因此，该循环农业模式是当前应积极推广的农业生产模式。

四、小结

该系统不需要外界的任何化肥饲料和农药，通过水循环将四个子系统联系在一起，充分利用了系统内部的废弃物。利于降低废弃物的排放，降低环境负载率；通过系统净能值产出率的提高，达到提高系统生产效率的目的；同时，还提高了系统的可持续发展指数。推广该种模式可以提高农业生产效益，促进农业生产结构的全面调整，改善农产品的供应结构，真正实现有机农产品生产，提高农产品质量。虽然可缓解常规农业因过量使用化肥、农药、添加剂引发的食品安全危机，但前期投入大尤其是可更新有机能投入较大，若增加系统内部的生态链，如在稻田中引入泥鳅，或者藕田中套养小龙虾将提高系统的生产效率以及对可更新环境资源的利用效率，推进资源的可持续利用。

参考文献

[1]李艳春，等."奶牛—沼气—牧草"循环型农业系统的能值分析[J].生态与农村环境学报，2010，26(2)：120—125.

[2]陆宏芳，彭少麟，蓝盛芳等.基塘农业生态工程模式的能值评估[J].应用生态学报，2003，14(10)：1622—1626.

[3]赵忠宝，朱海清.稻蟹鳅共生[D].中国环境管理干部学院，2013.

[4]张义勇.苇田养蟹生态系统的能值分析[J].中国畜牧兽医文摘，2011，27(2)：35—37.

[5]张耀辉，蓝盛芳，陈飞鹏.海南省农业能值分析[J].农村生态环境，1999，15(1)：5—9.

[6]康文星，沙甲先，何介南.江西省农业生态经济系统的能值投入分析[J].中国农学通报，2011，27(23)：214—220.

[7]刘继展，李萍萍.江苏农业生态系统能值分析[J].农业系统科学与综合研究，2005，21(1)：29—32.

[8]陈敏刚,金佩华,等.中国蚕桑生态系统能值分析[J].应用生态学报,2006,17(2):233—326.

[9]DALIA M. KHALAF. Emergy analysis of organic and conventional hot pepper under the green houses[D]. Imbaba. Giza: Central Laboratory for Agricultural Climate,2007.

[10]Enrique Ortega, Otávio Cavalett. Brazilian Soybean Production: Emergy Analysis With an Expanded Scope[D]. Brazil: State University of Campinas,2005.

[11]陆宏芳,蓝盛芳,等.评价系统可持续发展能力的能值指标[J].中国环境科学,2002,22(4):380—384.

[12]魏兴琥,王海,等.佛山市顺德区基塘农业模式的演变与发展潜力[J].佛山科学技术学院学报(自然科学版),2011,29(5):1—7.

[13]杨卓翔,等.基于能值分析的深圳市三个小型农业生态经济系统研究[J].生态学报,2012(11):3635—3644.

[14]骆世明.农业生态学[M].北京:中国农业出版社,2001.

[15]Edward Lefroy. Emergy evaluation of three cropping systems in southwestern Australia[D]. Uppsala, Sweden: Department of Ecology and Crop Production Science,2003.

[16]Odum H T. Environmental Accounting: Emergy and Environmental DecisionMaking[M]. NewYork: JohnWileyandSons, 1996:1 - 370.

[17]Otávio Cavalett, Júlio Ferraz de Queiroz. EMERGY ASSESSMENT OF INTEGRATED PRODUCTION SYSTEMS OF GRAINS, PIG AND FISH IN SMALL FARMS IN SOUTH BRAZIL[D]. Brasil: LEIA - Departamento de Engenharia de Alimentos / FEA (College of Food Eng) - UNICAMP. Cx. Postal 6121,2004.

[18]席运官,钦佩.稻鸭共作有机农业模式的能值评估[J].应用生态学报,2006,17(2):237—242.

[19]Enrique Ortega, Otávio Cavalett. Brazilian Soybean Production: Emergy Analysis With an Expanded Scope[D]. Brazil: State University of Campinas,. 2005.

[20]Andrew C. Haden, M. S. Emergy Analysis of Food Production at S&S Homestead Farm[D]. Lopez Sound Rd. Lopez Island: S&S Center for Sustainable Agriculture,2002.

(作者简介:李翠坤　上海海洋大学海洋科学学院
管卫兵　上海海洋大学海洋科学学院副教授)

节能不仅仅是能效的提高
——从“杰文斯悖论”说起

林美萍　蔡华杰

人类社会的可持续发展离不开能源的支撑，能否在全球层面构建可持续的能源体系将成为未来发展的重要挑战。要走出能源可持续发展的困境，通过改进技术提高能源的利用效率不失为节能的重要途径，据埃克森美孚公司就能效提高对全球能源需求的潜在影响所做的预测显示，到2030年，能效的提高将使全球能源消耗减少316艾焦（300×10^{15} Btu）。全球超过70%的国家都制定了能效目标和具体的政策措施，如设定强制性目标、制定刺激和补贴计划。例如，2011年3月8日，欧盟委员会通过了《2011年能效计划》，该计划指出：为了实现可持续的包容性增长和走向资源节约型经济，能效问题处于欧盟2020年战略的核心位置，提高能源的利用效率是增强能源供应安全性、减少温室气体排放和其他污染物的最具成本效益的方式。然而，将希望寄托在能源利用效率的提高身上，能真正地实现节能吗？这要从杰文斯悖论说起。

一、杰文斯悖论

最早对提高能效可以促进节能的观点进行质疑的是英国经济学家杰文斯。与提出价值的边际效用理论的《政治经济学理论》相比，1865年获得亚历山大·麦克米伦（Alexander Macmillan）私人支持而得以出版的《煤炭问题》（*The Coal Question*）确实不如前者出名。但是，杰文斯在写作之初却展现出了他的雄心壮志，1864年，他就写道：“我也打算开展英国煤炭耗竭这一主题的研究，我认为这个问题是一个严重的问题。有关这一问题的出版物将引起极大的关注。我相信,当前无论如何都应该对这一热点问题展开研究。”起初,该书并不畅销,直到英国著名数学家、天文学家、化学家约翰·赫歇尔(John Herschel)对该书进行推介后,1865 年底该书才畅销起来。1866 年 2 月,他还收到了时任英国财政大臣格莱斯顿(Gladstone)的来信,信中表达了他对杰文斯有关财政问题的兴趣。1866 年夏季,该书得以再版。

《煤炭问题》的写作源起于英国煤炭耗竭问题。19 世纪 60 年代的时候,下院提出了这样一个问题:英国在工业生产和经济竞争力的世界霸主地位从长远看是否会受到煤炭储备耗竭的威胁。在英国,当时并没有深入研究煤炭储备及其对工业消费和经济增长的著作,杰文斯就抓住这个机会对此议题展开研究。当时英国的经济增长依赖于威尔士质优价廉的煤炭,但随着煤炭的不断开采,杰文斯就提醒当局是时候正视煤炭耗竭对英国工业与经济增长的影响:它将导致经济的缓慢下滑乃至停滞。杰文斯区分了煤炭耗竭的物理形式(physical forms)和经济形式(economic forms)。物理形式指的是煤炭储量的耗竭;经济形式指的是获取质优价廉煤炭的耗竭。杰文斯所关注的是后者。英国拥有大量的尚未开采的煤田,其他国家也是如此。如果煤炭耗竭成为社会热点问题,那是因为它引发了煤炭价格的上涨,从而蔓延到其他领域,破坏英国的竞争力,致使大部分人陷入贫穷状态。

如何才能摆脱煤炭耗竭的命运呢?“通常认为,以高效、经济的方式使用煤炭的新模式将解决煤炭供应不断下降的问题。”但是在杰文斯看来,事实并非如此。他说:“认为燃料的经济利用等同于消费的减少,这纯粹是一种混乱的想法。事实恰恰相反。根据许多并行实例所证实的原则,新经济模式将导致消费的增长,这也是一种规则。新机器的引进导致人力的节约,暂时产生了失业者,但是对廉价产品的需求却增加了,最终对劳动力的需求又增加了。……薄利多销比厚利少销来得有利可图。同样的原则也更明显有力地适用于煤炭这种普通燃料的消费。正是使用煤炭的经济性,导致其广泛的消费。过去是这样,将来也是这样。不难看出悖论是如何出现的了。”

这一悖论后来就被称为“杰文斯悖论”,即提高资源的利用效率,不是减少反而是增加了资源的消耗。

杰文斯以蒸汽机的历史展开了详细的论证。托马斯·萨弗里(Thomas Savery)的蒸汽机利用蒸汽凝结后所形成的真空把矿井中的水抽上来,不使用活塞的这种方法热损失是巨大的。托马斯·纽可曼(Thomas Newcomen)发明了有活塞的大气压蒸汽机,就当时廉价的煤炭而言,这种蒸汽机的发明较萨弗里前进了一步。但纽可曼的蒸汽机的热效率很低,这主要是由于蒸汽进入汽缸时,在刚被水冷却过的汽缸壁上冷凝而损失掉大量热量,只在煤价低廉的产煤区才得到推广。正如布林德利(Brindley)认为,与马、风和空气作动力相比,煤炭还是比较昂贵,除非减少煤炭的消耗,否则这种蒸汽机的广泛使用还是不切实际的。斯密顿(Smeaton)对纽可曼的蒸汽机进行了改进,使蒸汽机的效率几乎提高了一倍。瓦特的两项重要专利——两面轮流受蒸汽作用的往复式蒸汽机和利用输入蒸汽的1/2冲程膨胀做功——又大大节约了蒸汽的消耗,提高了效率。伍尔夫(Woolf)发明的双气缸、表面冷凝等方法又进一步节约了煤炭。所以,“整个蒸汽机的历史就是节约的历史”。(见表1)

表1 每小时产生一马力的耗煤量

时间	耗煤量(磅)
1769	30
1772	17.6
1825	10.0
1850	5.9
1875	2.5
1900	1.0

资料来源:William Jevons. Of the Economy of Fuel. *Organization and Environment*,14(2001):101.

但是,在杰文斯看来,它的每一次使用都导致了生产规模的扩大和对煤炭需求的增长,"蒸汽机的每一次改进却加速了煤炭的消费。每个制造行业都获得了新的发展动力——手工劳动进一步被机器劳动所取代,就获利性而言,原先由于使用较昂贵蒸汽动力而不大可能开展的工作现在则可以得到拓展"。

同样的例子也发生在炼铁行业。从斯密顿(Smeaton)的圆筒型鼓风机到威尔金森(Wilkinson)的空气压缩机,再到科特(Cort)的搅拌炼铁炉和尼尔森(Neilson)的热风炼铁,每一次技术的改进都提高了炼铁的效率,使生产每吨铁的耗煤量从1830年的7吨下降到1836年的2吨。但煤炭利用效率的提高,是否带来煤炭消耗总量的下降呢?事实并非如此,苏格兰生铁的生产量不断攀升(见表2)。

表2 苏格兰1820—1863年生铁生产总量

年份	生产总量(吨)
1820	20 000
1830	37 500
1839	200 000
1851	775 000
1863	1 160 000

资料来源:杰文斯的《煤炭问题》第15章,http://www.eoearth.org/view/article/156517/。

由此,我们就可以计算出煤炭的消耗总量:

37 500 ×7 吨 =262 500 吨

1 160 000 ×2 吨 =2 320 000 吨

可见,1830至1863年间,苏格兰生产每吨铁的耗煤量减少了1/3,煤炭的总消耗量却增加了近10倍。

二、能源回弹效应:杰文斯悖论在当代

杰文斯悖论在当代存在吗?杰文斯悖论提出100多年后,对这一问题的研究才得到充分的关注,其在当代的理论形态表征为能源

回弹效应(energy rebound effect),又译反跳效应、反弹效应,指的是能源效率的提高并未减少能源消耗,反而增加了能源消耗。在原有能源消耗不变的情况下,如果提高能源使用效率,对能源的消耗必然减少,但是,由于以下三种作用机制的存在,导致能源使用效率的提高不是减少反而是增加了能源的消耗量,即①直接回弹效应(direct rebound effect):能源使用效率的提高将会降低能源服务的有效使用价格,因此将会增加此种能源的消费,这将会抵消由于能源效率提高引致的能源消费的减少量。②间接回弹效应(indirect rebound effect):能源服务使用价格的降低同时将引致其他那些将能源作为生产要素的产品、服务价格的降低,这些产品、服务价格的降低也将引致对其需求的增加。③经济范围回弹效应(economy - wide rebound effect):包括直接回弹效应和间接回弹效应,表示能源使用效率提高对整体经济的回弹效应。

尽管丹尼尔·卡卓姆(Daniel Khazzoom)没有使用能源回弹效应这一术语,但他是较早对这一现象进行研究的学者,他于1980年以家庭耐用品为例提出了能源效率的提高和能源使用的减少并不是一对一的关系的思想。1990年,莱恩·布鲁克斯(Len Brookes)撰文指出以提高能效作为温室气体减排解决之道的缺陷。1992年,哈利·桑德斯(Harry Saunders)提出"卡卓姆—布鲁克斯假说"(Khazzoom - Brookes postulate)来形容上述两位经济学家的思想,并以新古典增长理论(neo - classical growth theory)为模型论证了这样一种假说的存在。至此学界展开了对能源回弹效应的研究。

如果说上述观点侧重于理论研究的话,那其他学者更多侧重于经验或实证研究,以定量方法分析杰文斯悖论在当代存在与否,以及能源回弹效应的大小问题。

就杰文斯悖论存在与否的问题而言,国外学界主要利用各种模型来论证微观和宏观层面杰文斯悖论在当代是否存在。研究结果都证实了这一悖论的存在。

在微观层面,机动车能效的提高与能源消耗总量的关系是经常被提及的例子。同1984年相比,2001年轻型卡车(包含越野车)的能效提高了20.6%,小客车(包含小轿车)的能效提高了16%,但能效的提高并没有减少能源的消耗,轻型卡车的能耗由原来的24.4%上升到46.6%。同时,由于能效的提高,汽车每年的平均行驶里程从15000km上升到19000km之多,1990到1999年间,美国机动车的数量从1.89亿上升到2.17亿(每千人拥有机动车的比率上升了2.8%),这都增加了能源消耗的总量。同样地,"制冷技术的改进带来的是更多更大的冷冻设备的生产。实际上,同样的趋势并不局限于个体消费,而是在工业领域里普遍存在"。

宏观层面的研究涉及的是杰文斯悖论在不同国家、地区和全球的存在与否。为了理解能源消耗与能源效率在宏观层面的关系,约翰·波利梅尼(John M. Polimeni)和拉鲁卡·波利梅尼(Raluca Lorgulescu Polimeni)等人对全球六个地区近100个国家的能源消耗总量与能源强度的关系进行了研究。他们所使用的模型是IPAT模型和TSCS模型(时间序列横面数据回归模型)。IPAT就是$I = P \times A \times T$等式,I指的是环境影响(environmental impact),用以表示能源消耗总量,要获悉能源消耗总量的多少,就要考察以下三个变量:P,即总人口数、农村人口和城市人口、人口密度;A,即GDP,包括出口、进口、家庭消费和政府消费;T,即能源强度,用以表示技术进步所引发的能源强度变化,也就是能效改进情况,能效提高意味着能源强度下降,能效降低意味着能源强度上升。因此,IPAT模型就是用以测算三个变量对能源消耗总量的影响情况。应当说,能源消耗总量的变化是三个变量共同作用的结果,但是,如果在三个变量中能源强度的变化并非是能源消耗总量的最主要影响因素,那杰文斯悖论的存在就是值得质疑的,反之,如果能源强度的变化是最主要的影响因素,那就证明杰文斯悖论在当代的存在。TSCS模型就是用以测算三个变量对能源消耗总量的影响力的模型。研究结果显示(见表3),杰文斯悖论在世界六大地区都不同程度存在着,尽管存在着像罗马尼亚、保加利亚、匈牙利和波兰这样的能源效率提高与能源消耗总量同步下降的情形,但这是因为在这些国家人口出现了负增长或者零增长而导致的。

表3 全球六个地区能源消耗总量与能源强度的关系(1980—2002)

<table>
<tr><th>地区</th><th>国家</th><th>能源消耗总量</th><th>能源强度</th><th>影响能源消耗总量的因素对比</th></tr>
<tr><td rowspan="2">北美洲</td><td rowspan="2">美国、加拿大、墨西哥</td><td rowspan="2">上升</td><td>美国、加拿大：下降</td><td rowspan="2">能源强度影响力是GDP影响力的近2倍，略高于人口影响力</td></tr>
<tr><td>墨西哥：小幅上升</td></tr>
<tr><td rowspan="2">中南美洲</td><td rowspan="2">伯利兹、玻利维亚、哥斯达黎加、古巴、多米尼克、多米尼加共和国、厄瓜多尔、萨尔瓦多、危地马拉、圭亚那、洪都拉斯、荷属安地列斯、尼加拉瓜、巴拿马、巴拉圭、秘鲁、波多黎各、乌拉圭</td><td rowspan="2">上升</td><td>大部分国家下降或保持不变</td><td rowspan="2">GDP对能源消耗总量的影响力略高于能源强度(高1.2%)</td></tr>
<tr><td>个别国家有所上升，如巴拉圭</td></tr>
<tr><td rowspan="2">欧洲</td><td rowspan="2">奥地利、比利时、丹麦、芬兰、法国、德国、希腊、冰岛、爱尔兰、意大利、卢森堡、马耳他、荷兰、挪威、葡萄牙、西班牙、瑞典、瑞士、土耳其、英国、保加利亚、匈牙利、罗马尼亚、波兰</td><td rowspan="2">波兰、保加利亚、匈牙利、德国：小幅下降
罗马尼亚：大幅下降
其他国家：上升</td><td>西班牙:不变
土耳其、葡萄牙、希腊、冰岛:上升</td><td rowspan="2">能源强度的影响力最大</td></tr>
<tr><td>其他国家：下降</td></tr>
<tr><td rowspan="2">亚洲
大洋洲</td><td rowspan="2">澳大利亚、孟加拉国、缅甸、中国、中国香港、印度、印尼、日本、韩国、马来西亚、新西兰、巴基斯坦、菲律宾、新加坡、斯里兰卡、中国台湾、泰国、越南</td><td rowspan="2">上升</td><td>中国香港、印度、巴基斯坦：不变
中国:大幅下降</td><td rowspan="2">模型一得出的结论是:能源强度的影响力是GDP的2倍;模型二得出的结论是能源强度的影响力是GDP的5倍</td></tr>
<tr><td>其他国家和地区:小幅上升</td></tr>
</table>

续表

<table>
<tr><th>地区</th><th>国家</th><th>能源消耗总量</th><th>能源强度</th><th>影响能源消耗总量的因素对比</th></tr>
<tr><td rowspan="2">非洲</td><td rowspan="2">阿尔及利亚、安哥拉、喀麦隆、刚果(金)、象牙海岸、埃及、埃塞俄比亚、加纳、几内亚、肯尼亚、利比里亚、利比亚、摩洛哥、尼日利亚、塞内加尔、南非、苏丹、坦桑尼亚、突尼斯、乌干达、赞比亚</td><td rowspan="2">上升或者不变</td><td>约一半的国家上升</td><td rowspan="2">能源强度的影响力最大</td></tr>
<tr><td>另一半国家下降</td></tr>
<tr><td>中东</td><td>巴林、塞浦路斯、伊朗、伊拉克、以色列、约旦、科威特、黎巴嫩、阿曼、卡塔尔、沙特阿拉伯、阿联酋</td><td>上升</td><td>变化不大</td><td>能源强度的影响力最大</td></tr>
</table>

注:保加利亚和匈牙利的数据区间是1980—2004年,罗马尼亚和波兰的数据区间是1990—2003年。

资料来源:根据约翰·波利梅尼和拉鲁卡·波利梅尼的相关研究整理而成。

就我国而言,学界在微观和宏观层面的研究也同样表明杰文斯悖论,或者说,能源回弹效应的显著存在。(见表4)

表4 国内关于能源回弹效应的研究情况

作者	时间	对象	结果(单位:%)
周勇等人	1978—2004	全国	30~80
王群伟等人	1981—2004	全国	62.80
刘源远等人	1985—2005	省级	53.68

续表

作者	时间	对象		结果(单位:%)
阳攀登等人	1990—2008	浙江省		9 个年份:逆反效应 2 个年份:完全回弹效应 5 个年份:部分回弹效应 2 个年份:零回弹效应
查冬兰等人	2002	全国	煤炭	32.17
			石油	33.06
			电力	32.28
陈燕	1980—2007	湖北		123.70
王辉等人	—	我国城市客运交通		55.73
赵楠	1995—2009	29 个省份		过度储存效应值 98 个,占 24.1% 逆反效应值 59 个,占 14.5% 其余 249 个测算值均位于 0—1 区间,占 61.3%
谢海棠等人	1978—2010	我国宏观层面		短期回弹效应:31.80 长期回弹效应:34.24
马海良等人	2003—2009	水资源		存在
国涓等人	1979—2007	工业		46.38
陈凯等人	2000—2007	钢铁业		130.47
刘阳等人	1986—2010	橡胶制品业		38.26
彭远新等人	1990—2007	东北三省		辽宁最大,黑龙江其次,吉林最小(都大于 100)
宋旭光等人	1981—2008	北京		1
Li Li and Han Yonglei	1997—2009	全国		1997—2005:24.83 2005—2009:133.33
		第一产业		产生逆反效应
		第二产业		30.36
		第三产业		33

续表

作者	时间	对象	结果(单位:%)
Boqiang Lin and Xia Liu	1981—2009	中国宏观经济层面	53.20
Jinlong Ouyang, Enshen Long, Kazunori Hokao	2000年以来	中国家庭能耗	30~50
Boqiang Lin, Fang Yang, Xia Liu	1986—2007	中国城市家庭能耗	22
Biying Yu, Junyi Zhang, Akimasa Fujiwara	2010	北京	冰箱、风扇、燃气淋浴、电视、电脑:无明显回弹效应;空调、洗衣机、微波炉、汽车的直接回弹效应平均值分别为:60.76%、106.81%、100.79%、33.61%;空调、洗衣机、微波炉、汽车的总回弹效应分别为:88.95%、100.36%、626.58%、31.61%

资料来源:根据相关文献整理。

三、走出杰文斯悖论——生态文明视角

就节约的字面意思来看,“节”就是节制、节俭,切实保护和合理利用资源,减少不必要的消耗,与浪费相对;“约”就是集约、约束,以尽可能少的投入创造出相同的甚至更多的产出,与粗放相对。可见,提高资源的利用效率就是节约观的题中应有之意。通过提高能源利用效率来节约能源的做法,显然是一种技术的视角,即期望通过技术的进步达到事半功倍的效果。既要走出资源有限性的困境,又要满足人们不断增长的物质和精神需求,使用既定的资源产出更多的产品和服务,不失为一种可选择的两全之策。而就目前我国能源利用

效率的现状来看,能效的提高确实仍有很大的空间和潜力。就我国自身能耗而言,万美元国内生产总值能耗尽管呈下降趋势,但不可否认在一些时间段仍存在停滞甚至小幅上升的情况,例如,2000、2001、2002、2003、2004 年的万美元国内生产总值能耗分别为 1.47、1.40、1.36、1.43、1.50 吨标准煤,这说明能耗的下降还具有一定的不稳定性。而如果与他国比较,我国能源利用效率不高的境况就更加显而易见了。2013 年,世界经济论坛与埃森哲咨询管理公司(Accenture)共同推出了《2013 全球能源工业效率研究》报告,对世界不同国家的能源强项和弱项从经济、生态和能源安全观点进行了评估。在评估中,世界能源使用效率排名中国仅居第 74 位,挪威、瑞典、法国、瑞士、拉脱维亚等 8 个欧盟国家名列前茅。在金砖国家中,巴西居第 21 位,俄罗斯居第 27 位,南非居第 59 位,印度居第 62 位。排在中国前面的还有哈萨克斯坦(第 51 位)、阿塞拜疆(第 42 位)、格鲁吉亚(第 57 位)、亚美尼亚(第 60 位)、塔吉克斯坦(第 70 位)、乌克兰(第 72 位)。中国与世界的差距不仅体现在排名上,而且体现在能源利用效率数值的差距上,2009 年中国万美元国内生产总值能耗是 7.68 吨标准油,不仅远远高于世界的 2.97 吨标准油和高收入国家的 1.81 吨标准油,还高于中等收入国家的 6.48 吨标准煤,就连印度也低于我国,为 7.61 吨标准油,且近十年(2000—2009 年)的下降幅度(下降 2.02 吨标准油)要快于我国(下降 1.46 吨标准油)。所以,提高能源利用效率依旧是我国近期实现节能目标所不可回避的问题,“十二五”规划就提出到 2015 年单位国内生产总值能源消耗比 2010 年降低 16% 的目标。

然而,以技术的视角试图实现节能的目标终究还是治标不治本。且不说技术研发的漫长性与节能的迫切性存在的两难,以技术来推动能源利用效率的提高所获得的节约量,往往因宏观层面的经济扩张和微观层面的需求增长而被轻易地抵消了,这正是杰文斯悖论,在当代表现为能源回弹效应,所要揭示的规律。杰文斯悖论在历史与现实的存在无不告诉我们,仅仅将希望寄托于能源利用效率的提高是不够的,它不仅节约不了能源,还会扩大能源的总消耗量。但如上所述,提高能源利用效率是不可回避的,因此问题就归结为:如何在提高能源利用效率的基础上走出杰文斯悖论。

对于这一问题，学界较倾向于从经济学的视角进行解答，来自国际能源署的首席经济学家法提赫·比罗尔(Fatih Birol)认为，充分利用价格手段调节能源与其他要素的替代性才能真正实现节约能源。瑞典于默奥大学的诺曼·布伦隆德(Runar Brännlund)也认为，要消除能源回弹效应，需要将二氧化碳税提高130%才能使二氧化碳排放降低到原来的水平。对此，我国学界也提出了尽快建立合理的能源价格体系的政策建议。林伯强等人通过实证研究指出，“在中国，能源回弹效应的存在意味着，只有辅之与适当的能源价格改革，才能有效实现节能减排”。陈燕指出，“建立和完善全面反映能源稀缺性和市场需求的能源价格机制，不仅可以提高能源配置效率，还能促进技术进步朝着提高生产效率、节约能源和寻找替代能源的方向发展”。

从经济学的视角入手来解决杰文斯悖论，或许是因为杰文斯悖论原本就起源于经济问题而非生态问题。“虽然杰文斯悖论对于今天的生态问题很重要，但是，将《煤炭问题》中的观点视为与生态相关则是错误的。”杰文斯主要关注的是煤炭消耗的快速增长如何影响英国的经济增长、竞争力和世界霸权问题，其所要达到的目的是如何维持英国的工业增长，尽管这将意味着煤炭储备的耗竭。杰文斯的分析对生态经济学来说很重要，但是，杰文斯并不关注英国及其他国家的生态与社会问题以及与之相联系的能源储备的耗竭问题。煤炭问题是其关注的重点问题，但他并不去解决由煤炭生产所引起的空气、土壤和水资源污染的问题，工人在煤矿开采过程中所遭受的疾病和伤害未能进入他的视野。杰文斯只是将地球所遭受的破坏视为追求一种增长经济进程中的自然现象。虽然在他的分析过程中涉及煤炭的短缺影响了经济增长的可持续性问题，但他从未提及生态可持续性的问题。像水力和风力这样的能源来源被他视为是不可靠的，煤炭则被视为不破坏商业模式的普遍的能源来源。

源于经济问题的杰文斯悖论从经济学的视角加以解决确实可以起到改善作用，但杰文斯悖论不仅仅是一个经济问题，在当代更是一个生态问题，这就要求我们必须以生态文明这一更广的视角来进行审视。从生态文明的视角出发走出杰文斯悖论，实现真正的节能，要

求我们在面对作为经济问题的杰文斯悖论和作为生态问题的杰文斯悖论时所要秉持的节能观是不同的,具体体现在以下几个方面:

第一,节能的终极目的是推动经济增长,还是人与自然的和谐。经济增长和人与自然的和谐,二者并不是一种对立的关系,但就终极目的的选择上,如果将杰文斯悖论视为主要是一个经济问题的时候,它所考虑的就偏向于前者,杰文斯悖论的产生最初就源于质优价廉的煤炭的不可获得性,从而影响经济增长的效益,走出杰文斯悖论是为了克服能效提高而产生的反弹,促进能源的节约进而克服阻碍成本降低的这一因素,达到效益的最大化以实现经济的进一步增长。如果将杰文斯悖论视为主要是一个生态问题的时候,它所考虑的就偏向于后者,生态之所以成为问题,并不在于经济意义上的成本效益的失衡,而在于人与自然之间的失衡,走出杰文斯悖论不仅仅是重返成本效益的最优化以利于经济的增长,从长远来看,节能的终极目的还在于实现人与自然的和谐,这就意味着经济增长只是节能的近期目标,它还要服从节能的终极目的——人与自然的和谐,如果节能只是带来经济增长,那这样的节能将毫无意义。

第二,节能仅是能源利用效率的提高,还是能源消费总量的减少。如果说第一个问题是终极目的的话,那第二个问题就是直接目的的问题。杰文斯悖论所要揭示的就是能源利用效率的提高,并没有实现能源消费的减少,反而扩大了能源消费的总量。因此,认为只要能源效率提高了就可以实现节能的观点是片面的。但是,克服杰文斯悖论的当代形态——能源回弹效应的选择似乎有进入“循环论证式”的韵味,即能源回弹效应的存在是因为能效提高而引发的能源消耗量增加的部分抵消了能效提高而引发的能源节约量的部分,其解决的办法是通过外在机制(市场机制等手段)的补充以使上面的情形发生逆转,也就是能效提高引发的能源消耗量不至于超过节约量。而能否在此基础上实现能源消耗总量的减少则不是其直接的目的,这样一种逻辑思路就是将杰文斯悖论仅视作经济问题,以数量对比式的经济思维来解决杰文斯悖论。但如果从生态文明的视角出发,自然环境是人类生存所必需的,自然资源是有限的,生态文明的实现就是尽可能少地甚至不再消耗不可再生资源,能源消耗首要考虑的将是如何直接减少资源消耗总量的问题，以使资源保有量的最大化，因此，相比诸如能源强度的下降、单位国内生产总值二氧化碳排放减少这样的目标，能源消耗总量的下降、二氧化碳排放总量的减少才是其目标所在。

第三，节能的路径选择是渐进的改良，还是激进的变革。将杰文斯悖论视为经济问题，采用数学模型和计量统计技术等经济方法作为主要的研究方法，势必走入以渐进改良的办法来解决杰文斯悖论的路径。这是因为经济学的数学模型和计量统计技术更多地在于揭示经济现象与经济现象之间的关系，在杰文斯悖论或能源回弹效应中，就是为了揭示能效提高与能耗增加之间的关系，这样的研究结果往往能迅速找到二者联系的桥梁，例如上述的能效提高引起能耗增加的三种作用机制，明确了这种作用机制，学界自然而然倾向采用与之相关的经济手段来走出杰文斯悖论，例如不少学者提出的在提高能效的同时辅之与提高能源的价格、增加二氧化碳排放税等配套政策，这些建议确实会抑制消费者消费行为扩张而引起的反弹。但是，数学模型和计量统计这样的经济学方法所欠缺的是对经济现象背后一些非客观因素的逻辑推理和抽象分析，从而无法揭示经济现象背后的深层原因或性质，因而对节能只能起到治标的作用。例如，以市场调节这样的经济手段作为节能的破解之道，似乎仍有很大的不确定性，因为市场能否有效调节自然资源这样的公共产品的供给和需求，并不产生生态后果仍是有争议的问题。这样的问题不是仅依靠经济学的数学模型和计量统计方法就可以解决的。要探究能效提高和能耗增加背后的深层原因，一种超越经济学视角的生态文明视角则是必需的，深层原因的探究就需要人们到一个社会的生产生活方式中寻找，这也正是生态文明所要超越的东西，由此而来的自然是一种更激进的变革，即迅速转向以可更新能源为基础的结构性解决方案，这种解决方案将全面改变当前的生产方式、生活方式和思维方式，引起经济结构、社会结构的重大变革。

总之，从生态文明的视角走出杰文斯悖论以实现真正的节能，要求我们必须坚持以控制能源消耗总量为方向，在结构性的解决方案中实现人类生产方式、生活方式和思维方式的重大变革，最终实现人与自然和谐的终极目标。以生态文明的视角走出杰文斯悖论,并不意味着以经济学的视角走出杰文斯悖论的无效,而只是说后者需纳入前者的框架并受前者的约束;以生态文明的视角走出杰文斯悖论,同样不意味着在现实中是马上可以实现的一种状态或可以付诸实践的举措,它只是一个方向,在变革的过程中必将遭遇既有利益和行为结构的阻挠,所以迄今为止我们尚未有以此相关的经验性证据的存在。

参考文献

[1] World Economic Forum and IHS Cambridge Energy Research Associates. Energy Vision Update 2010: Towards a More Energy Efficient World[EB/OL] [2010-08-09]. http://www3.weforum.org/docs/WEF_EN_EnergyVision_EnergyEfficiency_2010.pdf.

[2] European Commission. Energy Efficiency Plan 2011[EB/OL]. [2012-04-13]. http://eur-lex.europa.eu/LexUriServ/LexUriServ.do?uri=CELEX:52011DC0109:EN:HTML:NOT.

[3] William Jevons. Letter to Herbert Jevons[M]. *Papers and Correspondence of William Stanley Jevons*, vol. 3. London: MacMillan, 1977: 52.

[4] William Jevons. Of the Economy of Fuel[J]. *Organization and Environment*, 2001, (1).

[5] Lorna Greening, David Greene, Carmen Difiglio. Energy efficiency and consumption – the rebound effect – a survey[J]. *Energy Policy*, 2000, (6-7): 389-401.

[6] Daniel Khazzoom. Economic implications for mandated efficiency in standards for household appliances[J]. *The Energy Journal*, 1980, (4): 21-40.

[7] Len Brookes. The Greenhouse Effect: the fallacies in the energy efficient solution[J]. *Energy Policy*, 1990, (2): 199-201.

[8] Harry Saunders. The Khazzom-Brookes Postulate and Neoclassical Growth [J]. *Energy Journal*, 1992, (4): 131-148.

[9] Richard York. Ecological Paradoxes: William Stanley Jevons and the Paperless office[J]. *Human Ecology Review*, 2006, (2): 144-145.

[10] Brett Clark, John Bellamy Foster. William Stanley Jevons and the Coal Question: an Introduction to Jevons's "Of the Economy of Fuel"[J]. *Organization and Environment*, 2001, (1).

[11]John M. Polimeni, Raluca Lorgulescu Polimeni. Jevons' Paradox and the myth of technological liberation[J]. *Ecological Complexity*, 2006, (4): 344 - 353.

[12]John M. Polimeni. Jevons' Paradox and the Economic Implications for Europe[J]. *International Business and Economics Journal*, 2007, (10): 109 - 119.

[13]John M. Polimeni, Raluca Lorgulescu Polimeni. Energy Consumption In Transitional Economies: Jevons' Paradox for Romania, Bulgaria, Hungary, and Poland (part Ⅰ)[J]. *Romanian Journal of Economic Forecasting*, 2007, (3): 63 - 80.

[14]吕荣胜,聂铟,洪帅.我国能源回弹效应研究综述[J].经济问题探索,2013,(1).

[15]薛澜,刘冰,戚淑芳.能源回弹效应的研究进展及其政策涵义[J].中国人口·资源与环境,2011,(10).

[16]赵楠.中国地区能源回弹效应测度及集聚性研究[J].财经问题研究,2013,(2).

[17]王辉,周德群,周鹏.我国城市客运交通能源回弹效应实证研究[J].能源技术与管理,2011,(5).

[18]谢海棠,张旭坤.节能减排的作用效果有多大——基于能源回弹效应的思考[J].科技管理研究,2013,(4).

[19]Li Li, Han Yonglei. The Energy Efficiency Rebound Effect in China from Three Industries Perspective[J]. *Energy Procedia*, 2012, (14): 1105 - 1110.

[20]Boqiang Lin, Xia Liu. Dilemma between economic development and energy conservation: Energy rebound effect in China[J]. *Energy*, 2012, (1): 867 - 873.

[21]Jinlong Ouyang, Enshen Long, Kazunori Hokao. Rebound effect in Chinese household energy ef? ciency and solution for mitigating it[J]. *Energy*, 2010, (12): 5269 - 5276.

[22]Boqiang Lin, Fang Yang, Xia Liu. A study of the rebound effect on China's current energy conservation and emissions reduction: Measures and policy choices [J]. *Energy*, 2013, (1): 330 - 339.

[23]Biying Yu, Junyi Zhang, Akimasa Fujiwara. Evaluating the direct and indirect rebound effects in household energy consumption behavior: A case study of Beijing[J]. *Energy Policy*, 2013, (6): 441 - 453.

[24]孙永祥.世界能源使用效率排名中国仅居第74位[N].中国经济导报,2013 - 01 - 05.

[25]国家统计局.国际统计年鉴(2012)[EB/OL].[2013 - 05 - 05]. http://www.stats.gov.cn/.

[26] Fatih Birol, Jan Horst Keppler. Prices, Technology Development and the Rebound Effect[J]. *Energy Policy*, 2000, (6－7):457—469.

[27] Runar Brännlund, Tarek Ghalwash, Jonas Nordström. Increased Energy Efficiency and the Rebound Effect: Effects on Consumption and Emissions[J]. *Energy Economics*, 2007, (1):1—17.

[28] Boqiang Lin, Fang Yang, Xia Liu. A study of the rebound effect on China's current energy conservation and emissions reduction: Measures and policy choices[J]. *Energy*, 2013, (58):337.

[29]陈燕.能源回弹效应的实证分析——以湖北省数据为例[J].经济问题,2011,(2).

（作者简介:林美萍　福建江夏学院公共管理学院讲师
蔡华杰　福建师范大学）

论生态文化建设与福建茶文化产业发展

郭 莉

一、生态文化建设对茶文化产业发展的意义

广义的茶文化产业是以茶产业为基础的,包含茶叶及茶叶相关衍生产品的生产再生产、储存以及分配产品和有关服务的一系列活动,也是将茶文化进行产业化的过程。其外延是与茶产业和茶文化基本重合的。狭义的茶文化产业不包含茶叶本身,仅仅是茶产业的衍生,是茶产业涉及文化方面的一个分支,同时也是文化产业的一个分支。狭义的茶文化产业是按照工业化标准,生产和提供与茶相关的文化产品与文化服务的经营性行业。茶文化是生态文化的内容之一,茶文化产业是以茶文化为基础的。因此,生态文化建设对于茶文化产业的发展具有十分重要的意义。生态文化建设是茶文化产业发展的坚实基础,对于茶文化产业发展具有引导作用,有利于茶文化产业转变经济发展方式,推动升级转型,有利于促进茶文化产业生产、消费、流通相关产业链协调发展。

二、福建茶文化茶业的发展现状及特点

福建产茶文字记载,最早见诸南安县丰州古镇的莲花峰石上的摩崖石刻"莲花茶襟"(376 年),比陆羽《茶经》记载的要早三百余年。茶类的创制要数福建最多,品茶的技艺也数福建最奇,福建茶叶在中国茶叶发展乃至世界茶叶发展上具有重要的历史地位和文化价值。改革开放以来,福建省的文化茶产业已出现了蓬勃发展的好趋势,茶园面积和产量均占全国很大比重,产茶能力在全国位于前列。

福建气候温和,茶叶芽期早,新茶上市比其他产茶省份早,具有一定的时差优势。2012 年中国茶叶产量为 191.5 万吨,同比上升 17.99%,位居全球第一。其中福建省茶叶产量 32.10 万吨,增长 8.4%,居大陆第一位;毛茶产值 150 亿元人民币,居全国第一位;全省茶园面积 332 万亩,居全国第五位;全省涉茶人数超过 300 万,约占全省总人口的 1/10。茶文化产业已成为福建省经济的新增长点。

目前,福建茶文化产业的发展呈现以下特点:

1. 区域布局不断完善,品牌意识强化

福建省已经形成了相对集中的茶产区,如闽南铁观音茶区、闽北岩茶茶区、闽东红茶区和绿茶区、闽中花茶区等。而且品牌意识逐步强化,2009 年 11 月,福建安溪铁观音、武夷岩茶(大红袍)、福鼎白茶(太姥银针)进入中国世博十大名茶、联合国馆专用茶榜单。在 2010 年度中国茶行业百强企业排行榜上,福建茶企业有 32 家上榜,排在各省之首,将近占全国的三分之一。根据福建省质量技术监督局调研的数据统计,至 2012 年 5 月,全省共有通过 QS 认证的涉茶企业 1801 家,其中目前持有效证书的 1358 家。

2. 不断健全茶叶市场体系,贸易网络齐全

在全国各省都有闽籍茶商,全国各地都有茶叶经销点。福建是著名的侨乡,华侨华人遍布全球,因此福建茶叶出口历史悠久,出口地很广大,乌龙茶、茉莉花茶、白茶的出口量在全国名列榜首。福建省加大茶叶市场化的进程,已经建成多个较完善的茶叶批发市场,逐步健全茶叶市场体系,有效促进茶文化产业的信息及产品的交流和流通,引导了茶文化产业相关产业链的发展。如安溪县的中国茶城、福州西营里茶叶市场、福州五里亭、闽东福安、福鼎等规模较大的茶叶专业市场,还有刚刚建成的厦门天成茶叶市场等。

3. 闽台茶文化产业合作不断深入,促进制茶科技不断进步

随着闽台茶文化产业交流与合作的不断深入,福建制茶科技以及茶叶产品深加工水平不断提高,综合利用茶叶中有效物质,开发保健茶、速溶茶及茶食品。众多台资茶企业在福建成功投资案例,能产生良好的示范效应,带动更多台商来福建投资,市场发展前景广阔。

三、如何通过生态文化建设促进福建茶文化产业发展的建议

福建省发展茶文化产业，应全面加强生态文化建设，可以重点抓好以下几个方面，促进茶文化产业的跨越式发展。

1. 通过各种形式加大宣传力度，营造茶文化产业的生态文化建设的良好社会氛围

可以通过多种宣传方式和宣传活动将茶文化产业的生态文化建设进行社会宣传，营造生态文化建设的浓厚氛围。利用媒体、网络进行社会宣传，相关法律法规、茶文化产业生态文明建设的过程和成就；对不符合生态文明的行为和事件进行曝光；制作茶文化产业生态化发展的专题宣传片在电视和网络播放，积极引导网民关注生态文化建设；会同移动、联通、电信公司发布环保公益短信，开展网络、短信宣传，在网络电视等平台上设计、播放生态环保公益广告；结合“世界环境日”“世界地球日”“中国植树节”“全国土地日”等纪念活动开展“茶文化产业生态公益宣传日”活动；通过宣传图片、广场咨询、发放倡议书、送书下乡、专题晚会等形式号召群众参与活动，不断增强全民生态建设、保护森林、爱护水源、保护生态建设基础设施的法律意识和责任意识。例如 2012 年 12 月 18 日，中国生态文化协会赴福州市参加福建省“弘扬生态文化，推进生态文明，建设美丽家园”首届生态文化高峰论坛，并成立了福建省生态文化志愿服务总队倡议全社会“弘扬生态文化、推进生态文明、建设美丽福建”等活动，产生了很好的社会效应。

2. 利用生态文化建设带动茶文化产业的产学研联动

企业是市场经济中的创新主体。企业要具有生态化的经营思想，贯彻于设计、制造、营销、服务的各个环节中。但由于生态文化建设的广泛性和公共性，作为具有利益驱动的经济实体，茶文化产业经营企业不可能独立成为投资主体。因此，政府、大学、科研机构、环保组织乃至社会公众也都是践行的主体，承担着各自不可替代的责任。其中，政府是生态文化建设的核心推动力，通过政策性引导产业发展方向；大学、

科研机构等为茶文化产业提供知识和能力支持;社会公众成为践行者、消费者和监督者,成为茶文化产业发展的压力和动力。

3. 壮大茶文化产业集群,更好地延伸产业链

福建省涉茶企业众多,主要是以经销企业为主,上规模、上档次、建基地、按标准化进行生产的企业主要是进入"百强"的大企业。茶企业应加快品牌建设,本着诚信经营原则,保质保量,壮大茶文化产业集群,不断促进茶文化产业的生态化结合程度,将茶文化推广与中华文明结合,将茶产业从制茶拓展到文化、历史、宗教、旅游、观光等方面,如茶艺表演、茶文化旅游、茶文化产品开发等,逐步形成较为完整的产业链。

4. 强化国家地理标志产品保护,提升茶文化产业的生态文化价值

加强茶产品的原产地保护是茶文化产业进行生态文化建设的重要手段,可以很好地保护原产地的人文和地理生态。可以从以下方面入手:一是加大宣传,利用各种媒体宣传茶叶地理标志产品保护,大力推进地理标志产品保护专用标志使用,积极引导企业通过加贴地理标志产品专用标志实施品牌保护。二是政府从政策上鼓励扶持企业申请使用专用标志,加强地理标志产品技术标准体系建设力度,引导茶企业实施标准化生产,建立质量保体系。三是组织有条件的茶企业加入国际地理标志网络组织,目前安溪茶厂、八马茶叶有限公司等茶企业已成功加入国际地理标志网络组织,成为中国区会员。四是质量监督部门要加强专用标志使用监督监管,严格按照有关规定,强化专用标志使用监管,加强执法监督检查,保护地理标志产品的市场声誉和良好形象,提高茶产品在国内外市场的知名度。

5. 建设网络茶叶市场交易平台,倡导节能减排的市场流通渠道

传统的茶叶专业批发市场需要大量的土地、配套设施、服务人员,茶文化产业可以建设网络茶叶市场交易平台,节约资源。买卖双方还可通过电子平台进行网络交易。今后,福建茶文化产业还要积极利用国内外展销和展览的平台,完善市场竞争要素,扩大茶叶交易市场容量,推动茶产品活跃交易、流通顺畅,进一步提高产品的知名度和市场竞争力。

6. 加强从业人员生态文化技术培训,增强生态化生产水平

要加强对茶产业从业人员(如企业员工和茶农)进行各种形式的

生态化科技培训。茶农都是单一个体,组织化程度低,主要是凭传统经验进行茶树栽培和茶叶加工,具备标准化生产及加工茶叶技术的茶农较少,因此要加强对企业员工和茶农的培训,将茶农的传统制茶经验与现代生态科技相结合,提高按照现代化标准进行生产的技能与水平。扶持农民茶叶专业合作社发展,按照《农民专业合作社法》在生产标准、包装、品牌、价格、核算等方面进行统一管理,发挥其组织生产、推广技术、推销产品的推动作用,提高茶农进入市场的组织化程度,从而促进茶文化产业节能增效。要重视茶叶生态技术推广体系建设,充分利用现代传播手段如网络、媒体等,及时为广大茶农提供茶树栽培、病虫害防治、加工和市场等方面的信息和优质服务。

7. 严格监控茶叶安全和质量,保证茶产品生态化无公害

2012 年发生的“农残事件”对福建省茶文化产业造成了一定的负面影响,抓好茶叶卫生质量安全,成为茶文化产业发展的命脉。茶企业应从茶叶生产的源头——茶园建设开始抓好茶叶安全生产,政府部门除了从源头开始对茶叶质量进行跟踪,更重要的是加强监督,严格管理,在茶叶进入市场之前,把好食品安全的关卡。政府应该加强制度建设,强化服务能力,加强管理和引导,为茶文化产业的发展创造良好的宏观环境,推进茶叶可持续发展和茶叶贸易健康稳定。政府质监部门应加强有关茶叶质量安全检测体系建设,建立和完善茶叶质量安全监测制度,依法开展茶叶质量安全例行监测,全面准确地掌握茶叶市场的质量安全动态。质监部门要抓好认证企业的生产环境、生产过程、市场准入等环节的监控,严格按照新国标控制农残。

8. 加强闽台茶文化产业交流与合作,促进福建茶文化产业的生态化建设与国际接轨

台湾茶文化产业的生态化建设水平较高。ECFA 的签订给福建在建设海峡西岸经济区和海峡两岸交流合作创造了新的机遇,也是闽台茶文化产业合作的机遇。近年来,福建省陆续出台《关于新形势下进一步加强闽台合作的若干意见》《关于支持台资企业发展的若干意见》《关于加快台湾农民创业园建设的若干意见》,不断优化台商投资软环境,鼓励支持台商在福建发展创业。福建省落实了一系列先行先试的措施,如在全国率先建立海峡两岸农业合作试验区,创建台湾农民创业园，建设台湾农产品物流中心，出台大陆第一个促进两岸农业合作的地方性法规《福建省促进闽台农业合作条例》和扶持创业园发展的政策《关于加快台湾农民创业园建设的若干意见》，国务院颁布海西《规划》，更是给台农在闽创业发展带来了新契机。此外，台胞注册个体户在福建先行先试，为台胞来闽投资创业开通了便捷通道。随着闽台茶产业交流与合作的不断深入，福建茶文化产业制茶科技以及茶叶产品深加工水平不断提高，综合利用茶叶中有效物质，开发保健茶、速溶茶及茶食品。通过充分发挥闽台各自的优势，实现技术上的突破和创新提升两岸茶文化产业竞争力，从而实现茶文化产业的区域整合，让福建茶文化产业的生态文化建设以更快的速度与国际接轨，以更大的能力与弹性来应对技术性贸易壁垒，在国际市场上更好地发展。

（作者简介：郭莉　福建省社会科学院精神文明建设所副研究员）

旅游强省建设背景下江西旅游小镇发展模式与路径选择

李向明

旅游小镇是现代小城镇发展建设的主要模式之一，也是当今世界小城镇发展的趋势。发展各具特色的旅游小镇是我国新型城镇化和特色城镇化发展道路的重要组成部分。2005 年，云南省率先创新性地提出“旅游小镇”的战略构想，并建设了一批示范小镇致力于民族文化的挖掘、传承与保护，把旅游小镇建设成为弘扬和传承民族文化的窗口和基地，形成了旅游小城镇建设的“云南模式”，并被称为是我国乡村旅游发展的三大模式（云南旅游小镇模式、贵州“村寨游”模式、成都“农家乐”旅游模式）之一。2010 年海南提出“大区小镇”模式，并在实践中取得显著成效。旅游小镇建设丰富了我国农村城镇化的发展内涵，是城乡统筹、建设社会主义新农村的又一创新发展模式。

“旅游产业是江西省现代服务业中最有条件率先崛起的产业。”2013 年，江西省委、省政府提出了“旅游强省”的发展战略，并明确提出“要抓工业化城镇化那样抓旅游”“完善各地历史文化名镇名村、特色景观旅游名镇名村和新农村建设点的旅游功能，建设一批示范旅游镇（村），促进城乡旅游互动”。而旅游小镇发展是江西推进旅游强省建设提出的“打破对‘门票经济’的依赖，促进旅游消费由观光旅游为主向休闲度假观光并重、旅游收入由门票为主向综合收入转型升级”的一个重要选择。同时，推进旅游小镇建设有利于促进小城镇建设与旅游产业融合发展，契合了当前江西省新型城镇化发展道路的趋势和要求，已成为推进城镇化和旅游产业转型的有效途径。

一、旅游小镇的概念与内涵

在我国,旅游小镇是近些年来才提出的一个新概念,但在国外却有较长的发展实践。现有旅游小镇相关研究中,大多基于某个小镇将旅游作为一种经济发展主导形式而称其为旅游小镇,较少有人对其概念进行明确地和系统地界定。现有概念主要从两个方面对旅游小镇进行界定:一种是相对于我国行政区划中的"城市"概念,结合其旅游功能而提出。具有代表性的有刘德云(2008)认为:旅游小镇是指以旅游产业为主导的市镇,即自身拥有旅游资源成为旅游目的地的小城镇。张仁开(2007)认为:"旅游小镇"又可以称为"旅游型小城镇""特色旅游小城镇",实质上是旅游产业为主导产业的小城镇,属于"特色小城镇"的范畴,是"旅游专业镇"。石艳(2013)认为"旅游小镇是指以旅游业为主导,集聚诸多旅游休闲要素,整合一、二、三产业融合发展,具有一种或多种主题活动的小城镇。需要特别强调的是,旅游小镇不是传统意义上的行政乡镇,而是一个旅游产品的概念"。另外一种侧重于小镇的旅游功能得以发展所依赖的旅游资源对其进行界定。例如:刘新良、饶琼娟(2007)认为"旅游小城镇既不同于旅游城市的概念,也不同于一般旅游景区的概念。相对集中的显著的人文景观、文化特征是旅游小镇的概念核心"。王琼(2006)认为旅游小镇是一种凭借其古老的建筑风貌、古朴的环境氛围、丰富的文化遗存、深厚的文化底蕴、淳朴的民风民俗、恬静的生活状态而受到越来越多旅游者喜爱的新兴的旅游资源。

完整的"旅游小镇"概念,应从五个方面来界定。

第一,地理区位。旅游小镇位于大中城市周边或远离城市的乡村地区,旅游小镇的城镇化程度不高,没有大城市的喧嚣与繁杂,体现的是一种休闲、宁静与安逸的环境氛围。

第二,人口规模。旅游小镇是指具有一定规模、主要从事非农业生产活动的人口所居住的社区,旅游小镇 = 小城市/建制镇/集镇。旅游小镇概念分属城与乡两个范畴,小城市和建制镇属于城镇体系范畴,集镇属于乡村体系范畴。需要指出的是,旅游小镇中所包括的小城市和建制镇,是指小城市的城区或建制镇的镇区部分,而不是指的"县域"或"镇域"。按照这一标准,旅游小镇属于空间规模最小的非农业人口的居民点,它是我国"城镇体系之尾,乡村发展之头",是农村和城市的边缘地带。

第三,资源特色。分为两种情况:一种情况是旅游小镇本身具有优美的自然风光、特色的民族文化或深厚的历史文化,自然景观与人文景观独具特色,具有较强的旅游吸引力,即资源主导型旅游小镇;另一种情况是旅游小镇本身资源特色不明显,但其周边有著名的旅游景区或优美的自然与人文景观,旅游小镇是旅游集散地,是接待建设的重点区域,这就是资源依托型旅游小镇。

第四,产业结构。旅游业是旅游小镇的主打产业或优势产业,或是促进乡镇经济提速与发展的动力源,同时对区域旅游业的提质增效发挥重要作用。一定意义上,旅游小镇就是以旅游业为主导产业或特色产业的小城镇。旅游小镇的旅游业对社区产业结构调整与区域产业融合发展起着重要作用。

第五,系统性质。旅游小镇应该是一个相对独立而完整的社会、经济、文化系统,它既不是乡村不可分割的部分,也不是城市的一个功能区。旅游小镇在功能上应能满足游客食、住、行、游、购、娱等多方面的旅游需求,成为为游客提供一站式服务的综合性旅游空间。

二、江西旅游小镇发展的资源条件与问题分析

(一)江西城镇化发展现状

据江西省统计局统计,2013 年底城镇人口占总人口的比重达到 48.87%,比全国城镇化率(53.73%)低近 5 个百分点。与华东兄弟省份相比,江西的农村经济还相当落后,一个很重要的原因就是江西小城镇建设起步晚,发展速度慢,致使乡镇工业无载体,农村剩余劳动力没有"蓄水池",城乡物资、信息交流没有枢纽,农村经济发展找不到新的增长点。

江西是一个农业大省,小城镇建设的重点毫无疑问应当是县城

和农村建制镇中的中心镇。目前,江西省共有70个县城关镇、802个县市属建制镇,此外还有近700个集镇。加快小城镇建设是保持农村经济持续健康发展的战略选择。2000年,江西省委、省政府出台了《关于进一步加快小城镇发展的决定》,提出建设各具特色的新型小城镇,2010年,又出台了《关于加快推进新型城镇化的若干意见》,旨在充分发挥新型城镇化在转变经济发展方式,调整和优化经济结构,提高经济质量和效益,统筹城乡和区域发展,促进资源节约和环境友好等方面的积极作用,实现科学发展、进位赶超、绿色崛起。而推进旅游小镇建设将是江西实施新型城镇化发展的一条重要路径。

(二)江西古镇古村资源条件

江西历史上鸿儒巨宦、达官富贾众多,因而造就了众多有着千百年历史的古村古镇,遍布江西各地,这些古村古镇仍保留了不少明清、民国时期的建筑遗存,其建筑风格独特古朴、民风民俗淳朴自然、乡土气息浓厚传统、自然与人文交相融合,有着较高的历史、文化、科学和旅游价值。

古村名镇是江西最具特色的乡村旅游资源。以河口镇、上清镇、瑶里镇、流坑村、婺源古村落、安义古村群等一批国家级、省级历史文化古村名镇为代表,反映了一定历史时期江西的地方文化特色与传统风貌,成为江西乃至全国的优秀历史文化遗产,有的已成为著名的特色旅游村镇。截至2014年2月建设部和国家文物局共公布六批历史文化名镇名村合计528个(名镇252个,名村276个),其中江西省共有33个(其中名镇10个、名村23个),占全国总数的6.3%;有全国特色景观旅游名镇(村)8个,约占全国总数216个的3.7%。江西省级历史文化名镇名村83处(共公布了四批)。

(三)江西旅游村镇发展存在的问题

1. 市场运作问题

从大多数江西旅游小镇的发展历程来看,地方政府从旅游小镇发展战略的确定、发展规划制定,到小镇的建设、运营,充分发挥了主导作用。但政府主导不等于“政府主干”,目前旅游小镇发展过程中,

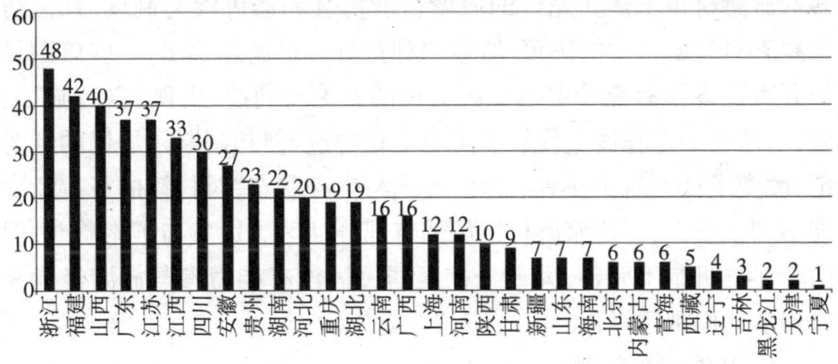

图1　全国各省(市、自治区)的国家级历史文化名镇名村数(截至2014年3月)

市场化运作不够,社会资本参与小镇旅游开发建设不足。

2. 开发层次问题

江西开发旅游小镇的资源条件丰富,但旅游开发层次不够:第一,古村名镇旅游开发大多数还只停留在观光的低层次上,休闲度假等游客深度体验的旅游小镇较少,无法适应当前旅游需求由观光向休闲度假转型的趋势;第二,古村古镇的历史、建筑、民俗等深厚文化内涵的挖掘还不够;第三,旅游开发模式单一、旅游产品雷同,参与性、互动性的旅游项目和活动开发不足,对游客缺乏较强的吸引力;第四,由于产品体系单一和功能配套不全,使很多资源丰富的旅游村镇还是典型的"门票经济"发展模式,旅游产业链延伸不够,其辐射带动能力有限,难以产生良好的社会与经济效益。

3. 品牌特色问题

江西旅游古村古镇同质化较为严重,以历史文化型居多,旅游资源以村镇民居为主要特色。同时,由于在一定区域范围内缺乏上级政府决策者从更高视角对不同古村古镇旅游开发的分类指导和区域协调。在规划设计方面普遍存在规划水平不高,建筑风格单一,"千村一面"或"千镇一面",导致旅游产品特征趋同,品牌形象特色差异化较小,最终出现区域范围内的市场竞争与游客分流问题。

4. 社区参与问题

目前江西大多数旅游村镇社区参与不够,主要表现在:第一,大多数旅游村镇未建立完善的旅游行业协会和居民参与制度,社区居民缺乏对旅游开发的决策、监督与利益分享机制。第二,一些旅游村镇开发建设没有充分考虑社区居民的意见与利益,出现“空心城”问题,虽然在一定程度上保护了历史文化古迹,但却割断了居民的利益链,改变了社区居民原有的生活方式与生存状态,对村镇的可持续发展不利。第三,一些旅游村镇虽然有部分社区居民参与了旅游业,但由于参与机制不完善,大部分社区居民因没有能力参与旅游经营和管理活动而被边缘化。

5. 开发保护问题

开发保护问题主要体现在:第一,旅游环境的现代化。一些旅游村镇由于开发理念落后,以及受城镇化理解误区的影响,在规划设计、建筑形式和材料、设施设备、管理服务等方面往往模仿城市,现代化现象较为明显,大大削弱了旅游村镇特有的旅游吸引力。第二,人文环境缺乏原真性。由于在开发与建设当中的长官意志或者低层次的人文环境再造,传统的文化资源被过分“舞台化”和“前台化”,而“后台”的本真的传统文化保护却被忽略。第三,人文环境缺乏完整性。旅游村镇的价值是以其完整的文化形态而出现的,不仅包括古建筑、文物遗存等凝固的、静态的事物,还包括传统的生活方式、生产方式等非物质的、活态的文化氛围。但人们往往关注到了可视的人文环境问题,却把后者常常忽视了,导致传统人文环境出现“空心化”现象。

三、江西省旅游小镇发展模式

根据江西省不同区域小城镇的资源特色、自然环境条件、区位状况等,结合小城镇地域特征、客源市场条件,创新江西旅游小镇发展模式。

(一)历史文化型旅游小镇

这类小镇以人文旅游资源为主,主要是集中保存了一些具有历史意义的文物古迹和文化遗存,不但有着悠久突出的历史,保留完整的传统建筑、村镇景观和各类历史遗迹、文化遗存等，且有拥有特色的、淳厚的传统文化习俗。

典型模式：婺源江湾镇、铅山河口镇、乐安流坑村

其发展模式要点：(1)原真性与完整性。原真性：原汁原味的文化遗存得到很好保护与传承；完整性：小镇的特色和整体风貌应得到保护，使小镇文明发展的脉络得到延续。(2)资源保护与利用。坚持“保护中开发、开发中保护”的原则，突出历史文化遗存与传统文化的“保护”。系统整理、深入挖掘非物质文化遗存。(3)文化传承与展示。历史文化属于隐性旅游资源，必须通过各类手段展示出来，包括修复古迹、恢复旧貌、建设陈列室、举办专题展览、设计可供游客参与的体验性活动等。(4)社区参与。传统文化的展示需要社区参与，社区参与是活态文化保护的有效途径。

(二)景区依托型旅游小镇

景区依托型旅游小镇一般都在远离城市的地方依托著名旅游景区所带来的大量客源，逐渐形成当地人口聚居地和旅游景区的集散地或依托地。景区依托型旅游小镇有两种类型[8]：一种是旅游景区附近，甚至是与旅游景区有较大程度重合的旅游小镇；另一种是著名旅游景区的旅游交通要道上的小城镇。

典型模式：井冈山茨坪镇、龙虎山上清古镇

其发展模式要点：(1)总体定位：这类旅游小镇一般不具备高品位的旅游资源，但由于毗邻知名景区，同时其自然生态环境良好，逐渐成为景区重要门户、游客集散地或旅游线路上的重要旅游节点。(2)功能定位：作为旅游景区的功能延伸与补充，应充分发挥小镇与景区各自优势，利用空间上的邻近性和产业上的关联性，在规划、建设、管理、产业发展等方面进行有效对接和整合，以实现两者的互动与共赢。其功能主要包括住宿接待、餐饮服务、旅游购物、休闲娱乐等。(3)功能配套：小镇自身无须独特的景观资源条件，但是需要良好的生态环境、完善的旅游接待设施和便捷的交通条件。(4)开发方向：依托独特的区位优势，是休闲度假、旅游购物、旅游地产等多种旅游业态开发的极佳区域。

（三）民族风情型旅游小镇

依托独特的地域文化和民族风情，建设民俗风情型旅游小镇，发展特色民俗旅游，是保护、传承多元文化、促进民族地区发展和构建和谐社会的重要途径。该类型旅游小镇以独具特色的民族风情为资源基础，以传统民族文化保存相对完好，民族风情比较浓郁为主要特征。目前，江西省内极具特色的具有深度挖掘潜力的民族文化包括畲族文化和客家文化。

典型模式：龙南县关西镇、铅山太源畲族乡

其发展模式要点：(1)总体定位：以传统民族风情文化为核心吸引力，建设配套设施齐全、产业结构优化、旅游服务功能明确、特色浓郁的民族风情旅游目的地。(2)产品创新。深入挖掘具有民族特色的习俗、礼仪、节庆、婚恋、服饰、饮食、语言等非物质类文化内涵，展示特色民居建筑、传统服饰文化、饮食习俗、音乐舞蹈和风土人情，推出一系列特色突出、可供参与的体验性活动，增强旅游小镇的旅游吸引力，把其建设成一个弘扬民族文化的窗口、传承民族文化的基地。(3)文化保护。正确处理民族文化的舞台化与后台化的关系，传统文化的原真性问题与完整性问题，促进旅游开发和文化保护的良性互动与协调发展。(4)产业联动。积极发挥旅游小镇的旅游产业关联带动与辐射作用，促进旅游业与农业、农副产品加工业、文化产业等相关产业的联动与融合发展，带动民族地区的地方经济发展。

（四）田园牧歌型旅游小镇

随着人们工作和生活节奏的加快、压力的加大，以及环境问题的日益突出，田园牧歌式的生活方式已成为很多都市人的梦想。此类旅游小镇以原生态的乡村自然环境、农业景观资源、田园式聚落景观、传统农事活动和传统乡土文化为基础，为游客提供回归自然、亲近自然、返璞归真、体验质朴的乡村生活等多种旅游经历。

典型模式：浮梁县瑶里镇、青原区富田镇

其发展模式要点：(1)总体定位：以良好的自然生态环境为载体，以秀美的田园风光和纯朴的乡土文化为核心吸引力，满足游客休闲体验、身心健康、自我发展等多方面的旅游需求。(2)景观特色:景观营造上要求自然生态景观与村镇聚落景观有机结合,因此,小镇建设需要突出自然山水与田园风光等旅游环境氛围的营造,突显自然景观优美,文化景观鲜明,人居环境和谐的景观特色;(3)开发方向:集农业休闲、乡土文化体验、生态养生等多种功能于一体,向游客提出农业观光、民俗文化体验、农事活动体验、乡村休闲活动等回归大自然的体验式、参与性旅游产品。

(五)休闲度假型旅游小镇

可分为两种类型:第一,以良好的气候条件和舒适的生态环境取胜,以旅游地产、避暑度假和养生养老为核心产品的休闲度假型旅游小镇;第二,以特殊的资源条件开发出休闲度假产品的休闲度假型旅游小镇,如温泉旅游小镇。随着人们生活水平的提高和旅游产业转型升级,休闲度假需求将更加旺盛,休闲度假型旅游小镇的发展前景将相当广阔。

典型模式:如星子温泉镇、宜春温汤镇、庐山牯岭镇

其发展模式要点:(1)总体定位:此类旅游小镇以良好的自然生态环境和特色休闲度假资源为优势,吸引大城市居民在节假日或周末开展近程的休闲度假活动,是城市居民融入大自然、回归大自然、享受假日生活的理想场所。(2)开发方向:以绿色健康为经营理念,打造健康休闲、舒适度假的活动场所,为游客提供休闲、度假、养生、养老等功能于一体的综合性旅游目的地。(3)产业融合:主要依托避暑、养生等优势资源,重点围绕休闲度假旅游产品开发,与商务会议、体育健身、休闲娱乐、旅游地产、文化体验、素质拓展、养生养老等相关产业联动与融合发展。

(六)特色产业型旅游小镇

这类旅游小镇的发展动力来自其特色优势产业的培育,通过产业的聚集和带动效应从而推动旅游业的发展。江西是一个农业大省和资源大省,已形成了稻乡、渔乡、茶乡、酒乡、竹乡、桔乡、莲乡、橙乡、毛笔之乡、夏布之乡、砚石之乡、羽绒之乡、烟花之乡、花卉之乡等

特色产业乡镇。因此,发展特色产业型旅游小镇,江西具有得天独厚的资源基础。

典型模式:广昌县驿前镇、进贤文港镇

其发展模式要点:(1)总体定位:围绕“产业立镇,旅游兴镇”的发展思路,把这类旅游小镇打造成产业融合发展的典范。(2)开发原则:对于特色产业型旅游小镇的开发建设,本着“产业培育促开发,开发建设促繁荣”的原则,突出特色经济的培育。(3)功能定位:结合旅游小镇的产业优势与资源条件,建设专业化、特色化产业市场,通过强化交通、贸易、市场的功能,带动休闲娱乐、特色餐饮、住宿接待、商务会议等第三产业的发展,以市场繁荣促进旅游小镇建设,以旅游小镇建设扩大市场影响力与知名度。

四、江西省旅游小镇发展的路径选择

(一)政府主导、市场运作

政府主导是加快江西旅游小镇发展的重要保证。第一,旅游小镇的建设需要充分发挥政府的引导、协调、组织、服务作用,运用金融、旅游用地、税收等各项优惠政策,为旅游小镇营造良好旅游发展环境。第二,政府加大对旅游小镇基础设施和服务设施建设的引导性投入,不断提升旅游小镇发展能力和综合服务功能,优化旅游小镇的社会经济环境。第三,制定行业规范和标准,督促检查旅游小镇建设中有关政策的落实以及对市场进行有效的监督。同时,政府还应在搞好各利益相关者之间的协调、旅游小镇整体形象宣传与营销以及在加强区域旅游合作方面发挥主导作用。

市场运作是实现旅游小镇快速发展的有效途径。“政府主导,但不主干。”旅游小镇发展应改变过去单纯依靠政府、依靠行政手段的城镇建设思维,积极引入市场机制,充分利用市场机制配置资源,鼓励、引导和支持社会各类投资主体参与江西旅游小镇投资、建设和经营,使市场机制在推进城镇化进程中发挥基础性作用,实现旅游特色小镇建设从政府单一投入到多方投入,走政府主导、市场运作、滚动发展的旅游小镇发展道路。

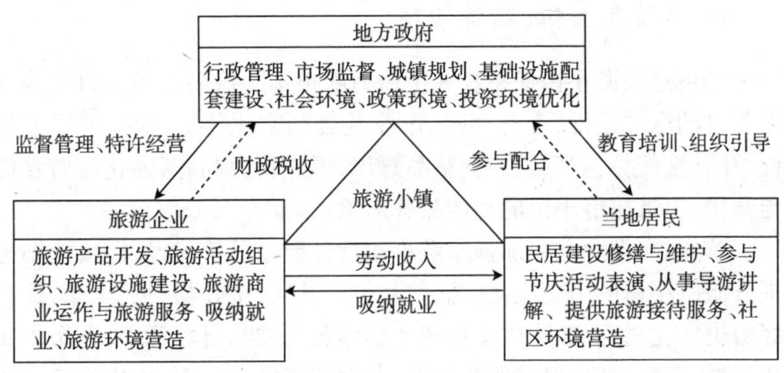

图 2　主要利益相关者参与旅游小镇开发建设模式图

(二)规划引领、分层开发

抓好旅游小镇的保护和开发利用规划,发挥规划引领的导向性作用,是实现旅游小镇可持续发展的关键。为了避免旅游小镇在总体定位、开发建设中出现低层次雷同现象,提高旅游开发层次和旅游小镇建设水平,应发挥政府主导作用,做好旅游小镇规划。为策应江西省旅游强省建设目标,江西省应重点依托 33 处国家级历史文化名镇名村和 83 处省级历史文化名镇名村,编制《江西省特色旅游小镇发展规划》,按照“一次规划,分步实施”的原则,在全省打造一批主题鲜明、交通便利、服务配套、环境优美、吸引力强,深受广大旅游者欢迎的特色旅游小镇和旅游名镇。

江西旅游小镇发展应根据实际情况实行分类分级开发建设。在开发建设与时序上,旅游小镇可分为规划准备型、开发建设型、保护提升型三个类型,从内涵进行分类,可以分为历史文化型、景区依托型、民族风情型、田园牧歌型、休闲度假型、特色产业型等类型,不同类型的旅游小镇根据发展目标进行区域统筹,分步分批推进;同时,结合新型城镇化建设和美丽乡村建设,在政策和资金上给予旅游小镇开发建设的支持。

(三)特色立镇、品牌营销

特色是旅游小镇保持长久生命力的根本。旅游小镇的打造要依托各自的区位条件、资源禀赋、产业基础和文化传统,积极开发差异性、互补性的特色产品;树立精品意识,形成特色品牌,强化旅游宣传与营销,打造旅游小镇的整体品牌形象。

首先,在理念上应加强旅游小镇特色形象品牌建设,深度挖掘与提升旅游小镇的历史文化内涵与品位。其次,做好“特色”文章,保护好历史文化遗存、非物质文化遗产和优美人文与自然环境,在历史文化名城、名镇、名村保护的基础上,着力营造旅游氛围,形成特色旅游景观与旅游产品。第三,小镇旅游的开发要结合自然景观资源,研究历史文化资源,进行必要的归纳提炼,突出地方民族文化特色和历史文化特色,体现鲜明的民族性和独特性,树立小镇独特的旅游形象,实施“特色立镇”战略。第四,打造特色,形成独特的品牌,并通过品牌营销提高小镇的知名度,加强新闻媒体对旅游小镇开发建设的宣传报道,不断提高旅游小镇品牌在海内外的知名度和吸引力。

(四)社区参与、群众受益

社区参与、群众受益是建设旅游小镇的出发点和落脚点,是实现旅游小镇和谐可持续发展的重要保证。生活在小镇中的社区居民,既是小镇的主体,又是游客观光、休闲、体验接触的客体,他们的生活方式、乡土风俗,都变成了游客眼中流动的风景画。通过社区参与可以转移农村剩余劳动力,实现产业结构升级;社区居民也可以通过参与旅游小镇开发建设与经营直接获取经济利益,实现脱贫致富;同时,社区参与旅游也有利于小镇历史文化的传承,以及增加社区居民主人翁意识,有利于维护社会稳定。

主要举措:第一,通过旅游小镇开发建设,改善小镇对外交通条件、生态环境、水电气等市政基础设施和生活服务配套设施,使群众生产、生活和出行条件得到较大改善,形成群众积极主动参与建设旅游小镇的氛围。第二,旅游小镇开发建设与经营管理过程中,应着力为群众就业、创业提供机会,不仅使居住在小镇中的群众利益得到优先保证,也要将旅游小镇内的旅游文化向附近地区延伸,让更多的周边居民参与到小镇的旅游发展建设中,为周围乡村群众提供良好发展条件,共同分享旅游小镇发展所带来的利益与成果。第三,“授之以渔”,通过教育、培训和示范引导,提高社区居民参与旅游小镇的开发建设与经营的能力。另外,在利益协调方面,必须充分考虑各利益相关者的利益诉求,恰当地处理好各方的关系,制定合理的利益分享机制。

(五)加强硬件、提升软件

硬件建设是旅游小镇发展的基础,软件建设是旅游小镇发展的核心。目前,在发展旅游小镇过程“硬件不硬,软件更软”的现象较为普遍,小镇旅游服务水平跟不上旅游业发展步伐,旅游服务质量改善跟不上广大游客和旅游市场的需求,这是旅游小镇发展中的突出问题。因此,旅游小镇建设首先应解决硬件配套设施建设不完善的现状。其次,在改善硬件条件的同时,着力提高旅游小镇的开发建设与管理水平,以及旅游服务水平。要通过各种形式的培训等途径提高从业人员素质,提升小镇旅游服务质量和水平,为游客提供安全、舒适、优质的服务。

旅游小镇软硬件条件主要包括旅游基础设施条件——内外交通条件、停车场建设、水电气等设施;旅游接待设施条件——餐饮、住宿、购物等环境条件;旅游配套服务设施——旅游信息化服务、智慧旅游系统工程;旅游环境条件——自然生态环境、旅游社会环境、旅游经济环境等;管理水平——旅游小镇的旅游行业管理、旅游服务管理、社区环境管理等水平;旅游接待服务质量与水平;小镇整体建筑风格与品位,社区居民的旅游参与热情与友好程度。

(六)产业融合、协调发展

旅游业的发展还离不开相关产业的支持与配合。通过旅游小镇开发建设要推动旅游业与新型工业、特色农业的紧密结合、融合发展，大力发展田园观光、农业生产体验、农家特色餐饮等休闲农业、休闲渔业；增强旅游商品开发意识，大力发展地方特色旅游食品、服饰、工艺品加工业；通过挖掘和开发既有地方民族文化内涵，又有观赏实用价值、便于携带、纪念性强的旅游商品，以丰富多彩的旅游商品满足游客多种需求。

建设旅游小镇，关系到城镇化水平的提高，关系到社会主义新农村建设，关系到城乡统筹发展。第一，引导社会力量积极参与旅游小镇的开发，加强产业配套建设，整合各方面的力量，协调发展，形成全社会关心、支持、参与旅游小镇建设的良好氛围。第二，要协调好旅游业与其他产业的关系。要以发展旅游业为契机，通过旅游业带动和盘活旅游小镇相关产业的发展，促进区域经济社会协调发展。第三，旅游小镇的建设是一个系统工程，需要相关部门、本地居民和社会各方面参与到小镇建设和管理中来，建立部门齐抓共管、群众共同参与的共建共管机制。

注释

①小城市是指市区和近郊区非农业人口不满20万的城市。(《中华人民共和国城乡规划法》,2008年)

②建制镇是指经省、自治区、直辖市人民政府批准设立的镇。

③集镇是指乡、民族乡人民政府所在地和经县级人民政府确认由集市发展而成的作为农村一定区域经济、文化和生活服务中心的非建制镇。(《村庄和集镇规划建设管理条例》,1993年)

④江西大部分古村落，虽冠以“村”名，但基本上都具有集镇的属性。因此，都是打造江西旅游小镇非常重要的资源基础。

参考文献

[1]刘德云.参与型旅游小镇规划模式研究——以金门金湖镇为例[J].旅游学刊,2008,23(9):73—79.

[2]张仁开.旅游小镇:小城镇建设的创新模式——兼论上海郊区旅游小镇的发展策略[J].小城镇建设,2007,(7):103—105.

[3]石艳.基于价值链理论的山东省旅游小镇发展模式研究[J].山东财政学院学报,2013(4):82—87.

[4]刘新良,饶琼娟.打造南洋文化旅游小镇——海南文昌铺前滨海旅游区策划[J].小城镇建设,2007,(8).

[5]王琼.云南旅游小镇资源开发的现状与对策[J].产业与科技论坛,2006,12(12).

[6]孔凡文,徐玉梅.论中国小城镇发展速度与质量[J].农业经济,2007,(10).

[7]欧阳锋."三农"问题的出路在于城镇化——江西小城镇建设的思考[J].理论导报,2005,(8):9—10.

[8]曾博伟.中国旅游小城镇发展研究[D].中央民族大学博士学位论文,2010.

(作者简介:李向明　江西财经大学副教授、博士、硕士生导师)

绿色发展:推动城镇化转型升级

黄荔梅

城镇化是扩大内需的最大潜力所在,但我国经济长期以来的快速增长是建立在以高耗能、高排放、高扩张为特征的城镇化基础上的,城镇化进程中环境的严重污染和资源的过量消耗,已经向我们提出了严峻挑战。必须改变现在的粗放型城镇化模式,走"集约、智能、绿色、低碳"的新型城镇化之路,切实保护好生态环境,要大力推进城镇化的绿色发展转型,增强城镇可持续发展能力。

一、创新城镇发展模式

中国快速推进的城镇化是建立在对土地、水资源、能源、原材料等资源的大量消耗基础之上。在传统的"要素驱动"城镇化发展模式下,不少城市热衷于拉大建设框架,搞低密度开发。2002—2011 年,全国城市建成区面积从 25973 平方千米扩大到 43603 平方千米,增加了 67.9%;同期,城镇人口从 32924 万增加到 39807 万,只增加了 20.9%。由于支撑城镇化发展的要素具有稀缺性及城镇资源环境承载力有限,这种高物耗的粗放式城镇化发展方式不仅导致资源供需矛盾日益加剧,而且还导致诸如土地浪费、空气和水污染、交通拥堵等"大城市病",为城镇化可持续发展带来诸多"后遗症":一是资源环境约束不断加大。城镇人口的增多,对水的需求量增大,由于长期汲取地下水,导致地下水位的下降;同时,日益增加的生活污水和大量未经处理的工业废水渗入地下,污染了地下水,对城市供水造成巨大威胁。随着城镇建设用地的快速扩张,耕地数量不断减少、质量趋于下降。二是城市生态环境恶化。随着城镇化的快速发展,空气污染成为最大的环境问题之一,严重危害人们的身体健康。快速城镇化导致大量植被及地下水循环系统遭到破坏,生物多样性受到威胁;城镇化进程中金属污染、温室气体排放及核辐射等对环境质量造成威胁。三是居民生活质量降低。有统计显示,全国667个城市中,约有2/3的城市交通在高峰时段出现拥堵;全国有2/3的城市处于垃圾包围之中。由于城镇化过程中过多关注经济行为,造成城镇绿地面积严重不足,居民的生活质量下降。

与高消耗、高排放、高扩张的粗放型城镇化模式相比,绿色城镇化的基本特征是低消耗、低排放、高效有序,它是一种人口、经济与资源环境相协调,城镇集约开发与绿色发展相结合的新型城镇化模式。一是节约资源。坚持在开发中保护、在保护中利用的基本原则,运用先进适用的开采技术对原材料、能源资源以及水、土地等资源进行可持续性开发;全面推广循环经济发展模式,减少资源消耗,增加资源重复利用和资源循环再生;在城市建设中,坚持土地集约统筹发展,尽管有可能增加土地容积率,遏制城镇化进程中对土地的无限扩张。二是节能减排。不断提高“三废”处理和综合利用率,严格控制“三废”排放及核能等辐射威胁,在企业、产业园区、社区等不同层面,全面推进污染物减排工作。三是环境友好。根据自然生态系统的运行规律,加强生态恢复与重建;在城镇化过程中,积极推进生态城镇、生态园区、生态社区、生态企业和生态建筑建设。

推进新型城镇化建设,首要的是引导地方政府在发展理念上进行“转型”,改变粗放型城镇化模式下重速度轻效益、重经济发展轻生态保护、重外延扩张轻内涵发展的状况,着力提高经济发展质量和效益,不以牺牲资源环境为代价换取一时的经济增长。不能片面盲目地追求速度,不能仅以城镇化率为指标来衡量一座城市的城镇化水平,而应按照“稳中求进”的发展理念,以人的生产与生活是否实质城镇化为标准,积极稳妥地予以推进,这也是新型城镇化的本质所在。要让居民“望得见山、看得见水、记得住乡愁”。

其次,要改变以经济增长为导向的城市规划理念,坚持全面、协调、可持续发展的理念,构建与资源环境承载能力相适应的科学合理的城镇化规划,从根本上缓解城镇化发展过程中的资源环境压力。

应在坚持大中城市与小城镇发展并行不悖的前提下，发展一批有产业基础、功能完善的中小城市，统筹中心城区改造和新城新区建设，推动农村就地城镇化，解决大城市人口过度膨胀所带来的“城市病”。

第三，坚持以绿色城镇为导向，以城市基础设施改善为着力点，进一步改善供排水、能源、环保绿化、防灾治污以及综合交通等生态环境设施。以资源环境承载能力为基础划定生态红线和城市发展边界，积极做好城镇空间管治工作，有效防止城镇地区过度开发和乱开发。要把发展循环经济放在首要位置，把发展两型社会当作建设新型城镇的重要手段。

二、推进产业绿色转型

城镇化离不开产业支撑，推进城镇化绿色转型更需要实现产业的绿色发展。要推动产业转型升级，加快构建绿色现代产业体系，形成支撑绿色城镇化的产业基础。

一要加强对传统高污染、高能耗产业的严格监督和控制。发展绿色产业需要一个过程，当下之急是限制和淘汰业已存在的高耗能、高污染、高排放产业。目前，在我国产业结构中，工业比重偏高，低能耗低污染的服务业比重偏低；在工业结构中，重化工业占工业比重明显偏高。绿色转型，不是要淘汰钢铁、建材等高耗能产业，而是使这些产业的发展更加节能和环保。我国正处于快速工业化和城市化发展阶段，大规模的城镇、新农村和基础设施建设需要消耗钢材、水泥、电力等。钢材、水泥、电力这些产业既是新世纪以来我国经济增长的带动产业，也是无法从国际市场获得足够产品的产业，即这些产业的发展有其合理性。但如果一味地推进重化工业发展，我国的资源就会支撑不了，环境也会容纳不下。要建立差别化的产业进入机制，提高火电、水泥、建材等高耗能和产能过剩行业的环境准入门槛；完善企业退出机制，对产能效率低和优化升级难度大企业应予以淘汰。完善绿色产品标准体系，倒逼企业加快技术创新和产业升级，对污染企业加大检查惩罚力度，使企业和个人对生态环境保护的外部效益内部化；通过兼并重组的方式整合优势资源，加快绿色技术改造传统制造业，提高传统制造业生产资源利用效率,发展低消耗、低能耗的产业和产品。

二要增强对资源节约型和环境环保型产业的支持力度。两型产业的基本特征是资源利用效率高、环境友好性强、空间布局合理。在城镇化绿色转型过程中,传统产业发展将面临两型化改造的艰巨任务。要大力推广两型技术,通过资产重组、企业并购等多种途径,将资源消耗大、污染排放多的传统产业,调整改造成为资源节约、环境友好、有可持续性的两型产业。对采用清洁生产工艺和资源循环利用的企业在税收减免、财政补贴、信贷优惠等方面给予支持,保证其产品的市场竞争力;节能环保已经成为很多消费者购买任何产品的选择条件,中国环保产业发展潜力巨大,应加大扶持力度,重点扶持节能环保产业和绿色服务业的发展,不断提升节能环保技术装备水平和服务水平,并以此带动其他产业的绿色发展。

三要为绿色技术发展提供有力的技术支撑。科技创新是发展绿色经济的重要支撑和保障,缺乏有力的技术支撑,绿色发展难以推进。要加强对绿色技术的研发和创新,不断提升绿色技术水平。除了国家组织实施科技重大专项、突破重大技术瓶颈外,还要发挥企业绿色科研开发投入主体、技术创新主体、科研成果应用主体,积极构建以企业为主体、以市场为导向、产学研相结合的创新体系;要重视通过各种政策手段,引导社会力量投资和参与绿色技术和产品的研发与推广;搭建开放的绿色科技研究试验平台和战略联盟平台,促进科技与产业相融合,形成互动发展的态势。

三、大力发展循环经济

循环经济以可持续发展为原则,既是一种经济社会与资源环境协调发展的新理念,又是一种新的具体的发展模式。它要求按照生态规律组织整个生产、消费和废物处理过程,转变传统经济发展模式。传统经济发展是由“资源—产品—废物排放”构成的单向运动过程,通过把资源持续不断地变成废物来实现经济增长,这必然导致资源的枯竭,并引发严重的环境污染。循环经济要求把经济发展建立在生态规律的基础上,把“资源—产品—废物排放”的单向模式转化为“资源—产品—

再生资源”的闭环式模式。发展循环经济,才能走出一条科技含量高、经济效益好、资源消耗低、环境污染少、人力资源优势得到充分发挥的新型工业化道路。循环经济的本质是生态经济,反映了人类社会正在不断寻求与自然相和谐的发展道路。当前,循环经济的发展方兴未艾,已成为世界性的潮流和趋势,一些发达国家把它作为实施可持续发展战略的重要途径,并以立法的方式加以推进。

发展循环经济,推进城镇化的绿色转型,一要改革片面以 GDP 政绩考察干部的做法。结合绿色 GDP 试点工作,把环境保护纳入各级领导干部政绩考核中。在城镇化过程中,“生态产品”不像工业产品越来越多,而是越来越稀缺,必须引起高度重视。通过绿色 GDP 核算,可以全面科学地把握经济发展状况,综合衡量经济发展水平以及人民生存状况、资源状况和生态环境状况,还能提供新的评价标准来考核干部的政绩,能够带动民众增强生态文明观念,要努力构建绿色城镇化综合考评体系,加快推进资源节约型和环境友好型城镇建设的步伐。

二要加强环境污染的综合防治。以往粗放型城镇化发展模式,造成了大量资源的浪费和生态环境的严重破坏。必须进一步加大投入力度,强化对生态环境的保护、修复。要树立生产过程清洁化、资源利用高效化的理念,严格能耗物耗准入门槛,增强产业可持续发展能力。严格项目准入条件,对不符合产业导向、产业布局、污染物排放总量控制要求,或对使用国家明令禁止的设备、工艺的新建、扩建、改建项目和企业,一律不准立项,不予审批用地,不予办理前置审批不全项目的工商登记。实行最严格的水资源保护,建立城市排污动态考核机制,严格监督和控制排污总量;继续加大对城市湿地植被、城市绿色防护带、城市土地硬化综合治理和保护工作力度;借鉴国外先进经验,结合我国实际,开展城市重点区域生态修复与建设工作。

三要提高资源综合利用水平。要推行循环型生产方式,加快推行清洁生产,加强工业污染源监督机制,优化能源结构,从源头和全过程控制污染物产生和排放,降低资源消耗。进一步加大城市垃圾和污水处理设施建设力度,加快雨污合流管网改造,提升垃圾无害化处理水平;加快城镇污水处理设施建设,全面实施工业园区污水集中处理,加强电力行业和非电污染物减排。要按照循环经济要求规划、建设和改造各类产业园区,实现土地集约利用、废物交换利用、能量梯级利用、废水循环利用和污染物集中处理。要加强矿产资源的综合利用,推进大宗工业固体废物和农林废物资源化利用。健全资源循环利用回收体系,完善再生资源回收体系,加快建设城市社区和乡村回收站点、分拣中心、集散市场"三位一体"的回收网络,推进再生资源规模化利用。

四要促进城市垃圾处理产业化发展。要建立和完善鼓励城市垃圾处理的经济政策体系,为企业营造城市垃圾处理产业的市场空间,为企业在该领域的生产、投资、建设、经营等活动创造良好的政策环境。推动城市垃圾处理产业市场的形成和发育,培育技术产品市场、社会资本投资市场、社会化的技术服务市场和经营市场。要按照"谁投资、谁受益"的原则,向社会开放城市垃圾处理产业市场,建立平等竞争的市场环境,打破垄断经营,实行优胜劣汰,将垃圾的收集、分拣、回收、储运、处理、再生利用、产品经营等一体化。要建立社会化、多元化的城市垃圾处理投入产出机制。通过政策的引导,建立起政府、企业、个人、团体、金融机构等相结合的城市垃圾处理的社会化、多元化投融资体制。利用经济利益引导社会资本进入城市垃圾处理领域的投资和运营,实现社会资本资源在城市垃圾处理产业领域的合理配置,并充分发挥作用。

参考文献

[1]魏后凯,张燕.全面推进中国城镇化绿色转型的思路与举措[J].经济纵横,2011,(9).

[2]彭伟明,邹辉霞.全面推进城镇化的绿色转型[N].光明日报,2013-05-12.

[3]张子贤.建设美丽中国需要发展循环经济[N].人民日报,2013-04-11.

[4]周宏春.生态文明呼唤经济转型[N].中国经济时报,2013-02-18.

[5]解振华.准确把握"十二五"资源节约和环境保护的重大任务[J].中国经贸导刊,2011,(9).

[6]李丽纯.绿色城镇化及其发展对策探讨[J].企业家天地,2013,(10).

(作者简介:黄荔梅 福建社会科学院文献信息中心副研究员)

当前排污权交易市场化机制的问题及对策研究

杜群飞

一、排污权交易市场化机制的意义

排污权交易作为实行环境污染控制的三种主要方法之一,直接管制和排污收费(税)国内已经成熟运行。我国开展排污权市场化交易14年来,在借鉴美国政策基础上试点省市已覆盖大半个中国,通过市场行为减少污染物排放的理念逐渐被人们接受,在治污减排、环境改善中发挥了积极的作用。2011年浙江省开展排污权有偿使用2080笔,缴纳有偿使用费5.965亿元,排污权交易444笔,交易额4375.165万元,截至2013年5月底,全国排污权有偿使用和交易两级市场金额达到30.95亿元。"十二五"规划纲要提出建立健全环境资源产权交易机制,引入市场机制……发展排污权交易市场,规范排污权交易价格行为,健全法律法规和政策体系,促进资源环境产权有序流转和公开、公平、公正交易。建立适合我国国情的排污权法律法规体系、管理体系、交易体系和市场机制等,发挥政府与市场各自职能等具有现实意义,以下是排污权交易和管制手段的优劣势比较。

表1 排污权市场交易和管制手段比较

	优势	劣势/条件	长短期
管制手段	1. 通过法律法规强制执行,见效快; 2. 快速处理重大或突发环境事件; 3. 调动国家力量,统筹安排,集中资源投入。	1. 执行成本高,需要检测、监管成本; 2. 统一排污标准致排污标准高企业降低标准和治污意愿; 3. 人为因素影响大,产生寻租行为。	适合短期
排污权交易	1. 通过市场竞争和价格信号,使治理成本最小化; 2. 促进企业技术进步和治污投入,优化产业结构; 3. 在总量控制下,更好的公平性、有效性和灵活性。	1. 需要政府完善法律和规章制度; 2. 需要检测、市场交易与监管等成本; 3. 需政府具备有效监管和市场秩序管理能力并防止渎职。	适合长期

排污权交易市场化机制的益处:

(1)排污权交易的前提是总量控制,通过对排污权的确权,体现了环境资源的价值;排污权的有偿使用,体现了污染者付费原则;市场化交易扩大了治污减排中参与主体的范围。

(2)环境资源容量高的地方指标富余,供给充足,价格就低,企业减排后富余指标对外交易体现了企业控污减排经济价值市场化,地方政府富余指标跨区交易体现了生态补偿的本质,彰显了环境资源外部经济的货币价值。

(3)环境资源容量低的地方指标紧张,供给相对需求不足,价格就高,促进企业技术进步和治污投入,一定程度避免了先排污后治理的破坏发展模式,使治理成本最小化。

(4)排污权市场化交易,提升排污权交易的效率,扩大了地方政府环保投入的经济来源,通过有偿形成了一定的倒闭机制,增加了企业治污减排的压力,有利于优化产业结构。

二、排污权交易市场化机制存在的主要问题

我国排污权管理与市场化机制取得了较大的进展,但仍存在一

些问题，制约了排污权交易市场化的开展，未完全发挥市场化机制在环境保护中应有的作用。

1. 法律法规不完善，政府与市场角色错位

我国排污权交易存在有偿使用被质疑重复收费，排污权交易法律依据不足。法律法规不完善主要表现在：一是排污权有偿使用等并无国家层面上的法律依据，要从法律上确认排污权；二是从法律上没有确认排污权的市场主体、市场交易制度、市场交易规则和管理机构等，要从法律上保障有权出卖其富余排污权的卖方，保障有需要购买排污权的买方；三是排污权指标核定、分配技术规范、价格制定等具体环节还没有国家层面统一、明确的规范与技术方法。现有《大气污染防治法》《水污染防治法》等对排污总量控制和排污许可证制度做了相应规定，但尚未对排污权交易制度做出规定，导致实际操作中排污交易缺少国家层面的立法规范，地方立法中也存在规定不一致的情况，不利于跨区间排污交易工作的开展。2014 年 4 月通过的新修订《环保法》，作为上位法，《大气污染防治法》《水污染防治法》等如何相应修订完善，以便细化执行。没有法律上的约束，企业就不会积极参与排污权交易。

在排污权交易中，现有排污权交易中行政色彩浓厚，存在着大政府小市场的问题。相对于环境税或收费等手段的简单，排污权市场化交易机制的建立，需要不断摸索创新创造多项条件，构建市场要素，且短时间内较难实现市场均衡发挥出市场机制的作用。我国排污权交易中，无论是排污权的确权、分配还是市场价格信号的建立，行政部门都面临度的把握和一些两难的选择，面临从行政干预偏好向凸显市场机制的转变，确保有为而不越位。面对创新挑战和惯性思维以及对自我设限等多情境因素，政府与市场角色归位是当前一大挑战。

2. 全国性的排污权交易市场没有形成，交易体系不健全

自 2007 年起，财政部会同环境保护部、国家发展改革委先后批复了天津、江苏、浙江、陕西等十多个省市作为试点，但全国性的排污权交易体系并没有形成，影响了排污权交易的发展。地方政府考虑到经济发展，顾忌到企业的流动，也不敢、不愿对企业排污权指标或排污权交易中给予明显高于其他地区的规定，内蒙古对排污指标的价格大幅下调就是一个实例。排污权交易局限于试点单一区域，试点省份地区之间也无法对所有排污权指标进行跨区域交易，省与省之间更是无法进行跨省交易。无论是空气还是水，污染物的排放具有流动性，同时部分排污主体的搬迁导致污染源的转移并没有减少污染物总量，局部地区的改善因局部地区的排污加重使得无法实现整体环境的提高。全国性的排污权交易市场没有形成，也使得环境容量作为商品资源的价值，仅仅体现在试点区域的环境容量资源价值，无法体现环境好的区域对其他区域外部经济的溢出效应价值。

排污权交易体系不健全主要表现在两个方面，一是排污权初始分配的依据，有偿还是无偿，如何确权？初始排污权的价格和期限规定？二是排污权交易背后的技术支撑体系建设。初始排污权的确权过程中初始配置不合理主要表现在无偿和差别对待。初始排污权若通过行政许可方式无偿获得，没有体现污染者付费原则，失去了用经济手段调整污染项目的市场准入功能，同时无偿获得的排污权作为私有财产权若进行交易有违市场公平原则。初始排污权的分配原先依照“新老划断、区别对待”的原则，这种简单线性的一分为二制度安排，新企业的有偿相较于老企业无偿获得，有损市场主体的公平竞争，而且还影响了环境容量资源的配置效率，也打击企业治污、减排的积极性。排污权指标有效期上各省市并不统一，有一年、五年和未做规定等几种形式。排污权交易方式是政府定底价购买还是竞价或买卖双方协商确定？污染源和环境质量检测技术的提高和完善的检测网络建设在排污权交易市场的建设中具有非常关键的作用。建立排污权总量监管体系，排污主体纳入在线自动监测系统，对企业排污进行实时监测，建立“刷卡排污”系统实现排污总量事前控制、建立排污权交易系统、交易跟踪机制等技术支撑体系有待普及与完善。

3. 市场化交易中排污主体和污染物指标覆盖有限，各地差异较大

市场化交易中排污主体和污染物指标覆盖有限，排污权交易没有覆盖所有排污主体，污染物指标交易仅限于部分污染物，有待进一步规范和提升污染物标准体系。如《大气污染防治法》第十五条规定“大气污染物总量控制地区有关地方人民政府核定企业事业单位的主要大气污染物排放总量，核发主要大气污染物排放许可证”。这一规定对总量控制的区域进行了设限，对监管排污主体的设限，减少了排污许可证的需求主体,也不利于实现排污的源头管理,不利于杜绝先污染后治理的老路。环境容量作为一种功能性资源,排污指标有使用价值和经济价值,只有对排污总量的严格控制下,才会有对排污许可的充分需求,只有对排污许可的价值合理体现,才会有企业治污减排的压力和动力,企业治污减排的结余排污权指标才有可能向市场供给。目前需求、供给主体不充分,排污权市场供需主体缺位,无法形成完整的交易市场。在试点的各省市,对于排污权市场化交易的污染物指标各有不同。主要污染物排放及行业与管理情况见表2,打"√"表示主要污染物排放或纳入市场化交易。

表2　主要污染物排放及行业与管理情况

主要排放 行业	化学需氧量(COD)	氨氮(NH_3-N)	二氧化硫(SO_2)	氮氧化物(NO_X)
印染、造纸、制革、化工、医药	√	√		
水泥、钢铁、火电等			√	√
机动车				√还有碳氢化合物、一氧化碳和颗粒物等
农业污染源	√	√		
城镇生活污染源	√产排污系数法	√产排污系数法	√物料衡算法	√产排污系数法
集中式污染治理后设施排放	√	√	√	√
纳入检测、准入和储备管理	√	√	√	√
纳入交易市场化机制(浙江)	√		√	
纳入交易市场化机制(广东)	地区自愿试点		√	
纳入交易市场化机制(长沙)	√		√	

如表2所述,“十二五”规定纳入检测、准入和储备管理的有四项指标。浙江省现阶段对实施污染物排放总量控制化学需氧量(COD)和二氧化硫(SO_2)两项指标纳入排污权市场化交易,广东省2014年发布规定二氧化硫(SO_2)年排放100吨以上的新建、改建、扩建项目和现有排污单位纳入全省排污权有偿使用和交易试点。化学需氧量排污权有偿使用和交易试点适用对象及范围由试点地区自行确定,并报省环境主管部门备案。

4. 价格市场化信号弱,交易价格构成要素抽象

各省市对污染物种类和价格有不同的规定,并有较大的差异性,价格市场化信号弱。见表3部分省市主要污染物初始排污权价格。政府对排污权初始价格的计算上存在不确定性:是以污染物造成环境污染和环境破坏程度计算经济损失,还是以治理成本来计算?如浙江省规定“初始排污权有偿使用费征收标准应当根据环境容量资源的稀缺程度、污染物治理成本、经济社会发展水平、排污权有偿使用期限和国家有关政策规定等因素合理制定并适时调整”,但在实际制定过程中,其他因素影响排污权有偿使用为非直接的,较难形成量化对应指标,使排污权有偿使用和交易成本难以计算,缺乏科学的定价技术规范支撑。目前企业与企业之间较难实现交易,企业通过调整产业结构,技术改造,有多余的指标较难实现其价值。除在一级市场购买初始排污权外,通过二级市场购买或出让,企业间的交易价格没有形成,没有形成市场供需力量确定的价格,市场价格机制供需载体缺失,交易价格构成要素抽象。不形成市场行为就没有市场价格,行政确定价格不代表市场价格,没有市场价格就无法有效发挥市场机制的资源配置作用。

表3 部分省市主要污染物初始排污权价格 单位:元/吨

主要排放 省市	化学需氧量(COD)价格	氨氮(NH_3-N)价格	二氧化硫(SO_2)价格	氮氧化物(NO_X)价格	备注
浙江	4000	绍兴、台州试点4000	1000	绍兴、台州试点1000	
浙江湖州	25000	50000	10000		总磷50000
江苏	4500/2600限污水处理厂	11000/6000限污水处理和农业	2240电力、钢铁、水泥、石化、玻璃		加总磷42000/污水处理、农业23000
内蒙古	1000	500	500	3000	
河北	4000	8000	3000	4000	
湖南	长沙210 株洲和湘潭188		180 化工、钢铁、有色、医药、造纸、火电等 100		增加铅、镉、砷指标

从表3可知,各地污染物种类和价格有不同的规定,并有较大的差异性,如二氧化硫从500到10000元每吨不等,相差100倍。试点省市各个指标差异极大,其背后的核算方法也不尽相同,需要建立一个涵盖经济发展水平、治理成本等多变量的计算体系和核算方法。

三、建立排污权交易市场化机制的主要环节

排污权市场化机制的主要环节首先是排污权的总量分配和初始配额的确定;其次是企业排污权有偿取得的定价、方式、有效时间等确认;第三是企业排污的监测核证和监督执法;第四是排污权交易和监管制度;第五是排污权储备和调控制度;第六是公开透明的排污权交易综合管理平台建设。

四、完善排污权交易市场化机制的对策

1. 推动与新修订《环保法》配套法规的完善，发挥政府和市场的各自作用

《大气污染防治法》《水污染防治法》等修订的内容包括水、空气的质量标准，排放标准、处罚标准等，修订包括对排污权有偿使用和市场化交易纳入法律框架，在法律层面确定排污权初始确权和分配有偿化，明确所有主体排污权需要向市场公平购买，体现污染者付费原则。修订《大气污染防治法》中对排污主体的设限，对排污主体有更广区域更广范围的覆盖。修订《水污染防治法》中"重点排污单位应当安装水污染物排放自动监测设备与环境保护主管部门的监控设备联网，并保证监测设备正常运行"，需要进一步规范重点的标准，并逐步扩大范围，建立排污主体必须安装排污检测设备的进程时间表，实现治理成本最小化，杜绝先发展后治理的老路。2010年《水污染防治法》修订将水环境保护工作纳入国民经济和社会发展规划，提出了"考核评价制度"，将水环境保护目标完成情况作为对地方人民政府及其负责人考核评价的内容，明确地方政府对本行政区域的水环境质量负责。《大气污染防治法》有待补充修订类似条款，建立地方政府大气环境保护目标责任制和考核评价制度。新修订的《环保法》提出日处罚方式，需要进一步细化以实现可操作性，尽快建立和满足执法管理等职能的相应机构、人员、制度等各项实施条件，确保新修订环保法如期到位实施。如黑名单制度，如何和工商、财税、金融等机构进行对接共享。

治污减排政府市场各司其职，发挥各自作用。严峻环境形势倒逼机制推动排污权制度创新；政府、市场、社会机制耦合促进排污权制度不断推广，环境技术创新和环境制度创新驱动排污权制度不断完善。政府要加强法律法规制度建设，强化组织领导，细化实施方案，健全组织结构，搭建交易平台，完善排污权市场化交易制度等。在管理、转让这种环境容量资源时，政府既要尽到公众环境权益的监护人管理者的职责，又要行使环境容量资源公共所有者的代理人的权利，向环境容量资源的使用者收取一定的费用，以支付相应的行政

成本和保护、改善环境等的费用。排污权管理的各个环节,政府负责制定规则、确定总量、配额分配、执法监督等主要环节,监测核查可由具有资质的独立第三方负责,交易和结算等可委托具有公信力的交易平台具体实施,避免政府多重角色中的混乱和市场交易机制的相悖。新修订《环保法》已明确了事业单位环境监察机构的法律地位。作为排污权交易平台,无论是排污权交易中心还是环境交易所或是产权交易所,作为市场交易的重要一环,都将有利于更好地发挥市场对资源配置的基础性工作。

2. 建立全国性的排污权交易体系,完善市场化交易基础

排污权交易试点七年来,先后有浙江、江苏、湖北、湖南、江西、重庆、山西、陕西、内蒙古、黑龙江、辽宁、河北、天津、广东等十多个省市开展了排污权交易试点,有必要全面实施排污权交易制度。如李克强总理在国务院常务会议上所提到的"我们要加快改革进程,一些政策就别再试点下去了,要直接全面推进,为企业提供更多便利"。排污权交易从理念到技术趋向成熟,积极推动制度的完善,加快进程,建立统一开放、竞争有序的全国性排污权市场交易体系。新修订的《环保法》提出了"国家建立跨行政区域的重点区域、流域环境污染和生态破坏联合防治协调机制,实行统一规划、统一标准、统一监测、统一的防治措施",已经提出了明确要求。排污权有偿使用和交易制度,是发挥市场机制在污染物减排中作用的重要制度性安排,从小区域向大流域转变,扩大排污权交易市场覆盖区域,为跨区域排污权交易创造可行条件,尽快形成全国所有省(市)开展排污权有偿使用和交易。鉴于邻避行为的常见性,建议先行试点大区域性、流域性排污权交易。

排污权交易自试点以来,各省市累计出台诸多文件,初步构建排污权有偿使用和交易政策框架体系,但局限在省市层面。为了推动排污权交易的制度化、标准化,在国家层面出台规范排污权有偿使用和交易的指导性文件。对总量指标的分配、使用年限、来源、交易途径、方式、保障能力建设等做出相应工作统一指导意见、统一标准和交易规则,丰富市场供需主体,完善市场化交易基础,促进市场化交易的常态化,规范排污权交易。

排污权交易制度中的初始权确认问题,建议"无偿改为奖励"的制度,依照企业责权利对等原则,依据其对社会福利的贡献,建立初始排污权奖励制度,实现所有排污主体公平参与市场化交易,促进排污权市场化机制的更快进展。从"无偿改为奖励"的制度设计不仅体现了排污权的经济价值,而且可以杜绝排污权初始分配中的权力寻租。奖励制度的关键在于建立可减免排污权科学合理的计量模型,其中老企业原有排污权企业无偿获取改为依据其对社会福利的贡献,结合纳税和就业两个要素贡献建立函数,$Q = A_t L^\alpha K^\beta$,Q 是社会福利贡献总值即企业可无偿获取的排污权数量,A_t 是调节因子,L 是企业雇佣的劳动力数,来自社会保障局确认的数字,单位为人数,K 是企业当年的总纳税,来自财政局提供的数字,单位为元,α、β 分别是相应的弹性系数,计算所得作为企业可获取奖励的排污权。所获得的奖励排污权作为总量,依据行业排污差别,进行相应比例的分配。如表 1、表 2 中印染的主要污染物指标是化学需氧量和氨氮,要依据行业情况拟定各排污指标比例。排污权交易市场化机制,由于环境容量资源转变为有价值的财产,企业的牟利动机表现强烈,如出售减排的排污权,若没有有效监管,就有可能破坏排污权的交易市场规则,无法达到以最小成本实现环境资源优化的目标。要强化互联网、信息技术的应用,如企业的刷卡排污系统建设,实现实时在线监测,建立排污权中心和环境监测部门监控平台系统,同时企业的在线监测要和监控平台系统进行联网运营,预警机制的建立和信息传递系统等等,完善了排污权交易的技术支撑。

3. 实现污染物指标和排污主体梯度覆盖,建立目录清单制

环保部"十二五"规划期纳入约束性考核的四项污染物,即化学需氧量(COD)、氨氮(NH_3-N)、二氧化硫(SO_2)和氮氧化物(NO_X),较"十一五"新增了氨氮(NH_3-N)和氮氧化物(NO_X)两项指标,并确定了相应的排放总量控制目标,为了推动污染物指标治理目标的实现,发挥市场化机制在控排减污中的作用,有必要将纳入考核的四项污染物全面实施排污权交易制度。污染物指标也要逐步扩大,如总磷是否在一定时间内纳入全国约束性考核,实现梯度覆盖,进一步规范和提升污染物标准体系。对于四项污染物指标以外的其他指标,明确梯度覆盖目标和进程表,建立目录清单制,步步推进,鼓励地方依据自身情况扩大污染物控制指标。

扩大排污主体覆盖范围,建议参照《国家产业结构调整指导目录》,明确梯度覆盖目标和进程表,对限制类、淘汰类产业优先全面实施排污权有偿许可和刷卡排污制度,建立排污主体目录清单制度。如浙江建立了覆盖全省 11 个地区的排污权交易中心,实施了刷卡排污系统的试点县计划,全省 18 家省管火电企业大气刷卡排污系统全面建成接入省排污权交易中心信息平台实现联网运行。热电、水泥、石油化工、医药、制革、印染、造纸等高污染行业也要明确全覆盖的目标和时间进程表,建立目录清单制,鼓励地方依据自身情况扩大污染物控制指标。

排污权市场交易机制中对污染物指标和市场主体的选择,秉承“轻重缓急,循序渐进,企业优先,个人在后”的原则,以“把握总量红线,形成真实需求,推动信息公开,便利公众参与”为发展思路,依照其对社会环境的危害程度以及产业结构调整的趋向,逐步扩大纳入排污许可交易的污染物指标和市场主体范围,建立分等级市场交易目录清单制并公开,实现对产业发展的引导和公众环保监督,也有利于市场交易机制的完善。如湖南 2014 年宣布试点区域及行业由长株潭三市 9 大行业扩展到湘江流域 8 市的所有工业企业以及全省范围内的火电、钢铁企业,2015 年 1 月 1 日起在全省范围内的所有工业企业全面实施。

4. 强化总量管理,推动政府管理下市场化价格确定

排污权的市场化交易前提是排污权总量控制和排污许可证制度,缺一不可。总量控制和排污许可证制度,使得排污权指标不是“香肠”,多少由政府说了算,有了一个法律和制度上的制约,也有了市场供给和需求的基础。依据“十二五主要污染物排放总量控制计划”,各县级以上人民政府要强化总量管理。交易排污权的来源除了政府初始可分配排污权指标,还有来自政府治污减排获得的指标、产业结构调整政府回购的指标、企业治污减排后结余的富余指标等。

排污权的价格问题是市场化机制的核心。由于各地经济发展、排污数量多少和环境容量资源的差别,依照“县级以上人民政府对本行政区域的环境质量负责”的法律规定,初始排污权价格应赋予地方政府制定权限。环境容量资源丰富的地区,也在总量控制的前提下,有可能价格为零,仍需要建立排污权的确认分配制度,这有助于人们进一步树立"环境容量是稀缺资源,环境资源占用有价"的观念,同时通过确权对排污权指标数量的约束,树立起治污减排的紧迫性,体现《水污染防治法》中第三条所提出的"预防为主,防治结合、综合治理的原则"。通过对排污权的确权,最大的好处在于解决排污权市场供需主体缺位无法形成完整交易市场的问题,丰富供需交易主体,建立市场机制的载体,交易价格构成要素具体化,价格信号才得以产生。交易价格应由市场决定,才能有效发挥市场化机制在治污减排、环境保护中的作用。

排污权价格由市场机制决定并非政府在交易中无所作为,使市场在资源配置中起决定性作用的同时,需要提高政府管理能力。排污权价格随市场供求等多因素影响而波动,如果出现价格过度波动现象,不利于排污权交易市场的发展。因此,需要由地方政府来确定交易指导价,建立排污权储备制度,保持价格的相对稳定,维护良好的交易环境和市场秩序。各县市政府依据自身环境容量资源稀缺程度各自制定排污权的初始价格,可以用价格区间进行调节。设置最低价:污染物治理成本,最高价:以污染物造成环境污染和环境破坏程度计算经济损失。污染物造成环境污染和环境破坏程度计算经济损失能比较合理地反映环境价格,但计算过程相对复杂。江苏对于初始排放权的交易指导价格确定,在政策实施的不同阶段,提出不同的价格范围,待二级市场成熟后,市场的资源配置作用将得到充分体现,此时污染物排放指标的交易价格与其社会治理成本将逐步趋于一致,值得借鉴和推广。

五、小结

推动建立基于环境承载能力的绿色发展模式,排污权有偿使用和交易制度是发挥市场机制在污染物排放中作用的重要制度性安排,借助排污权交易机制来应对诸如区域水污染、大气污染等环境质量问题的重要途径,有利于污染物总量控制和控污减排,有利于优化配置排污权资源。排污权市场化机制的建立还有待深入研究,如排污权后续跨区域流动问题,经济发达区域相对排污量较大,环境资源容量有限,相对排污权的价格也会高。如果本区域指标用完后企业跨区购买,虽有助于其他区域的治污减排,体现资源和治污减排价值,但排污权指标流入面临区域环境资源总量控制的挑战,如何解决,也是排污权市场化交易制度有待探讨的地方。

参考文献

[1]周树勋,陈齐.排污权交易的浙江模式[J].环境经济,2012,3(99):55-57.

[2]许艳玲,杨金田,蒋春来,王彦超.排污权有偿使用和交易的最新进展及问题剖析[J].环境保护,2014,(2):52—54.

[3]李挚萍,陈惠珍.排污权交易制度的政策机遇与制度挑战——十八届三中全会决定的法律解读[J].环境保护,2014,(5):34—37.

[4]刘伟.我国排污权交易的法律障碍及对策研究 以有偿使用和交易两个角度论述[J].法制博览,2013,(4):47—48.

[5]蒋亚娟,胡传朋.中国排污权交易制度的发展困境破解[J].人民论坛,2012,20(7):20—21.

[6]郭思哲,黄晓园,侯明明.排污权交易市场构建的技术要件分析研究[J].生态经济,2013,(7):59—62.

[7]张卫平,沈月华,姚学平.完善排污权有偿使用和交易制度及价格机制的研究[J].浙江价格,2012,(12).

[8]沈满洪,谢慧明,周楠.排污权制度改革的“浙江模式”[J].中共浙江省委党校学报,2013,(6):29—36.

(作者简介:杜群飞 浙江农林大学高级经济师)

福建构建绿色产业体系的思路与对策

黄继炜

生态省建设是福建立足省情、着眼长远,为推动经济社会可持续发展做出的一项重大战略决策。2014 年,国务院发布《关于支持福建省深入实施生态省战略加快生态文明先行示范区建设的若干意见》。构建绿色产业体系是福建生态省建设的核心任务。绿色产业体系是以市场为导向、以传统产业经济为基础、以经济与环境的和谐为目的而发展起来的一种新的经济形式,是产业经济为适应人类环保与健康需要而产生并表现出来的一种发展途径。

一、福建绿色产业发展的现状

"十一五"以来,福建各级各部门以科学发展观为指导,认真实施《福建生态省建设总体规划纲要》,积极发展绿色产业,形成了一定的规模,为绿色产业体系的构建打造良好的基础。

(一)以绿色产业推进福建省生态文明建设

经过三十年的快速发展,福建省人均 GDP 已经突破 5000 美元,进入现代化发展中期的新阶段。但近年来,为保持经济持续健康发展,福建省面临着巨大的内外压力。随着大宗商品价格的不断上涨,企业经营成本不断上升,能源及其他资源储备已不能维持原有粗放的发展方式;全球气候变暖的威胁不断逼近,环境质量不够理想,环境为经济发展预留的空间已相当有限。为破解福建经济发展的难题,2004 年初,福建省政府印发实施《福建生态省建设总体规划纲要》,提出了推进福建生态文明建设的总体目标。2011 年,省政府进一步颁布了《福建生态省建设"十二五"规划》,为福建生态省建设提出了具体的行动指南。

从决策高度看,生态文明建设是一项着眼于可持续发展的具有前瞻性、开拓性和综合性的系统工程。其内容涵盖了自然生态的治理,绿色经济的发展,绿色消费的倡导,绿色科技的普及,生态文化建设等许多领域。而发展绿色产业是推进福建省生态文明建设的核心,这是因为只有绿色产业才能保证可持续发展。福建发展正处于工业化中后期阶段,这一过程中钢铁、水泥、石化等传统意义上污染较重的行业,在很长时间内还将保持支柱产业的地位。只有发展循环经济,将这些传统产业改造成绿色产业,才能达到经济与环境的正反馈,实现经济的可持续发展。而生态建设也需要绿色产业的成果。无论是建设和谐的人居环境、全面推进节能减排,还是加强环境综合整治,都需要投入大量绿色的机械、材料、仪器,这都需要大力发展绿色产业,生产出经济适用的节能环保产品,提供给生态环境建设。

(二)福建绿色产业发展的基础

"十一五"以来,全省认真实施《福建生态省建设总体规划纲要》,着力调整优化产业结构,加快淘汰落后产能,发展壮大绿色产业,取得了积极成效。资源产出率、能源利用效率大幅提高,2010 年全省单位 GDP 能耗降至 0.783 吨标准煤/万元,比 2005 年下降 16.4%,全面完成"十一五"节能目标;2013 年,单位 GDP 能耗下降至 0.584 吨标准煤,比上年下降 3.76%。全省森林覆盖率 65.95%,位居全国第一,城市绿地率达 38.7%。

2012 年,福建节能环保产值 390.95 亿元,增加值为 115.15 亿元。已基本形成门类齐全,具有一定规模的综合性经济体,成为福建省国民经济新的增长点。一些主导产业的工业园区初步形成绿色产业链,如马尾经济开发区的华映光电、LG 麦可龙、龟尾化工等企业形成资源共享和副产品互补的产业共生组合;青口工业园区的东南汽车主车厂与配套厂合作紧密,为资源再生、形成共生耦合的生态工业园区奠定了良好的基础。

2013 年,福建共淘汰水泥熟料 764 万吨、铁合金 0.216 万吨、造纸67.89万吨、制革20万标张、印染23900万米、电力2.5万千瓦、煤炭49万吨。全年共完成水、气减排项目3000多个,其中水泥实现全行业脱硝技改,97%的燃煤火电机组完成脱硝改造。2013年全省化学需氧量排放量同比下降3.19%,氨氮排放量同比下降2.42%,二氧化硫排放量下降2.76%,氮氧化物排放量下降6.18%。

(三)福建绿色产业发展面临的问题

从总体上看,福建绿色产业发展水平仍然较低,绿色产业体系还未完全形成,影响了福建生态文明建设。

一是绿色产业体系还缺乏系统规划。产业发展,规划先行,但是福建并没有省级绿色产业体系的专项规划。以制造业为重点的先进制造业基地专项规划,也未提及构建绿色产业体系的问题。在政府层面上,地方政府更注重推动经济增长、提高就业率、增加财政收入等目标,不能从整体和全局的层面上认识构建绿色产业体系的重要性。

二是产业结构和资源消耗的压力不断增大。随着沿海临港重化工业等产业的发展和人民生活水平的不断提高,福建省对能源、资源的需求将持续增长,加上国家对节能减排要求不断提高,构建绿色产业体系不仅必要,而且正当其时。但福建经济发展方式尚未根本转变,产业结构还不尽合理,高能耗、高污染的传统制造业比重较大,低能耗、低污染、高附加值的第三产业和高新技术产业占国民经济的比重较低,绿色产业体系建构还要做大量的工作。

三是还未形成大量绿色产业链和产业集群。虽然近年来福建已经有一些绿色产业快速发展,但还呈现各自为政的现象。产业布局比较分散,产业链条缺环较多,企业间相互不能形成高度关联和有效互补的循环经济链网体系,资源、能源、资金浪费较多。

四是技术创新能力不足。企业的经营目标是利润最大化,生态环境效应既不明显、也不直接,这导致企业对绿色生产、技术创新方面的投入不足。以企业为主体的节能环保技术创新体系尚未建立,产学研结合不够紧密,一些核心技术尚未掌握,许多关键设备还依靠进口,自主开发能力差,缺乏自主知识产权。

五是面临资金瓶颈。全社会的多元化、多形式的投融资机制不健全,流向绿色产业的社会资金不多,多数中小企业融资困难。各级政府对绿色产业的政策扶持和有效的资金带动力度不够,资金主要投入到有一定实力的大中型绿色企业,而对于更需要资金的种子期和起步期企业,则很难得到资金支持。

二、福建构建绿色产业体系的总体思路

"十二五"期间,福建应努力构建以节能环保、新能源等战略性新兴产业为引领,以不断升级改造、绿色属性逐步凸显、产业结构渐趋合理的绿色先进制造业和现代服务业为核心,以高效运转的技术、人才、信息为支撑,以良好的生态环境、社会环境、制度环境为背景的产业结构合理、资源循环利用、节能减排达标、竞争实力显著提升的绿色产业体系。

(一)加速产业结构的绿色优化升级

1. 不断加快三次产业的结构调整

要降低高消耗、高污染、低效率产业部门的比重,积极发展节约资源能源和保护生态环境的产业部门。三次产业中,第二产业所消耗的能源较多。以用电为例,2013 年福建省非居民用电为 1390 亿度,三次产业用电分别占 1.5%、84.2% 和 14.3%,而同期全省三个产业比重为 8.9%、52.0% 和 39.1%。显然,第三产业具有资源消耗少、无污染或低污染、产出效率高等优点,因此在保持第二产业适度发展的同时,应着力加快第三产业发展,力争在 2020 年将第三产业的比重提高到 42% 以上。

除了调整三次产业之间比重之外,还必须不断提高产业内的绿色成分。第一产业中应该大力发展高效生态农业,实现农业产业结构合理化、技术生态化、生产清洁化和产品优质化,促进农业和农村经济的可持续发展。第二产业应积极发展战略性新兴产业,用高新技术和先进适用技术改造提升传统优势产业,加快淘汰落后产能。第三产业应不断提高现代服务业的比重。特别是要提高以计算机服

务、信息服务、金融业、商务服务业为代表的生产性服务业和文化创意、数字动漫为代表的文化产业的比重。

2. 重点培育战略性新兴产业

按照福建省发展战略性新兴产业的总体要求，重点培育促进生态文明发展和环境友好的战略性新兴产业，特别是节能、环保、资源循环利用、新能源等产业，重点发展一批拥有自主知识产权、具有国际先进水平的新能源与节能环保领域的优势产业。

太阳能产业重点发展大功率太阳能并网发电系统集成设备，太阳能热水器、太阳能 LED 一体化设备。风电产业扩大风电装备制造规模，支持塔架、轴承、控制系统等关键零部件的研发与制造，形成东南沿海风电装备制造基地。新型环保电池产业推动锂离子动力电池、大容量储能电池、动力聚合物锂离子电池及超级电容器的开发及产业化。核能产业积极参与快堆、高温气冷堆等国家核电前沿技术的研发，培育产业链上配套产业。

节能产业重点发展液晶显示背光源、隧道灯、路灯、汽车用灯等 LED 照明产品；加快高效电机、变压器、锅炉、窑炉、风机、泵类主要用能设备的技术开发和产业化。环保产业重点发展余温余热利用装备，着力发展脱硫、脱硝、高温滤料、电除尘和电袋复合除尘等技术和设备，重点发展水污染防治领域产品。资源综合利用产业发展工业固体废弃物回收利用、危险废物安全处置、生活垃圾及污泥资源化处理等技术与设备。

加快其他战略性新兴产业发展，以国家级和省级高新技术开发区为载体，以应用促发展，以市场带产业，促进新一代信息技术、生物与新医药、新材料、高端装备和海洋高新产业等耗能低、污染少的其他战略性新兴产业跨越发展。

3. 以绿色理念改造传统制造业

严格落实《产业结构调整指导目录》，应用高新技术和先进适用技术改造提升纺织、轻工、冶金、建材、林产、建筑等传统优势产业，加快技术装备更新、工艺优化和新产品开发，进一步提高污染治理的技术能力和水平，降低产品综合能耗、物耗。坚决淘汰浪费资源、污染环境的落后工艺、技术、设备、产品和企业，促进产业转型升级。加快信息技术在工业领域的应用,通过产品设计制造和企业管理的信息化、生产过程控制的自动化和智能化,促进传统产业集中使用和循环利用资源、降低生产成本。

(二)发展循环型绿色产业链和产业集群

1. 推进工业企业的清洁生产

清洁生产是循环型企业的基本特征。鼓励企业自愿组织实施清洁生产,推进工业"三废"的回收综合利用,推广余热余压利用、中水回用等循环型工艺。通过实施清洁生产审核、优化生产运行方式,实现从末端治理向污染预防和生产全过程控制转变,达到污染物的减量化、资源化和无害化。依法对污染物排放超过排放标准、污染物排放总量超过控制指标的污染严重企业以及使用有毒、有害原料进行生产或者在生产中排放有毒、有害物质的企业实施强制性清洁生产审核,促使企业制定和实施切实可行的清洁生产方案。在火电、石化、冶金、建材、轻纺、煤炭、造纸、皮革等高能耗、高物耗和高污染的行业以及漂染、电镀等重污染企业较为集中区域全面推行清洁生产。建设300家资源综合利用示范企业和500家清洁生产示范企业。

2. 构建循环型产业链

围绕建设东部沿海地区先进制造业重要基地的目标,遵循"减量化、再利用、资源化"的要求,通过加强上下游企业间的链接,推进产业间的协作,促进发展静脉产业,形成循环经济产业链。鼓励循环型产业链的纵向延伸和横向拓展,加大关联企业的整合力度,着力在电力、石化、冶金、化工、电子信息、装备制造、建材、造纸等领域构建循环经济主导产业链。打造10~15条循环示范产业链,形成全省循环经济产业的骨干网络。再在循环经济产业骨干网络的基础上加强区域内的企业整合,进一步强化产业间耦合链接,将其他企业链入骨干网络,形成共生产业群。

3. 打造循环型产业园区和产业集群

在国家级和省级产业园区中开展产业结构、基础设施、生产工艺、管理机制的改造建设,以产业园区促进循环经济产业集群发展。通过废物交换利用、能量梯级利用、土地集约利用、串联用水和循环用水、废水再生利用及园区基础设施、物流设施、信息服务设施的共享，着力形成多元化、多层次的循环经济产业链，发挥优质静脉产业企业对园区的补链功能和作用，最终实现园区资源消耗最小化和零排放。

新建工业园区要抓好项目布局和产业链接，集中建设污水处理、中水回用、固体废物处理、热电联供等项目，形成集约利用的公用工程。严格把好企业或项目的准入关，支持鼓励入园企业采用先进适用的生产技术进行清洁生产。到 2015 年，全省形成 10 个国家级和 30 个省级节能和循环经济工业园区。

4. 促进再生资源的回收利用

重点推进废金属、废纸、废塑料、碎玻璃、废旧轮胎、报废汽车、废旧电子电器设备与器件、废旧电池、废旧机电产品等废弃资源回收再利用技术创新和产业化发展。支持建设废弃电子电器拆解处理示范企业，探索建立回收拆解的相关政策机制。推进汽车零部件、工程机械等机电产品再制造试点。加快建设以城市社区和乡村分类回收站点为基础、集散市场为枢纽、分类加工利用相衔接的再生资源回收利用体系，积极促进全省垃圾焚烧发电厂的合理布局和健康发展。

（三）形成环境友好的绿色产业发展模式

1. 重点强化产业节能降耗

以提高能源利用效率为核心，推动企业积极调整产品结构，实现工业节能降耗。加大节能减排科研和技术改造投入力度，采用先进的节能技术、工艺和设备，推广建设能源管理中心，提高能源利用效率。实施节能核心技术、关键设备、最优流程等列入省科技计划和先进制造业基地产业化项目计划，加快产业化进程。督促火电、冶金、石化、化工、建材、造纸等重点耗能企业制定“十二五”分年度能耗下降目标。到 2015 年，单位 GDP 综合能耗下降到 0.657 吨标准煤/万元，比 2010 年下降 16%。落实国家重点用能单位节能管理办法，加强对年耗能 1 万吨标准煤以上重点用能单位的节能管理和监督。完善能源计量管理制度、用能检验监测和审计制度、节能工作岗位责任制度。

2. 全面开展污染减排工作

推进重点行业及区域脱硫脱硝。加强现有燃煤电厂、钢铁烧结机、玻璃炉窑脱硫设施改造及管理,稳定提高脱硫效率;督促燃煤电厂、热电厂实施低氮燃烧改造,并建设脱硝设施,降低氮氧化物排放量;新建燃煤机组同步配套建设并运行脱硫脱硝设施。着力削减化学需氧量和氨氮排放量。实施重点重金属污染物排放总量控制,推进造纸、印染和化工等行业化学需氧量和氨氮排放总量控制。严格控制造纸、印染、制革、农药、氮肥等行业新建单纯扩大产能项目。持续强化减排监管,对全省各地污染减排工作情况进行全面考核、通报,落实"问责制"。完善在线监控管理手段,认真做好污染源监督性监测和在线监控比对、强制检定。

3. 加快淘汰落后产能

贯彻落实国家关于进一步加强淘汰落后产能的工作部署,综合运用法律、经济、技术和必要的行政手段,建立完善淘汰落后产能长效机制,确保按期实现淘汰落后产能的各项目标。制定实施水泥、铁合金、火电、焦炭、造纸、皮革、印染等淘汰落后产能计划,并分年度落实到各地区各有关部门。加强已淘汰落后产能企业的日常监管,防止死灰复燃。引导企业调整与退出技术装备落后、资源利用率低、环境污染严重的低端生产环节。对没有完成淘汰落后产能任务的地区,实行项目"区域限批"。

三、保障绿色产业体系建设的对策选择

正确的政策导向是发展绿色产业体系的关键。福建构建绿色产业体系战略,需要充分发挥政府的引导作用,在资金支持、创新支撑、组织结构和人才培养等方面为企业和产业的发展创造条件。

(一)构建鼓励绿色产业发展的政策激励

由于现行的资源价格机制扭曲、排污费偏低、环保处罚力度不够以及税收、融资优惠不到位等客观因素,致使相当一部分企业发展绿色产业难以获得足够的经济效益。因此,必须通过政策体系、激励和

约束机制促进绿色产业的发展。一是要健全节能环保奖惩机制。建立和完善资源有偿使用制度、环境容量有偿使用与控制开发制度、财政信贷鼓励制度、土地用途管制制度、产品资源消耗标识制度、绿色采购制度等。二是要落实国家支持节能减排的税收优惠政策。对资源消耗小、循环利用率高、污染排放少的绿色产品、清洁产品和可再生能源等依法给予增值税、消费税、营业税和企业所得税的优惠。三是要完善价格政策,逐步建立能够反映资源稀缺程度、环境损害成本的价格机制。实施差别电价,扩大峰谷分时、丰枯电价执行范围;建立激励清洁能源发电的电价结构;合理确定再生水价格,提高水资源重复利用水平;合理调整污水和垃圾处理费、排污费等收费标准。

切实落实节能减排目标责任制。建立科学的节能评价指标体系,完善绿色产业示范企业、示范园区、重点行业的指标评价和监测考核体系。科学分解节能减排指标,合理确定各地区节能减排目标。各地区要将省政府下达的节能减排目标纳入本地区经济社会发展"十二五"规划和年度计划,分解落实到县(市、区)有关部门和重点企业。完善节能减排统计监测考核体系,加强节能减排跟踪监测和预警,定期发布各地区节能目标的进展情况和完成情况。

加大政府资金投入。发挥财政资金的引导作用,鼓励社会投资支持绿色产业的发展。一是编制绿色产业发展重点项目年度投资计划。绿色产业发展的重大示范项目列入重点投资领域,优先安排直接投资、资金补助或贷款贴息支持。二是建立绿色产业发展专项资金,支持重点绿色产业示范工程建设、重点技术开发、重大项目实施、公共信息服务、表彰奖励先进等。三是不断加强政府绿色采购。完善政府采购条例,编制绿色产品目录和政府绿色采购目录,制定纳入采购目录的产品生产企业应享受的相关优惠政策。

(二)依靠技术创新支撑绿色产业的发展

通过不断的技术创新,支持绿色产业体系的形成和健康发展。一是组织绿色生产技术、延长绿色产业链相关技术、节能环保技术、清洁能源和可再生能源等新能源技术、废物综合利用技术、能量梯级利用技术等核心技术开发。及时跟踪绿色产业技术发展动态,积极引进和消化吸收国内外先进技术。二是加大对绿色产业领域科学技术研究的投入,调动和鼓励省内外相关科研力量,开展关键技术的联合攻关,研发一批代表国内外先进水平的技术,建立一批具有代表性和辐射性的示范工程。将绿色产业发展纳入省级和地方科技计划,完善绿色产业创新体系。三是支持企业与高校、科研机构共建企业技术中心、海外研发中心、工程实验室等创新平台,鼓励组建绿色产业产学研技术创新战略联盟,创新产学研合作研发机制。四是通过6.18中国海峡项目成果交易会和5.18海峡两岸经贸交易会等平台,促进绿色产业技术成果的转化与推广。通过举办现场会、新技术、新产品博览会等多种形式,推进先进成熟技术的推广应用。五是建立和完善绿色产业信息咨询服务体系,及时向社会发布有关绿色产业技术、管理和政策等方面的信息,开展宣传、咨询、培训、推广等工作。

(三)建立有利于促进绿色产业发展的企业组织结构

要采取切实有效措施,打破企业间单向式线性生产方式和“大而全”“小而全”的组织结构,鼓励企业根据社会化分工和产品生产的内在联系,研究制定有利于建立符合绿色产业体系要求的工业网络的经济政策,增强关联度,提高资源效率,减少废弃物,延长产品使用周期,促进企业间共享资源和互换副产品,为推进绿色产业发展奠定良好的微观基础。要推行生态工业园建设模式,以规模经济的形式进行产业组织构建,通过规模经济及企业集聚发展绿色产业。政府要从各种优惠政策,如金融、人员培训、税收等方面鼓励企业进入生态工业园,并提倡在园区内建立绿色产业链,形成工业共生网络;要运用循环经济理念,对生态工业园进行系统规划,鼓励园区内资源的梯次流动,提倡资源的综合利用。

(四)推进绿色产业的人才队伍建设

围绕绿色产业体系的发展需要,优化人才培养与引进机制,培养新型产业人才队伍,实施引进高层次创业创新人才扶持政策。一是构建与绿色产业发展相适应的人才培养体系,按照绿色产业发展的要求,统筹教育资源,加强重点学科和特色专业建设;鼓励有条件的企业与有技术优势的院校合作办学,建立"订单式"人才培养机制,提高人才培养的针对性和适应性。二是要实施绿色产业的高端创新人才培养工程。坚持以绿色企业为载体,创新人力资源的开发机制,培养一批具有国内一流水平的科技领军人才、科研人才、管理人才和复合型人才。三是培育高技能人才,实施高技能人才培养工程,加强示范性实训基地、技能型紧缺人才、企业诊断与管理人才培养基地建设,开展职业技能竞赛,强化社会化技能鉴定,构建高技能人才培养体系,提高劳动者职业技能水平。四是优先引进各类急需专业人才。鼓励和支持企业面向国内外,有计划、有重点地引进各类高层次人才,逐步建立规范的人才有偿转让和自由流动机制。创新分配激励机制,进一步落实和完善技术参股、入股等产权激励机制。

参考文献

[1]魏澄荣,程春生.以发展低碳经济为抓手 促进经济发展方式转变[J].发展研究,2011,(7).

[2]宋建军."十二五"时期我国绿色经济发展的重点[J].宏观经济管理,2011,(10).

[3]李忠.大力发展绿色经济 加快转变经济发展方式[J].宏观经济管理,2011,(9).

[4]魏澄荣.贯彻生态文明理念 推进城镇绿色发展[J].福建论坛(人文社会科学版),2014,(2).

[5]黄继炜,伍长南.推动福建省产业集群转型升级研究[J].中国物价,2009,(9).

(作者简介:黄继炜 福建社会科学院经济研究所副研究员)

努力实现“百姓富”与“生态美”的有机统一

魏澄荣

近年来，福建省在推进科学发展跨越发展的进程中，认真贯彻落实中央的决策部署，坚持主题主线和稳中求进的工作总基调，正确处理加快发展和民生改善与生态建设和环境保护的关系，把生态环境保护作为加快发展的重要前提，在发展过程中保护好绿水青山，在推动经济社会发展中的同时，保障和改善民生，努力实现“百姓富”与“生态美”的有机统一。

一、“百姓富”、“生态美”的有机统一：福建发展新阶段的战略决策

实现“百姓富”与“生态美”的有机统一，是基于对中央精神和福建发展阶段的深刻把握，是立足于福建实际的战略决策，是科学发展的重要标志和集中体现。

1. 实现“百姓富”与“生态美”的有机统一，是贯彻落实习近平总书记系列重要讲话的实际行动

党的十八大以来，习近平总书记站在战略和全局的高度，就生态文明建设、建设美丽中国等问题提出了一系列新思想、新观点、新要求。他强调，要以对人民群众、对子孙后代高度负责的态度和责任，真正下决心把环境污染治理好、把生态环境建设好，表明了我党加强生态文明建设的坚定意志和坚强决心。

福建是习近平总书记关于生态文明建设思想的发源地和实践地。2001 年，时任福建省省长的习近平同志就前瞻性地提出了建设生态省的战略构想，并亲任福建生态省建设领导小组组长，开展了有

史以来最大规模的生态保护调查，并亲自指导、编制了《福建生态省建设总体规划纲要》，由福建省委、省政府印发实施，全力推动全省生态建设和环境保护工作。

习近平同志到中央工作后，对福建生态建设依然高度关注。2010 年 9 月，时任中共中央政治局常委、国家副主席的习近平来闽考察时指出：福建森林覆盖率全国最高，要把福建的生态环境保护好，让老百姓切身感受到城市美好的环境。2011 年 12 月，时任中共中央政治局常委、国家副主席的习近平同志对《人民日报》有关长汀水土流失治理的报道做出重要批示，要求中央政策研究室牵头组成联合调研组对长汀进行实地调研。2012 年 1 月习近平在中央调研组报送的《关于支持福建长汀推进水土流失治理工作的意见和建议》上做出重要批示：“同意中央七部门调查组关于支持福建长汀推进水土流失治理工作的意见和建议。长汀县曾是我国南方红壤区水土流失最严重的县份之一，经过十余年的艰辛努力，水土流失治理和生态保护建设取得成效，但仍面临艰巨的任务。长汀县水土流失治理正处在一个十分重要的节点上，进则全胜，不进则退，应进一步加大支持力度。要总结长汀经验，推动全国水土流失治理工作。”2012 年 3 月，在看望参加全国“两会”的福建代表团时，习近平再次殷切嘱咐：生态资源是福建最宝贵的资源，生态优势是福建最具竞争力的优势，生态文明建设应当是福建最花力气的建设。

2. 实现“百姓富”与“生态美”的有机统一，是增强福建发展优势和提升竞争力的战略选择

良好的生态环境和自然禀赋，是福建的独特资源和宝贵财富。福建八山一水一分田，自然生态系统优越，生物物种丰富，森林覆盖率从 2001 年的 60.5% 提升到 2013 年的 65.95%，连续 36 年保持全国第一。全省森林每年吸收的二氧化碳相当于全省二氧化碳排放总量的 57.8%；福建还是全国少数几个保持水、大气、生态环境均为优的省份之一，据 2013 年全省环境质量状况报告显示，全省 23 个城市平均达标天数比例为 99.5%，12 条主要河流水质常年保持为优，2013 年水域功能达标率 98.4%。良好的生态环境，让福建的人气更旺；“清新福建”已成为福建的金字招牌。

改革开放后，福建经济快速发展，人民群众生活水平日益提高。尤其是经过近年来的奋力追赶，福建经济发展跃上了新台阶，但要在2015年达到东部地区平均水平还有一定差距。与其同时，我国经济在经历30多年的高速增长之后，进入了一个增长速度换挡期、结构调整阵痛期、前期刺激政策消化期“三期叠加”的新的发展阶段。新的增长动力转换、深化经济体制改革、保障和改善民生、加快转变发展方式等对福建经济新的发展阶段提出新的战略性需求。正处于工业化中后期阶段的福建，如果继续延续传统发展模式，资源将支撑不住，环境容纳不下，社会承受不起，发展难以持续。面对日益突出的经济社会发展与资源环境约束之间的矛盾，面对人民群众对良好生态环境和生活质量的迫切要求，福建必须加快推进生态文明建设，推动发展方式向低投入、低消耗、低排放转变，大力发展生态经济、低碳经济和循环经济，把福建建设成为人居环境优美、生态良性循环的科学发展之区。

提出并努力实践“百姓富、生态美”的有机统一，这有利于在全社会牢固树立生态文明观念，有利于提高福建经济增长的质量和效益，增强可持续发展能力，也有利于将生态资源的比较优势转化为发展的核心优势，抢占新一轮发展竞争的制高点。

3. 实现“百姓富”与“生态美”的有机统一，是推动海峡西岸经济区可持续发展的必然要求

2009年国务院颁布《关于支持福建省加快建设海峡西岸经济区的若干意见》，要求福建进一步发挥比较优势，加强两岸交流合作，推进祖国和平统一大业；提出到2020年，福建“资源利用效率明显提高，生态环境优美，可持续发展能力增强，生态文明建设位居全国前列”的总体目标。为此中央赋予福建先行先试的政策，并在引进台湾先进节能环保技术、加强台湾海峡综合治理及推进闽南文化生态保护实验区建设等方面提出了具体要求。

当前，闽台合作与交流正在多层次、多领域展开，经贸、文化、卫生、科技、教育、宗教等领域的合作不断深化，与之相比，闽台生态领域的交流与合作还很有限。闽台两地仅隔着一条台湾海峡，最窄处仅有130公里，对于岛内民众来说，祖国大陆的环境变化中，福建的大气、海域是最受关注的内容。日本福岛核泄漏事件后，台湾再次掀起反对“核四”继续兴建的声浪，也有一些人关心福建的核电建设。这些问题都需要闽台两地加强交流合作，增进了解。二十世纪台湾在工业化与经济优先的发展策略下，忽视自然生态保育与环境保护，加上不利的自然条件，从八十年代起日益面临环境受到污染与破坏的窘境，导致了环保运动的风起云涌。此后台湾积极发展环保产业，形成了以环保工程业、环保设备业、资源化业、环保服务业为主的较为先进的环保产业。但近年来，由于消费不振、人才外流，台湾环保产业空有先进技术却无力发展。如果能将台湾环保领域先进技术和经验与福建的生态优势相结合，则必将切实增进两岸人民的“共同体”认识和文化上的统合。

能源资源、生态环境、气候变化是21世纪两岸面临的共同挑战，也是事关两岸经济发展和人民福祉的重大问题。支持福建用足用好中央赋予的先行先试政策，充分发挥海峡两岸合作的优势，在生态文明建设方面积极进行制度创新，深化重点领域和关键环节改革，探索出一条既有区域特色，又有全国示范作用的生态文明建设道路，将有利于拓展两岸交流合作，推动海峡西岸经济区更可持续发展。

二、“百姓富、生态美”的有机统一：实践进展及其主要成效

实现“百姓富”与“生态美”的有机统一，要正确处理好“为谁发展”和“如何发展”的关系。基于对发展与民生两者不可偏废的科学认识，福建省委立足良好的生态优势和生态省建设基础，认真落实中央决策部署，积极推进“百姓富”与“生态美”有机统一，取得了明显的成效。

1. 经济保持持续健康发展

近年来，福建把稳增长放在突出的地位，出台实施工业稳定增长、金融扶持实体经济发展、稳定外贸出口等一系列政策措施，有效稳住了投资增长和工业发展的基本盘。按照调结构的重点和途径要放在做大增量上的要求，一方面继续以“三维项目”对接为抓手，推动新上了一批大项目好项目；另一方面着力实施加快转型升级的六大

专项行动，持续抓好“百项千亿”重点技改工程。全面深化重点领域改革，积极推进厦门综合配套、泉州金融服务实体经济、莆田城乡一体化、石狮全域城市化、鼓楼区现代服务业发展、沙县农村金融等改革试点工作。2013 年，福建地区生产总值达到 197019.78 亿元，比上年增长 11.4%，高于全国 3.7 个百分点，主要经济指标好于年初预期目标，部分指标增速在全国的位次前移，呈现出运行平稳、增长较快、结构优化、质量提升的良好态势。

2. 生态省建设稳步推进

在正确处理加快发展与生态建设和环境保护的关系的基础上，省委提出由建设“生态省”向建设“生态文明示范区”跨越的新思路和新举措。要重点构建六大体系：一是优化国土空间开发格局，构建主体功能明确的区域发展体系，科学布局生产空间、生活空间、生态空间，为子孙后代留下可持续的发展空间；二是推进经济发展方式转变，构建绿色发展的生态经济体系，逐步形成与福建资源禀赋与环境承载力相适应的绿色、低碳、循环发展模式；三是全面促进资源节约，构建可持续的资源支撑体系，进一步提高资源综合利用水平，增强资源保障能力；四是强化生态建设与保护，构建生态安全的保障体系，充分发挥林业在生态文明建设中的重要作用，加大自然生态系统和环境保护力度，维护生态平衡，保持森林覆盖率全国第一；五是加强环境综合整治，构建宜居宜业的生态人居体系，努力改善城乡人居环境，提高人民群众幸福指数；六是大力培育生态文化，构建全民参与的社会行动体系，在全社会强化生态文明观念和行为养成。持续开展水土流失治理和造林绿化，加大对重点地区的生态补偿力度，抓好主要河流及小流域水环境整治和城市空气污染治理，生态环境质量保持全国前列。

根据国家林业局审定的第八次全国森林资源清查结果，2012 年福建省森林面积 801.27 万公顷，森林覆盖率 65.95%。相较 5 年前，福建省森林面积净增 34.62 万公顷，全省森林覆盖率由 63.10% 提高到 65.95%，上升了 2.85 个百分点，继续位居全国第一。森林生态效益价值超过 7000 亿元。建成区绿地率 37.4%，人均公园绿地面积 11.8 平方米。2013 年，全省单位地区生产总值能耗降至 0.584 吨标准煤/万元，相当于全国平均水平的79.3%。

3. 民生改善之路越走越实

2013年经济下行导致财政收支矛盾比较突出，为保基本、保重点、兜底线，省政府把新增财力重点投向保障性住房建设、医疗、扶贫、农村饮水安全、餐桌污染治理等领域，着力建立一体化的城乡居民社会养老保险制度，切实解决民生短板问题，促进基本公共服务均等化。同时，注重通过市场力量解决非基本民生需求，鼓励和引导社会资本进入医院、养老院等领域，不断做大公共服务产品市场，年内非公立医疗机构床位数及诊疗量占全省医疗机构总床位数、总诊疗量的比例，将分别达到15%左右。2013年，全省与民生相关财政支出占全省财政支出总量超过70%。福建省把维护稳定作为硬任务，全力维护政治安全，深入推进平安建设，着力抓好源头预防，注意把握舆论引导，妥善处理突发事件和重大安全事故，有力维护了社会大局和谐稳定。

2013年，福建在保持生态优美的同时，全省城镇居民人均可支配收入30816元，增长9.8%；农民人均纯收入11184元，增长12.2%。福建正以生态文明的内涵引领科学发展，从“生态省”向“生态文明示范区”跨越。在发展过程中，通过政策倾斜、考核机制完善、财政投入保障等方式，强化发展的民生导向和绿色导向，促进形成“百姓富”与“生态美”有机结合的发展新格局。

三、“百姓富、生态美”的有机统一：持续推进的对策与建议

国务院最近出台《关于支持福建省深入实施生态省战略加快生态文明先行示范区建设的若干意见》，这是福建发展面临的一次新的重大机遇。福建应以此为契机，利用建设生态文明先行示范区为突破口，用足用好中央赋予的先行先试政策，持续推进“百姓富、生态美”的有机统一。

1. 要妥善处理好经济发展和生态环境保护的关系

要对照国务院要求，按照实现“百姓富、生态美”有机统一的部

署,科学谋划,制定措施,正确处理好经济发展与环境保护的关系。如果老百姓长期处于贫穷状态,身处比环境污染更为严重的"贫困污染",怎能保住绿水青山;如果以牺牲环境为代价去换取一时的经济增长,无异于竭泽而渔。经济发展的最终目的是为了人民的福祉,生存环境不保,经济指标再高又有什么意义呢?

在现代经济发展进程中,生态环境已成为一个国家和地区综合竞争力的重要组成部分,生态优势转化为经济优势的趋势越来越明显;同时,随着我国经济社会快速发展和生活水平的提高,人民群众对生态产品的需求也越来越突出、越来越迫切。而一旦发生环境问题,公众反映就十分强烈。为此,必须牢固树立起来生态红线的观念。各级政府要强化"抓生态就是抓民生"的理念,立足发展大局识,提高服务效率,在更好提供物质文化产品的同时,更多地向人民群众提供生态产品。

2. 把经济发展速度与提高经济质量相统一

持续推进"百姓富、生态美"的有机统一,要十分注重生态环境保护,切实把经济工作重心转移到提高质量和效益上来。一方面,要保持一定的经济增速,保持总量的适度增长;另一方面,又要推进结构调整和发展方式转变,全力促进经济提质增效,努力实现"百姓富"与"生态美"有机统一。

(1)保持较高的发展速度。福建作为东部沿海省份、改革开放的前沿,要尽快在人均 GDP 上赶上东部地区平均水平。就必须也有能力保持一个比全国平均水平更高一些的发展速度。要落实好稳投资、促消费、扩大出口的相关政策,对经济运行中存在的突出问题,采取有针对性的措施。要抓紧落实已出台的各项政策措施,创新办法解决融资问题,加强企业发展的要素保障,优化政府服务。要全力争取中央对福建重点工程(项目)支持,筹集落实建设资金,提高资金使用效益,推进企业技改步伐,加快城乡基础设施六项提升工程的建设进度;进一步激发民间投资活力,引导和鼓励社会资本、外资进入高速公路、铁路建设领域,加快投资主体多元化进程。要完善外贸扶持政策,提高通关效率,引导外贸企业转型升级,拓展市场空间,促进产品出口。要扩大消费需求,大力促进信息、健康、旅游消费等,努力营造环境、培育热点。

（2）努力提高质量和效益。保持较高的发展速度，必须是有质量、有效益的速度。要推动经济结构优化调整，在继续抓好传统产业提升改造的同时，加快发展战略性新兴产业、现代服务业，加快全省十大新增长区域开发建设，加强“三维”项目对接，尽快形成新的增长点和增长极。要强化创新驱动，建立产学研协同创新机制，强化企业在技术创新中的主体地位，推进技术创新、产品创新、商业模式创新和管理创新。要加快传统产业改造创新，提升产品的附加值和市场占有率。全面提升农业现代化水平，用先进适用技术提升农业，用现代经营方式拓展农业，着力推进农业集约化、专业化、组织化和社会化。

（3）促进区域协调平衡发展。按照“人往沿海走、钱往山区拨，沿海发展经济、山区保护生态，发展飞地经济、促进山海联动”的山海协作新思路，统筹全省人口空间布局、生产力空间布局，通过“输血”和“造血”，改善山区的生产生活生态条件，提升山区的自我发展能力。建立健全生态补偿机制、山海产业转移项目利益共享机制和对口帮扶制度，促进沿海和山区开放优势互补。

3. 在生态文明先行示范区建设中更加注重民生

努力实现“生态美、百姓富”的有机统一，关键要按照建设生态省和生态文明先行示范区的要求，加快经济发展“绿色转型”，让人民群众享受更多的“绿色福利”。

（1）加强生态环境保护力度。牢固树立绿色开发理念，加快构建绿色经济体系，增强生态产品生产能力，划定生态保护红线，实行最严格的源头保护制度，保护好森林、湿地等生态系统；完善环境治理和生态修复制度，推进水土流失综合治理；完善生态补偿机制，推动地区间建立横向生态补偿制度。提高产业项目引进门槛，把好环保关，在招商引资中，既要注意项目的规模，更要注重单位面积的投资强度和产出效益，珍惜和用好土地、森林、岸线等宝贵资源。完善经济社会发展考核评价体系，形成生态文明“绿色导向”，实施生态环境损害责任终身追究制。

（2）构建宜居宜业的生态环境。要始终按照建设美丽福建的远景，把遵循自然规律与经济规律结合起来，把福建先天优美的自然优势与后天科学的城乡建设结合起来,把产业发展与城乡建设结合起来,坚持存量调整靠改造,增量调整靠优选,大力推进农业产业化、新型工业化、新型城镇化“三化同步”进程。并以新农村建设为载体,把特色产业、环境整治和民生改善结合起来,切实提高群众的生产生活水平。积极创建环保模范城市、园林城市、森林城市、卫生城市,构建宜居宜业的生态人居体系。加强城市环境综合整治,改善城乡生态环境,确保一定比例的公共绿地和生态用地。全面推进“点线面”攻坚,制订实施美丽乡村建设方案,切实改善城乡人居环境。

(3)注重集约和节约利用资源。要实行严格的节约用地制度,确保耕地占补平衡。加强矿产资源管理,建设绿色矿山。保护和优化配置水资源,提高水资源效率利用。大力发展绿色经济,形成生态产业结构、生产方式和生活模式,以资源的可持续利用支撑经济社会可持续发展。要加大减排力度,落实各项减排措施,加快城镇污水处理厂和管网建设,加强机动车尾气治理。切实落实节能减排目标责任制。建立科学的节能评价指标体系,完善绿色产业示范企业、示范园区、重点行业的指标评价和监测考核体系。加快推行合同能源管理,促进循环经济示范园区发展。建立和完善严格监管所有污染物排放的环境保护管理制度,对造成生态环境损害的责任者严格实行赔偿制度,依法追究刑事责任。

(4)注重保障和改善民生。要强化民生保障。建立经济发展和扩大就业的联动机制,健全政府促进就业责任制度。健全工资决定和正常增长机制,完善最低工资和工资支付保障制度,提高居民收入。建立更加公平可持续的社会保障制度,深化医疗改革,提高基础教育发展水平。加大对基本公共服务设施和体系的建设力度,逐步解决群众“看病难、上学难、住房难”等问题。抓紧抓实福建保障性住房建设,确保工程质量。检查促进老区苏区发展的政策实施情况,完善挂钩帮扶制度。要量力而行,注重工作的针对性和有效性,不脱离实际,不盲目攀比、不过度承诺,真正把有限的资金用在民生工作的关键处,促进人民生活持续改善。

(作者简介:魏澄荣　福建社会科学院研究员)

鄱阳湖生态经济区文化产业发展研究*

高 玫

文化产业作为一种新兴的产业形态,是现代经济的重要组成部分,不仅在优化产业结构、扩大消费、增加就业、促进经济跨越式发展等方面具有独特优势,而且文化产业所形成的"软实力"已经成为一个地区(国家)综合竞争力的重要标志。近年来,江西省把文化产业作为新兴支柱产业加以培植,并取得了令人瞩目的成绩。鄱阳湖生态经济区作为江西经济的核心增长区和重要引擎,文化产业发展更是走在全省前列。在建设富裕和谐秀美江西的大背景下,科学评估鄱阳湖生态经济区文化产业发展现状,深刻认识文化产业发展面临的有利时机,明确文化产业发展的重点领域,整合文化资源,推动文化产业跨越式发展,将其打造成为加快经济发展方式转变的重要突破口和经济社会发展的重要支撑,对于江西实现"发展升级、小康提供、绿色崛起、实干兴赣"的战略目标意义重大。

一、鄱阳湖生态经济区文化产业发展现状评估

新世纪以来,鄱阳湖生态经济区文化产业伴随着全省解放思想、加快崛起的历史进程,经历了一个从萌发到勃兴的发展时期,取得了重要的进展,作为国民经济支柱性产业的势头初步显现。但是,其快速发展的过程中也存在一些需高度重视并着力加以解决的问题。

---

* 鄱阳湖生态经济区包括南昌、景德镇、鹰潭3市以及九江、新余、抚州、宜春、上饶、吉安市的部分县市区,共38个县(市、区)。由于文化产业缺少以鄱阳湖生态经济区为口径的统计资料,上饶、宜春、吉安的市区不在生态经济区范围内,在此以南昌、景德镇、鹰潭、九江、抚州、新余6市的数据代替。

1. 文化产业快速增长,但增长质量有待提高

从产业规模来看,2012 年,鄱阳湖生态经济区文化产业主营业务收入达到 775.53 亿元,比上年增长 20.23%;增加值 212.6 亿元,比上年增长 17.4%。文化产业主营收入和增加值分别占全省的 53.1% 和 52.2%。

表 1　2010—2012 年鄱阳湖生态经济区文化产业主要经济指标

年份	主营业务收入(亿元)	增加值(万元)	增加值占地区生产总值比重(%)
2010 年	521.39	137.14	2.58
2011 年	645.04	181.09	2.80
2012 年	775.53	212.60	2.95

资料来源:根据江西省统计年鉴(2011—2013 年)整理。

从产业增长速度来看,鄱阳湖生态经济区文化产业的增长速度明显高于同期区域生产总值和第三产业的增长速度。2012 年鄱阳湖生态经济区文化产业增加值增长速度比同期区域生产总值的增长速度(11.6%)高出 5.8 个百分点,比第三产业增加值的增长速度(10.7%)高出 6.7 个百分点。

但是,在鄱阳湖生态经济区文化产业快速增长的同时,发展质量不尽如人意。与长株潭城市群、武汉城市圈等中部地区的经济区相比,鄱阳湖生态经济区文化产业综合发展水平、产业生产力、产业影响力和产业驱动力都无法与之相提并论。

2. 文化产业比重不断上升,但竞争力有待增强

2010 年鄱阳湖生态经济区文化产业占 GDP 的比重仅为 2.58%,2012 年提高到 2.95%,两年间提高了 0.37 个百分点。在鄱阳湖生态经济区拉动全省经济增长的过程中,文化产业发挥着重要的作用。

与此同时,鄱阳湖生态经济区文化产业发展也存在诸多问题:文化制造业比重过大,创意产业比重过低;文化产业的市场运作能力、服务能力、市场竞争能力有待进一步挖掘和提高;自主创新能力相对滞后,具有较大影响力、广泛知名度的文化品牌较少，产业整体竞争力不强。

3. 优势企业脱颖而出，但企业结构有待优化

在文化产业勃兴的过程中，江西省出版集团、江西日报传媒集团、江西卫视等一批"文化小巨人"茁壮成长，成为带动区域文化产业发展的"领头羊"。

江西省出版集团2012年实现销售收入100.41亿元，较上年增长43.4%。集团连续多年入选中宣部组织评选的"中国文化企业30强"，并被中宣部等四部委评为"全国文化体制改革工作先进单位"。

江西日报传媒集团旗下的江南都市报成功跻身中国品牌媒体100强，全国晚报都市报类报纸30强。

江西卫视全国覆盖总人口数达到9.35亿，在全国35个主要城市的收视排名列第9，广告创收进入全国省级卫视前3，成功打造成立足江西、辐射全国、影响世界、具有强影响力的全国性媒体。

但是，总体来看，鄱阳湖生态经济区文化企业的规模偏小，在市场中具有引领和示范效应的骨干龙头企业还不多，特别是具有鲜明特色品牌、技术先进和创意能力强的文化企业集团较为缺乏。

4. 多元化格局正在形成，但混合所有制有待发展

文化产业的广阔前景和良好发展态势吸引了大批民营资本的涌入，民营文化企业成为鄱阳湖生态经济区文化产业战线上的主力军之一。各地以民营资本为投资主体、投资规模千万元甚至过亿，且已开工建设的文化产业项目不断涌现。一个以公有制为主体、多种所有制共同发展的文化产业新格局正在逐步形成。

但是，在文化产业的一些重要领域如新闻出版、广播电视等领域，行业管制的现象还普遍存在，如何放宽准入门槛，加快国有文化企业的改革，发展混合所有制企业，是未来发展过程中需要探索的问题。

5. 新兴文化业态快速成长，但产业结构仍需优化

近年来，鄱阳湖生态经济区数字动漫、数字电视、网络广播影视等新兴文化业态快速发展，为区域文化产业发展注入了一股鲜活的动力。江西移动多媒体广播电视、风尚购物电视频道、移动电视等新媒体、新业态发展势头良好，风尚购物频道营业收入迭创新高。动漫产业的发展势头也不容小觑。目前，全省登记在册且有一定规模的动漫企业超过20家。开工建设的动漫基地4家,获得国家认定的动漫企业9家,获得全国重点动漫企业认定的1家,其中江西泰豪动漫有限公司制作的手机动漫《阿香日记》还获得2010年全国第一批认定的重点动漫产品。动画《阿香游中国》入围2011年度"中国文化艺术政府奖首届动漫奖"的"最佳动漫出版物奖"。此外,具有江西传统特色的陶瓷创意产业,更是在全国崭露头角。2011年,全省创意陶瓷产业产值达到124.45亿元,位居全国首位。新兴文化业态的快速成长,使传统文化产业比重大,现代新兴文化产业发展滞后的局面有了明显改观。

但是,鄱阳湖生态经济区文化产品制造业仍然占据了绝对优势地位,新兴文化产业规模有待壮大。我们无法统计到鄱阳湖生态经济区文化产业内部结构的准确数据,但是从全省文化产业结构大体可以看出生态经济区文化产业结构的大致情况。2012年,江西文化用品生产实现增加值131.39亿元,占全省文化产业增加值的32.3%;工艺美术品生产实现增加值69.94亿元,占全省的17.2%;文化产品生产的辅助生产实现增加值67.51亿元,占全省的16.6%。其中,烟花鞭炮、包装装潢及印刷、雕塑工艺品、艺术陶瓷、书报印刷等传统产业和优势产业发挥了举足轻重的作用。

表2 江西省文化产业十大分类情况表

行业分类	主营业务收入(万元)	增加值(万元)
一、新闻出版发行服务	754650	167144
二、广播电视电影服务	246050	135471
三、文化艺术服务	181903	134351
四、文化信息传播服务	242514	117523
五、文化创意和设计服务	660238	254896
六、文化休闲娱乐服务	939030	458716
七、工艺美术品生产	2903004	699435
八、文化产品生产的辅助生产	2565548	675083
九、文化用品生产	5264289	1313926

续表

行业分类	主营业务收入(万元)	增加值(万元)
十、文化专用设备的生产	845226	114368
合　计	14602452	4073000

资料来源:江西省统计年鉴(2013)。

6. 区域特色较为鲜明,但产业布局有待调整

以改革创新为契机,以项目建设为抓手,充分挖掘和整合本地资源,区域文化产业发展各具特色。省会城市南昌呈现以书报刊发行、广播电视等传统文化服务业为主和以动漫游戏产业、休闲娱乐等新兴文化服务业并重发展的良好格局;景德镇呈现出以陶瓷工艺品为特色的文化产业聚集;九江的工艺美术与文化旅游在快速发展。南昌市文化产业规模总量保持领先。2012 年南昌市文化产业法人单位主营收入 362.89 亿元,占生态经济区的 46.79%,实现增加值 95.60 亿元,占生态经济区的 44.97%。鹰潭市文化产业发展速度最快,文化产业法人单位主营业务收入、增加值分别增长 47.52% 和24.48%。景德镇市文化产业在经济总量中的比重最大,达到 4.09%。

表 3　2012 年各地市文化产业主营业务收入、增加值

地区	主营业务收入(亿元)	增加值(万元)	增加值占地区生产总值比重(%)
南昌市	362.89	95.60	3.19
景德镇市	88.77	25.71	4.09
九江市	127.71	35.61	2.51
新余市	69.42	18.60	2.24
鹰潭市	55.72	15.03	3.12
抚州市	71.02	22.06	2.67
合计	775.53	212.60	2.95

资料来源:根据江西省统计年鉴(2013)整理。

但是,区域文化产业布局有待调整,各地对优势文化资源的挖掘有待进一步深化,优势文化产业集群有待进一步培育,分工合作、错位发展的格局有待形成。

7. 文化产业市场化进程加快,但体制机制创新有待深化

2012 年,鄱阳湖生态经济区按照中央和省里确定的时间表、路线图和任务书,攻坚克难、强力推进,完成了国有文艺院团改革、非时政类报刊出版单位改革和全省广电系统"一张网"整合,落实国家转企改制税收优惠政策,通过"政改企",推动了一大批国有经营性文化单位成为合格的独立市场主体,极大地激发了内部活力和市场竞争力,成为引领文化产业发展的重要力量。

但是,阻碍文化产业发展的体制机制障碍仍然存在,文化产业的市场化程度有待提高,国有文化资产管理方式、文化投融资体制改革等仍需深入。

二、鄱阳湖生态经济区文化产业发展的有利条件

在加快转变经济发展方式和建设富裕和谐秀美江西的大背景下,鄱阳湖生态经济区文化产业发展面临诸多有利条件。

1. 文化消费需求的增长为产业发展开辟了广阔的市场空间

美国著名心理学家马斯洛的需求层次理论指出,当人的基本物质层次满足之后,更多的是关注文化上、精神上的、心理上的需求。因此,伴随着生活水平的提高,必然出现文化需求的急剧增长。世界各国的发展经验也显示:人均 GDP 达到 1000 美元时,即进入文化消费的快速启动阶段;人均 GDP 超过 3000 美元时,人们对文化消费的需求进入快速增长阶段;人均 GDP 接近或超过 5000 美元时,会进入对文化消费的"井喷"阶段。2012 年,鄱阳湖生态经济区人均 GDP 达到 38376 元人民币,按当年美元对人民币平均汇率计算折合 6079 美元,这意味着生态经济区已经进入文化消费需求的"井喷"时期。可以预见,在未来一段时期内,伴随着鄱阳湖生态经济区经济的平稳较快增长,居民收入水平仍将不断提高,文化消费需求将呈现上升态势,这将为文化产业的发展开辟日益广阔的市场空间。

2. 丰富的文化资源为产业发展奠定了良好的基础

鄱阳湖生态经济区有着丰富的文化资源，充分挖掘各类文化资源，可以促进文化产业大繁荣大发展。

(1)拥有得天独厚的红色文化资源。英雄城南昌是军旗升起的地方，在这座具有深厚革命传统的历史文化名城，拥有众多红色旅游景点：八一起义纪念馆、朱德军官教练团遗址、小平小道等。以这些红色文化资源为依托，打造以"八一"精神为品牌的文化产品，可使南昌成为红色文化旅游的重要目的地。

(2)拥有丰富的生态文化资源。鄱阳湖生态经济区是以生态为特色的经济区，区内风光秀丽，景色宜人。拥有国际重要湿地1个，国家湿地公园6个；国家级、省级自然保护区13个，其中国家级4个，省级9个，自然保护区面积达179.66千公顷；拥有省级以上森林公园45个，其中国家级15个，省级30个；拥有5A旅游区3个，4A旅游区19个，国家重点风景名胜区7个。另外，由于区内工业化程度相对较低，至今仍然保留着众多近乎原始的自然生态和人文生态景观，生态文化资源非常深厚。

(3)拥有独具魅力的古色文化资源。区内无论是陶瓷文化、名山文化、水文化、药文化、茶文化、酒文化、宗教文化、书院文化、军旅文化、民俗文化、名人文化等，还是带有区域特色的地方文化，如南昌的豫章文化、抚州的临川文化等，以及众多的人文景观、古文化遗址等，都独具特色。区内有世界文化景观一处(庐山)，国家历史文化名城两个(南昌、景德镇)，省级历史文化名城一处(九江)，省级历史文化名镇村若干处。此外，还拥有国家和省级文物保护单位上百处。它们是赣文化的重要组成部分，是发展文化产业的重要依托。

以上三大文化资源凸显出鄱阳湖生态经济区的文化优势。红色文化资源、生态文化资源、古色文化资源相映生辉，享誉全国。深入挖掘上述优秀文化资源，有利于培育具有区域特色的文化产业集群。

3. 文化产业大项目投入为发展增添了后劲

项目建设是文化产业发展的基础。近年来，鄱阳湖生态经济区积极实施大项目带动战略，统筹规划建设了一批布局合理、功能完善、主业突出、产业配套、管理规范的文化产业园区和基地，如江西数字出版产业基地、"江西慧谷·红谷创意产业园"、"泰豪动漫产业园"、景德镇陶瓷创意文化产业基地、南昌华夏艺术谷文化产业园区、八大山人文化产业园等,这些投资的产能将在未来一段时期得到释放,推动文化产业跨越式发展。

4. 产业政策为文化产业发展提供了制度保障

在国家文化产业政策的推动下,仅2012年,江西省就先后出台了《江西省委关于深化文化体制改革推动社会主义文化大发展大繁荣的实施意见》《江西省未来三年文化改革发展规划纲要(2013—2015年)》,对全省文化产业发展实施战略规划和顶层设计。同年颁布的《鄱阳湖生态经济区生态文化建设专项规划》也对区内文化产业的发展重点、空间布局、重大项目、文化产业聚集区建设、文化与科技和旅游的融合等进行了部署,并提出了相应的保障措施。这一系列强有力的政策措施,必将强力推动鄱阳湖生态经济区文化产业发展。

5. 科学技术的发展为文化产业发展提供了强有力的技术支撑

新兴传媒技术的推广应用,不仅为传统文化产业提供了先进的手段和多样的形式,同时更催生出电子票务、网络游戏、手机文化、数字文化节目制作、三维动画等文化业态。更为重要的是,新兴科技手段的运用,极大拓展了文化节目传播的出口和通道,使传播渠道拓宽、传播速率加快,对文化内容的需求更为迫切,这为以内容创作生产为核心的文化产业提供了快速发展的机遇,近年来南昌动漫产业的高速成长就是最好的例证。

三、鄱阳湖生态经济区文化产业发展重点领域

文化产业包含众多的子行业,按照国家统计局颁布的《文化及相关产业分类》(2012),文化产业共有10个大类120个小类。鄱阳湖生态经济区不可能在文化产业的各个行业都建立自己的竞争优势,而应有所为,有所不为,选准突破口,在具有比较优势和市场前景的领域谋求发展。依据大卫·李嘉图的比较优势理论、赫克歇尔—俄林的要素禀赋理论,以及罗斯托的综合主导产业理论,本文认为,鄱阳湖生态经济区应以出版印刷业、动漫游戏业、文化旅游业、演艺业、

文体休闲娱乐业、会展和节庆文化业为文化产业的重点发展领域。

1. 出版印刷业

以现有传媒出版产业为基础，以"无线移动、交互性、个性化、跨媒体"为方向，大力发展网络出版、数字出版、手机出版等非纸介质现代新型出版业态，推动出版产业结构调整和升级，加快实现从传统纸介质出版物向多种介质形态出版物共存的现代出版产业转变。大力实施数字化战略，建设江西数字出版云。基本完成传统出版企业数字化升级改造，培育几家年主营业务收入过亿元的数字出版骨干企业，打造国内一流的综合性数字出版产业基地。充分运用高新技术，提升出版印刷业发展水平，建成若干各具特色、技术先进的出版印刷基地，以江西出版产业基地、华文光电蓝光光盘产业基地为龙头，大力发展高新技术印刷、特色印刷、绿色印刷和光盘复制业，力争把鄱阳湖生态经济区建设成中部印刷复制业的重要基地。

2. 动漫游戏业

充分利用 4G 时代与"三网融合"的技术趋势，打造以南昌为中心，新余为重要基地，覆盖全区，辐射全省、全国，集创意、研发、生产、营销为一体的动漫游戏产业研发运营体系。以南昌高新技术开发区动漫产业基地、小蓝工业园区动漫产业培训基地为载体，依托南昌大学、江西师范大学、南昌航空大学、泰豪动漫学院等国家动画教学研究基地的科研力量，坚持自主创新和引进品牌相结合、赣鄱文化和现代时尚相结合、创意内容与数字科技相结合，加大动漫、网络游戏及衍生产品的开发力度，全面推进数字内容与动漫产业发展。充分利用现行的政策、技术、服务、场所等条件，支持和促进动漫产业"产、学、研"一体化发展。重点建设泰豪股份国际动漫产业园、志高集团空港新城动漫产业园等动漫产业创业孵化器及相关公共服务平台，在软件、技术、信息、版权、出口及融资等方面提供服务；建立原创动漫素材库和动漫艺术馆，建设动漫主题公园。打造若干个实力雄厚、在中部地区乃至全国具有知名度和影响力的动漫龙头企业。

3. 文化旅游业

建立文化旅游的部门协调机制，促进旅游与文化产业的融合发展。以区内国家级和省级风景名胜区、自然保护区、森林公园、湿地公园及A级旅游景区为依托,利用独特的绿色生态文化优势,结合历史文化资源和地域文化资源,面向国内外市场,全力打造以红色、古色、绿色文化和生态文化为主要内容的文化旅游品牌。依托南昌八一起义纪念馆、小平小道等一批革命遗址,建立以革命历史和爱国主义教育为主题的红色文化旅游基地,配套红色题材图书出版、影视、情景歌舞以及红色旅游纪念商品设计、生产、汇展等,加快红色旅游业发展。以大型情景歌舞、陈列展等形式宣传和弘扬八一精神,展示红色文化,实现文化演出与旅游产业的大融合、大促进、大发展。以龙虎山天师府、南昌万寿宫和东林寺、真如寺、佑民寺、宝峰寺等佛道教祖庭为依托,发展以宗教文化为主要内容的文化旅游品牌。围绕“南昌—庐山—景德镇—婺源—龟峰—龙虎山”赣北环鄱阳湖五彩精华旅游线,布局文化旅游建设工程和重大文化建设项目,将鄱阳湖生态经济区打造成文化旅游观光带、生态旅游示范区、科学发展观和生态文明教育基地。

4. 演艺业

组建江西省演艺集团公司,实行政府扶持、企业主体、市场运作的体制,使之在宣传鄱阳湖生态经济区和江西展示文化、获取效益等方面发挥重要作用。加强对区域历史文化品牌的研究和整理,使其成为舞台艺术作品的上乘题材,成为鄱阳湖生态经济区特有的历史文化品牌。继承和弘扬区内优秀民族民间文化艺术(如瓷板画、赣绣),瞄准国际市场和国内市场,打造一批独具区域特色的舞台艺术精品。鼓励民间资本建立民间剧团、民族演出团队并开展多种形式的营业性演出活动,形成精品剧目演出市场和民间通俗艺术演出市场共同发展、共同繁荣的局面。

5. 文体休闲娱乐业

大力发展大众化、家庭化、健康化的文体休闲娱乐,扶持发展科技含量高、规模化的大型文化、休闲娱乐,培育发展多功能、综合性、文明经营的文体文化娱乐场所。体育服务业以运动休闲、健身服务和体育竞赛表演为发展重点,打造特色运动休闲基地(如水上运动休闲基地),积极培育大型体育产业集团。文化娱乐业要引进、开发新的娱乐形式,提高娱乐产业的整体层次和文化品位。加快构筑南昌国际文化休闲、九江江湖都市文化、景德镇陶瓷文化、鹰潭道教文化等文体休闲娱乐业发展板块，形成地域文化特色鲜明、优势互补、区域联动的文体休闲娱乐业发展格局。努力建设1～2个具有国际水准的大型主题游乐园项目。大力吸收社会资本尤其是民营资本投入文体休闲娱乐业，努力增加文体娱乐业在文化产业总产值中的比重。

6. 会展和节庆文化业

以南昌国际会展中心为核心，重点打造好“鄱阳湖国际生态文化节”等会展品牌，努力把鄱阳湖生态经济区建设成为在全国乃至全球有一定影响的生态文化会展基地。办好江西艺术节，打造高层次的文艺演出、文化交流、文化贸易的展示平台。以各地独特的节庆活动为基础，进一步做大地方和民族节庆品牌。着力打造中国(南昌)楹联文化艺术节、中国万年国际稻作文化旅游节。策划创办6～8个具有国际影响的专业性知名会展，争取更多的国际国内名牌展会在生态经济区举办。重点举办好世界低碳与生态经济大会暨技术博览会、中国·南昌国际军乐节、鄱阳湖国际音乐节、景德镇国际陶瓷博览会等知名会展。培植会展服务企业，提高服务素质，提升区域会展业的市场化运作水平。

四、鄱阳湖生态经济区文化产业发展对策建议

1. 继续深化文化体制改革，解放和发展文化产业生产力

没有体制机制的根本性变革，就不能解放和发展文化生产力。要推动鄱阳湖生态经济区文化产业跨越式发展，就必须推动文化体制改革向纵深发展，为文化大繁荣大发展提供体制机制基础。一是要把改革、改组、改造与创新管理相结合，对已经完成转企改制的国有文化企业，加快股份制改造，按现代企业制度的要求，完善法人治理结构，培育成合格的市场主体。二是要支持鼓励社会资本进入政策许可的文化产业领域，支持非公有制文化企业参与国有文化企业改组改造，发展混合所有制，迅速做大文化产业规模与总量。三是要深化文化行政管理体制改革，理顺政府和文化企业单位关系。建立健全管人、管事、管资产、管导向相统一的国有文化资产管理体制和

运行机制。四是要完善现代文化市场体系。重点发展图书、报纸、期刊、音像制品、电子出版物、演出娱乐、影视剧、动漫游戏、印刷复制、广告、会展等文化产品市场。发展连锁经营、物流配送、电子商务等现代流通组织和流通形式，加快建设大型文化流通企业和文化产品物流基地，构建以大城市为中心、中小城市相配套、贯通城乡的文化产品流通网络。

2. 整合区内文化资源，壮大文化产业龙头企业

文化企业是最重要的市场主体，培育壮大文化产业龙头企业是发展文化产业的关键所在。要大力促进江西出版集团做大做强图书出版主业，积极推动产业升级，实施跨媒体、跨地区、跨行业、跨所有制、跨国界发展，实现多元化经营。江西出版集团旗下的中文传媒股份公司作为生态经济区内唯一的上市文化企业，是不可多得的文化产业发展平台，应通过政府资产划转，企业并购、控股等方式，有组织、有计划、有步骤地推动省内经营性文化资产向中文传媒公司集聚，把股份公司培育成在国内名列前茅，在国际上有重要影响的出版文化企业，成为江西文化产业的超级“航母”。另外，鉴于区内文化产业龙头企业数量不足，应再造几个强势文化产业市场主体。可将江西电视台与江西人民广播电台合并，成立江西广电集团；打破原有艺术团体相对独立分割的格局，整合省歌舞团、省话剧团、省赣剧团等五个省直院团资源，成立江西演出公司，着力打造江西艺术演出产业的航空母舰；通过推动区内国有投融资企业与大型文化企业的联合重组，加快打造文化产业的战略投资者。

3. 建立多元化投融资机制，拓宽文化企业的投融资渠道

要研究探索通过建立“文化产业发展专项基金”“文化产业创业投资基金”“文化产业风险投资基金”等方式，吸引更多社会资本参与文化产业发展，逐步建立多元化、社会化、公共化的投融资体系。同时，要尽快建立文化产业投资风险评估和分摊机制，鼓励组建文化产业融资担保中介机构和知识产权专利评估机构，通过“银企联合”和“银文联合”，有效解决文化企业可供抵押的资产较少，无形资产评估难，抵押变现难、抵押担保程度低等问题。也可以探索发挥产权交易所的投融资服务功能，为知识产权拍卖和交易等提供“一站式”服务，促进知识产权转化为真正意义上的资本，为文化企业充分利用手中的无形资产进行融资创造条件。除此之外，还可借鉴西安、北京等地的做法，探索中小文化企业集合票据的方式，缓解中小文化企业的融资难题。

4. 实施重大项目带动战略，促进文化产业集群发展

重大文化产业项目具有引导要素集中、整合各方力量，培育经济新增长点的功能。实施重大项目带动战略，既可发挥政府财政资金的示范引导作用，吸引社会资本投资文化产业，更好地促进文化产业市场化，又可以调整文化产业的布局，促进文化产业结构升级。目前，鄱阳湖生态经济区文化企业规模普遍偏小，参与国内外竞争的能力不强，文化产业园区建设也有待加强。为此，要继续实施文化产业重大项目带动战略，发展集聚规模型文化产业，建立"三大文化产业群"。

(1)建设资源型优势文化产业群。一是在历史人文资源、民间艺术资源、工艺人才资源、地方物产资源丰富的地方，打造江西文化资源优势产业群。二是在一些艺术之乡、文化景观市县，构建"鄱阳湖文化长廊"。三是以各市县历史文化为背景，新建一批全国性文化博览园。重点以万年稻作文化遗产为依托，在万年县建设中国稻作文化博览园；以正一教、净明教发祥地等为依托，在鹰潭市龙虎山建立中国道教文化博览园。四是以各地民间艺术、传统手工技艺为依托，建设一批非物质文化遗产展示中心和传习所，对这些特有文化资源进行综合开发，打造出特色文化产业。五是在鄱阳湖生态经济区内打造江西印刷复制业特色产业群。

(2)建设品牌型强势文化产业群。一是利用鄱阳湖区域一批国家4A级景区等品牌型文化景观和中国名产品牌，大力发展品牌型强势文化产业群。二是利用中国传统工艺"三绝"之一的景德镇瓷器，中国传统名砚之一的龙尾砚，"华夏笔都"进贤县文港镇的毛笔等，整合成为产业集群，建立中国"文房四宝"产业基地。三是对具有区域性传统历史声名的进贤李渡酒、樟树四特酒、九江封缸酒等，在非物质文化遗产的保护中塑造名酒文化产业品牌。四是对樟树"药都"以及浮梁、庐山等地的茶文化产业，进行整合开发，大力发展品牌型强势文化产业群。

(3)建设休闲娱乐型文化产业群。在鄱阳湖生态经济区的建设过程中,选择若干湖景佳美之地,建立大型国际休闲娱乐文化产业,包括鄱阳湖水上休闲、康体文化、综合性娱乐服务和传统文化会馆等,并结合休闲娱乐文化,发展各类水上比赛、车赛等体育文化,形成鄱阳湖休闲娱乐型文化产业群,将其逐渐发展成为闻名于国内外的休闲度假性区域。

5. 培育具有鲜明区域特色的地方文化产业品牌,提升文化产业竞争力

品牌是发展文化产业的核心竞争力。鄱阳湖生态经济区内虽然在报业、出版、音像、图书、广播电视等行业争创了一批在国内外具有一定影响力的文化产品品牌,如红歌会、南昌军乐节等,为提升文化产业竞争力,带动区域文化产业大发展创造了一定的条件。但是,与武汉城市圈、长株潭城市群等经济区相比,鄱阳湖生态经济区文化品牌的创建明显落后。例如在《中国文化品牌报告》发布的 222 个文化品牌中,“湘字号”达 31 个,占 14%;湖北也涌现了《楚天都市报》《大家文摘报》《新周报》《知音》《特别关注》《知音漫客》等发行量过百万份的“十大百万报刊”品牌,其中《知音》居世界综合性期刊发行量第 5 位;鄱阳湖生态经济区只有 2 个。因此,鄱阳湖生态经济区应加大对区域特色文化资源挖潜整理的力度,打造一批具有鲜明特色的地方文化产业品牌,提升文化产业的核心竞争力。

6. 实施人才培养和引进工程,为文化产业发展提供人力支持

人才是社会的财富,是文化产业发展的重要支撑。湖南省的文化产业之所以在国内名列前茅,在一定程度上得益于郑佳明、罗浩、覃晓光、龚曙光、王宏、贺梦凡等文化产业领军人物的卓越贡献。反观鄱阳湖生态经济区,文化产业在快速扩张的同时,却没有一批知名的文化产业名家脱颖而出。目前,鄱阳湖生态经济区适应多种产业融合发展需求的文化资本运营人才、文化经纪代理人才、陶瓷艺术设计、数字艺术软件、网络游戏开发和媒体产业经营管理人才紧缺。因此,鄱阳湖生态经济区要占领中部地区乃至全国文化产业的高地,培养和引进一批善于管理、长于经营、精于专业技术的优秀人才是当务之急。各级政府和文化管理部门要有计划、有步骤地实施文化产业人才培养和引进工程,一方面培养和引进一批出类拔萃、德艺双馨的文化产业专业人才,另一方面,培养和引进熟悉艺术、有较高创新意识和文化品位,懂市场运作、有较高经营管理才能和依法办事能力的文化产业高级复合型人才,为文化产业可持续发展积蓄人力资本。

参考文献

[1]姚亚平.实现江西文化产业跨越发展[EB/OL].人民日报,2012-12-23.

[2]陶晓红,刘晓青.江西文化产业发展的对策建议[J].求实,2012,(4).

[3]徐慧茗,何昀.江西文化创意产业发展路径探析[J].当代经济,2013,(1).

[4]2012年江西文化产业发展情况[EB/OL].江西政府网站,2013-09-25.

[5]江西省人民政府.江西省2013—2015年文化改革发展规划纲要.

[6]江西省人民政府.鄱阳湖生态经济区生态文化建设专项规划.

[7]江西省人民政府.江西省十大战略性新兴产业(文化及创意)发展规划(2009—2015).

[8]江西省人民政府.江西省"十二五"文化创意产业科技发展规划.

[9]喻厚伟,张朝霞.鄱阳湖生态经济区发展文化产业的现状及对策[J].鄱阳湖学刊,2011,(6).

[10]张燕清,龚高健.福建文化产业发展现状、趋势及对策[J].福建党校学报,2012,(2).

[11]江西省社会科学院课题组.江西"十二五"文化产业发展目标、重点领域与政策建议[R].2012.

(作者简介:高玫 江西省社会科学院经济所副所长、副研究员)

鄱阳湖生态经济区经济发展研究报告*

麻智辉

自2009年12月12日国务院正式批复《鄱阳湖生态经济区规划》以来，全省上下坚持以科学发展为主题，以加快转变经济发展方式为主线，大胆探索经济、社会、生态协调发展的新模式，努力破解经济与生态协调发展的难题，鄱阳湖生态经济区建设高位推进、成效显著。2012年，鄱阳湖生态经济区主要经济社会指标增速快于全省平均水平，占全省的比重进一步提高，节能减排、环境治理、生态保护取得明显成效，发挥了经济社会发展的龙头作用和生态环境建设的示范作用。

一、鄱阳湖生态经济区经济发展主要成效

（一）经济增幅高于全省，综合实力逐步增强

2012年，鄱阳湖生态经济区生产总值达到7626亿元，同比增长11.6%。比全省平均高0.6个百分点，占全省经济总量的58.9%。区内人均生产总值为38295元，是全省人均GDP（21252元）的1.3倍。在鄱阳湖生态经济区38个县（市、区）中，生产总值超过100亿元的有20个。超过300亿元的有6个，分别是渝水区、南昌县、西湖区、青山湖区、东湖区、丰城市。

2012年，鄱阳湖生态经济区财政总收入1055.5亿元，同比增长

---

* 本文是江西省重大科技支撑项目“鄱阳湖科学考察——鄱阳湖生态经济区社会经济发展考察报告”（课题编号：20114ABG01100）阶段性成果。

24.2%，比全省平均增速高0.2个百分点；占全省财政总收入的53.0%。地方财政收入691.85亿元，同比增长32.4%，比全省平均增速高2.4个百分点；占全省比重达50.4%。其中税收收入515.82亿元，同比增长24.1%，占全省比重达52.6%。区内人均财政收入5298元，是全省人均财政收入的1.2倍。在鄱阳湖生态经济区38个县(市、区)和13个开发区、管委会中，财政总收入超过10亿元的县(市、区)、开发区、管委会有27个，比上年增加6个；超过30亿元的有7个，分别为南昌县(60.4亿元)、丰城市(42.0亿元)、青山湖区(37.9亿元)、贵溪市(35.6亿元)、东湖区(34.6亿元)、西湖区(34.3亿元)、樟树市(32.0亿元)。

(二)投资规模迅速扩大，基础设施成就斐然

2012年，鄱阳湖生态经济区固定资产投资总额突破5000亿元大关，达5769.8亿元，占全省的55.6%，比上年增长21.6%；其中第一产业固定资产投资126.6亿元，同比增长58.3%，第二产业固定资产投资3312.2亿元，同比增长18.5%，第三产业固定资产投资2330.9亿元，同比增长24.6%。尤其是工业投资达3283.9亿元，占区内全部固定资产投资总额的56.9%。

区内基础设施显著改善。2012年，鄱阳湖生态经济区公共建筑投资118.90亿元，占全省公共建筑投资的57.8%，人均公共建筑投资额为606元，是全省平均水平的1.4倍。区内市政公用设施投资426.14亿元，比去年同期增长42.6%，占全省市政公用设施投资的51.2%，其中人均市政公用设施投资额为2171元，比全省平均水平高400多元。在项目带动战略的作用下，鄱阳湖生态经济区依托近邻长江三角洲、珠江三角洲和闽南三角区的区位优势，加快交通运输基础设施建设。公路方面，省会城市南昌到各地级市，以及九江、景德镇、鹰潭相邻城市之间早已互通高速，鹰瑞、石吉、彭湖、九瑞高速公路建成通车，德兴至南昌、上饶至武夷山等高速公路即将完工。铁路方面，昌九城际铁路正式开通运营，实现了高速铁路零的突破。向莆、衡茶吉铁、九景衢、京九向塘以南段电气化改造进展顺利，形成了京九、浙赣、皖赣铁路联系本地各中心城市的运输网络。水路方面，以长江黄金水道建设为依托，完成

赣江东河(南昌—瓢山)四级航道整治工程,建成省水上搜救鄱阳湖分中心、柘林湖视频监控系统;推进九江、南昌港口综合物流枢纽建设;开工建设赣江(南昌—湖口)二级航道整治工程、南昌白水湖综合码头工程、多功能应急救助指挥船、赣江樟树至湖口安全通信和视频监控系统等,大大提升了水运发展水平。航运方面,昌北机场扩建工程基本完成,开工建设上饶三清山机场。四通八达的公路、铁路、水路、航空综合交通体系,便捷区域内各城市之间人员、货物、信息往来,形成了以昌九景为中心、通江达海的4小时环鄱阳湖区发展经济圈,为促进本区域经济快速发展奠定了坚实基础。

(三)招商引资势头强劲,进出口贸易快速增长

江西省以鄱阳湖生态经济区建设为龙头,用足、用活国家赋予的先行先试政策,努力打造环境品牌,把扩大投资与扩大开放、全民创业结合起来,大力引进国内外战略投资者,破除制约民间投资的体制机制障碍,创造平等准入、公开竞争的市场环境,成为投资兴业的一方热土。引进的重大项目和战略性新兴产业项目大多数落户在鄱阳湖生态经济区内。如香港理文集团在瑞昌投资3亿美元的理文化工项目、香港华南城控股有限公司在南昌投资2.24亿美元的华南城项目、四川金天集团在湖口投资50亿元的硅锰合金新材料生产项目,等等。鄱阳湖生态经济区正在成为招商引资、项目落户的热土。2012年,区内外商直接投资实际使用外资金额达到50.92亿美元,占全省总额的74.63%,与上年同期相比增长15.61%;利用省外5000万元以上项目实际进资金额1658.46亿元,占全省总额的52.0%,与上年同期相比增长0.12%;鄱阳湖生态经济区招商引资占据全省半壁江山。

招商引资的强劲发展为鄱阳湖生态经济区外贸出口积蓄了强大后劲。2009年区内出口总值只有45.74亿美元,2010年增长到85.34亿美元,2011年增长到128.95亿美元,2012年达到142.22亿美元,是2009年的3.10倍,占全省出口总值的比重为56.64%。在活跃国内市场的同时,各地紧紧抓住世界经济企稳回升的机遇,积极采取各种措施,开拓国外市场,外贸进出口呈现快速增长态势。2012年,区内进出口总值217.12亿美元,同比增长0.6%,占全省比重达64.99%。其中,

出口总值142.22亿美元,同比增长10.3%,占全省比重达56.64%;进口总值74.89亿美元,同比下降13.8%,占全省比重达90.25%。

(四)消费品市场稳中趋旺,内需拉动基本平稳

各地认真贯彻落实国家关于搞活流通、扩大消费的一系列方针政策,多方筹划,积极应对,改善消费环境,开拓消费市场,刺激消费增长,鄱阳湖生态经济区内消费品市场运行活跃、稳中趋旺,运行质量和效益持续提升。2012年,区内实现社会消费品零售总额2320.85元,同比增长16.4%,比全省平均增速高0.9个百分点,占全省比重达57.9%;限额以上批发零售住餐饮业零售总额958.57亿元,同比增长24.2%,比全省平均增速高1.5个百分点,占全省比重达68.8%。

(五)节能降耗成效显著,生态环境明显改善

省委、省政府高度重视节能工作,全省上下深入实施"生态立省,绿色发展"战略,全面落实科学发展观,特别是在鄱阳湖生态经济区内严格执行能耗标准,突出抓好重点行业、重点企业、重点工程节能,切实提高资源能源利用效率,强力推进节能降耗工作,区内节能降耗工作取得了明显成效。2012年,鄱阳湖生态经济区万元规模以上增加值能耗1.09吨标准煤,比上年下降16%;区内化学需氧量(COD)排放量33.59万吨,同比下降2.7%,比全省平均降幅多0.2个百分点;其中,区内生活污水中COD排放量17.32万吨,同比下降0.3%,比全省平均降幅多2.5个百分点。工业二氧化硫排放量同比下降3.7%,烟尘排放量同比下降17.4%,工业烟(粉)尘排放量同比下降16.2%,分别比全省平均多下降0.8个百分点、7.6个百分点、5.8个百分点。区内生态环境继续改善。2012年,区内城市污水集中处理率82.7%,比上年提高了0.1个百分点,城市生活垃圾无害化处理量214.42%,比上年提高了7.7个百分点。区内荒山荒(沙)地造林面积42.11千公顷,占全省的34.03%,城市建成区绿地率42.13%,比上年提高0.6个百分点,城市人均公园绿地面积14.05,比上年增长8.2个百分点。

二、鄱阳湖生态经济区经济发展中存在的问题

(一)经济总量较小,综合实力较弱

与我国经济发达地区相比,鄱阳湖生态经济区的综合经济实力不强,区域竞争力较弱,优势产业和优势企业不多。从省际经济圈看,虽然本区域经济发展水平居全省前列,但与省外的"中原城市群""武汉城市圈""长株潭城市群"等其他经济区相比,无论是经济总量还是人均水平都比较低,综合实力有明显差距。而且,从全省范围看,区内部分地区经济总量还比较小,实力比较弱,2012 年,区内 GDP 占全省的比重为 58.9% ,38 个县(市、区)中,低于全省平均水平的有 18 个,还有 2 个县(市、区)生产总值低于 50 亿元;财政收入占全省比重 51.58% ,低于全省平均水平的有 16 个县。

(二)区内发展不平衡,县区之间差距明显

从区内经济实力看,38 个县(市、区)经济社会发展水平差异较大。2012 年,生产总值最多的南昌县达 437.57 亿元,而最少的湾里区仅有 34.81 亿元,差距达 12.57 倍;财政总收入最多的南昌县达到 60.39 亿元,最少的湾里区仅有 6.00 亿元,差距达 10 倍(见表 1);人均 GDP 最高的青山湖区达到 91668 元,最低的鄱阳县只有 8797 元,差距达 10.4 倍;人均财政收入最高的青山湖区达到 8796 元,最低的鄱阳县只有 666 元,差距达 13.2 倍。

表 1　2012 年地区生产总值前 5 名和后 5 名比较

地区	地区生产总值(亿元)	地区	地区生产总值(亿元)
渝水区	681.32	湾里区	34.81
南昌县	437.57	星子县	49.03
青山湖区	404.44	彭泽县	54.21
西湖区	392.77	共青城市	58.97
东湖区	370.09	德安县	61.78

表2　2012年财政收入前5名和后5名比较

地区	财政收入（亿元）	地区	财政收入（亿元）
东湖区	34.65	湾里区	6.00
贵溪市	35.59	珠山区	6.01
青山湖区	37.95	安义县	6.73
丰城市	42.00	星子县	7.03
南昌县	60.39	都昌县	8.12

(三)开放型经济发展有待提升,多项指标慢于全省

一是实际使用外资增速慢于全省。鄱阳湖生态经济区内外商直接投资实际使用外资金额增幅比全省低8.4个百分点。从区内38个县(市、区)来看,2012年外商直接投资实际使用外资金额增速低于全省平均水平的县(市、区)有19个,其中有6个县(市、区)出现负增长(见表3)。二是出口额增速慢于全省。鄱阳湖生态经济区内出口总值增幅比全省低3.5个百分点。从区内38个县(市、区)来看,2012年出口总值增速低于全省平均水平的县(市、区)有13个,其中有11个县(市、区)出现负增长(见表4)。

表3　2012年外商直接投资实际使用外资金额表

地区	外商直接投资实际使用外资金额(万美元)		2012年比2011年增长(%)
	2011年	2012年	
湾里区	150	52	-65.3
新建县	12309	12131	-1.4
珠山区	775	314	-59.5
余江县	3647	3097	-15.1
高安市	6366	5031	-21.0
临川区	3421	1802	-47.3

表4　2012 年出口总值表

地区	出口总值(万美元)		2012 年比 2011 年增长(%)
	2011 年	2012 年	
东湖区	51436	40164	-21.9
西湖区	94740	83911	-11.4
湾里区	1887	1565	-17.1
新建县	79325	51095	-35.6
安义县	7624	7511	-1.5
珠山区	24030	4941	-79.4
浮梁县	12858	5430	-57.8
浔阳区	22613	17077	-24.5
武宁县	12788	12162	-4.9
渝水区	203958	137676	-32.5
余江县	11977	11958	-0.2

(四)节能减排任重道远,生态环境保护压力加大

虽然历经多年努力,区域生态系统综合治理取得显著成效,但随着工业化、城镇化的加速推进,环境保护压力更加突出,节能减排任务更加艰巨。2012 年,鄱阳湖生态经济区内规模以上工业增加值增速比全省平均水平低 1 个百分点,但综合能源消费量增幅却比全省高 0.3 个百分点,其中煤炭消费量比全省增幅高 3 个百分点;万元规模以上工业增加值能耗比全省高 0.17 吨标准煤。2012 年,区内 38 个县(市、区)中有 23 个县(市、区)综合能源消费量增速高于全省平均水平(2.6%),最高增幅达到 47.5%;有 24 个县(市、区)煤炭消费量增速高于全省平均水平(-4.8%);其中,有 10 个县(市、区)煤炭消费量增速高于 13%。区内废水排放总量 111921 万吨,同比增加了 3983 万吨,其中,工业废水排放量 38739 万吨,同比减少了 642 万吨,占全部废水排放增量的 34.6%,工业废水中 COD 排放量 50052 吨,同比减少了 5962 吨,工业废水中氨氮排放量 4223 吨,同比减少了 80

吨;工业固体废物排放量3652万吨,同比减少了3.8%。

(五)科技创新能力不足,科技成果的产业化水平低

一是研发机构总量相对不足,配置不够合理,相当一部分县(市)没有研发机构。二是申请专利数和授权专利数相对较少;三是技术合同交易不够活跃,科技成果的产业化水平比较低;四是高新技术企业数量有限,高新技术企业产值偏低。以生态经济区的中心南昌市为例,2012年,南昌市专利申请量4526件,专利授权量3002件,高新技术企业135家,全年登记技术合同2034项,成交金额14.5亿元,全年高新技术产业工业增加值235.54亿元,占GDP的比重7.9%。同期,长株潭城市群中心城市长沙拥有科学研究开发机构97个,全年共取得省部级以上科技成果540项,专利申请14973件,授权专利10382件,签订技术合同3085项,成交金额19.85亿元,高新技术产业增加值1217.6亿元。武汉城市圈中心城市武汉市拥有政府部门属科学技术研究机构104所,全年专利申请24105件,专利授权13698件,技术市场合同成交额169.69亿元,高新技术企业819家,全年实现高新技术产业产值4556亿元,高新技术产业增加值1353.4亿元。

三、加快鄱阳湖生态经济区经济发展的对策建议

(一)转变发展方式,推动鄱阳湖生态经济区龙头昂起

要以科学发展观为指导,大力推进鄱阳湖生态经济区建设,加快转变发展方式,大力发展战略性新兴产业,抢占未来经济科技制高点,使经济走上创新驱动、内生增长的轨道,为转型提供可持续的发展动力。强力打造由南昌核心增长极、九江沿江产业带、昌九工业走廊构成的区域增长极,昂起鄱阳湖生态经济区产业经济发展的“龙头”,促进全省加速发展、加快转型、实现跨越。

(二)坚持深化重点领域和关键环节改革,最大限度激发和释放改革红利

促进经济平稳较快发展,离不开生产要素的投入,更要靠体制机

制的创新。按照党的十八届三中全会精神和省委十三届七中全会“发展升级,小康提速,绿色崛起,实干兴赣”的十六字方针,全面深化改革,增强发展活力。把改革创新贯穿于经济社会发展各个领域各个环节,以改革促发展,以改革助转型,以改革增效益,以改革惠民生,力争在重要领域和关键环节上取得新突破。围绕促进经济增长和可持续发展,深化财税、金融体制改革,防范金融风险,健全资本市场功能。深化国有企业改革,完善国有资产管理体制,推进经营性国有资产集中统一监管。改革国有资本授权经营体制,组建或改组若干国有资本运营公司、自然资源运营公司和投资公司。完善国有资产监管体制,规范国有企业高管人员薪酬和企业投资行为。积极发展混合所有制经济,支持非公有制企业通过参股、控股或并购等形式依法参与国有企业改制重组,鼓励非国有资本参股政府新投资项目。抓好省直管县财政体制改革试点。完善对县乡财政的激励、帮扶机制和省级对下财政转移支付政策,增强基层财政保障能力。推进农村各项改革。完善农村产权流转市场,加强管理服务,鼓励农民在依法自愿有偿的基础上流转土地承包经营权。全面推开集体林权制度改革。加快供销社改革发展。深化农村信用社改革。

(三)着力优化投资结构,发挥投资对稳增长的重要作用

一是发挥投资引导作用,引导社会资金重点用于具有全局性、基础性、战略性的重大项目,主要投向交通、能源、农林水利、高新技术产业、现代服务业、社会民生等领域。严格控制高耗能、高污染和产能过剩行业投资。二是抓好重点投资项目。扎实推进交通、电力等重大基础设施和社会民生类项目特别是政府投资项目建设,实施一批高科技含量的现代农业、先进制造业、现代服务业大项目。政府投资要保重点,主要用于项目续建和工程收尾,防止出现“半拉子”工程。三是搞好项目筛选储备。滚动筛选一批符合国家产业政策、对结构调整和产业升级具有引领作用的大项目、好项目,充实完善项目库。四是进一步激活民间投资。扩大市场准入范围,鼓励民间资本以并购、参股、控股等多种方式,进入基础产业、基础设施、市政公用事业、社会事业、金融服务等领域。出台鼓励民间投资的政策措施,扩大市场准入、拓宽融资渠道、

加大财税支持、减轻企业负担,确保民间投资增长。

(四)加强基础设施建设,提高经济社会发展保障能力

坚持统筹布局、适度超前、安全环保、集约用地原则,加快水利、交通、能源和信息等重大基础设施建设,大力提升共建共享、互联互通水平,形成与建设生态经济区相适应的基础设施支撑体系。交通方面:推进铁路干线建设,完善联港出海、连接东南、沟通东部、安全便捷的铁路通道网络;加快国家高速公路网和中心城市主通道建设,完善环鄱阳湖公路体系;以九江、南昌港口建设为重点,加快鄱阳湖水系的航道建设,建立联系紧密、运行高效、环境优良的生态水运体系;推进干支线机场建设,形成广覆盖、大密度的航空通道。水利方面:按照兼顾防洪与抗旱、生产与生活、当前与长远的要求,加快构建调控有力、配置合理的现代化水利保障体系。推进鄱阳湖水利枢纽、峡江、浯溪口等水利枢纽工程建设,实施病险水库、水闸除险加固,加强水土保持,完成鄱阳湖区重点圩堤、五河重点防洪整治工程等。能源方面:坚持“适度超前、因地制宜、电为中心、多元发展”的方针,统筹利用区内外资源,增强能源供应能力,加快能源结构调整,积极开发利用新能源和可再生能源,加强能源输送网络建设,构建清洁高效、保障有力、安全可靠的能源体系。信息网络方面:发挥多方面积极性,突破区划、部门、行业界限,合理布局互联网、通信、广播、电视等传输通道,形成以南昌为中心、连接环湖城市、覆盖区内乡村的信息传输网络。统筹信息基础设施规划、建设和管理,加快推进电信网、有线电视网和互联网“三网”融合;加快重点领域、重点单位公共信息资源库和业务系统建设,有序推进金税、金关等金字系列信息系统建设;整合涉农网络系统、信息资源和服务体系,提升装备水平,加强农村综合信息服务平台建设。

(五)拓展对外开放的深度和广度,全面提升开放型经济水平

以推进昌九一体化为契机,加快对接上海自由贸易区相关政策,充分利用南昌航空港和九江沿江港口的优势,整合南昌出口加工区、

九江出口加工区、南昌保税物流中心和功能，申报设立昌九综合保税区。全方位扩大开放合作。密切国际交流合作，深化与港澳台合作，加强与长珠闽地区的全面合作。抓住国家构建长江经济带、建设长江中游城市群的契机，促进与中部地区及相关省市合作，实现联动发展、互利共赢。大力推进"央企入赣"行动计划，抓住央企布局调整机遇，以对接规划、优化服务、完善政策为重点，吸引更多中央企业将高端制造业项目、新兴产业项目落户鄱阳湖生态经济区，在招大引强方面取得突破。科学承接产业转移。结合各地的产业基础和优势特色，探索中外合作、省外合作、省内共建等模式，有选择有重点地实施产业对接合作，加快承接产业转移示范区建设，大力发展"飞地经济"，促进重点产业组团承接和集群式发展。要进一步优化投资经营环境，建立廉洁高效的政务环境、公开公平的法制环境、规范守信的市场环境、优质便捷的服务环境、健康向上的人文环境、和谐优美的生态环境，不断增强引资竞争力，吸引更多的企业来赣投资，把好的项目"请进来"。同时，要大力实施自主品牌战略，优化出口产品结构，鼓励和引导一批有竞争优势的产业和企业稳步实施"走出去"战略，参与国际竞争，拓展国际市场，促进外贸的长足发展。

（六）加强生态环境保护与综合治理，促进区域经济可持续发展

以构建生态屏障为目标，在生态功能区保护、农村面源污染、生活污染等领域的关键技术展开研究和治理，探索利用现代先进技术手段防治污染、保护环境的根本途径。优化鄱阳湖国家级生态功能保护区生态环境，提升其综合管理水平。以综合技术措施强化五河源头和仙女湖、柘林湖等省级生态功能保护区的生态建设和环境保护。重点开展赣江流域（以南昌市城市河段及袁河流域为重点）、抚河流域（以抚州市城市段为重点）、饶河流域（以乐安河乐平市城市河段、昌江景德镇市城市河段为重点）等水污染综合防治技术工程。

构建鄱阳湖流域生态评估体系和洪涝灾害及卫生防疫系统，建立生态补偿机制和生态环境破坏赔偿制度。完善鄱阳湖流域综合管理机制。健全流域综合管理法律法规体系，创新流域管理体制与决

策机制,完善社会公众和利益相关方共同参与的机制,变单纯的开发利用管理为开发与保护并重管理。

(七)以科学发展观为指导,建立科学的考核和协调管理机制

一是建立对主体功能区分类管理的绩效评价和政绩考核评估体系。对优化开发区域,要强化经济结构、资源消耗、自主创新等的评价;对重点开发区域,要综合评价经济增长、质量效益、工业化和城镇化水平等;对限制开发区域,要突出生态环境保护等的评价;对禁止开发区域,主要评价生态环境保护的要求,对各主体功能区分类管理的绩效进行评价和政绩考核评估。二是建立鄱阳湖生态经济区可持续发展的预警机制。要使鄱阳湖的"一湖清水"永远保留下去,就必须加强鄱阳湖生态经济区水资源和生态环境保护,建立可持续发展指标体系,评价监测一定时期内该区域可持续发展的趋势,综合衡量该区域在发展过程中生态环境的污染和破坏程度,一旦达到一定的污染程度,就会预警,以便及时采取控制措施。三是建立鄱阳湖生态经济区区域发展协调机制。以市场为导向,铲除区域合作的各种障碍,打破地区封锁的格局,消除不合理的行政干预和区域内的市场壁垒,规范市场经济秩序,统一规划和建设市场网络,在生态经济区范围内统一工业制品、农产品质量标准、检验检测标准和认证标准,互相认同对方的鉴定结果,促进商品自由流通,使商品、资金、劳动力和人才、技术、产权、信息等都实现无障碍流动,促进区域经济共同发展。

参考文献

[1]麻智辉,李志萌.鄱阳湖生态经济区研究[M].江西人民出版社,2010.
[2]江西省统计局.鄱阳湖生态经济区统计年鉴(2010—2012年).

(作者简介:麻智辉　江西省社会科学院经济所所长、研究员)

鄱阳湖生态经济区现代产业体系发展研究*

——基于生态经济的视角

黄新建 陈文喆 朱越浦

一、鄱阳湖生态经济区产业发展的现状分析

1. 产业结构及发展特征

鄱阳湖生态经济区国土面积占江西省总面积的30.65%,集中了全省总人口的46.93%,经济区总GDP在2010年、2011年就接连突破了5000亿元、6000亿元大关,占全省经济比重近六成,充分发挥了经济发展“火车头”的作用,实现经济加速增长雏形。

产业发展方面,根据近年鄱阳湖生态经济区的产业结构来看(见表1),第一产业所占比重持续下降,2009年比重为10.2%,2010年和2011年分别为9.1%和8.7%,这是由于工业化进程导致的结果;第二产业所占比重的发展趋势较为稳定,每两年相差不超过3%,第三产业所占比重先小幅下降后又小幅上升,总体来说差别不大。分产业来看,第一产业所占比重最小,仅为10%左右,第三产业所占比重为35%左右,第二产业所占比重最大,为55%左右。三大产业结构基本符合工业化中期的区域经济发展规律。

---

* 本文系江西省科技重大专项“鄱阳湖科学考察”第四专题子课题“鄱阳湖生态经济区产业发展与空间布局考察”(项目编号:20114ABG01100-4-15);国家社会科学基金重大项目“欠发达地区生态与经济协调发展研究”(项目编号:12&ZD104)的阶段性成果。

表1　鄱阳湖区2009—2011年三大产业生产总值

年份		2009年	2010年	2011年
地区生产总值(亿元)		4491.39	5544.76	6878.53
第一产业	总产值	459.51	506.39	599.2
	结构指数	10.2	9.1	8.7
第二产业	总产值	2451.88	3172.49	3886.6
	结构指数	54.6	57.2	56.5
第三产业	总产值	1580.00	1865.89	2392.73
	结构指数	35.2	33.7	34.8

数据来源:鄱阳湖生态经济区统计年鉴及江西省统计年鉴。

2013年前三季度,鄱阳湖生态经济区实现生产总值5739.2亿元,全年突破8000亿元,人均GDP突破40000元,接近全国平均水平。其中以经济区双核南昌、九江的发展最为显著。2013年南昌、九江两市分别实现生产总值3336.03亿元和1601.73亿元,两市经济总量占全省的比重达到34.44%,比2012年提高0.3个百分点。工业园区建设水平加快提升,有10个工业园区升格为省级工业园区,3个经开区升格为国家级经开区,3个高新区升格为国家级高新区。产业方面,区内战略性新兴产业增加值和高新技术产业工业增加值连续保持两位数增长,占全省的比重分别达到68%和59%,其中高新技术产业工业增加值由363.99亿元增加到2012年的569.1亿元,2013年预计突破600亿元。循环经济实现产值3000多亿元。金融、商贸、旅游等现代服务业蓬勃发展。其中,2013年前三季度,区内第三产业实现生产总值就已达2038.5亿元,占全省第三产业总值的56%。南昌着力打造核心增长极,九江主攻沿江开放开发,同时昌九一体化也提升了鄱阳湖生态经济区的发展活力。

2. 产业发展的主要问题

(1)现代农业化进程缓慢,内部结构亟待调整

第一,鄱阳湖区农业基础设施较落后,向现代农业转变的步伐缓慢,这也使与农业相关的各产业发展较慢。如农产品加工业,区内虽

然拥有特色农产品，但是未能形成较大影响力的品牌，同时，农产品龙头企业加工设备落后，管理方法传统，生产率低下，创新能力不强，从而未能使农产品具有较强的竞争力。

第二，鄱阳湖区传统农业比重大，产业布局需进一步优化升级，在农业内部产业结构中，农村三大产业结构很不合理，种植业仍是鄱阳湖区农业中的主导产业，其他产业比重偏小。

第三，鄱阳湖区农业产业现有布局基本上按照自然资源分布和环境状况布局，且布局分散，集中程度低、规模小。各县市农业产业结构不合理，产业升级缓慢，基本停留在传统农业发展阶段，这很不利于农业产业的发展，更不利于鄱阳湖区产业结构的调整。

(2)高技术工业产业发展滞后，内部结构比例失调

第一，传统工业所占比重大，新兴工业发展较慢，技术落后，创新能力不足，工业人才缺乏，工业产品科技含量低。

第二，轻重工业发展失衡。由江西省统计年鉴数据计算整理而得，到 2012 年鄱阳湖区规模以上工业企业中，轻工业企业数为 1649 家，总产值为 5286 亿元，而重工业企业数量为 1916 家，总产值为 6446 亿元。可见，鄱阳湖区重工业发展超过轻工业，轻重比例失调。

第三，湖区部分地区的工业污染严重，工业排放物未能有效处理，同时采砂作业依然泛滥，严重破坏了湖区生态环境。

(3)服务业现代化体系尚未形成，发展实力有待提高

第一，第三产业人才占比很大，但增加值占比偏低。2012 年鄱阳湖区服务第三产业各类人才所占比超过 80%，但是增加值占地区国内增加值的比重近几年都在 35% 左右，到了 2012 年，比重仅为 29.6%，这一比重远远低于发展中国家 45% 的平均水平，也低于全国平均水平 34.6%，在中部区域中排名仍然靠后，这与鄱阳湖区人才结构不匹配，这也不能满足该区经济快速发展的要求。

第二，内部结构不合理。从第三产业内部结构来看，交通运输、仓储和邮政业占据主要地位，而金融业、房地产业相对弱小，另外，采用现代化的新技术和新服务方式并向社会提供高附加值的新兴服务业发展较慢，未形成一定规模。

(4)湖区生态环保面临挑战,可持续发展受阻

首先,鄱阳湖区农业的生产依然存在围垦现象,导致湿地生态系统退化,造成湿地面积缩小,水质下降、水资源减少甚至枯竭、生物多样性降低、湿地功能降低甚至丧失;同时过度放牧导致了草洲上的草数量急剧减少,蓄水的作用得不到发挥,在枯水期草洲会干裂,也影响鸟类觅食,继而影响生物链甚至整个生物系统,破坏了湿地生态系统。

其次,部分地区工业污染排放物没有有效处理,对空气水源造成一定的污染;采砂活动依然较多,破坏了鱼种的繁殖地,影响鄱阳湖鱼类资源的生存,严重损害了渔民的利益、导致滨湖区百姓的饮水问题;同时还导致枯水期的草洲干裂,破坏候鸟的栖息地,损害了鄱阳湖自然保护区的环境,打破了保护区的生态平衡。

因此,鄱阳湖生态经济区的产业发展要紧紧围绕生态展开,走出可持续的产业发展道路。

二、鄱阳湖生态经济区生态产业的发展路径

1. 主体方向

鄱阳湖生态经济区的产业体系应以循环经济为核心,树立循环理念,探索发展循环经济的有效途径,推动"资源——产品——污染排放"所构成的传统模式,向"资源——产品——再生资源"所构成的循环经济模式转变。积极发展生态农业、生态工业、现代服务业,大力倡导绿色消费,推动发展模式从先污染后治理型向生态亲和型转变,增长方式从高消耗、高污染型向资源节约和生态环保型转变,使生态产业在国民经济中逐步占据主导地位,形成具有江西特色的生态经济格局。实现产业经济生态化和生态经济产业化。

(1)大力发展生态工业

突出生态特色,运用生态产业化、产业生态化的理念,立足现有基础,对低污染工业企业进行技术改造,推进产品结构、企业结构、行业结构调整,不断提升工业的生态化水平。依法依规淘汰落后产能,禁止滨湖区新建、改建、扩建化学制浆造纸、印染、制革、电镀等排放

含磷、氮、重金属等污染物的企业和项目，鼓励现有工业企业搬迁异地改造、扩建。对工业园区进行生态化改造，按照生态产业链的要求，大力倡导清洁生产，推进资源节约与综合利用，逐步实现上、中、下游物质与能量逐级传递，资源循环利用，污染物减量排放。

(2)稳步发展生态农业

加快鄱阳湖大型优质粮基地建设，注重改善品质，提高效益，实施优质粮食产业化工程。在大农业生产过程中，大力推广有机肥使用和有机食品的生产，防止化肥中氮磷向湖中排放与污染；启动生态农业示范县建设，建设一批绿色食品和有机食品生产基地，以畜禽生态养殖示范为抓手，大力发展绿色畜牧业；突出发展适用国内外市场需求的绿色名特优农产品，实现品质优质化、生产集约化、产品安全化和管理科学化。建立农产品生产、加工绿色认证体系，变“绿色壁垒”为绿色动力，扩大绿色农产品的出口。

(3)加快发展现代服务业

发挥优势、塑造特色，围绕市场需求和地区优势建立服务集聚区，区域间错位发展。紧紧结合一二产业的需求，以知识密集型服务为内涵，积极拓宽以商贸、物流、旅游、金融等代表的传统服务业的发展路径，努力开发新市场、细化服务产品种类、提高服务产品质量，巩固传统服务业的发展地位；大力推进信息产业、文化产业等为代表的新型服务业，挖掘市场潜力，拓宽市场服务范围，达到服务业的现代化这一根本要求，从而构建鄱阳湖生态经济区现代服务发展体系。

2. 空间布局

以科学发展观为指导，绿色发展为原则，强调 GDP 含金量，按照国家主体功能区的划分，对鄱阳湖生态经济区的产业进行合理布局，以“做大一个中心，打造五条产业带”为总体布局，做大做强南昌这一中心城市，通过提升中心城市产业带动鄱阳湖生态经济区，同时打造昌九先进制造业产业带、浙赣铁路沿线高新技术产业带、沿长江临港生态产业带、鄱阳湖生态农业产业带、鄱阳湖生态旅游产业带。

根据鄱阳湖生态经济区的“两区一带”功能分区，在鄱阳湖核心区及周边的庐山、三清山、龙虎山、龟峰、瑶里等国家级自然保护区组成的禁止开发区，主要发展生态旅游、生态农业、生态文化。在五河沿岸2~3公里和鄱阳湖湖岸3公里滨湖12县(区)范围内组成的限制开发区，主要发展生态旅游、生态文化、生态工业、生态服务业。南昌、九江、景德镇、上饶、鹰潭、抚州等区域中心城市为优化开发区，南昌作为特大城市，应强化金融、商业、物流、工业、旅游功能，集聚发展现代服务业、高新技术产业和都市型工业，建设成为中部地区的商贸中心、金融中心、工业中心、物流中心、旅游中心。九江、景德镇、上饶、鹰潭、抚州要定位于大城市，走新型工业化道路，大力发展汽车、医药、电子信息、食品、石化、造船、有色金属、旅游等产业。上述之外的其他地区为重大开发区，要依托资源条件和产业发展基础，发展特色农业、生态工业，大力发展农业产业化项目及与农业产业化结合的生态友好型产业，发展生态工业园区。

三、鄱阳湖生态经济区产业发展的对策研究

1. 生态工业

(1)建立生态工业发展的支撑体系

生态工业发展的支撑体系包括废弃物回收利用体系、技术支撑体系、法律和政策支撑体系和设施共享体系四大体系。其中，废弃物回收利用体系是生态工业发展的核心内容，技术支撑体系是生态工业能否发展的动力所在，而法律和政策支撑体系是生态工业发展的制度保障，基础设施体系是生态工业发展的物质保障。技术支撑体系、法律和政策支撑体系和设施共享体系都是为废弃物回收利用体系服务的，目的在于保障该体系更好地运行。因此，政府应根据地方生态工业发展的现状制订相应的条例和地方性规章，注重技术标准，注重规定企业在生产过程中所排放物含量的指标，并在税收政策、生态工业发展政策方面给予大力支持。也就是说，政府的引导和制度创新都是支撑体系的一部分，两者是支撑体系的基础，而废弃物回收利用系统和技术支撑系统则是关键所在。

(2)建立生态型的特色产业集群

产业集群具有类似于生物群落的特征，集群单元之间相互依赖、相互作用，形成复杂的、相互连接的网络系统，系统中的物质、能源和

信息的流动与储存不是孤立的简单叠加关系，而是可以像自然生态系统那样循环运行，这种循环成为产业集群生态系统保持稳定的重要条件。鄱阳湖生态经济区应重点培植有特色的工业产业集群以促进生态工业的建立和发展：一是新能源、铜冶炼及精深加工产业、优质钢材深加工、炼油及化工产业群；二是光电产业、航空航天、生物产业等高新技术产业群；通过发展生态型的特色产业集群，使企业群落实现比每个企业优化个体所实现的个体效益的总和还要大得多的群体效益。有效率、低污染的特色工业产业集群会推动鄱阳湖地区的工业实现跨越式快速发展，带动江西省在中部地区崛起。

(3)重点实施工业园区生态化改造

在进一步整合各类工业园区的基础上，推进工业园区的生态化改造。通过优化整合，促进污染项目集中布点，集中治理，达标排放，全面加强开发区和工业园区的生态环境建设。按照产业链、供应链的有机联系，逐步实现上、中、下游物质与能量逐级传递，资源循环利用，污染物减量排放。以现有工业园区为依托，进行优化组合。加快工业园区建设生态化，加大园区基础设施改造，加大原有基础工业、重化工业和机械制造业的技术改造升级。重点加大对昌九经济带及南昌经济开发区、高新技术开发区，九江经济开发区、星火高新技术产业开发区、江西铜工业园等循环工业发展的资金、技术投入。让工业园区成为招商引资的重要载体，争取省外、境外和国外资金进园建设，同时加强传统工业的配套和改造，使工业园成为产业聚集、链条完整，形成多层次、多元化较为完善的工业集群。让工业园不仅是创业园，而且成为循环工业、节能减排、集中排污治污集结地，实现中水循环利用的生态园。

(4)加快推进企业实行清洁生产

企业作为经济市场中最小的个体，是经济市场活动的基本组成部分。鄱阳湖生态经济区走生态工业的道路，离不开企业的参与，企业既是参与者，也是生态工业的受益者。而企业层面上要落实生态工业应该实施清洁生产。要积极推进资源节约与综合利用，发展壮大环保产业。目前，企业层面先进的循环经济实践就是清洁生产和绿色制造，它们体现符合技术经济可行性的绿色产品设计、绿色能源选用、绿色原料选择、绿色车间布局、绿色工艺规划、绿色包装设计、绿色回收再用等原则。

(5)全社会参与,倡导绿色消费

绿色消费引导绿色生产,而公众的环境意识又决定其消费偏好。所以建立生态工业最终要落脚于公众环境意识的提高。倡导绿色的消费政策是构建生态型工业最重要的环节。绿色消费包括的内容非常宽泛,不仅包括绿色产品,还包括物资的回收利用、能源的有效使用、对生存环境和物种的保护等,可以说涵盖生产行为、消费行为的方方面面。其含义包括倡导消费未被污染或者有助于公众健康的绿色产品;鼓励选购循环利用程度高、适度包装的绿色产品,同时鼓励购买以再生资源为原料的制品;在消费过程中注重对垃圾的处置;不造成环境污染;引导消费者转变消费观念,注重节约资源和能源,改变公众对环境不宜的消费方式。

2. 生态农业

(1)整体规划,科学布局

生态农业是鄱阳湖地区生态经济的重要组成部分,有计划地发展生态农业是实现鄱阳湖地区协调发展、减少鄱阳湖污染、提高鄱阳湖地区农产品市场供应能力的重要保障。完善生态农业发展规划,为"生态农业优化模式"提供战略保障。生态农业的建设和发展是一项带有全局性和战略性的事业,不可能一蹴而就,必须进行科学的规划布局,分阶段、有步骤地实施。鄱阳湖生态经济区的生态农业发展模式选择应考虑到当地的情况,选择经济、社会和生态效益兼顾的发展模式。在发展目标定位上,也应考虑不同地区资源条件的差异,本着优化区域布局、突出地方特色的原则来进行合理规划,既坚持社会、经济和环境优化的同步发展,又要兼顾增加农民收入,调动农民生产积极性,力争实现各区域内能流、物流、资金流、信息流的持续、高效、稳定和协调。在规划过程中,还应明确重点生态工程建设项目,以获得整体效益,提高系统的稳定性。

(2)建立多元化投融资体系,政府资金倾斜

政府努力争取国家部委对环鄱阳湖生态经济区相关农业建设项目的资金支持的同时,应该进一步加大各级财政的支农资金,完善农村基

础设施建设。各级金融部门要加大对鄱阳湖生态经济区农业发展建设的支持力度。进一步建立鄱阳湖生态环境建设基金,充分利用资本市场的融资功能,为生态经济区农业发展创造条件。开拓多种融资方式,广辟资金渠道,加大对生态农业建设的投入,逐步形成以企业投入为主体、政府扶持为导向为补充的生态农业建设多元化投入体系。要积极推进生态农业建设项目的市场化、产业化进程,充分发挥市场机制在资源配置中的作用,推动生态农业建设和环保项目的社会化运作。

(3)引进科技人才,完善农业服务

发展高效生态农业,提高农业综合效益,技术要求高而且综合性强,人才是关键,需要培养各类人才。目前,鄱阳湖生态经济区内的农民科技文化素质、基层农机、农技、水利等科技服务不到家,这就需要挖掘人才、培养人才、使用人才。一是鼓励在外创业者返乡创业。很多外出务工创业人员有经验、资金积累、思想解放、思路开阔、思维敏捷,是当地不可或缺的人力资源,要积极引导他们返乡创业,带头致富。二是培训培养部门干部。有计划地培训培养有觉悟水平、有专业水平、能按照要求和规划积极组织实施生态农业项目建设的部门干部。三是配齐配强农、林、牧、渔专业技术人员。四是充分依托科研院校、组织培训专业技术人员,不断提高专业水平,不断更新知识机构,不断提高服务能力。

(4)提高集约化程度,加快农业产业进程

推进产业化经营是发展鄱阳湖生态农业的重要途径。推进鄱阳湖地区农业产业化,首先要根据规划发展重点,科学引导农业向区域化、特色化、规模化、标准化方向迈进,逐渐提高区域内规模化、标准化种养殖比重。其次是加快发展龙头企业。重点建设一批省级以上龙头加工企业,加快企业技术改造升级,推进农产品品牌建设,不断发展壮大龙头企业。第三是积极发展农民专业合作社,提高组织化程度。发展"龙头企业+合作社+农户"生产模式,密切龙头企业与农户的联系,建立健全利益共享、风险共担的利益联结机制。

(5)完善农业功能分区,提高利用效率

结合鄱阳湖生态经济区的农业区位特征,根据空间分析结果,将鄱阳湖生态区的农业区划主要分为粮食主产区、油料主产区、水果主产区、蔬菜主产区、棉花主产区、茶叶主产区、生猪禽蛋业主产区、乳制品主产区、渔业主产区九个大主产区,根据湖区农业发展实际和农业产业化经营的要求,积极探索土地流转的保障机制,加快推进土地使用权流转,并逐步向经营大户、能人和龙头企业集中,发展规模经营,实现鄱阳湖生态经济区土地资源的优化配置。完善农业生态功能区,以提高农业土地利用的效率。

3. 现代服务业

(1)以现代物流构建互联互通体系

鄱阳湖生态经济区应积极加快现代物流业加快建设现代物流基地和配送中心,开展跨行业、跨地区、跨所有制的现代物流配送业务。第一,建设一批现代化的大型商场服务中心和批发贸易中心,合理布点,建设不同服务层次的商业网点,逐步形成集信息、仓储、加工配送等功能为一体的多层次、专业化、标准化的现代物流网络。第二,物流结点体系建设是现代物流业发展的重要空间载体,要在统筹规划、合理布局的基础上,按照顺畅衔接水、陆、空、管等多种运输方式的要求,构筑现代物流结点体系。第三,应强调产业、城市、物流三者之间的协调搭配,提升运行效率,实现无缝对接,使物流业充分服务于区内各城市、各产业的发展。

(2)以现代金融业服务经济改革

首先,加快区内中小金融机构的改革,根据地区经济发展需要,借鉴沿海发达地区做法,积极探索和推行吸收民营资本入股,适时整合金融资源成立区域性金融机构如“江西商业银行”。其次,现代金融服务体系在强调经济区金融业发展的整体规划的同时,还应与经济区内的实体经济相结合,实现区域内错位发展,避免同质竞争。另外,结合农业的发展优势及基础地位,应逐步健全完善经济区农村金融组织体系,积极创新和推广新型农村金融服务,妥善解决“三农”问题,使更多的农村居民获得便利的金融服务。

(3)以生态旅游业提升服务质量

积极发展生态旅游业,加快旅游资源的整合,建设旅游精品线路体系,打造旅游业集群。坚持旅游开发与生态环境建设、历史文化遗产保护同步规划、同步实施,把生态观念和生态文化融入旅游的各个环节,使生态旅游成为鄱阳湖生态经济区的重要品牌,带动全省旅游业整体水平的提高。同时,旅游业可以说是最具综合性特点的行业,旅游消费不仅与交通、住宿、餐饮、商业、景区景点等行业直接相关,还与工业、农业、制造业以及通信、金融、保险等产业关联,其可大量增加当地直接和间接就业岗位(比例约为1:5),对于扩大鄱阳湖湖区再就业工程、快速提高当地居民收入水平具有重要作用。因此,鄱阳湖生态经济区旅游业发展必将对其他行业的发展产生极强的关联性和带动性。旅游业与传统产业之间应形成良性互动关系。首先是传统行业对发展旅游业的大力支持,当旅游业壮大后能够促进和带动其他行业共同发展。这是提高湖区人民生活水平,帮助湖区农民早日脱贫致富的一条重要途径。

(4)以信息网络实现"三化"融合

以网络化服务业为方向,形成信息时代的经济发展的管理支撑体系,是以信息化带动农业和工业发展的一个根本性的任务,是完善社会服务体系的重要建设内容。以基础电信运用企业和本土现代软件企业为基础,以智能化、数字化、网络化为未来发展导向,重点建设物联网、多网融合、云计算处理等新兴产业增长点。在产业的省域发展中,以南昌为中心,建设软件与信息服务产业聚集区,积极落实重大建设项目,培养骨干企业,均衡辐射全区。通过加快网络设施假设、打造发展重点产业、加强技术研发创新、促进产业升级等方式,完善鄱阳湖区软件与信息服务产业群的建设,实现信息化同农业产业化、新型工业化的高度融合。

(5)以文化产业提升区域发展活力

作为全省战略性新兴产业里唯一的服务业,鄱阳湖区要形成具有核心竞争力的文化产业群,一是继续扩大产业规模、形成种类众多的文化产业集聚,包括软件业、科学研究事业、科技交流和推广服务业、教育事业、文化艺术和广播电影电视业等科研文化事业。产业群内产业之间的联系比较强,可以强化文化及创意产业与相关工业部门的联系。二是针对软件及服务外包等具有高技术基础的文化创意产业,应强化文化元素的注入,提升文化内涵;针对动漫等具有高文化基础的文化创意产业,应强化科技元素的注入,提升科技内涵;针对娱乐休闲、文化旅游等文化、科技基础较为薄弱的传统文化创意产业,应强化文化与科技两种元素的发掘与注入,同时提升文化与科技的内涵。

(6)以繁荣商贸增强湖区经济实力

完善鄱阳湖区内商业网点建设规划和商贸行业信用体系建设,健全商贸市场监管体系和公共服务体系,整顿和规范商贸市场经济秩序,大力发展现代商贸业。推进区内老旧商贸市场升级改造,提升其服务功能,在中心城区和新城区规划建设大型商贸综合体,优化商贸市场布局。打造特色商业街,促进流通服务企业集聚发展,利用互联网等信息技术和人们消费观念的转变,大力发展连锁经营、共同配送、电子商务等新型商贸流通业态,促进传统商贸业向现代商贸业转变。

参考文献

[1]麻智辉.鄱阳湖生态经济区生态工业园构建与发展研究[J].鄱阳湖学刊,2009,(2).

[2]宋林飞.发展再生资源产业的世界潮流与对策建议[J].现代经济探讨,2008,(2).

[3]余达锦,胡振鹏.鄱阳湖生态经济区生态产业发展研究[J].长江流域资源与环境,2010,(3).

[4]黄新建,万科.低碳背景下的区域生态产业体系建设研究——以江西为例[J].科学管理研究,2013,(6).

(作者简介:黄新建　南昌大学中部发展研究中心副主任、教授;博士生导师

陈文喆　江西省发展改革研究院助理研究员

朱越浦　南昌大学博士)

浅议河南省生态环境保护的制度建设

赵 执 朱 丽

党的十八届三中全会指出,“建设生态文明,必须建立系统完整的生态文明制度体系”,要“用制度保护生态环境”。近年来,河南积极开展生态建设、大力加强环境治理、不断地完善生态环境保护的制度体系,全省的生态环境质量得到进一步的改善。但在经济和社会转型双重压力下,河南生态建设与环境保护所面临的形势依然十分严峻,一些制度上的障碍更是日益凸显。面对当前河南加快推进新型工业化和城镇化的关键时期,着力强化生态环境保护制度的建设,为河南经济社会转型提供强有力的资源环境支撑,为加速推进美丽河南的建设提供切实有效的保障显得尤为重要。

一、河南省加强生态环境保护制度建设的必要性

近些年来,河南省的生态环境呈现总体向好的趋势。但是由于河南正处于经济社会发展的转型期、资源环境承载力的高压期以及环境问题爆发的集中期,全省人均资源占有量低、资源集约利用程度差、经济社会发展不均衡、生态环境脆弱、污染排放累积严重等问题仍然非常突出。因此,加强环境保护推进生态文明建设仍是河南省实现可持续发展的薄弱环节和迫切任务。然而生态环境的变化不仅仅是一个自然过程,同时也是与人们的日常社会实践活动和政府的制度安排等相关联的社会过程。因此,要解决当前的资源和环境问题,单纯依靠科学技术的力量是行不通的,还必须建立完善的生态环境保护制度。一方面可以进一步地约束和规范人们的行为,有助于河南生态道德文化的建设;另一方面不断地完善相关法律法规,理顺

生态环境保护的治理体制，构建能够推动各主体之间良性互动的保护机制，形成促进生态环境保护政策环境，成为河南省实现可持续发展的必由之路；更重要的是有利于实行最严格的源头保护制度、损害赔偿制度、责任追究制度，完善环境治理和生态修复制度，用系统完整的制度来切实保护河南的生态环境。

二、河南省生态建设与环境保护的实践及成效

河南位于我国南北气候的过渡地带，地貌类型复杂多样，自然生态环境脆弱，经济社会发展面临的生态环境问题突出。为了改善生态环境质量，提升中原经济区建设的资源环境承载能力，河南省积极开展生态建设和环境治理，扎实推进污染减排工作，不断完善生态环境保护的制度体系，取得了积极的成效。

1. 生态建设取得初步成效

2007 年河南省发布《河南林业生态省建设规划（2008—2012 年）》，开始以林业生态省建设为载体，积极开展生态建设。五年的努力建设取得初步成效，其中造林绿化成效明显，五年间共完成造林任务 2546.6 万亩，新增森林面积 906.8 万亩；截至 2012 年全省森林面积 5756.5 万亩，森林覆盖率接近 23%，比 2007 年增加 3.62 个百分点。生态系统服务功能不断提升，在治理水土流失、防风固沙和固碳减排等方面发挥了有效作用，全省现有森林和湿地年吸收固定二氧化碳 8713.5 万吨，相当于全省当年总能耗排碳量的 12.64%，进一步提高了生态环境的经济社会承载能力。与此同时，公众的生态文明意识不断提升，各地积极开展相关的示范创建活动。目前共创建国家森林城市 5 个、全国绿化模范城市 4 个、国家级绿化模范县 19 个，建成林业生态县 134 个。全省共建立不同级别、不同类型的自然保护区 33 处，总面积 759134 公顷，占全省面积的 4.5%。

2. 环境污染治理效果显著

河南省每年选定若干重点目标，先后对南水北调中线工程水源地、全省主要饮用水源地和贾鲁河、卫河、惠济河等流域，小水泥、小造纸、小耐火材料等比较集中的区域，化工（化肥）、医药、电力等高排

放行业实施综合整治。2012 年,全省各地组织实施了城镇集中污水处理设施升级改造,酒精、化肥、造纸和化工等涉水重点工业行业的污染防治,规模化畜禽养殖场和养殖小区的污染治理,以及机动车环保标志管理制度和建设完善垃圾填埋场渗滤液处理设施等措施,全面开展污染减排工作。通过淘汰落后生产能力和对企业进行深度治理,局部地区的污染物排放总量得到大幅削减,环境质量明显好转。

3. 环保基础设施建设加强

目前,河南省已经逐步建立起了村组收集、乡镇运输、县(市、区)处理的生活垃圾收集处理体系和运行机制逐步,加强了城镇污水处理厂和生活垃圾处理场建设与管理。2010 年,河南省在全国率先实现了"县县建成污水处理厂和垃圾处理场"的目标,所有已建成城镇生活污水处理厂出水水质均达到国家标准。截至 2010 年底,全省已建成污水处理厂 146 座,总污水处理能力达到 631.55 万立方米/日,年实际污水处理量为 168340.6 万立方米,年污水排放量为215832.63 万立方米。全省城镇污水处理率为 78%,其中城市污水处理率为 82.6%、县城污水处理率为 70%。建成配套污水管网 8229 公里,污泥处理厂 7 座,污泥处理率为 31.5%。

4. 制度保障得到不断强化

在规划管理方面,河南省政府在 2007 年和 2013 年,分别批准实施了《河南林业生态省建设规划(2008—2012 年)》和《河南林业生态省建设提升工程规划(2013—2017 年)》,以林业生态建设和林业生态功能提升来强化生态环境保护。2011 年,河南省发布实施《河南省环境保护"十二五"规划》,并且相继出台和制定各项环保领域的专项规划,以规划促进环境保护工作。为了适应河南省经济社会发展和生态文明建设的新要求,2013 年,河南省政府发布《河南省生态省建设规划纲要》,提出用 20 年时间全面完成生态省规划建设任务,推动全省经济发展方式转变,加快推进生态文明建设,全面提升河南省可持续发展能力。

在法律法规建设方面,河南省先后出台了《河南省生态公益林管理办法》《河南省建设项目环境保护条例》《河南省水污染防治条例》

《河南省固体废物污染环境防治条例》等地方性法规。2013 年 9 月，省人大常委会通过《河南省减少污染物排放条例》，为全省进一步强化污染减排提供了法制保障。

在技术保障方面，河南省在五年的时间内，建成了环境自动监控系统，实现对全省水、大气和辐射等环境质量以及重点排污企业污染物排放状况的自动监控全覆盖，为严格保护环境和推动环境保护机制创新创造了良好的条件。河南省还注重完善技术标准体系，针对环境保护的重点和突出问题，编制了涉水、涉重金属等重点污染行业的污染物排放标准，以及农村农业重点污染防治技术规范。

在管理体制和机制方面，河南省成立了专门的环境保护委员会，建立了政府环保目标责任制、领导干部考核责任制，实行环境保护问责制和“一票否决”制，推行了水污染生态补偿制度和排污权交易试点等环境经济政策。2013 年，河南将污染减排纳入各地政府绩效考核，对不能按时完成减排任务的地方和企业实行问责制和“一票否决”制，并依法依规追究主要领导责任。并在全国率先全面实施了主要污染物排放总量预算管理制度，有效地控制污染物排放总量。

三、当前河南省生态环境保护制度建设面临的形势及问题

近些年来，河南不断强化生态环境保护制度的建设，扎实有效地推进生态建设和环境保护各项重点工作，为全省生态环境质量的改善奠定了良好的制度基础。但河南的生态环境形势总体上仍然十分严峻，除了新型工业化、城镇化和农业现代化的快速发展带来的巨大压力，生态环境保护制度本身也还存在一些亟须解决的突出问题。

1. 生态环境形势仍然十分严峻

河南的森林和湿地生态系统整体功能脆弱，抵御灾害的能力不足，难以满足新型工业化、城镇化和农业现代化对生态环境质量不断提升的要求。目前，河南人均森林面积仅为全国平均水平的五分之一，森林覆盖率在全国排名为第二十位，湿地面积仅占国土面积的 6.6%，整体保护率并不高。并且 60% 以上的林业用地、森林面积、森林蓄积面积分布在豫西伏牛山区，其中纯林所占比例较大，以幼、中

龄林为主;湿地方面,个别地区由于矿山开发以及大量工业废水和生活污水的排放,严重污染和破坏了湿地的生态系统平衡。在山区,宜林荒山荒地区域大多地势偏远、绿化难度较大,亟须抚育和改造中幼林和低质低效林。而在平原地区,由于土地开发历史悠久,生态环境十分脆弱,风蚀沙化、低温冻害等自然灾害频繁发生,严重影响农业生产,亟须完善农田防护林系统、治理大量的沙丘沙荒地。

与此同时,环境容量的紧缺对河南经济持续发展的制约作用日益凸显。目前,整体上河南省水环境已无容量,大气尚存在部分容量,并且环境容量分布上还存在着较大的区域差异。在全省的南部和东部部分地区还有一些环境容量的余量,但北部和西部以及郑州部分地区环境容量已经严重超载,亟待通过加强环境保护基础设施建设和节能减排来减轻经济社会发展对敏感区域和全省生态环境保护的不利影响。除此之外,随着社会公众对良好生态环境重要性的认识不断增强,人民群众对生态环境质量的期望也进一步提高,这在一定程度上增强了全省加强生态建设和改善环境质量的紧迫性。

2. 经济社会转型加大保护压力

河南正处于经济转型升级的关键时期,资源与生态环境承载的压力持续增大。目前,河南省产业结构总体低端化,环境资源利用效率较低、结构性污染问题比较突出;并且河南省经济发展方式相对比较粗放,万元生产总值的能耗和水耗等低于国内平均水平,水、空气、农村等一些长期积累的环境问题尚未得到根本性的解决,重金属污染、危险化学品、机动车辆尾气污染、电子垃圾污染等新的环境风险不断涌现。新旧环境问题的交织涌现,在经济快速发展的环境下,使得河南省生态环境保护工作的复杂性和严峻性十分突出。

目前,河南省正加快推进新型城镇化进程,全省城镇范围不断拓展,城市基础设施建设强度增大,导致农业、森林、湿地和水域等生态功能区面积不断缩小,原有生态系统功能遭到严重破坏。快速城镇化过程中,城镇人口快速膨胀,导致生产生活垃圾、污水和废弃排放大量增加,对生态环境形成了巨大压力。工业和城镇居民生活产生的污水和废弃排放,已经成为危害水环境和城市大气环境的主要因素,严重影响了城镇居民的身心健康以及经济社会的可持续发展。

农村和农业也成为新的主要生态环境压力。随着农村居民生活现代化程度的提高,生活废水和固体废弃物增长迅速。在农业生产中,化肥、农药和薄膜的推广使用,使得农业面源污染和规模养殖污染形势严峻。此外,部分重污染工业企业逐步由城市向乡镇、农村工业园区转移,地方特色产业发展中污染排放问题凸显。然而,由于环境保护基础设施比较薄弱,农村地区和农业生产中的污染防治工作滞后,造成农村环境呈现生活污染和工业污染交织、点状污染与面源污染共存的状况,河南农村环境综合整治任务依然非常艰巨。

3. 制度建设方面存在突出问题

河南先行的生态环境保护制度尚不健全,仍然存在一些亟须解决的突出问题。首先,相关规章制度还不完善。特别是在辐射污染防治、环境应急管理和生态环境自动监控等河南生态环境保护工作的重点领域,国家已有的相关政策法规和标准与地方工作的实际要求存在一定差距。河南缺乏一系列符合自身实际需要的地方性法规和规章,来为这些领域的环保工作开展提供法律支撑。其次,体制机制还未完全理顺。河南在生态环境保护目标考核和责任追究、生态环境保护决策、生态创建激励机制、环境治理和生态修复以及生态环境监管等方面的工作机制还不够健全,需要进一步完善以加强和规范地方之间和部门之间的协作,确保生态环境各领域、各环节的各项任务切实有效地推进。最后,缺乏有效的多元参与机制和民主监督机制。目前,有效的环境社会监督和参与机制还没有建立起来,特别是一些地方对生态环境保护中公众参与的重要性认识不足,甚至错误地将一些群众表达环境利益诉求的正常现象视作不和谐的社会因素等。这种错误认识在一定程度上影响社会公众参与生态环境保护的健康发展。因此,亟须加强生态环境信息的发布、健全相关配套机制体制,保障公民的知情权、参与权、表达权和监督权,让社会群众广泛、充分地参与到生态建设和环境保护当中。

四、河南省加强生态环境保护制度建设的政策建议

河南省加强和完善生态环境保护制度建设,需要认清其生态环境面临的严峻形势,正视自身制度建设方面存在的明显不足,从体制机制创新入手,加强相应的政策法律法规体系建设,注重人才队伍和研发能力建设,切实提升生态环境执法宣传力度,有力支撑和保障河南生态文明的建设。

1. 创新生态环境保护的体制机制

以系统、高效、透明为目标,科学合理地划定生态红线和确定环境容量,充分发挥市场作用,创新生态环境保护体制机制,推动生态保护要把环境损害和生态环境效益纳入经济社会发展评价体系,科学制定生态环境保护目标体系,建立起激励生态环境保护积极性的考核办法和奖励机制,强化能够约束环境损害行为的经济惩罚和行政刑事处罚机制。

首先,要理顺管理体制,切实转变政府职能。理顺管理体制,即理顺人大、政府、政协和生态环境保护部门之间的责权关系。重点在于强化上级对下级的目标考核和任务考评,加强人大监督和政协参议力度,强化地方政府的生态环境保护责任,加强生态环境保护部门能力建设。切实转变政府职能,就是要使政府以生态环境建设和保护为主,转向以行政监督和执法检查为主,从管理型政府转变为服务型政府。重点在于加强行政监督和执法检查能力建设,将生态环境保护以事前管理为主向过程管理为主转变;深化创新审批体制改革,进一步简政放权,最大限度地减少对微观事务的管理;对保留的行政审批事项,要简化程序,规范流程,强化责任,提升环境管理效能。

其次,要科学合理地划定生态红线和确定环境容量,制定生态环境保护的目标和进度安排。一是加快省市县主体功能区和生态功能区划分,科学确定和严格遵守国土开发保护界线。二是按照人口资源环境相均衡、经济社会生态效益相统一的原则,科学确定区域环境容量,加快推进河南省环境预算机制发展。三是强化规划管理,科学制定和严格实施生态建设和环境保护及其相关规划以及各类专门规

划,制定生态环境保护的目标体系,科学合理地安排实施工作和完成目标的进度,要加强规划的科学性和实施规划的严肃性。

第三,立足可持续协调发展,充分发挥市场作用,推动生态补偿制度发展。要以主体功能区划和生态功能区划为基础,加强在转移支付中财政资金和社会资源向保护区域倾斜,推动开发区域向保护区域实施补偿。进一步健全水环境生态补偿、排污权有偿使用和交易等现有环境保护市场机制,适时建立起全省及市县相关交易市场。逐步拓展市场机制到能够充分发挥市场作用的环境保护领域和以碳交易为代表的生态保护领域。对于难以充分发挥市场作用的生态建设和环境保护领域,要以可监测、可报告为原则,建立起以有效监测为基础、能够反映市场成本、生态环境价值和效益的补偿标准体系,实施生态补偿制度。

第四,转变生态环境管理方式,构建生态环境保护多方参与机制,形成政府、企业、公众协同保护环境的合力。坚持发挥各级政府的主导作用和公共财政的保障作用,加大公共财政向生态建设和环保基础设施以及监测体系的投入力度,建立部门联动机制,增强服务能力。强化企业主体责任,在开展资源环境有偿使用的基础上,建立环境保护责任追究和企业环境信用评价办法,加强和创新企业环境行为管理。加强环境信息公开,科学合理增加和拓展环境信息公开频次和范围,开展全民环境教育,加强重大环境事件社会应急服务能力建设,建立起公众参与机制。

2. 加强政策法规体系和技术支撑建设

加强生态环境保护的政策、法规、标准和技术体系建设,是河南省实现以制度保护生态环境的根本保障,也是进行中原经济区"两不三新、三化协调"科学发展的必然要求。针对河南生态环境保护重点领域和重点行业的相关政策法规不健全的现实,亟须以建立符合河南实际的地方生态环境保护政策、法规体系为目标。

首先,制定出台河南省生态环境保护的相关法律条例。加强生态环境建设和环境保护工作中关于生态建设、环境恢复、污染防治和应急管理等相关重点领域的基础立法工作,为生态环境保护提供法律支撑。其次，加强环境政策立法，建立和完善环境经济法律体系。推动排污权交易、生态补偿、环境价格政策、企业环境行为信用评估和污染损害责任保险等环境经济和企业环境行为评价立法，使生态环境保护新机制能够在健全的法律体系下落地运行。第三，强化重点流域、重点行业、重点区域生态建设、环境保护、污染物排放标准及其监测和控制技术规范体系的建立和完善。一方面，增强生态环境保护制度的可操作性，提升重点流域和重点行业的污染治理和防控水平；另一方面，使生态环境保护新机制，特别是市场机制和各种交易价格与补偿标准的市场化形成机制能够在合理分配、科学监测的基础上有效运行。第四，为促进生态环境保护和发展方式转变，推动河南生态环境保护重点工作提供完善的技术标准保障。

3. 注重人才队伍和科技研发能力建设

健全生态环境保护制度，依赖强大的科学保护队伍建设和科技研发能力的智力和物质支撑。河南省应通过加大基础研究和应用研究力度，建立起立体多维的人才技术支撑体系，加强人才引进和培养。

首先，加大基础研究和应用研究的投入力度。河南省应该加强生态学、环境学、生态经济学和环境经济学等基础学科建设力度，加强生态建设、环境修复、环境污染防治以及相关基础设施研发和管理技术的投入力度，通过加大学科规划建设、政策研究和科技支撑等科研项目支持，引导和加强生态环境保护政策、法律和科技投入，为完善生态环境保护制度奠定良好的科学技术基础。其次，建立起立体多维的人才技术支撑体系。通过加强国家级和省级生态环境保护政策研究中心、重点实验室和监测评估中心建设，建立起高水平理论研究和技术研发、科学规划和应急管理平台体系。通过加强省市县三级生态环境监测网络和信息网络，建立起市县完善、覆盖乡村的生态环境监测平台和网络。通过鼓励社会投资和拓展公共服务购买范围，推动生态环境保护服务社会化、市场化发展，建立起多维人才技术支撑体系。第三，加强人才引进和培养。以学科建设、科研项目和生态环境保护服务为导向，以人才技术支撑体系为平台，加大高水平人才和人才团队的引进力度,加强人才培养力度,建立起立足现实需求、面向未来发展的生态环境保护队伍。

4. 加大生态环境保护执法宣传力度

健全的生态环境制度,最终还需要依赖人的贯彻和落实。因此,切实有效地保护生态环境,既需要建立高效的执法体系和高水平执法队伍,更需要加强生态文明宣传教育,广泛地发动群众和争取社会支持,营造良好的社会环境。

首先,要加强执法能力建设。除了理顺生态环境保护执法体制之外,更重要的是加强执法规范和执法队伍建设。要根据生态环境保护的需要,根据各类社会主体的经济和社会行为规律,科学制定执法规范和程序。要加强执法人员科学知识和业务水平培训教育,做好普法、执法能力建设。其次,注重宣传教育和舆论引导。增强广大城乡居民的生态环境保护意识,在全社会牢固树立生态文明理念,让保护生态环境、建设生态文明成为人民大众和各社会主体共同的自觉行为。第三,创新生态环境保护宣传组织和权益维权方式。政府应该鼓励、支持和引导成立民间群众性的生态环保组织,通过加强生态环境保护学术交流、知识咨询和科技成果推广等,普及生态环境保护知识和技术。不断拓展公众参与决策方式,允许和鼓励公众参与生态环境法律法规政策的制定、监督和检查等环境决策以及决策实施过程。通过组织环境公益诉讼等维权活动和信访接待活动,共同维护生态环境公共利益不受损害,缓解突出环境问题的社会矛盾。

参考文献

[1] 王宏昌.浅议我国生态环境保护的制度建设——基于环境库兹涅茨曲线的视角[J].特区经济,2007,(11).

[2] 荣宏庆.我国新型城镇化建设与生态环境保护探析[J].改革与战略,2013,(9).

[3] 蔡红霞.河南省环境保护政策分析[J].河南社会科学,2008,16(4).

[4] 房广顺,姜帅.保护生态环境必须依靠制度[N].大连日报,2012-11-29.

[5] 徐东坡.探索环境保护机制 建设生态美丽中原[N].河南日报,2012

-12-19.

[6] 河南省环境保护厅.2012 年河南省环境状况公报[R].2012.

[7] 河南省人民政府.河南生态省建设规划纲要(豫政〔2013〕3 号)[R].2013.

[8] 河南省人民政府.河南林业生态省建设提升工程规划(2013—2017 年)(豫政〔2013〕42 号)[R].2013.

[9] 河南省统计局.河南省统计年鉴 2012 [Z].中国统计出版社,2012.

(作者简介:赵执　河南省社会科学院助理研究员
朱丽　河南省社会科学院助理研究员)

生态破坏的社会影响及其法治对策

刘 旭

资源的短缺和环境的灾难从根本上威胁着人类的生存和发展，对社会结构的稳固和社会的稳定发展所构成的动摇和破坏也是显而易见的，严峻的形势令每一个关心人类命运和地球未来的人感到不安。随着时代变迁，人们对生态文明的关注更加具体，不仅限于资源和环境存量和技术上的可持续利用，而且拓展到关心资源环境因素作为社会结构中重要变量所带来的深层次影响。一个业已形成的共识在于，生态破坏所带来的社会可持续发展问题，要确立以法律为主要基准和调整手段的对策体系，同时，要综合多分支、多层面、多领域的，包括培育市场、鼓励竞争、规范监管的方法，共同组成有针对性的、系统的对策体系。

一、生态破坏给社会发展带来的负面影响

生态破坏已经成为公众生产生活波动以及社会经济不稳定的不可忽视的诱发因素。当代中国生态污染造成的短期影响及长期压力已充分显露，局部地区生态链条的损害以至断裂，给地域经济制造的全局性影响愈发凸显。重大生态事故能够在短时间内打断资源供应的经济基础，使一定地域的人们食品、水源供应十分缺乏。生态破坏相伴而生的，是人们恐慌心理的蔓延，社会秩序的维系也备受冲击。

1. 生态破坏加剧资源紧张、引发社会秩序紊乱

能源市场价格、人民基本生活用品的可持续，以及经济生产的稳定运行，都要求有不间断的资源和能源供应，也要求有适宜的生存环境。生态破坏不仅打乱经济发展的节奏和进程，制造市场混乱和人

们的心理紧张情绪，而且，直接摧毁社会稳定运行的根基，导致社会生活秩序的紊乱。生态破坏导致优质可用的资源储量减少以及经济社会运行风险的加大，显然干扰和影响了经济社会的可持续性和稳定运行程度。水污染、固体废物污染为代表的生态破坏事件对生存资源供应的影响，值得我们密切加以关注。最近一段时间，因为江河湖泊受到污染或水源提供中的监管不得力的因素，导致城市或社区内人们饮水的困难。2014 年 4 月 11 日兰州被曝出自来水苯超标，而周边地下水污染是造成此次事件的直接原因，此类由生态污染引发的社会事件不断见诸报端。生态已经成为城乡资源保障体系中的重大关联因素，随着社会生产规模的扩大，经济环节的增多，经济社会活动对生态日益深刻的渗透、介入，社会体制运行的安全、稳定风险也大为增加。国家环保局公布的资料显示，因环境破坏和污染所引发的信访呈连年增加的趋势，2006 年的信访量达到 58.7 万件，这足以证明生态问题已经成为威胁社会和谐稳定的一大来源。

2. 生态破坏危及社会生活、中断社会发展进程

严重的生态破坏枯竭了地方生存和发展资源，带来地区长久、持续的灾难性阻断，从全球性的气候变暖到区域性的环境恶化，生态牵动着社会神经，关系着社会进程的延续。全球范围内防治地球变暖的呼声引起了各国政府的严肃对待，并且已经用具有国际法效力的协议达成某种共识，努力消减二氧化碳的排放量，遏制全球环境恶化的趋势。不断敲响的警钟，告诫人们关注人类赖以生存的环境。当代中国面临着严峻的生态保护的不平衡，生态两极分化现象严重，管理者重视的地方资金投入集中，生态环境获得重点保障，而长期处于边缘化地带的西北地区、矿藏开发的密集区以及广大的农村地区，资源攫取加剧与生态保护不力并行，“拿走资源、留下污染”的资源开采模式，给当地的经济社会带来灾难性的影响。生态损害程度较高和污染严重的地区已经沦为生态灾区，当地的生态难民不得不移居到生活环境适宜的地方，中国的一些水土流失和沙化严重的地区便是例证。诸如，在甘肃民勤的部分地区，地下水超采过量，加上植被破坏严重，生态面临消亡处境，当地居民被迫背井离乡，沦为生态难民。可以说，恶劣的环境条件完全中断了一些地方的经济发展进程，更谈不上可持续的经济繁荣，而且，因为大面积的环境污染，当地居民的基本生存都无法保证，社会生活也趋于萎缩。

3. 生态破坏干扰社会系统、引发社会连锁反应

人类进入社会化大生产阶段，资源的利用，生活资料的生产、市场交换以及消费各个经济活动类别共同组成庞大的相互紧密关联的系统。经济早已摆脱以家和户为单位的生产模式，而是以货币化的方式依赖于全国范围乃至全球领域的经济市场，资源的制造、加工以及系统内的流动形成环环相扣的链条。某一环节出现波动、阻滞和中断，都将引发系统内的连锁反应，造成一定范围的功能紊乱和经济系统的不稳定。生态破坏造成的冲击波及社会稳定、社会变迁以及社会心理等有多个层面，通过资源供给系统、市场价格系统、信息传播系统向社会体传播扩散，不仅破坏了市场预期和经济运行，导致监管和执法紊乱，更在心理上加剧了社会惶恐和社会的不信任，增加了社会合作和社会团结的难度。生态破坏和生态突发事件对经济系统和社会系统运行深刻而显著的连锁性影响，以及由此导致社会紊乱、社会风险和社会紧张，应当引起我们足够的警惕和重视。

二、生态治理对策的主要问题

生态治理对策暴露出产权模糊、市场发育滞后、监管缺漏等根源性诱因，一些地区生态恶化的现状难以遏制；生态监测体系建设也严重滞后，监测盲区酿成生态事故频发，监测水平和监测效率折损政府公信力，引发广泛的群众心理质疑；生态事件成为社会及民生焦点问题，还源于生态补偿机制的缺失，生态弱势群体的权益无从弥补，生态事件形成的社会矛盾突出。

1. 生态治理的根源性缺陷

长期以来，过于单一的资源产权主体的界定，产权的激励机制、约束机制、独立的责任机制无法建立，导致国有、集体性质土地上的“公用地悲剧”不断发生，这一点成为不少地方出现草场退化、植被破坏的根源性的原因。与产权主体的模糊相关联的是，资源开发的负外部性及责任逃逸严重，给社会生态利益构成损害的废水、废气、废物的对外排放,常常不能内化为主体责任,政府对生态损害的责任追究执法,因政府机构片面追求经济增长的立场,以及执法机构的寻租和腐败,而陷入废弛缺位的状态。生态治理的根源性缺陷以产权缺陷为基础,以市场化缺陷内在表现,以监管缺陷为主要内容,无产权便无定价,无产权便无市场主体,资源产权认定、交易市场体系的滞后直接导致生态资源配置效率的低下,政府环境监管立场的偏差及执法的疲软滋生并放任了资源浪费和生态破坏。

2. 生态监测的体系性缺漏

国内对生态风险源的监管还未予以足够的重视,常规化、全流程的生态监测体系较为滞后,监测力量薄弱,监测科技水平低,监测预警反应慢、透明度差、公信力低。对重大污染源的监测不力,严重损害了政府公信,将公众推到心理错乱、无所适从的境地。以杭州2013年自来水怪味事件为例,杭州当地群众在2013年多次反映自来水怪味问题,而当地环保部门认为各项指标均合格,直到2014年初,浙江省才检测出自来水污染物质,并由此牵扯出倾倒6300余吨有毒废水的特大环境污染案。政府生态治理的封闭性及落实不力,造成一些重大项目建址、设厂举动时常成为引燃民间质疑的导火索,诸如2011年浙江海宁袁花镇群体性事件,2012年的四川什邡和江苏启东发生的群体性事件,即因引进工业项目及设置排污口行为,引发公众激烈应对;2014年5月,杭州余杭中泰及附近地区又围绕垃圾处理厂建址问题发生规模性聚集、对抗。公众较为普遍持有的怀疑、反感的心理状态,在很大程度上折射出生态监测体制的缺漏和滞后。

3. 生态损害救济的不完善

虽然经历了一定的发展,但现行生态对策在成体系、完整性以及执行效果方面的缺陷明显,着重指向社会风险防控、社会弱势救助、注重根源治理的法律体系尚未形成,政策的规划设计距离落实到有实效的法律之间还有相当大的落差,生态破坏所引发的弱势权益受损以及与之相关的社会矛盾依然突出。涉及面广、受损人员多的规模化生态侵权尚且缺乏健全有力的保障机制,更勿论势单力薄的个体因生态污染而遭受的侵害,国内很多地区因为采矿、重化工生产、荒漠化而导致的生态灾难,众多生态难民权益的维护缺少强有力的法律支持。生态侵权损害的救济范围窄,能够诉请救济的主体受限,公益诉讼等司法救济途径尚未展开,而生态损害的行政救济作用发挥不足。生态侵权的社会化救济机制仍然落后,有学者呼吁建立环境行政补偿制度,利用发行彩票方式筹集补偿基金,应对突发以及重大的环境污染事故,弥补传统的民事补偿制度的不足。

三、生态治理的法律对策

生态法治承载着人与自然和谐相处,实现生态文明和永续发展的价值目标。生态治理创新贯穿理性、前瞻和预见,从产权、市场、监管等方面,夯实生态产权制度基础,形成统一、透明的市场机制,建设规范化的国家干预平台与途径。消除生态损害的负面影响,要求加强对生态污染源的全流程监测,建设科学的、高水平、全覆盖的监测体系,形成对生态损害的准确预警、快速反应和源头阻断。要建设生态损害的制度化、社会化补偿机制,通过建立资源所在地补偿制度,实施区域生态发展协调平衡制度,构建利益共享的资源开发和利用机制,最大限度地实现社会整体的环境利益。

1. 构建生态破坏的社会根源消除机制

生态法治的完善,要立足于明晰产权、完善市场、规范监管,以自然资源产权制度改革为契机,加快完善资源产权确认、交易、责任方面的制度设计,以构建统一、公开、有序市场体系为切入,建设生态资源开发和利用的市场决定性作用机制,从根本上遏制竭泽而渔式消耗资源和破坏环境的行为,减少市场经济活动中外部性的负面影响,使经济增长建立在资源使用高效率和环境良好保护的基础上。生态法治鼓励并促进资源环境利用的市场机制发挥更大的积极作用,利用价格和资源配置导向的杠杆,调动资源生产和能源开发的积极性,提高资源使用的效率和产出;大力发展环保产业,吸引更多的投资到环境的保护和整治上来,推行在环境开发领域的排污权交易等市场手段,实现环境开发与保护中经济效益、生态效益和社会效益的综合进步。国家规范市场主体的准入,提供信息、基础设施等公共服务,实施严格透明的市场监管,保护生态市场公开、公正、开放地运转,生态法治要着力扫清市场机制高效运行的阻碍，打破各种形式的市场封锁、地方保护的垄断，以严密的执法抑止资源浪费、环境破坏等转嫁风险的行为。

2. 确立生态破坏的社会风险阻断机制

生态破坏形成的冲击，扩散、传导到社会其他领域，给社会稳定运行带来威胁，因此，有必要围绕生态破坏生成的诱因、发生的过程以及损害后果，构建生态开发事前、事中及事后的防风险扩散及阻断机制，筑牢守护生态文明的全流程屏障。国家首先要加强对重大生态事故的风险防范和应对，进一步完备应急预案，明确风险规制流程中政府机构、社会组织和个人拥有的职责、义务和权利，着眼于防止生命、健康和财产的损失，着眼于维护民众正常的生产、生活和工作秩序，强化对重点领域、重点污染源的风险排查和整治。站在保障人民生命健康的高度，除了要严格环保审批和执法，坚决落实环境影响评价制度，还要建立空气、水、土壤的风险源监测体系，尽管实现监测点的全覆盖，提升监测手段科技水平，增强监测效率和监测预警反应，加强对各类工业污染、生活污染的源头阻断；要建设针对生态事件的公众生活保障机制，完善应对此类影响的预案体系，改进生活必需品的应急储备和调度，及时建立市场稳定机制。风险披露是风险阻断机制的关键环节，通过便捷、易知的平台，及时向公众公布生态风险监测实况，是加强生态沟通和参与，提高生态治理公信力，消除生态风险扩散心理隐患的根本举措。

3. 实施生态破坏的社会损害补偿机制

生态利益是社会利益的重要组成部分，由生态破坏所危及的社会利益，应当通过正式、有效的法律制度设置予以补偿。根据宪法、环境保护法、矿产资源法、水资源利用法等法律，建立对于生态正效应的激励机制和生态负效应的惩罚机制，建立以科学的补偿依据和途径为基础的生态补偿制度，实现环境利益分享的公平性和环境利益公平分享的可持续性。国家建立健全区域经济合作的法规体系，签订有关双边或多边资源开发利益分配的协定，保障投资者和项目区在开发成果上的公平受益和分享，克服原有资源开发与利益分配机制中忽视资源所在地政府和资源所在地居民利益的弊病，形成各方利益主体在资源合作开发中共生共赢的分配模式。尤其要保护小农等初级生产者的经济收入和资源保护动机，增加资源区居民在资源利用中的参与空间和可能，改变受大资本和权力左右的利益分配，争取建立更为公平的资源经济。围绕生态难民生存和发展的保障机制，要建立多渠道的资金筹措机制，完善补偿的依据和方式，对因矿产资源开发，给自然生态环境造成的污染、破坏，以及环境生态功能下降予以治理、恢复和校正，对矿区居民（村民）给予资金扶持、技术和实物帮助、税收减免和政策优惠。

参考文献

[1] 孙新章，周海林，张新民. 多重挑战背景下推进中国可持续发展的战略思路[J]. 中国人口·资源与环境，2010，(8).

[2] 2006 年环境统计年报[EB/OL]. 国家环保局网站.

[3] 庄俊康，赵勇忠，韩玉梅. 甘肃石羊河流域生态治理调查纪实[EB/OL]. 中国甘肃网，2014－04－11.

[4] 杭州自来水异味牵出特大环境污染案　八人涉嫌倾倒 6300 吨“毒水”[EB/OL]. 浙江在线，2014－04－02.

[5] 吴坤鹏. 企业环境侵权的社会化救济思考[J]. 人民论坛，2012，(26).

[6]曹明德. 对建立生态补偿法律机制的再思考[J]. 中国地质大学学报（社会科学版），2010，(5).

（作者简介：刘旭　河南省社会科学院政治与法律研究所助理研究员）

历史文化名村生态文明建设

李慧芬

党的十七大提出了“生态文明”的概念，党的十八大报告甚至单篇论述生态文明，“把生态文明建设放在突出地位，融入经济建设、政治建设、文化建设、社会建设各方面和全过程，努力建设美丽中国，实现中华民族永续发展”。着力推进绿色发展、循环发展、低碳发展，守住绿水青山。这不仅是当今世界的主流观念，也彰显出我党对中华民族对子孙、对世界负责的精神。

19 世纪 60 年代德国动物学家 E. 海克尔把“研究有机体与环境相互关系”的科学命名为生态学，生态学自成学科迄今已有一百多年的历史。作为一种科学的思维方法，一种人类新的价值指向，生态学从单一的生态环境领域，进入了人类生活的各个领域，形成新的生态文明观。生态文明可以说是整个社会文明的最高形式，它不仅包括各种社会文明（物质文明、精神文明、制度文明等），而且包括人所引起的自然环境的变化，是整个社会文明与自然环境的统一，是一种综合性、整体性文明，包含了生态经济观、生态政治观、生态文化观、生态伦理观等。

一、当前历史文化名镇（村）存在的问题与矛盾

我国建设部和国家文物局从 2003 年起共同组织评选，“保存文物特别丰富且具有重大历史价值或纪念意义的、能较完整地反映一些历史时期传统风貌和地方民族特色的镇和村”，即国家历史文化名镇（村）。到 2014 年止，共评出了 252 个国家级历史文化名镇和 385 个国家历史文化名村。除国家级外，各省也都建立了省级历史文化

名镇(村)体系。但是这些历史文化名镇(村)还存在着不少问题:

1. 评选办法未对生态环境进行充分考量

生态环境,是指与人类密切相关的,影响人类生活和生产活动的各种自然力量物质和(或)作用的总和,包括水资源、土地资源、生物资源以及气候资源。“一方水土养一方人,一方山水有一方风情”,迥异的自然风貌造就了各具特色的村镇。生态环境同历史建筑、传统文化一样,是村镇整体风貌的一部分。

目前国家建设部和国家文物局推出的《中国历史文化名镇名村评价指标体系》,共有一级指标 12 个,分别为:“一、价值特色。1. 镇或村庄建成区文物等级与数量,2. 镇或村庄建成区历史建筑数量,3. 重要职能特色,4. 镇或村庄建成区文物保护单位与历史建筑规模,5. 历史环境要素,6. 历史街巷(河道)规模,7. 核心保护区风貌完整性、历史真实性、空间格局特色功能,8. 核心保护区生活延续性,9. 非物质文化遗产;二、保护措施。10. 保护规划,11. 保护修复措施,12. 保障机制。”以及二级指标 24 项,总计 100 分。在这 100 分中,二级指标中“聚落与自然环境完整度”一项只有 2 分(聚落自然环境完整优美 2 分,聚落自然环境一般 1 分),仅占分值的 1/50。从目前的评价指标体系我们可以看出,评价的重点主要是放在建筑遗产、文物古迹和传统文化上,即重视物质文化遗产和非物质文化遗产。聚落与自然环境完整度,村镇及周边的生态环境未被充分的重视。

2. 地方政府生态责任意识不够

一些地方仍然缺乏科学保护意识,重申报、重开发,轻保护、轻管理,保护措施不落实,甚至出现超负荷利用和破坏性开发,背离了实施非物质文化遗产保护工作的根本出发点。重评选轻保护。保护不到位;保护不得当。不少名镇名村热衷于申报工作,对历史文化资源的价值认识不足,对保护工作的严峻性也缺乏足够认识。重申报轻保护,存在“等靠要”思想,不能积极主动开展后续工作,许多村镇保护设施建设陷于停滞状态。重开发轻生态。古村落是一个充满生命活力的有机体,人、地、物、事是统一的整体,相互依存。但不少地方政府在旅游发展中大肆招商引资,造成大量非本土商品进入、外地人员涌入,使古村落出现空心化和文化异化趋向,异地文化入侵将逐步破坏古村落生态平衡机制,进而影响古村落的原真性和文化魅力。这种矛盾在很多古村落多有加剧的趋势。

3. 村镇居民对生态文明建设认识不足

农民群众没有充分参与。我国传统封建文化中的"为民做主""替民办事",扼杀和阻碍了农民的创业自信心和民主意识的提高。农民产生了依赖思想,认为只要上级派来一位"青天"就可以为他们包办一切。现阶段农民群众不成熟的民主意识以及沉默的习惯,也助长了一些干部"将政绩刻在地球上"的热忱。农民素质参差不齐,部分农民对生态文明村建设认识不足,存在"等、靠、要、观、望"思想,一定程度上制约了生态文明村建设工作的开展。

二、历史文化名镇(村)生态文明建设内容

遗产保护讲究原真性和完整性,原真性的概念包括物质层次、知识层次、精神价值和社会功能层次,他们彼此独立但又相互影响。所以要保持遗产的原真性就要把握遗产原真性的时变性、多样性和相对性三个特性,避免由于过度开发而导致原真性的遗失。历史文化名镇(村)生态文明建设是一个综合性的文明建设过程,不仅包括生态文明的物质成果,也包括生态文明的精神成果,它包含生态文化建设、生态环境建设和生态经济建设三个方面。在这个过程中,不仅要努力提升科学规划合理布局的能力,还要提升政府官员、农民的生态文明意识。

1. 生态文化建设是核心

世界著名生态学家唐纳德·沃斯特指出:"我们今天所面临的全球性生态危机,起因不在于生态系统本身,而在于我们的文化系统。要度过这一危机,必须尽可能清楚地理解我们的文化对自然的影响。"罗马俱乐部创始人贝切利指出,如果我们想自救的话,只有进行文化价值观念的革命。中国古代历史源远流长,形成了生态文化观。如"天地与我并生,万物与我为一","人法地,地法天;天法道,道法自然"等等。只是在当今工业化大潮中,片面追求经济和 GDP,对生

态造成巨大破坏。这种破坏不仅限于城市，也冲击到广大的农村地区。一方面，是自然环境实实在在地受到污染、破坏；另一方面，生态意识也渐渐淡化。而治理环境，再造人与自然和谐共处的根本，还在于重新弘扬生态文化。

历史文化名镇(村)的文化生态结构包含三个层次：物质文化层次——农业生产活动、传统居住文化、传统饮食习俗文化；制度文化层次——村规民约、村民自治制度、村务公开制度等；精神文化层次——宗教思想与礼仪、风水观念、互敬互助精神、超血缘的集体价值观念。从文化生态学看，文化是一定环境条件下由人所创造的，文化如同生命有机体一样有自己的生态特征，它与环境之间相互作用共同构成文化生态系统。

表1　古村落文化生态结构

文化层次	具体表现
物质文化层次	农业生产活动、传统居住文化、传统饮食习俗文化
制度文化层次	村规民约、村民自治制度、村务公开制度等
精神文化层次	宗族思想与礼仪、风水观念、互敬互助精神、超血缘的集体价值观念

2. 生态环境建设是基础

弘扬生态文化(Develop and Expand Ecological Culture)，核心是人与自然和谐共生，关键是改变生产生活方式，要求是大力维护生态环境。加大工作力度，加强环境整治，切实改善农村环境保护长效机制，不断提高农村环境保护的工作水平和实际成效，创建美丽名镇(村)。历史文化名镇(村)古建筑充分体现了古代先民“道法自然”“天人合一”的思想，建筑设计与建筑取材均“因地制宜”和“就地取材”。因此，村镇规划应从整体空间形态来进行保护，加强村落整体性空间格局与四周地形、地貌、水体、农田、植被等自然景观要素协调发展，禁止任何破坏山体和水体的建设项目，使空间格局更加突出表现中国古村镇“山水意象”的个性特征。

为更好地维护生态环境，有必要建立生态环境保护地带。历史文化名镇（村）在规划保护上，一般划分为核心保护区、建设控制地带和生态环境保护地带。为了维护村镇的自然环境，使各功能分区之间有良好的过渡性，在其周边或外围划出一定的区域作为保护地带，主要以山林绿地和农田耕地为主，以保护村镇的景观特色和控制建设活动等需要。生态环境保护带应由当地政府和文物主管等有关部门，根据村镇具体地理环境、核心保护区等进行考察划定，一经划定不得随意变更用途。生态环境保护地带区内严禁任何与村镇风貌不协调的建设活动，该区内应严格控制新建、扩建、改建，不得破坏原风貌。保护村落的山水环境、立体空间结构及整体景观和风貌，尤其是受到传统风水模式影响的布局形式，保护工作要与环境整治结合起来，加大生态保护和改善环境力度，对村镇的排污设施、小巷维护、古民居建筑等进行保护性改造，使周边环境更好地衬托古村落的文化精髓和文化内涵，同时也满足人们日常生活的需求。

3. 生态经济建设是前景

历史文化名镇（村）的保护，是一项庞大的系统工程，需要大量的资金投入。单靠政府“输血”是不够的，也不是长远之计，重要的是村镇本身应具有“造血”功能，这样才能保证历史文化名镇（村）可持续发展。而生态经济就是一种可持续发展的经济，既能够满足当代人的需求又不会危及子孙后代满足其需要的经济。生态经济作为现代经济发展模式，既不是以牺牲生态环境为代价的经济增长模式，也不是以牺牲经济增长为代价的生态平衡模式，而是强调生态系统与经济系统相互适应、相互促进和相互协调的生态经济发展模式。生态经济的本质就是把经济发展建立在生态可承受的基础上，在保证自然再生产的前提下，扩大经济的再生产，从而实现经济发展与生态保护的双赢，建立经济、社会、自然良性循环的复合型生态系统。历史文化名镇（村）可根据自身实际情况，发展生态农业、生态旅游等。

发展生态农业，把发展粮食与多种经济作物生产，发展大田种植与林、牧、副、渔业，发展大农业与第二、三产业结合起来，利用传统农业精华和现代科技成果，通过人工设计生态工程、协调发展与环境之间、资源利用与保护之间的矛盾，形成生态上与经济上两个良性循环,经济、生态、社会三大效益的统一。发展生态旅游,以有特色的生态环境为主要景观的旅游,是指以可持续发展为理念,以保护生态环境为前提,以统筹人与自然和谐为准则,并依托良好的自然生态环境和独特的人文生态系统,采取生态友好方式,开展的生态体验、生态教育、生态认知并获得心身愉悦的旅游方式。

三、历史文化名镇(村)生态文明建设做法

1. 加强法律法规建设,完善环境资源法律体系

截至2006年,我国已制定了环境与资源保护法律26部,行政法规50多项,部门规章和规范性文件近200项,国家标准800多项,批准和签署国际条约51项,地方性法规和规章1600多项,初步建成了符合我国国情的环境资源保护法律体系。2006年后,我国又推出了一批环境与资源法律法规,仅国家层面的就有十多项,进一步弥补了环境资源法律领域中的空白。尽管如此,由于我国环境资源立法起步较晚,目前尚存在着不少问题。我国还没有一部环境资源领域里足以体现统领性、纲领性和指导性特点的基本大法,地方相关法规薄弱,迫切需要加强立法,对严重破坏生态环境的犯罪行为进行惩处。

2. 评选办法和退出机制的顶层设计上应更加突出生态环境

国家建设部和文物局在《中国历史文化名镇名村评价指标体系》的制定上,应更加突出对历史文化名镇(村)生态环境评分。以使参评的地方政府和村镇能将自然环境的建设与古建筑、文化遗产放在同等重要的地位加以重视。在这方面,可以请环境保护、风貌规划设计方面的专家共同探讨具有操作性、行之有效的评估办法。发挥评价指标体系在历史文化名镇(村)生态文明建设上的指导性、方向性。到目前为止,还没有哪个历史文化名镇(村)因为生态恶化而被剔除出名单。这还需要有关部门加大监督和检查的力度,要组织专家组对各地申报的国家级名录项目进行检查和监督,对没有采取有效的保护措施加以保护的,保护不力的要限期予以改正,对于不能很好落实保护措施的,要在名录中除名。

3. 健全体现生态文明的考核评价体系

要调整领导政绩考核内容,将生态指标纳入评价考核体系。目

前,我国已有多个城市将生态文明建设纳入政务核体系。如深圳市2007年公布实施、《深圳市环境保护实绩考核试行办法》,首创领导干部环保实绩考核制度,将考评结果作为干部奖惩依据。在考评中,突出群众评价的权重,将公众满意率调查结果用于检验及修正各项指标考核结果。在历史文化名镇(村)保护机制上也完全可以实行生态文明考核,用制度规范言行,强化责任意识。

4. 建立健全村镇居民参与生态文明机制

保护历史文化名镇(村)的主体是当地农民,政府起指导作用,外来人员是有力补充。在保护和开发过程中,当地农民的主体地位不能变。农民的事归农民管,让农村更像农村。美国学者大卫·奥尔于1992年提出"生态教养"(ecological literacy)的概念。他认为人类对自然的行为之所以产生日益严重的生态危机,就在于人们缺乏人类与自然生态系统全面关系的知识,包括自然科学的知识,尤其是人文科学的知识。因此,他倡导通过教育来培养每一个公民必需的生态教养,以适应人与自然和谐共存的需要。但是当前,我国农村居民普遍文化程度不高,环境保护意识不强。这就需要政府或是公益组织进行专门的教育培训,将生态理念传播到农民中去。

相较一般村镇而言,历史文化名镇(村)具有悠久的历史和深厚的文化底蕴,是一个地区劳动人民生产生活的遗迹,是人类共同的文化记忆,需要我们共同维护与建设。我们应利用历史文化名镇(村)前期保护成果,以生态文化为核心、生态自然为基础,发展生态经济,积极推进生态文明村镇建设,努力建设更加和谐秀美的历史文化名镇(村)。

参考文献

[1]李小云,闵忠荣.江西山地丘陵地带历史文化名村保护规划探析[J].小城镇建设,2011,(3).

[2]何勤华,顾盈颖.完善生态文明建设中的法律保障体系[N].中国社会科学报,2013-9-18.

[3]佘正荣.提高全民的生态文化教养[J].绿叶,2009,(1).

(作者简介:李慧芬　福建社会科学院助理研究员)

探索有效推进生态文明建设的体制机制

程春生 陈美玲

建设生态文明,关系人民福祉、关乎民族未来。改革开放以来,我国在重视并加强生态环境治理的同时,建立了政府生态环境行政管理体制,但这些管理体制还未能形成对粗放型的经济发展方式的有效制约。市场秩序不规范导致经济主体行为的生态负外部性,一些企业、一些地方以损坏生态环境为代价获取经济增长。面对自然资源消耗过多,环境破坏加剧,生态日益恶化的严峻形势,必须加快体制机制改革,探索和完善生态文明建设的长效机制。

一、充分利用市场机制

市场机制是一种效率较高、成本较低且相对公平的机制,推进生态文明建设应发挥市场在配置资源中的基础性作用,努力形成反映市场供求和资源稀缺程度、体现生态价值的市场机制。

1. 加大资源环境税费改革

要建立环境资源就是资产的概念,以体现资源稀缺程度和生态产品公平分配原则。积极探索运用税费手段提高环境污染成本,降低污染排放;鼓励利用对友好产品,淘汰对环境不友好的产品;通过节约集约利用资源,倒逼产业结构转型升级;为提高环境资源的配置效率,应充分发挥政府公共财政的转移支付功能,保证为保护全民环境资产而放弃经济增长速度的地区及群体的利益。完善垃圾和污水处理收费政策,适当提高化学需氧量、二氧化硫和重金属污染物排污收费标准;加快制定和落实鼓励余热余压余能发电及背压热电、可再生能源的上网和价格政策;推行居民用电用水用气阶梯价格,对能源消耗超过(电耗)限额标准的实行惩罚性电价。

2. 实行生态环境补偿制度

按照谁开发谁保护、谁受益谁补偿的原则,加快建立生态补偿机制,为推进生态文明建设提供坚实有效的制度保障。在对进行公益性环境保护和恢复者进行经济补偿的同时,应使生态环境补偿机制成为调整地区差距、城乡差距、行业差距、人群差距等利益关系的内生变量,使良好的自然环境转化为经济优势。要积极探索市场化生态补偿模式,进一步明确生态补偿的受益主体,对重点生态功能区居民社会保障和产业发展予以进一步支持。加快生态补偿的定量分析研究,按照"污染者付费、受益者补偿"原则,制定能够根据环境和生活水平变化不断得到调整的生态补偿标准。提高生态补偿标准,逐步实现生态补偿规范化和动态化,实现区域环境与发展的成本共担、效益共享。

3. 建立排污权交易机制

排污权交易是指在一定区域内,实施总量控制,排污权允许在市场上买入和卖出,排污权交易将有利于降低企业治理污染的成本,促进污染治理技术的进步。要深化排污权有偿使用和交易制度改革,建立碳排放权、污染排放权、水权等方面的市场交易机制。从1991年开始,我国进行排污权交易试点,对于控制污染具有积极的效果。但还存在缺乏统一的交易市场、交易机制效率不高等问题。要在认真总结试点经验的基础上,借鉴国内外先进经验,加快制定排污权有偿使用和交易管理办法以及相关技术规程,形成排污权交易管理信息系统。特别是要加快推进排污权的有偿使用,按照规范的技术规程,将排污控制总量公平合理地分配到合法排污单位,并通过核发排污许可证明确允许排污单位排放污染物的种类、数量,排污权的使用期限及相关法律责任等,收取初始排污权使用费。以主体功能区划为基础,禁止开发区域不允许发放排污许可证、限制开发区域从严控制排污许可证发放、优化开发区域制定较高的排污权有偿取得价格、重点开发区域要合理控制排污许可证增发。在有偿使用排污权的基础上,推进排污权交易,形成排污权交易市场。鼓励企业积极参与节能量交易和碳交易。

二、强化法规保障机制

推进生态文明建设是个长期的过程，依赖于一个规范的、长期的、稳定的制度环境。要加强法律法规建设，健全执法体系，提高违法成本，为生态文明建设提供可靠保障。

1. 强化制度设计

生态环境作为公共资源，要有严格的制度约束，否则容易形成“公地悲剧”。传统的生态环境治理多用管制的思路，以政府对市场主体（包括企业和个人）的直接监管为主，由于这种管制缺乏有效反馈渠道，容易产生“拍脑袋”政策。而采用规制，不再是政府唱独角戏，而是多元规制主体，优势互补。生态文明制度的设计思路是，使政府干预手段与市场化手段各展所长、互为补充。资源和环境问题解决的困难在于外部性的存在，制度的基本功能是外部成本的内部化。即完善生态环境保护制度，正向激励生态环境保护行为，而抑制生态环境破坏的行为；通过规范和约束个人行为的基础，降低交易费用、减少外部性和机会主义行为。生态文明制度的设计既要有面对全社会各类当事主体的管理制度，包括生态红线、资源产权、有偿使用、赔偿补偿、市场交易、执法监管等管理制度；又要有针对各级决策者的决策和责任制度，包括空间规划、目标体系、考核办法、奖惩机制、责任追究、管理体制等；还要有针对全社会成员的道德和自律制度，包括生态意识、合理消费、良好风气、宣传教育等。

2. 健全法规和标准体系

我国生态法制建设起步较晚，滞后于生态文明发展的需求，要适应生态文明建设新形势的需要，总结完善有益经验，并将实践中形成的有效措施尽快上升为法律，使生态文明建设有法可依。要以生态文明建设为导向修订完善环境保护法、循环经济促进法等有关法律法规，清理与生态文明建设相冲突的法规和法条，增强法律法规的可操作性。要加快制定自然资源保护、碳交易、生态文明建设等方面的新法律；建立健全生态文明建设的地方条例，对区域开发活动中资源节约和生态环境保护的要求和基本管理制度等，通过地方法规加以规范。要制定和完善生态文明建设的标准体系，提高产业准入的环境标准。加快制修订高耗能产品能耗限额标准、终端用能产品能效标准等，制定再生利用、再制造、低碳产品标准，提高建筑物、道路、桥梁等建设标准，延长使用寿命。要坚持从多领域、多层次着力，突出强制性的生态技术、标准和法规的地位及作用，让生态文明制度成为环境保护的硬指标和硬约束。

3. 严格执法监督

我国"守法成本高、违法成本低"的问题长期没有得到解决，为此，要强化法治管理制度，提高生态文明制度的执行能力。要划出生态红线，守住底线，实行最严格的源头保护制度、耕地保护制度、水资源管理制度、环境保护制度；健全污染监测、预警和风险评估机制；强化舆论和公众监督、行政监察、法律监督；加强资源环境等部门的执法力量和软硬条件，提高执法水平；加强环境保护中的法治管理，加大对环境污染违法行为的查处力度，提高违法成本；以"双罚制""按日计罚"等手段惩治排污企业；对造成生态负外部性的经济主体给予严厉的经济处罚和法律惩处。为消除地方保护主义对环境监管和执法的干扰，应积极探索独立进行环境监管和行政执法。

三、完善政策激励机制

在法规和标准还不健全的情况下，政策引导对生态文明建设很重要，有效的政策引导，是形成建设生态文明的强大保障和推力。

1. 理顺资源品价格机制

长期以来，由于资源品价格被人为扭曲，生态产品分配不公，资源稀缺性难以反映，致使浪费现象普遍存在。要合理调整资源性产品价格，加快建立能充分反映市场供求关系的资源性产品价格形成机制，通过价格手段提高资源使用成本，用市场价格机制调节企业的生产行为，引导企业节约利用资源，更多使用清洁能源，促进资源循环利用，减少对环境的污染和危害。

2. 财政和税收政策

政府应加大对生态文明建设的财政资金投入，确保用于节能环保、循环经济、生态修复等方面的财政支出保持一定的增长；政府对消耗资源少、环境污染小、环保技术研发和应用领先的企业应给予更多的补贴；对节能技术改造和建筑供热计量等给予财政补助；对农村环境综合整治实施"以奖促治"政策。建立和完善财政对农产品主产区、重点生态功能区的转移支付制度；加快资源税调整，完善资源综合利用所得税、增值税优惠政策；扩大资源税的征收范围，研究开征环境保护税和碳税；发挥税收对企业行为的调节作用，调整抑制"两高"产品出口的税收政策。推广实施绿色信贷、环境污染责任保险、巨灾保险等政策，提高高耗能、高排放项目信贷门槛。针对目前环境治理企业的投资回报率不高的现状，政府应完善有利于环境治理企业自我发展的财税政策体系，降低节能环保的企业环保投入的成本和代价。

3. 产业和企业政策

进行更加科学合理的生产力布局和产业规划，支持重点产业高端化项目。合理调整产业结构，支持鼓励类产业加快发展，控制限制类产业生产能力，加快淘汰落后产能。发挥产业在两型社会建设中的引领作用，对节能环保产业、生物多样性农业、先进制造业和战略性新兴产业以及生产性服务业要加大支持和倾斜力度。全面推行增值税转型改革，允许企业新购入的机器设备所含进项税额在销项税额中抵扣。加大政府采购对绿色产品的支持，搭建平台帮助企业进行绿色产品推广。重视通过各种政策手段，引导企业投资绿色技术和产品的研发与推广，使企业真正成为绿色科研开发投入主体、技术创新主体、科研成果应用主体。

四、健全工作考评机制

建立科学规范的目标责任评价考核制度，是确保实现生态文明目标的重要基础和制度保障。要完善干部政绩考核体系，增加生态文明在考核评价中的权重，加强目标责任评价考核。

1. 改革政绩考核体系

考核制度是转变观念、改变行为的指挥棒，推进生态文明建设，需要建立健全体现科学发展理念的政绩考评标准和制度。只有把环境损害、资源消耗、生态效益纳入评价体系,建立体现生态文明要求的目标体系、考核办法、奖惩机制,生态文明建设才能落到实处。要继续推进 GDP 考核为主向以人为本的科学发展观转变,完善经济社会发展考核评估体系;根据不同区域主体功能定位,实行差别化的评价考核制度,将环境绩效纳入干部政绩考核体系。

2. 加强责任评价考核

在确定生态文明发展目标和考核体系之后,还要将其分成若干个具体指标:资源消耗、环境损害、生态效益和二氧化碳等减排指标,森林覆盖率、碳汇等增绿指标,能源总量控制、能源结构优化、节约利用和提高效率等资源能源指标。然后将这些指标分解落实到各个主体,并确定各个指标的考核权重,按生态文明要求的考核办法和奖惩机制严格考核,考核结果作为领导班子和领导干部综合考核评价的重要内容,纳入政府绩效管理,实行问责制。

3. 建立责任追究制度

严格环境监管,健全环境损害赔偿制度和生态环境保护责任追究制度。根据考核结果依规进行奖惩,对考核等级为未完成的地区,暂停该地区新上高耗能项目审批,对新上高耗能项目实行有条件的审批,确保不影响节能目标的实现,加大对违法超标排污企业的处罚力度,严惩环境违法行为。建立领导干部任期资源消耗、环境损害、生态效益责任制和问责制,对不顾生态环境盲目决策、造成严重后果的人,必须追究其责任,而且应该终身追究。加强人大和行政监督机关对生态环境保护与资源法规实施情况的执法检查,形成经常性的执法机制,严厉打击破坏生态和污染环境的行为,依法追究重大生态环境事故事件相关责任人。

五、拓宽社会参与机制

加强生态文明建设,需要全社会共同努力。要充分调动社会各界参与生态文明建设的积极性,构建政府、企业、公众共同参与的生态文明建设大格局。

1. 建立生态文明教育机制

要加强生态文明宣传教育，大力弘扬生态文明理念，增强全民节约、环保和生态意识，在人们心目中树起崇尚自然、热爱生态的道德情操，唤起关爱生物、善待生命的道德良知；要将生态价值观纳入社会主义核心价值体系，对人们进行长期的引导、教育并制定必要的道德标准加以规范，强化从家庭到学校再到社会的全方位生态教育体系；要坚持“从娃娃抓起”，疏通多元化生态文明教育渠道，创新生态文明教育方式，树立生态文明示范典型，带动全社会生态文明建设健康发展；发扬勤俭节约的中华民族传统美德，合理消费，避免盲目追求高消费给有限的自然资源造成浪费。

2. 形成社会参与的有效机制

保护生态环境还需要人民群众的共同参与，要理清不同主体的不同责任。要强化企业的社会责任感和荣誉感，形成对保护环境引以为荣的道德风气，自觉维护资源可持续开发利用的责任，在开发的同时做好保护。政府必须切实维护好公共利益，履行好监管责任，对领导干部要实行自然资源资产离任审计。扩大和保护社会公众享有的生态环境权益，健全民间环保组织的规范和引导机制，促进民间环保组织成为推动环境保护和生态文明建设的重要力量。要强化社会监督机制，维护公众的生态环境知情权、参与权和监督权，对涉及公众环境权益的建设项目和发展规划，要通过论证会、听证会或社会公示等形式，接受群众和舆论监督。

3. 探索建设国际合作机制

应对全球性生态危机、建设生态文明是全人类共同面临的重大挑战，需要各国共同努力、协同推进。我国建设生态文明，携手国际社会，在资本、人才、创新基地等方面广泛开展国际合作，吸引全球资源向我国的生态文明建设事业聚集；要避免走西方国家“先污染、后治理”的老路，在学习借鉴国外环境保护先进经验的基础上，探索并走出一条适合我国国情的生态文明建设道路；要通过引进、消化、吸收、再创新，提升我国技术创新能力，为我国生态文明建设提供坚实的科学技术保障。

参考文献

[1] 王雅卓,郑素娟.探索完善生态文明建设的机制保障[N].光明日报,2013-08-25.

[2] 解振华.我国生态文明建设的国家战略[J].行政管理改革,2013,(6).

[3] 马凯.坚定不移推进生态文明建设[J].求是,2013,(9).

[4] 夏光.生态文明制度如何创新?[N].中国环境报,2013-02-26.

[5] 王茹.生态文明建设需要什么样的制度体系[N].中国经济时报,2013-11-21.

(作者简介:程春生　福建社科院经济研究所副研究员
陈美玲　福建社科院经济研究所研究人员)

未来农业应使人类更幸福

——生态文明与农业景观建设

陈望衡

英文的文化一词 culture 原义为农业,而现代的农业一词 agriculture,又以 culture 为词根。事实上农业是文化的摇篮。人类的其他活动包括科学技术活动、手工业活动乃至工业生产活动均是从这个摇篮培育出来的。

农业环境基本上由两个方面构成:一是作为农业生产基地的田野及农作物风光,二是为农民居住的农村。农业环境在人类的居住环境中具有重要的地位,它的审美性质自有它的特殊性,值得我们格外的重视。

尽管现在地球早已进入工业社会,但农业仍然是人类主要的产业,农村仍然存在,而且将会永远存在,只是随着农业生产的进步,农业环境不断变换着新的面貌,呈现出它特殊的美。

一、农业一般的审美性质

人类的农业生产活动,从本质上来说,是一种模仿自然的活动,准确地说,是代自然司职。

工业生产生产的东西基本上是自然界原本没有的东西,而农业生产,它生产的作物,自然界原本有或可以有,只是不很符合人的需要。比如水稻,田地原本有野生的水稻,但产量低,味道也不够佳。人们通过努力,认识了并掌握了水稻的生长规律,在田地种植水稻,让水稻长得肥壮,产量高,也很好吃。

就水稻仍然是自然物来说,它是自然;就水稻是人劳作的产物来说,它是人文。自然,不是原生的自然,是人造的自然;人文,不是社会的人文,是自然的人文,准确地说,这是人代自然司职的人文。

不少美学家困惑于农业景观的美是自然美,还是人文美?应该说,是这两种美的统一,不过,这种统一是以自然为本体的,因此,准确地说,它是具有人文性的自然美,或者说人参与创造的自然美——准自然美。

生命性以及与之相关的生态性是农业景观的重要特点。

农业生产是一种培育生命的事业。农作物作为植物,家畜作为动物都是有生命的。正是这一点,使得农业景观的美远胜于任何工业产品的美。黑格尔非常看重生命的美。他说:“作为在感性上是客观的理念,自然界的生命才是美的。”

农作物中的植物,作为生命物,究其本质,它来自大自然,不仅其生命的结构是精致而又奇特的,而且生命节律非常清晰,体现出自然的有序性。就其产生,却是人劳作的产物,它的生命中透显着人的智慧,人的伟力,某种意义上讲,它是人的生命另一种形式。

农作物中的家畜和家禽,作为生命物,一方面保留着动物的本性即它的野性,另一方面又增添了人所需要的性质,我们姑且叫它“文性”。野性,让家畜和家禽的生命仍联系着神秘的自然世界;“文性”,让家畜和家禽的生命联系着温馨的人类世界。

从本质上来说,农作物的生命是人造的自然生命,因而此种生命对于人具有一种特别的亲和性。

农业景观不只是特殊的生命景观,而且是人工与自然共生共荣的特殊的生态景观。景观的基础是大地,这是一片自然与人工共同开发着的土地。农民在稻田里培植水稻,希望收获更多的稻子,然在稻田里生活着的绝不只是水稻,除了各种各样的昆虫、鱼类、两栖动物,还有杂草。杂草是水稻的大敌。杂草长势过好,必然影响到水稻,所以,农民总是不断地除杂草,但实际上杂草是不可能除尽的。如果采用剧毒农药,将杂草除尽了,水稻也许也完了。

自然有它的目的性,人也有其目的性。农作物、家畜这些人工培育的自然物既然与纯自然物共同生活在一片大地上,这两者的关系就只能协调,只能兼顾,既让人实现其目的,也让自然实现其目的。

所以,必须保持良好的生态性。良好的生态性是农业景观作为大地景观的一个极其重要的特性。

在今日,为什么仍然要重视农业,除了人们衣食等物质产品的原料仍主要来自农业外,农业对于保持地球生态平衡的重大意义,也是重要原因之一。

人的生命与自然生命的对话性以及这种对话的艺术性是农业生产审美另一重要性质。

农业生产的主体是农民,客体是农作物,这农作物不管是植物,还是动物(家禽家畜)都是有生命的。因此,主体与客体的交流是两种不同的有机生命的交流。这种交流的主要内容是希望农作物按照人的意愿生长得更好。然而,这个过程绝对不会那么单纯,一是有大量的情感性活动,众所周知,农民对于他的作物是极有感情的,他可以对着青葱的庄稼喃喃自语,也可以抚摸着家畜,诉说着心里话;二是交流的内容大量地超出了功利的目的,也就是说,它可以与作物生长无关。传说《牛郎与织女》中,那牛郎与老牛的谈话,竟然是咨询老牛对他与织女爱情的看法。

农业生产中的生命对话,更重要的是对天象、气候、山川地理种种与农业有关的自然界及自然神灵的对话。虽然这种对话不像对农作物的对话那样具体,那样具有明显的当下性,但是,这种对话具有根本性。农业生产因为本质是人造自然,人造自然仍然是自然,所以,必须在总体上、在规律上服从着大自然。农业生产虽说是人在做,但决定其成功与失败的最后原因是大自然。大自然不是人,农民将它看作神,这神其性情、脾气,人无法全部捉摸透,然而人一直朝着这个方向努力,原因很简单,企求获得自然的青睐,获取农业的丰收。这种人与自然的生命对话在极为广阔的背景下进行着,同时,也通过诸多的形式进行着,有理性的,主要形式为科学技术;也有非理性的,主要形式为巫术与崇拜;还有理性与非理性双兼而以审美突出的,主要形式为艺术……

农业生产主要是体力劳动。体力劳动属于人的肢体活动,人类的肢体活动具有多种形态。一种为体育竞技,一种为艺术活动,体育竞技与艺术活动都不直接创造物质价值,只有劳动直接创造物质价值。各种劳动都体现为人的肢体活动,在所有的劳动中,唯有农业劳动,它的肢体活动是最全面、最丰富的,活动量的调节也是最为自由的。人类肢体活动体现了人的意志、智慧、创造力,是人类精神的物化形态。正是因为这一点,我们认为,它具有重要的审美价值。

人类天然地具有一定的节奏感,人类在从事任何肢体活动时,都自然而然地寻求节奏,使肢体活动协调,体现在劳动中更是如此。普列汉诺夫在《没有地址的信》中所描绘的地球上残存的原始部落巴戈包斯族人的耕作,男、女二人,一个挖坑,一个播种,配合默契,其动作也具有一种舞蹈般的美。中国江南农村的车水,多人共用一辆水车,用脚踩着踏板。“咿咿呀呀”的水车声中,显示出动作的协调;哗哗的流水,随着叶片升起,最后变成一片小瀑布倾泻进稻田。这种劳动的情景,比任何艺术都更具魅力,因为它是真实的,充满着蓬勃生命的意味。

与工业生产中的体力劳动相比,农业劳动的艺术性多得多,原因有二,一是农业劳动的肢体活动比较丰富,比较自由,更具有人性化;二是它以大自然为背景的。农业劳动均在田野上露天进行,头上是蓝天,脚下是大地,视界是青山绿水、碧树繁花、农家村舍;耳旁是大自然的各种声响:水声、风声、雨声,还有人的笑语、歌声及劳动工具发出的声音。在这种环境下劳动,简直就是一场真实的演出,有声有色,震撼人心。难怪自古以来,中国的一些知识分子就特别欣赏农家乐。宋代诗人杨万里有一首《插秧歌》:

田夫抛秧田妇接,小儿拔秧大儿插。
笠是兜鍪蓑是甲,雨从头上湿到胛。
唤渠朝餐歇半霎,低头折腰只不答。
秧根未牢莳未匝,照管鹅儿与雏鸭。

这是一幅多么美好的农业劳动图景!田夫、田妇、大儿、小儿,他们各自的肢体动作具有一种类似舞蹈的韵律美,他们之间的劳动又有一种呼应性。正是下雨天,漫天的雨雾、清亮的水声与人物的劳动搅和在一起,创造出一种类似艺术表演的美学效果。这样一种景观在工业生产活动中是不可能出现的。

工业劳动多是将工人联系在一条流水线上,固定在流水线上的工人只能按照预设的程序进行操作,没有半点自由。他们的工作一般来说是枯燥的。农业劳动虽然也需要配合,但基本上是个体劳动,劳动者具有较强的自由性。从人的本质力量自由实现这一维度来看,农业劳动远胜于工业劳动。这一点正是农业生产较工业生产更具审美性的重要原因之一。

当然,这只是问题的一个方面——农业生产于审美具有正能量的方面。农业生产于审美也具有负能量的方面。农业劳动多为手工劳动,劳动强度一般较大;另外,由于农业劳动多在户外进行,劳动者的身体多易遭受不利自然条件的损害。因此,农业劳动也有反人性、反审美的一面。

农业环境审美还有一个审美主体的问题。审美者有两种:创美者和非创美者。农业景观的审美主体可以是农业景观的创美者,也可以是农业景观的非创美者。

农民是农业景观的创美者,他来欣赏这由他创造的景观,其感受融进了诸多创美过程中的艰辛与欢乐,这种感受如鱼饮水,冷暖自知,外人难以完全理解。不是农民,也可以欣赏农业景观,这种欣赏更多的具有普遍性,它与农民对自己劳动成果的欣赏可以是相通的,但不会是一样的。

二、工业社会的农业审美

现代农业属于工业社会的农业,工业社会的农业已经大规模地运用了机器生产。机器生产,并没有使农业的根本性质发生变化,但为农业生产增添了新质包括审美新质。

从美学来说,机器生产所创造的美是技术美。技术美与手工美是不一样的,技术美作为工业时代的标志性的美,充分体现出工业时代机器的霸权地位。

机器生产需要规范性、标准化,这就使得劳动成果明显地具有一种理性形式。我们看用收割机收割过的麦地,明显的有一种规整感。由于机器生产受到预先设计好的节拍进行劳作,一丝不苟,这里就有一种节奏感、韵律感。这种节奏感、韵律感主要不是来自于操作者,而是来自机器,来自机器制造者的预设,也许它过于严整,甚至过于死板。因此,机手对机器掌握得如何,不仅决定着他的劳动的效率,而且决定他在劳作中能不能得到快感。

工业社会中,科学技术在农业中的运用是全面的。它们的成效不仅给农民带来了巨大的经济效益,还直接体现在农作物、家畜、家禽的外在形貌与内在品质的改变上。从而使得它们不仅体现出技术的美,而且体现出科学的美。

建立在工业社会的农业虽然创造了巨大财富,但也带来了重大的问题。

(一)对于自然环境的破坏

传统农业生态状况比较好,田野里既生长着庄稼,也生长着别的生物。江南的稻田在实施着传统的生产方式时,那水田中有着诸多的小生灵,各种小生灵在这里演奏着生命的大合唱,维持着生态的平衡。尽管农民为了高产,也除害虫,除杂草,但这种活动,不会破坏生态平衡,因为这种除害,程度是相当轻的。

工业社会的农业,主要运用机器生产,为了机器的运作,对农田必须实施大规模的改造。这种改造土地环境有可能是一种破坏。工业社会的农业,多使用化肥、农药,不仅使土壤中的各种有机元素的生态平衡打破了,造成土壤的沙化、酸碱化等,而且,使得田地中的诸多小生物生存遇到困难,甚至遭到灭顶之灾。

虽然农作物高产了,但农田良好的生态平衡打破了,且后遗症严重,生态平衡难以回复。更可怕的是化肥、农药中的某些元素进入农作物后,有可能对人的身体造成伤害。

(二)农民对土地的情感淡化

从伦理角度言之,工业社会的农业给农民带来的最大的精神上的伤害,是人跟土地的那种生命情感的丧失。在农业社会,农民祖祖辈辈生活、耕作在这片土地上,他们既是这片土地的所有者,又是这片土地的劳作者,这里是他们的家,是他们生命的根。可以说,这片土地上的一山一水、一草一木、一花一石,不仅联系着他们的收成,他们的生活状况,而且还联系着他们的情感记忆,联系着他们的精神生命。

在工业社会,农民与土地的这份情感就浅多了。农民在相当程度上变成了农业工人,他们运用机器生产,今天在这片田野劳作,明天到另外一片田野劳作,他们劳作的土地也许并不属于他们。不仅如此,土地的所有者也许未必是这片土地上的农作物的所有者。这样,依靠同一片土地谋生的,就有三种人:劳动者、土地所有者、农作物(庄稼、家畜、家禽等)所有者。三种人的分离所造成的一大后果就是,都难以建立起与土地的那种生命情感。

(三)导致人性的某种异化

机器生产,虽然是人在操作机器,但机器自有其操作规程,不完全听从人的意志。按劳动的本质,它是劳动者的本质力量对象化;机器生产,虽然也是人的本质力量对象化,却很难说是劳动者的本质力量的对象化。显然的事实是,机器生产中,劳动者的自由度降低了。另外,机器生产是一种标准化的生产方式,谈不上有什么劳动者的个性色彩,这些,均在一定程度上造成人性的某种异化。

(四)农业景观的单调

传统的农业,因为是小农经济,农作物是多样的。一块土地种植诸多品种的庄稼,五彩斑斓,殊为美丽,虽然产量不高,就审美来说,倒称得上丰富多彩。另外,家畜、家禽,也品种多样。这样一种农家风光,充满生气,充满情调。唐代诗人王驾有《社日》一首,描绘了传统农家风光之美。诗云:“鹅湖山下稻粱肥,豚栅鸡栖半掩扉。桑柘影斜春社散,家家扶得醉人归。”这风光中的景观是多元的,庄稼有稻有粱,家畜家禽中有猪有鸡,更兼有山有水,有人物活动,这样一种风光是极有魅力的。工业社会的农业,称得上准工业,虽然也是在田野上劳作,但所种的庄稼不可能是多样的,往往是一望无际的田野种的就是一种庄稼。至于家禽、家畜也是分类饲养,那种鸡飞狗吠的农家院落风光少见了。

以上所说的工业社会的农业景观当然也自有它的美,我们无意在传统农业与工业社会农业的景观高下问题上,做一评判。反正是有所得就有所失,有所失也会有所得。

虽然工业时代的农业大规模地使用机器生产,但是,并没有改变农业的一般性质:代自然司职。农业生产仍然是人的生命跟物(农作物)的生命在交流,在“对话”,只是司职的手段、对话的方式有很大不同:第一,传统的农业用的是简单的木制或铁制工具进行生产,代自然司职具有较强的手工操作性,因而,这种“对话”显得直接;工业社会运用机器进行农业生产,庞大的机器以及它的高效率,在很大程度上阻隔了人与大地、与农作物的亲和性。第二,工业社会用机器进行生产,其产品一般具有数量化的痕迹,体现出只有经过数量规范才有的标准性、统一性。工业社会的农业劳动,虽然用机器生产,但由于农作物多是有生命的自然物,很难完全做到标准化、规范化。就拿机器养鸡来说,虽然养鸡的所有工序全是用机器计算过的,但饲养的鸡也不会真正标准化。

严格说来,工业社会的农业其成果是自然、人工、技术三者合力的产物,技术因素虽然突出,但不占决定的地位,因为农作物均是有生命的,生命不能任由技术来操纵,决定生命的只能是它的本性——自然性。因此,我们只能说工业社会农业所创造的美具有准技术性,而不是技术性。

三、后工业社会的农业审美

在19世纪末工业社会的弊病已逐渐显露,这弊病主要是两个方面,一是机器的专横所造成的人性的异化,另是人类的贪婪与高科技武装让人类改造自然的规模过大以致造成环境的严重破坏。几乎与此同时,一种新的学科——生态学应运而生,这一学科本来属于生物学,后来延伸到环境学、人类学、社会学等诸多的人文社会学科。人类发现,原来这环境的破坏,其中一个重要的原因,是生物原有的食物链被中断了,诸多生物之间的关系以及生物与无机物的关系不正常了,也就是说,生态失衡了。通过各种手段保修补生态关系,恢复生态平衡成为人类的中心任务。

在对社会认识上,人们的观念相应发生了变化。一个新的社会似乎出现了,如果说工业时代,以技术为主题,体现为人类对自然大规模的掠夺的话,那么,在新的时代,则以生态为主题,人类与自然的关系也经由掠夺与反掠夺的敌对关系改变为和谐共生的友好关系,一种新的文明出现了,这就是生态文明。这个新的时代,学者们或称为后现代或后工业时代。

在人类一切有关生态平衡保护活动中,大致可以分为消极与积极两种。消极的,为保护而保护,目的是单一的;积极的,在生产中保护,目的是多元的,保护只是其中之一。农业属于后一种。道理很简单,农业所涉及的诸多自然物一直存在着完整的食物链。只要人重视这种食物链,不去执意破坏人与自然之间原本就具有的生态关系,它就是生态平衡的。后现代的农业与前此时代的农业在本质上没有什么不同,如果说有什么不同的话,那主要表现在两点:

第一,提升农业生态保护的功能,农业原本具有生态平衡的功能,只是这种功能长期来没有被提升到自觉的高度。人们从事农业,目的只有两个:为人类提供生活资料,为工业生产提供原料。维护地球生态平衡从没有作为目的提出来。尽管维护地球生态平衡是农业生产自身的功能,但是,如果不能作为目的提出来,就容易遭到忽视,而且也有这样的可能:因为片面追求某种农作物的高效率、高收益,致使原本合理的生态平衡遭到破坏。这类事例不是没有发生过,最为突出的是外来物种的引入,由于控制不当或难以控制,招致当地原有生态平衡的严重破坏。后现代农业为农业增加了一条使命:生态使命。

农业的生态使命具体可以分为两个方面。

其一是为人类提供绿色食品。关于此,早在20世纪20年代就有人提出来了,其理论为"有机农业(Organic Farming)"。英国学者巴弗尔(Balfour)认为,土壤、植物、动物和人类的健康是息息相关的,他主张通过调节土壤的办法来让农作物良性生长,以保证农作物不含有害于人类健康的元素。20世纪中叶,日本学者吉田茂提出"自然农法",所谓自然农法,就是尊重自然规律、尊重自然的秩序与法则,"充分发挥土壤本身的伟大力量来进行生产"。有机农业禁止使用化学肥料、化学农药。这样做,似乎是回到了原始农业,原始农业是没有化学肥料和农药的。这样,产量是不是很低?如果仅仅只是这样,那产量无疑是很低的。但是,有机农业不只是采取“减法”,也实行“加法”,通过高科技的手段促使作物朝着人需要的方面发展,提高作物的品质与产量。

其二是让恢复或保持生态平衡明确地成为农业生产的目的。关于这方面,有两种情况:一种情况是农业生产与生态维护双赢,也就是说,既维护了自然生态,又获得了良好的收成。另一种情况则是维护了自然生态,但影响了农业的收成。前一种情况当然好,也正是我们努力的方向,但是,第二种情况的出现有时是不可避免的,为了整个地球的生态环境,农业有时需要做出这样的牺牲。2003 年笔者参加在芬兰召开的农业美学国际会议,会上就有这方面情况的介绍。中国其实也早有这方面的实践,像退耕还林、退田还湖这样的工程,也是以牺牲农业的代价来换取生态的修复。

农业的生态使命日益凸现,使得它本具有生态审美这一性质得到彰显。生态美其实不是一种独立存在的美,而是一种审美性质。它大量地存在是在自然界中,自然界本具有生态,因而自然美具有生态性。

经常将生态性与生命性混为一谈。其实这两者的区别是很明显的,生命性重在个体生命的状况,而生态性则重在生命之间的关系。某一自然物生长旺盛,并不意味着这个地方生态良好。生态审美看整体,生命审美看个体。后现代的农业审美重在生态性,准确地说以生态为本位。

后现代农业因为建立高科技的基础上,农业原有两个目的——为人类提供生活资料和为工业提供原料的实现不是太困难的,在此背景下,它的两个潜在的功能——生态功能与审美功能倒是给彰显出来了。生态功能已如上述,审美功能突出表现为“观光农业”这一新生事物的出现。农业的观光与自然山水的观光,其区别是显然的。自然山水的观光,所欣赏的对象是自然创化的产物,那是自然美。农业的观光所欣赏的对象是自然创化与自然人化共同的产物,是准自然美,实质是文明的美。虽然是文明的美,它又不同于例如建筑这样的美,它具有自然性。因此,它与社会人文的观光是不同的。另外,不论是自然山水的观光还是社会人文的观光都只在“观”,而农业的观光却不只在观,还在“做”——农作。观光客可以在农场从事力所能及、兴之所至的农业劳动,感受劳动过程的美感。从人对审美的需求来看,它具有多元性。人类既需要自然山水的观光、社会人文的观光,也需要农业的观光。随着后现代的到来,农业的观光其前途不可限量。

四、新农村的审美愿景

当人们主要靠渔猎采集为谋生的方式时,就直接生活在自然界中,或洞居,或巢居,基本上不需要盖房子。哪里有可渔可猎可采集的食物,就到哪里去生活。这个时候,人们没有家园这一概念。

农业生产就不同了,农业要种植谷类食物,要豢养牲畜,不能不定居下来。定居就要盖房子。汉字“家”上为一个宝盖头,那就是房,中间有一个豕,代表着农业。既然人类最初的“家”是农业的产物,有农业才有家,既然我们将环境的本质看成是“家”,将环境美的本质看成是“家园感”,那么,我们就有理由认定,原始农业实际上是环境哲学包括环境美学的胚胎。

农村是作为人类的最初的家,目前,尚是主要的家。作为人类最初的家,农村具有四种重要的审美优质:

第一,它能让人比较多地与自然相亲和。农村,举目就是自然,不是原生态的自然,就是农作物的自然。人来自自然,具有亲自然的本性。工业社会造成的城市,一个共同的特点是将自然赶出城市,市民远离了自然,人的亲自然性得不到实现,人性在某种意义上异化了,诸多的城市病实根源于人与自然的疏离。农村这个家能较好地满足人亲和自然的需要。

第二,它能让人直接地与自然生命进行交流。农业生产的重要性质之一是人直接地参与培育自然生命的活动。生命是地球上最高意义的存在,地球上的活动最具意义的莫过于生命的活动,其中尤其重要的是生命与生命间的交流。种植谷物、豢养牲畜,既是人的生命在培育物的生命,也是人的生命与物的生命在进行着交流。“天地之大德曰生”,在人类的一切活动中,还有什么比生命与生命的交流更具审美意义的呢?

第三,农村有更为丰富的人际交流。众所周知,工业社会中,生产与生活是分离的。生产中,工人在相当程度上依附于机器。工业化程度越高,人对机器的依附就越强,主体性就越弱。农业生产也需要使用机械,但是,农业生产仍然有很多的手工活。在手工劳动中,生产伙伴之间有更多的沟通,不仅有工作上的协作,而且有情感上的交流。正是因为劳动者在生产中有这样的密切关系,使得农业生产较之任何一种生产更自由,更愉快。

第四,农村的环境特别广阔。现代人对于生活环境,非常看重个人的自由空间,因此,环境的审美评判,疏朗感显得很重要。这方面,城市有许多无奈。太多的建筑、太多的汽车、太多的人,将个人的生活空间挤压到难以容忍之窄。这方面,农村无疑具有很大的优势。显然,生活在农村这种环境,人的心胸是易于开阔的,而思维也会更为自由与活跃。

农业的发展与农村的建设是联系在一起的。农村该如何建?比较普遍的做法是将农村建成小城镇。农村就是城市的缩小版。对于此种做法,笔者是忧虑的。城市化所产生的种种弊病,难道还要侵染到农村去吗?

笔者认为,农村建设除了坚决执行国家的土地政策,尽量不占用可耕地以外,在环境美学意义,有一个基本点,那就是必须保持农村的特色,突显农村的优点。

首先,农村特色的问题。农村作为生活环境,其突出的审美优质是拥有更多山林、草地、河流,而且它主要不是人造的,而是自然原本就有的,野生的。新兴的农村建设一定要突出这一点。与这个问题相关,农村建设要充分注意与自然山水相结合,依山傍水,显山亮水,突出人与自然的亲和性。

从景观来说,农村景观的特色是农业景观,那就是田野、牧场,种植基地等,不要让新兴的农村离开这些景观,反过来,倒是特别需要亲近这些景观。不可设想,到农村去,看不到水稻,麦地,看不到牛、羊。如果这样,那就是农村建设最大的失败。

农村特色与农业劳动的这种生产方式相关。农业劳动主要是以家庭为本位,为了适应这种生产方式,新农村建设宜以家为本位,一般一家一栋,屋宇以院落式为主,一定要接地,以便于农民停放自家车辆和农具农械。

农村特色还与农家生活方式相关。新农村建设一定要突出农家生活主题,以舒适、宽松、自由为特色,让农民们有更多的交际空间。

基于农业劳动与农家生活的特色,农村建设宜散聚结合,既有相对集中上千户的乡镇,也不妨有一两户、三五户小的村落。不宜一律集中,全建成城镇。

其次,村庄特色问题。农村建设要求各个村庄都要有自己的特性,万不可一套图纸,各村克隆。平原地区农村,地理特色不鲜明,如果村庄建设成一个样式,那就很难分别了。

这里,美学的和谐性问题仍然值得农村建设者的注意。农村建设不仅要注意与地形地貌的和谐,而且要注意与传统文化的和谐。我国东南地区一些先富裕起来的农村,在建设自己的新村庄时,盲目搬用西欧或北欧一些村庄的模式,弄得不伦不类。中国农村一定要像中国农村,不能将欧洲农村的风格搬到中国来。美国当代环境美学学者阿诺德·伯林特说:"没有考虑到本地的建筑传统而采用外国的地区或种族设计风格的作品从不会让人觉得舒适。这就如同在缅因州的海滨村庄里建造西班牙的庄园或是瑞士山中的牧人小屋一样。"阿诺德将这种美学上的大忌称之为"不适宜性"。

中国目前的城市化基本上是按照城市的模式改造农村,实际上是消灭农村。这种做法体现了工业社会的发展需求,然而,信息技术等高科技的出现,实际上正在将社会推向后工业时代,后工业时代的城市已有向农村回归的趋势。农业生产本来更切合人性,而农村也本具有宜居和乐居的优势。这种优势,在落后的生产力的条件是低层次的,但借助了工业社会高科技的优势和后工业社会新的农业观念,它有可能发展到新的水平。在城市化的背景下,得利最多的是农村,农村在保留自己特色的前提下,要尽量地吸取城市的优点,其中,最重要的是城市文明的生活方式。当农村日益富裕起来,农民享受市民的生活方式,不是太遥远的理想。

在现代化的今天,农村不仅不应该被消灭,而且要建设成人们的乐园。未来的农业劳动在高科技的武装之下将变得轻松。农业生产天然具有的直接与生命交流的特色不仅会继续保持,还因高科技的参与变得浪漫而有趣。农村,不管是小镇还是村落,都不仅拥有优越的自然风光,而且还拥有现代化的生活设施。生活在农村,工作在农村,定然成为许多人的追求。未来的农村将成为人类理想的生活环境。

总之,新农村的未来愿景是文明化而非城市化。

整合了高科技的文明性与农村本已具备的自然性、生态性所建立的农业生活方式,将成为城市人向往的一种生活方式,因为这种生活方式因为更切合人性而更具有的审美的魅力。

未来的农业应该让人类更幸福,未来的农村应该是人类真正的伊甸园。

参考文献

[1][德]黑格尔.《美学》第一卷[M].北京:商务印书馆,1979.

[2][俄]普列汉诺夫.没有地址的信:艺术与社会生活[M].北京:人民出版社,1962.

[3][美]阿诺德·伯林特.生活在景观中——走向一种环境美学[M].长沙:湖南科技出版社,2006.

(作者简介:陈望衡　武汉大学哲学学院教授,博士生导师)

农村垃圾长效化治理机制研究
——以沛县为例

魏垂敬

整治农村垃圾是推进美丽乡村建设的关键一环，对于建设生态文明、建设美丽中国具有重要的现实意义。2011 年以来，江苏省沛县大力度治理农村垃圾取得明显效果，其关键在于创新实践了农村垃圾治理的长效化运转机制。

一、“垃圾围村”及沛县的努力

近些年农村垃圾问题突显，“垃圾围村”困局亟待破解。

1. 农村垃圾问题——“垃圾围村”困局亟待破解

伴随着经济社会的发展，农村的垃圾问题突显出来。垃圾倒往路边、河边、村边、田边、塘边、屋边的现象在不少农村地区普遍存在，农村垃圾污染大有愈演愈烈之势，农村“垃圾围村”困局亟待破解，农村垃圾治理迫在眉睫。

2. 解决垃圾的努力——沛县农村垃圾收运体系建设的概况

沛县的农村垃圾污染也不例外。2011 年 7 月至 2012 年 7 月，为硬件建设阶段，各镇（区、场）陆续建成了垃圾中转站，开启了沛县“村收集、镇转运、县处理”的垃圾收运体系建设进程。2012 年 7 月至 2013 年 1 月，为体系试运行阶段，主要是清除村庄坑塘河沟内多年的积存垃圾和配备保洁人员、保洁工具和其他硬件设施。按照常规思维方法建造垃圾池的镇村居多。2013 年 2 月至今，进入以督查促整治阶段，实现了全县 1329 个自然村垃圾收运体系建设的基本覆盖：各村的坑塘垃圾死角基本不存在，垃圾收集设施的配置基本齐全,环卫保洁人员的配备到位、垃圾基本实现日产日清,基本完成了垃圾处理费的征收和保洁人员工资的统筹发放。

3. 解决垃圾问题的重点——建立长效机制

垃圾问题的解决,不可能靠一时清理垃圾的突击行动,也不可能单靠保洁员的劳动,而要在治理垃圾的过程中形成切实可行的、稳定的运转机制。2011 年以来,沛县在不断摸索的实践中,创新实践了农村垃圾长效化治理的四大机制:“上门收集、垃圾不落地”的收集机制,“每人每月一块钱”的收费机制,各环节人员的责任机制,督查评比奖惩的考核机制,下文进行详细论述。

二、“上门收集、垃圾不落地”的收集机制

垃圾池的众多弊端促使沛县农村创新实践了“上门收集、垃圾不落地”的收集机制,成为垃圾收运中基础性的环节。

1. 保洁员上门收集垃圾的缘起

沛县一些镇村按照常规思维,在村里建设了垃圾池。但不久垃圾池便被人为砸掉、毁掉,主要因为垃圾池的弊端使得离谁家近谁家烦。垃圾池的弊端显而易见:容易产生二次污染,尤其是夏季,西瓜皮之类易腐烂的生活垃圾导致蚊蝇乱飞、臭气熏天,下雨时更是污水横流,如果刮大风,则垃圾池中的塑料袋满村飞。池里池外场面狼藉,成为村里典型的污染源,谁见谁烦。不仅如此,垃圾池的造价还不低。建设一处砖混垃圾池,人工费加材料成本大约 800 元。平均 10 户建设一座垃圾池,一个 160 户的自然村则需 16 座垃圾池,造价 12800 元,这无疑给村里增加了经济负担。

如何解决这个问题?在汲取广大群众智慧的基础上,沛县提出了“上门收集、垃圾不落地”的收集办法,并开始在一些镇的村庄试点,结果很成功,并逐渐在全县推广开来。

2. “上门收集、垃圾不落地”的具体实施办法

由村里约定俗成,每天晚上村民把自家的小垃圾桶放置院子大门旁边,次日一大早,保洁员拉着平板车或骑着电动三轮车,挨家挨户上门收集,到谁家门口,保洁员一提垃圾桶就把垃圾倒进车内。起

初，部分镇村干部和保洁员都主观上认为，上门收集会加大保洁员的工作量。实践证明，上门收集和使用垃圾池相比，不仅不会加大工作量，反而会减少工作量。因为，保洁员用铁锨把垃圾池的垃圾往保洁车上装，所花的时间、劳动量和麻烦程度，都比上门收集多得多。

3. 农村保洁员上门收集垃圾的好处

(1)真正实现了垃圾不落地。保洁员上门直接把每户的垃圾倒进收集车，有效实现了垃圾日产日清，真正实现了垃圾不落地，有效避免了垃圾池的二次污染。

(2)大大节省了费用。户用小垃圾桶，每个5元，160户的自然村只需800元，即，建设一处垃圾池的费用，足可给全村160户配备160个垃圾桶。也就是说，一个自然村节省出建设15处垃圾池的费用12000元。

(3)密切了村干部、保洁员与群众的关系。对于村干部的保洁宣传，对于村干部每天督促检查村庄环境卫生的举动，对于保洁员每天定时挨家挨户上门收集，农户都看在眼里、记在心上，逐渐认可村干部和保洁员的辛勤劳动，村干部是为民服务的村干部，保洁员是大家尊敬的保洁员，村干部、保洁员和群众之间的关系更加融洽。如此的关系，每人每月1元钱的保洁费，群众自愿上交。

4. 保洁员上门收集垃圾需要的硬件——垃圾箱体

上门收集需要硬件——垃圾箱体作支撑。垃圾箱体和保洁员的配备需要一对一地对应，即一个自然村配备一名保洁员、对应一个垃圾箱体，这非常符合农村的实际情况：一是大多数保洁员年龄较大，拉运垃圾的平板车不宜太远的距离，一个村配备一个垃圾箱体就自然缩短了平板车的运送距离；二是一名保洁员对应一个垃圾箱，各负其责，不存在扯皮的情况；三是村庄不同，居住人口数量也不同，不同村的保洁员每个月应该收集几箱垃圾，事先已经根据该村的常住人口做过计算，保洁员对应垃圾箱，便于计算保洁员的工作量，进而便于计算保洁员的工资。

三、“每人每月一块钱”的收费机制及“3 个一块钱”资金保障机制

沛县成功实施了“每人每月一块钱”的收费机制及“3 个一块钱”资金保障机制。

1. 是否需要收取保洁费

有人认为农村垃圾处置属于公共服务的范畴，应该由政府买单。这种思路未免片面。如果村民不缴纳保洁费，一些村民甚至会错误地认为，清理垃圾、保护环境是公家的事情，与自己无关。所以，如果不收保洁费，老百姓对于保护环境会缺乏责任感。虽然村民缴纳的保洁费只是象征性地每人每月一块钱，但是，只要村民付出了，就会产生责任意识：处置垃圾要付费，为自己的环境污染付出代价，要爱护环境，要尊重保洁员的劳动；同时，村民还会产生监督意识：监督村干部是否为村民服务了，监督保洁员是否上门收集垃圾了。

2. 收取保洁费的依据

收取保洁费的依据——谁污染谁付费。保洁员为大家服务，对垃圾进行清运和处置，都要花费人力物力。农户产生垃圾，谁污染谁付费，治理农村垃圾，人人都负有责任，农户适度缴纳保洁费在情理之中，而且百姓容易接受。

3. 收取保洁费的宣传口号

对于收缴“每人每月一块钱”保洁费的宣传，沛县的镇村干部宣传得让老百姓非常容易接受：

少吃一块雪糕，省出一个月一个人的保洁费；

少吸一包孬烟（三四元），省出一个月一家人的保洁费；

少吸一包好烟（四五十元），省出一年一家人的保洁费。

宣传标语是：“每人每月一块钱，村庄垃圾全清完”。

4. 实施“3 个一块钱”资金保障机制

农村垃圾处理需要设施建设、垃圾清运、人员工资等多项经费支出，如没有长效投入机制，农村垃圾处理将成为短期行为。农村垃圾集中处理，需要政府财政每年在预算中拨出专项经费，提供主要资金

保障。对于垃圾收运的运转费用,沛县实施“3个一块钱”资金保障机制:与村民缴纳“每人每月一块钱”相对应,县财政、镇财政各配套同样数目的资金。通过“3个一块钱”多元化资金的投入,垃圾收运各个环节的资金有了保障,镇村干部、保洁员、村民等对此举非常赞成。

四、各环节人员的责任机制

在逐步探索的过程中,沛县农村垃圾治理的每一个环节,逐渐明确了责任主体。

1. 垃圾产生者——农户的责任明确

垃圾产生者是有名有姓、独门独院的农户,农户要按照村里的约定俗成承担责任和义务:不可随意把垃圾乱丢在门口的坑塘内或其他地方,要在晚上临睡前把小垃圾桶放院子门外。如果哪一户乱丢乱倒垃圾,在熟人社会的农村,保洁员和村干部容易找到该户,能够说得该户不好意思再乱丢乱倒。

2. 垃圾收集者——保洁员的责任明确

次日一早保洁员挨家挨户上门收集垃圾,用平板车装满后填进垃圾箱,一名保洁员对应地负责一个垃圾箱体。对于不按村里的规定放桶者或者乱倒垃圾者,保洁员会上门说服,因为熟人社会的农村,农户看重的是面子。所以保洁员既负有保洁的主要责任,也负有监督村民讲卫生讲文明的责任。

3. 环卫监督者的责任明确

以沛县朱寨镇为例,该镇的环卫督查人员,对全镇107个自然村每周督查一遍;每个行政村都设有环卫专干,由一名村干部兼任,环卫专干监督保洁员和乱丢垃圾的农户。农户的眼睛是雪亮的,所以农户同时也反向监督环卫专干和保洁员的工作责任心情况。所以,从一定程度上说,镇环卫督查人员是监督者,村干部是监督者,保洁员和农户也是监督者,监督者的责任明确。

五、督查评比奖惩的考核机制

常态化的督查管理机制是确保农村垃圾处理工作长效化的重要保障。这需要县、镇、村均制定相应的监管工作体制，把农村垃圾处理纳入农村基层组织的工作程序中，使其成为农村干部工作的重要内容之一。通过明察暗访、随机抽查等方式，对农村垃圾处理情况进行督导检查，逐级考核，把考核情况与评优树先、资金补助相连。

在垃圾治理成效的结果评比上，沛县形成了"县对镇、镇对村、村对保洁员"三级督查考核奖惩的评比机制，辅以每年500余万元的县奖补资金，营造了镇与镇之间、村与村之间、保洁员与保洁员之间争先创优的氛围。

1. 县对镇考核

沛县抽调专门人员，组成督查考核组，分批次、分阶段督查考核了全县所有镇区场的1329个自然村。2013年全年的督查考核，分为四个阶段。第一阶段为2013年3月，明察了每个镇区场1/3的自然村；第二阶段为2013年6月，明察了每个镇区场第二批1/3的自然村；第三阶段为2013年9月，明察了每个镇区场第三批1/3的自然村；第四阶段为2013年12月，暗访了每个镇区场原来三次督查中存在严重问题的自然村。每一阶段督查考核结束后，联合督查组把督查考核的结果，按照分值排出名次发放到各镇区场；同时把各镇村堆放垃圾的照片做成幻灯片，县主要领导带领各镇区场的主要负责人和分管负责人集中开会观看幻灯片，幻灯片上垃圾成堆的场景让各镇区场的领导大受震动，会后，各镇区场及时整治，效果明显。

2. 镇对村考核

各镇区场陆续也成立了农村环境整治督查室，镇督查人员检查自然村时，每发现一处垃圾，当场拍照扣一分。镇对每月考核优秀的村（每月扣分少于10分的）给予200元奖励，对每月考核不合格的村（每月扣分大于40分的）责令限期整改，并扣村支书及村环卫专干各100元。

环卫专干一般由村干部兼任，平均每月补助200元。完成垃圾收集量，且在镇督查中扣分低于10分的村环卫专干，又会额外获得200元的奖励。环卫专干每天骑电动车到村里转转，看看保洁情况，发现问题及时提醒保洁员，同时给农户宣传不乱丢垃圾、养成良好的保洁习惯。环卫专干还负责本村保洁员的工资统计，镇里核算后打卡发放给保洁员。之后，镇对村督查时，就有对保洁员工资发放情况的督查核实（向保洁员亲自核实）。

3. 镇村对保洁员的考核

保洁员工资的核定科学合理。保洁员工资核定的主要依据是服务人口的多少，而不搞平均主义。不同村庄的保洁员每个月应该收集几箱垃圾，事先根据该村的常住人口已经做过计算。在正常垃圾收集量之外，每多收集一箱体垃圾，保洁员额外得到30元。平常，镇对村的督查，村对保洁员的监督，村庄内的保洁程度，也是奖惩的依据。总之，服务的户数越多，平常村庄内保洁的效果越好，保洁员的工资就会越高。这充分体现了多劳多得、优绩优酬。

对于农村垃圾收运中涌现出的先进分子，各镇区场都采取了开大会表彰的方式。例如，2013年4月8日，朱寨镇开大会表彰了10个自然村的10名"优秀保洁员"，已经劳作了大半辈子的保洁员，为群众保洁竟能披红戴花上台领奖，让他们很受鼓舞。

六、对于农村垃圾长效化治理机制的理论思考

沛县上述机制刚刚成型，需要巩固和深入运行一两年之后才能稳定下来。一些先进镇村运行得比较成功，一些镇村还只是处于起步阶段，但根据先进镇的实践，上述机制是符合沛县实际情况的、行之有效的长效化垃圾治理机制。下面对上述机制做理论分析。

1. 内部关系

四大治理机制之间的内部关系：上门收集是整个垃圾治理机制中基础性的环节，上门收集有力促进了一块钱收费机制的落实，上门收集和收费又强化了各环节人员的责任意识。考核标准是个指挥棒，考核是对收集、收费、责任的结果评价，将反作用于上述三大机制。四大机制一环扣一环，环环相扣，联系非常紧密，任一环节都不

可或缺。

2. 运行特点

(1)沛县垃圾治理机制运行最显著的特点是创新性。上门收集具有创新性。当大多数人用常规性的思维想事情(认为,只要搞垃圾收运,就需要建设垃圾池)的时候,沛县开始了上门收集的新收集办法,而且非常奏效,保洁效果明显,节省了建设垃圾池的大笔费用,还有力促进了"每人每月一块钱"收费机制的实施。"每人每月一块钱"的收费机制具有创新性。钱不多,老百姓容易接受,还能让老百姓产生责任意识和监督意识。

(2)设计合理,便于操作。沛县各镇村的实践表明,四大机制的设计合理,便于操作。

3. 推进动力

从沛县多个村的实践来看,三个方面的"自觉"是推进垃圾治理机制的动力:村民对自身生活环境的关切是推进垃圾治理机制的根本动力;上级党委政府倡导生态文明建设、实行城乡一体化的公共服务是推进垃圾治理机制的外在导向;村两委顺应来自上下的共同要求是推进垃圾治理机制的必然选择。

4. 性质

农村垃圾治理机制是有力推进农村环境整治的制度性设计,既是一种制度,又是一种实际工作方法,体现了鲜明的机制创新特点;它是实现生态文明建设目标的有效途径,也是生态文明建设的具体体现。

(作者简介:魏垂敬　江苏省沛县人民政府督查室副研究员)

以生态文明理念引领福建"美丽乡村"建设

——借鉴台湾"富丽乡村"建设的发展经验

黄艳平

发展生态文明,是关系人民福祉、关乎民族未来的长远大计。党的十八大把推进生态文明建设与建设美丽中国作为全新的理念提出来,这是十八大报告的一个突出亮点,标志着中国共产党对执政规律的把握更科学,对执政理念的认识更加深化,对执政能力的建设更加重视,同时也承载着新一代中国共产党人"给自然留下更多修复空间,给农业留下更多良田,给子孙后代留下天蓝、地绿、水净的美好家园"的美好愿景。以生态文明理念引领美丽乡村建设,把建设美丽乡村作为建设美丽中国的起点。

一、生态文明和美丽中国建设是中华民族永续发展的迫切需要

党的十七大报告中首次提出生态文明建设,在党的十八大报告中再次明确地提出,"建设生态文明,是关系人民福祉、关乎民族未来的长远大计。面对资源约束趋紧、环境污染严重、生态系统退化的严峻形势,必须树立尊重自然、顺应自然、保护自然的生态文明理念,把生态文明建设放在突出地位,融入经济建设、政治建设、文化建设、社会建设各方面和全过程,努力建设美丽中国,实现中华民族永续发展"。"中国特色社会主义事业总体布局由经济建设、政治建设、文化建设、社会建设'四位一体'拓展为包括生态文明建设的'五位一体'",这是总揽国内外大局、贯彻落实科学发展观的一个新部署。在

整个报告中,“生态文明”被单独进行阐述,同时,“节约资源是保护生态环境的根本之策”,“实施重大生态修复工程”也首次出现在报告中,凸显了党对生态文明的重视,对生态发展规律的认识更加深刻,也顺应了时代的要求、民意的呼唤。

(一)建设美丽乡村是建设美丽中国的细胞工程

推进生态文明建设,建设建设美丽中国,是党的十八大在报告中提出的温暖、形象而又富于诗意的执政理念。而美丽乡村就好比是美丽中国的一个细胞工程,只有做好这一个个细胞工程,美丽中国才会建设得更美好。美丽乡村是一个全面的、综合的、统领新农村建设工作全局的新提法,美丽乡村的“美丽”主要包含两层意思:一是指生态良好、环境优美、布局合理、设施完善;二是指产业发展、农民富裕、特色鲜明、社会和谐。建设美丽乡村关键要实现四个层面的“美”,即村容村貌整洁环境美(自然之美)、农民创业增收生活美(发展之美)、乡风文明农民素质美(文化之美)、管理民主乡村社会美(和谐之美)。也就是说,美丽乡村之“美”,既体现在自然层面,也体现在社会层面。

(二)生态文明是一种发展的理念

生态文明,是指人类遵循人、自然、社会和谐发展这一客观规律而取得的物质与精神成果的总和;是指人与自然、人与人、人与社会和谐共生、良性循环、全面发展、持续繁荣为基本宗旨的文化伦理形态。生态文明强调人的自觉与自律,既追求人与生态的和谐,也追求人与人的和谐,而且人与人的和谐是人与自然和谐的前提,强调人与自然环境的相互依存、相互促进、共处共融,从而实现经济社会可持续发展的长远目标。

生态文明是一种发展的理念,是人类文明的一种形态;是在工业文明已经取得成果的基础上,以尊重和维护自然为前提,用更文明的态度对待自然;是人类对传统文明形态特别是工业文明进行深刻反思的成果;是人类文明形态和文明发展理念和模式的重大进步。

（三）准确把握农村生态文明的内涵

农村生态文明是一个综合性的文明成果。多种树不是生态文明建设的全部工作，单纯地保护也不是生态文明建设的唯一手段。农村生态文明建设应包括生态农业（生态旅游业）、生态村庄、生态文化三方面的建设内容。要以建设美丽乡村为载体推进生态文明建设，着力寻找农村生态文明与美丽乡村建设的契合点，提升群众的幸福指数和经济效益。

二、台湾"富丽乡村"建设的背景及发展经验

（一）"富丽乡村"目标产生的背景

1991年，台湾农政当局依据"经济建设六年计划"确立的均衡区域建设的总方针，出台了《农业综合调整方案》，提出以"发展农业、照顾农民、建设农村"为宗旨的"富丽乡村"建设目标。它诠释了生产、生活、生态的共存共荣，其内涵相对应了"经济""文化"和"自然"三个层面。经济是富丽乡村建设的最终目标之一，激活农村产业经济，以谋求农民最大的经济效益，提高农民的生活质量；文化是富丽乡村建设的基本出发点，尊重当地人的生活习俗和原乡文化，将农村文化和农民生活纳入建设规划；自然是指融合农村产业发展与自然生态环境之间的关系，尊重自然规律，营造永续发展的生态景观和生活环境，最终实现人和自然的和谐发展。

2001年7月，台湾迫于加入WTO的新形势，制定了《农业中程施政计划》，把富丽乡村建设目标定位为"建设农村新生活圈，塑造农村新风貌"。所谓"农村新风貌"是指构建与城市生活相适应的现代化乡村，由互相联系、协调发展的生态、生活、生产三个圈组成：一是发展休闲农业园区，塑造乡村优美环境，构建农村休闲旅游圈；二是推动农村整体社区营造，整合农业社区组织，倡导"以民为主，以农为本"理念，营造"与农共生"的农村社区生活圈；三是开展"新故乡运动"，运用地方特色资源、特色文化和特色环境生态，开发地方特色产

业，构建农村产业发展圈。

（二）“富丽乡村”建设的经验

台湾的乡村发展走出了一条异于工业化和城市化之路，建设出众多集乡土文化与优美自然风光于一体的特色乡村。如今，所到之处的确都能见到台湾富丽乡村建设活动的成果，展现了优美环境、与农共生的乡村社区和产业发展的乡村新风貌，不仅吸引台湾本岛的城市人前往，也让其他国家和大陆人士心向往之，真正体现了经济效益、生态效益和文化效益的“三丰收”。

“富丽乡村”的建设理念与我党的“生态文明”建设理念有异曲同工之妙。总结台湾“富丽乡村”发展经验，主要有：

1. 规划先行，可持续发展

台湾“富丽农村”建设规划之一的“农村细部建设计划”，以村、自然村或聚落为单位进行精细规划，考量自然、人文等条件与发展潜力，来规划乡村未来发展方向及重点，其规划的内容涉及产业发展及农产品营销、公共及公用设施、农村社区生活环境改善、文物设施和自然环境保护等方面，规划内容全面、细致，且因地制宜，避免千篇一律。

2. 生态保护优先

“富丽乡村”政策首先需要保有原来农村建筑风貌及传统特色，而不是用钢筋水泥去破坏原始的生态。富丽乡村建设所取得的成果离不开对生态的保护和维持，并使之发展成为全体村民的一种自觉意识和自觉行为，使生态文明的理念得以持续并传承下去。这是值得我们反思的，也是值得我们学习并坚持的。

3. 发展休闲农业，凸显旅游特色

通过深入挖掘当地的自然、人文、宗教、产品、工艺等各种资源，使台湾乡村旅游独具风情，魅力无穷。将农村产业、观光果园、农产品展售中心还有民宿等都纳入其整体产业链之中，进而较快地促进了台湾地区乡村旅游及休闲农业的发展。

4. 精细化发展

精致农业是台湾现代农业发展的成熟模式，其乡村旅游及休闲农业的发展结合了生产、生活、生态的三体理念，包括吃、住、行、游、购、娱的一站式开发，从类型上有休闲农场、休闲渔场（如立川渔场）、休闲牧场、休闲林场、农村文化活动园、观光果园、观光茶园、观光花园、观光菜园、市民农园、教育农园、度假农场等；园内活动包括体验活动、自然景观眺望、野味品尝活动、农庄民宿活动、民俗文化活动、儿童玩耍活动、森林游乐、产业文化活动等，满足不同人士的需求。

三、对福建“美丽乡村”建设的启示

如今，在科技创新的基础上，以“绿色转型”“绿色发展”为关键字的生态文明也是一种生产力。探寻生态发展新优势，就是探寻新时代生产力的源泉。福建省委、省政府提出既要“百姓富”又要“生态美”的全新发展战略，要以生态优势为依托，以“美丽乡村”建设为载体，以绿色生态健康产业为主导，立足实际践行生态文明新理念，切实增强生态产品生产能力，积极探索一条生产发展、生活改善、生态良好有机统一的科学发展之路。台湾“富丽乡村”政策，对福建“美丽乡村”建设有一定的启示。

（一）充分利用好自然、地理和人文优势

福建发展休闲农业具有得天独厚的自然、区位和人文优势，主要体现在：一是自然资源丰富。位于我国东南沿海，海岸线长、岛屿港湾多，森林覆盖率全国第一，陆域地形复杂多样，农业气候资源特殊，植被类型多样，素有“南方绿色宝库”之美誉，可以发展多种类型的休闲农业产业。二是地理区位独特。处于中国东南部最主要的海内外旅游交通“十字路口”，与台湾隔海相望，闽台交流合作十分活跃，一大批台胞已在福建成功投资休闲农业产业，福建也已具备对接台湾休闲农业产业转移发展的优势和潜力。三是人文资源良多。福建不仅拥有精耕细作的传统农业文化，还有乡土风格迥异的民俗风情，如双世遗武夷山、世界文化遗产土楼、惠安女风情、举世闻名的哥仔戏以及风味独特的农家食品等。

(二)科学规划,转变农业发展方式

福建省已于2013年出台《福建省休闲农业发展“十二五”规划》,努力探索适合农村生态经济发展的路子,发展休闲农业旅游,转变农业发展方式,促进农民就业增收,推进新农村建设,统筹城乡发展,满足城乡居民日益增长的休闲消费需求。可借鉴台湾“富丽乡村”政策,要充分发挥规划的先导作用,避免村庄建设规划模式的趋同,充分发挥规划在农业产业发展、农村设施建设以及社区环境优化方面的导向定位功能,注重乡村长远可持续发展。

(三)统筹兼顾,优先保护生态

台湾“富丽乡村”建设兼顾经济、文化和自然生态三个层面的功能和利益。福建开发休闲农业项目,也要注重生态环境的保护,统筹兼顾、适度开发,实现经济、社会、生态三大效益的统一。合理开发农业资源,拓展延伸农村生态、文化、旅游和休闲等多功能效益,营造优美宜人的绿色、彩色景观,改善自然环境,维护生态平衡,实现良性循环。当然,也要使农民在农业产业中获得经济收益,由此更能深化农民对生态文明重要性的认识,提高其参与的积极性。如台湾2009年实施的“精致农业健康卓越方案”,旨在以利农政策,辅之农会、产销班等经济实体来推动精致农业发展,使农民在农业功能拓展中获得更多收益。

(四)挖掘乡土文化,突出特色

乡土民俗文化是传统文化之瑰宝,也是休闲农业持续发展的灵魂。台湾乡村休闲旅游的发展,很大程度上保留了原乡文化,那是一种文化记忆,让人魂牵梦绕的原乡记忆。福建也要加大闽南文化、客家文化、妈祖文化、畲乡文化等原乡文化的收集整理挖掘力度,促进乡土文化创意产业与休闲农业的融合发展,并在休闲农业发展中强化乡土民俗文化的传承与保护,实现相互促进、共同发展的良好局面。

发挥福建山海资源丰富、区域特色明显的优势,注重环城、靠山、面海等地理空间分布特点，以及农耕文化、民俗文化的地域性差异，因地制宜、因势利导，打造休闲农业的不同发展模式。

（五）加快从业人员培训，提高农村人力资源素质

台湾“富丽农村”建设重视培养各类农业人才，根据不同阶段、不同目标要求，先后开展了“培根计划、飘鸟计划、园丁计划、深耕计划”等行之有效的人才培训，既培养训练了大量实用的农业技术和专业管理人才，也提高了农村人力资源素质。针对新农村建设面临的“劳动力弱化”的现状，福建要加大新农村建设所需人才的培养，并尽快形成农村人力资源永续利用的培训机制。尤其要重视农村青年农业知识与能力的培养，实现农村青年的本地就业。

（六）加强生态道德意识建设

台湾“富丽乡村”建设形成了全体村民保护生态、绿色、低碳的一种自觉意识和自觉行为，生态文明理念深入人心并践行之，这不是一朝一夕取得的成效，同时，也离不开当局的倡导、宣传以及舆论监督等。福建要在全省范围内大力弘扬生态文明，提高公民生态道德水平，增强公民环境意识，形成全社会崇尚生态文明的社会风尚。要充分利用新闻媒介广泛开展舆论和科普宣传；把生态文明理念和生态学基本知识引入社区教育、学校教育；调动公众参与生态文明建设的积极性和创造性，发展积极向上的生态文化，创造全社会关心、支持、参与全省生态文明建设的文化氛围。

（作者简介：黄艳平　福建省社会科学院精神文明建设研究所助理调研员）

鄱阳湖渔业转型发展分析及对策*

尤 鑫 戴年华

鄱阳湖是中国最大的淡水湖,是国际重要湖泊湿地,兼具供水、防洪、养殖、灌溉、航运和旅游等多重功能。鄱阳湖在枯水期面积为1290平方千米,平水期2797平方千米,丰水期3900平方千米,与长江和江西省"五河"赣江、抚河、饶河、信江、修河等构成了江湖复合生态系统;江湖复合系统的间歇性湖滨带,为鱼类提供了宝贵的栖息环境和饵料生物资源,是我国天然渔业物种和种质资源库。鄱阳湖渔业资源富饶。进入20世纪以来,湖区捕捞渔业发展迅速,渔业资源掠夺式利用,及粗放的养殖发展模式,使湖区环境恶化,水质下降,湿地功能明显退化,天然渔业资源库及物种资源库遭到破坏,直接威胁到鄱阳湖生态系统健康发展和湖区渔民的生存生计。

鄱阳湖湖区渔业是江西省渔业经济的组成部分,是鄱阳湖生态经济的重要组成部分。鄱阳湖是长江流域重要生态功能区,维护其生态系统服务功能,保护天然渔业资源持续利用,成为江西省实施生态文明建设的重要内容。针对目前鄱阳湖"酷渔滥捕"、渔业资源衰退的发展现状进行实地调研,结合数据分析,提出湖区渔业转型发展的对策建议,为实现鄱阳湖生态经济区的可持续发展提供科学支撑。

---

* 本文系国家科技部软科学项目:欠发达地区区域经济与生态系统耦合的制度创新研究(20121BBA10045);江西省社会科学研究"十二五"(2012年)规划项目:"十二五"主体功能区战略背景下生态补偿理论与方法研究——以中部江西省限制开发区和禁止开发区为例(12YJ62);中德合作管理培训项目江西行动学习子项目鄱阳湖生态经济区建设问题研究第二期;2013年中共中央党校重点调研课题——基于主体功能区战略下基本公共服务均等化研究的阶段性成果。

一、鄱阳湖湖区渔业发展现状

鄱阳湖渔业资源是鄱阳湖生态系统生物多样性的重要标志，其年际季节的动态变化是鄱阳湖能否为人类提供优质生态服务的“重要的功能指标”。鄱阳湖是天然淡水鱼类极其宝贵的种质资源库基地。鄱阳湖渔业是江西省天然渔业主体，渔业发展区域主要集中分布在10个县：鄱阳县、余干县、进贤县、南昌县、新建县、永修县、都昌县、彭泽县、九江县、丰城市。湖区渔业主要以淡水养殖和捕捞为主。在我国五大淡水湖区，江苏和浙江既有淡水养殖和淡水捕捞业，也有海水养殖和海水捕捞业；而江西、湖北、安徽3省均只有淡水养殖和淡水捕捞业。目前，鄱阳湖天然渔业资源管理陷入了“资源量越少、捕捞强度越大、资源破坏越重、渔民生计越难”的怪圈，如何在保护天然渔业资源的同时保护环境和提高湖区渔民生活水平成为江西省亟待解决的问题。

1. 从业渔民的基本情况

2011年湖区渔民从业人数46.62万人，2007年湖区渔民从业人数88.67万人，2011年比2007年从业人员下降了46.3%。5年间渔业从业人员逐步下降，2009年下降明显。实地调研结果显示，湖区从业渔民常年在水上生活，流动性大，季节变动大。（见图1）

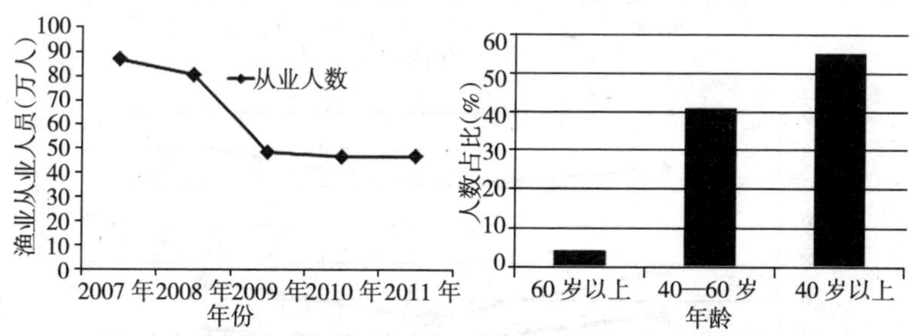

图1　2007—2011年江西省从业渔业人员及其年龄结构

数据来源：中国渔业年鉴

实地问卷调查结果显示：渔业从业人员中40岁以上占总人数的45%，其中60岁以上占4.1%；40岁以下占总人数的55%，其中

30～40 岁占 41%；渔业从业人员中"中年"和"老年"占多数。湖区捕捞渔民户均 5 人。初中至高中文化程度的占 46%，小学及以下文化程度占 51%。渔业从业者接受教育少，文化素质偏低。其中，50 和 60 年代出生的渔民大多为文盲。值得关注的是，渔民 100% 患有或患过血吸虫病，普遍体质较弱。（见图 1）

2. 从业渔民收入情况

2006—2011 年，6 年间渔民年人均纯收入逐年增加，2006 年渔民年人均纯收入 5285 元，2011 年渔民年人均纯收入 8433.46 元，但与全国平均水平始终存在差距。年人均纯收入整体随着国家经济的发展，逐年增长。2006 年江西省渔民年人均纯收入在全国位于 15；2007 和 2010 年，位于第 16 位；2008 年、2009 年、2011 年均位于第 17 位。（见图 2）

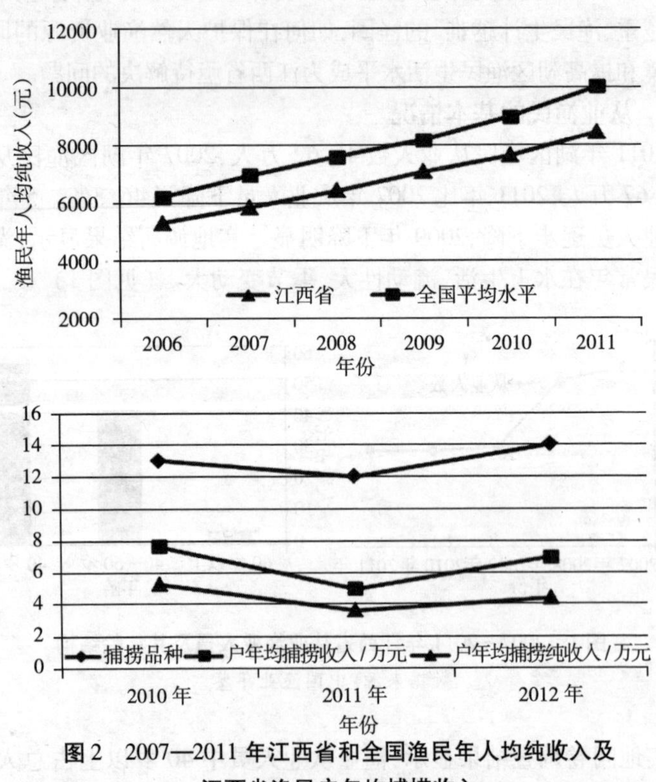

图 2　2007—2011 年江西省和全国渔民年人均纯收入及江西省渔民户年均捕捞收入

数据来源：中国渔业年鉴，其中 2012 年数据来源于江西省渔业局

2010年,水情好,渔业资源有所恢复,户年均捕捞收入7.6万元,小龙虾和贝类捕捞总量比例就超过50%;2011年,由于鄱阳湖湖区遭受严重旱灾,天然渔业资源受损严重,渔民收入仅为4.9万元,南部水域部分渔民甚至没有收成,为此省里下拨专门资金近4000万元,对捕捞渔民进行救助。2012年,由于小龙虾丰收,其价格大幅上涨,受此影响,渔民户年均收入6.9万元左右。值得一提的是,近年来,支撑渔民收入的主要为定居性鱼类和小龙虾等,特别是近年,随虾类和贝类产量和价格的不断上升,已经成为渔民主要捕捞对象和经济来源,占到渔民捕捞总收入5成以上。在渔民收入方面,渔民收入波动大,其产业结构单一,基础不牢。

3. 渔业发展现状

2007—2011年,江西省渔业经济总产量在全国稳居第8位,但与前7位渔业经济总量差距明显。2007年,渔业经济总产值480.1583亿元,其中渔业产值占43.7%;2008年,渔业经济总产值542.4237亿元,其中渔业产值占42.7%;2009年,渔业经济总产值605.2419亿元,其中渔业产值占41.5%;2010年,渔业经济总产值509.0250亿元,其中渔业产值占54.6%;2011年,江西省渔业经济总产值600.8956亿元,其中渔业产值占49.6%。(见图3、图4)

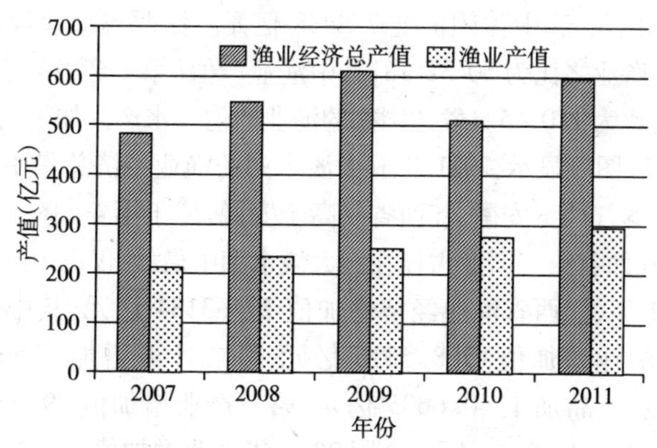

图3　2007—2011年江西省渔业经济总产值变化

数据来源:中国渔业年鉴

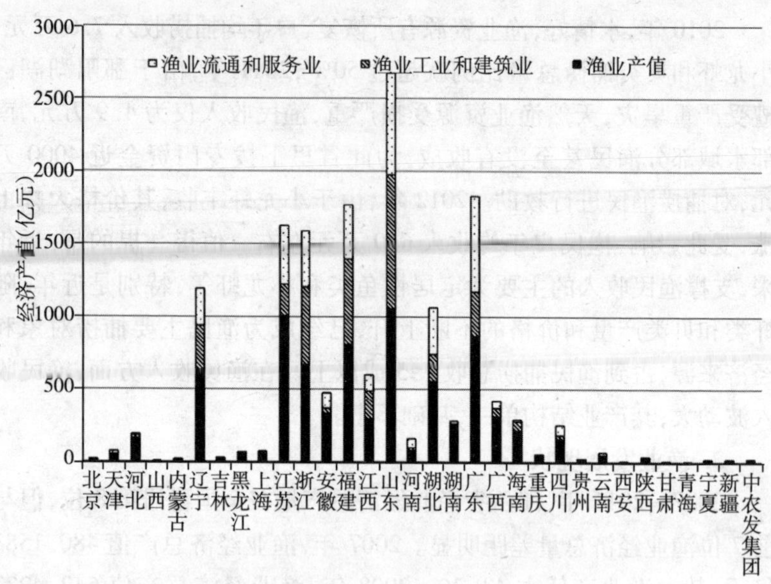

图4　2011年全国各地区渔业经济总产量

数据来源:中国渔业年鉴

2011年,江西省渔业经济第一产业产值297.9023亿元;第二产业产值190.8730亿元,其中水产品加工135.5350亿元;第三产业产值112.1203亿元,其中休闲渔业7.4438亿元。江西省渔业经济增加值一、二、三产业之比为50∶32∶18;其中渔业产值(第一产业)与水产品加工产值之比为1∶0.45。发达国家的渔业产值与水产品加工值之比1∶3。(见图4、5)图5显示,2011年五大淡水湖的渔业经济总量中江苏>浙江>湖北>江西>安徽,江西省仅高于安徽,位于第4。图5显示三产结构中,江西省第三产业占比在五大淡水湖中最低,仅占18%。

2011年,江西省渔业经济增加值294.3134亿元,其中第一产业增加值(渔业增加值)208.5316亿元,第二产业增加值56.4422亿元,其中水产品加工40.6605亿元,第三产业增加值29.3396亿元,其中休闲渔业2.9775亿元。全国2011年渔业增加值一、二、三产业之比为64∶18∶18,其中渔业产值增加值(第一产业)与水产品加工产值增加值之比为1∶0.215。2011年江西省在五大淡水湖渔业经济增加

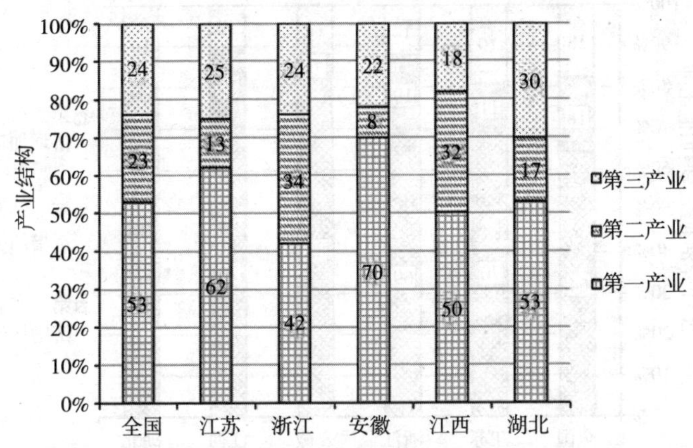

图5　2011年我国五大淡水湖渔业经济产业结构特征

数据来源：中国渔业年鉴

值中第三产业增加值最小，仅占10%。（见图6、图7）

而发达国家渔业经济结构中第一产业产值占比一般在20%～30%，渔业产值（第一产业）与水产品加工产值之比为1∶3。显然，江西省渔业经济结构目前未能达到最优化结构，产业结构调整关键在于提高二、三产业的比重，即水产加工业、水产流通和服务业。

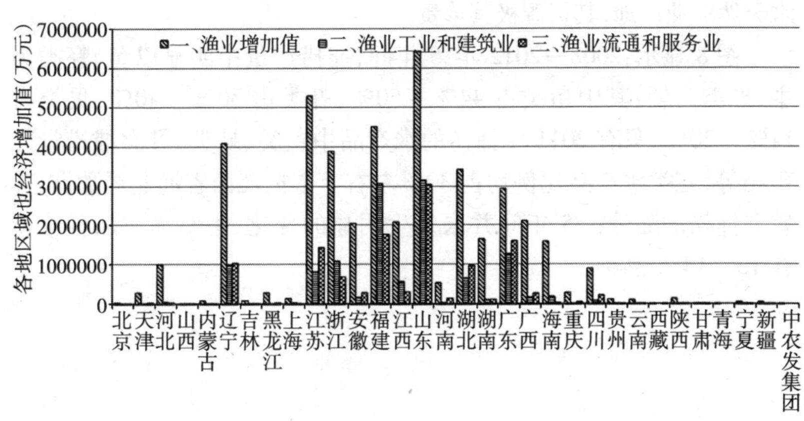

图6　2011年全国各地区渔业经济增加值

数据来源：中国渔业年鉴

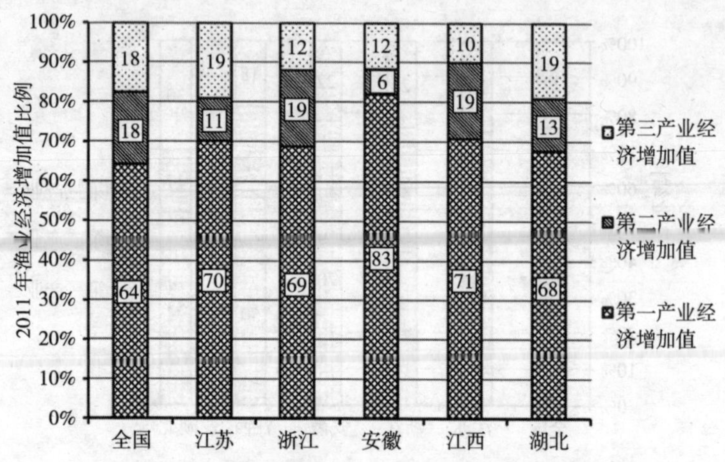

图 7　2011 年全国各地区渔业经济增加值结构比例

数据来源：中国渔业年鉴

4. 渔业产量

江西鄱阳湖渔业产量 2011 年全国处于第 10 位。2007—2011 年年均水产品产量 82 万吨左右，其中年均养殖产量 68.6 万吨，占 83.27%；年均捕捞产量 13.8 万吨，占 16.73%；（见表 1）鄱阳湖渔业以养殖为主，但天然渔业捕捞产品是鄱阳湖渔业的优势和特色，是我国重要的淡水天然渔业产地，其资源极其珍贵。

图 8 显示：2008—2012 年，5 年间，捕捞产量中明显以鱼、虾类为主，贝类为辅：其中鱼类占 44% ~50%，虾类占 30% ~40%，贝类占 14% ~20%；只有 2011 年捕捞的水产品中鱼类、虾类、贝类捕捞量几乎相等，三类水产品比例均占 30% 左右。依据江西省渔业局数据，养殖和捕捞的品种在 5 年间并未发生明显的变化，主要渔业品种维持在 13 ~14 个品种。

表1 江西省鄱阳湖渔业产量

年份	水产品产量/吨	养殖产量占比(%)	捕捞产量占比(%)	捕捞产量中		
				鱼类(%)	虾类(%)	贝类(%)
2007年	781662	84.51	15.49			
2008年	798740	75.17	24.83	50.00	30.62	19.38
2009年	802086	86.40	13.60	48.58	33.86	17.56
2010年	855087	83.15	16.85	49.48	35.62	14.90
2011年	883527	86.75	13.25	31.41	31.61	36.49
2012年			145966(吨)	44.82	39.95	15.23
平均	824220	83.27	16.73	44.87	32.93	22.08

数据来源:中国渔业年鉴,其中2012年数据来源于江西省渔业局

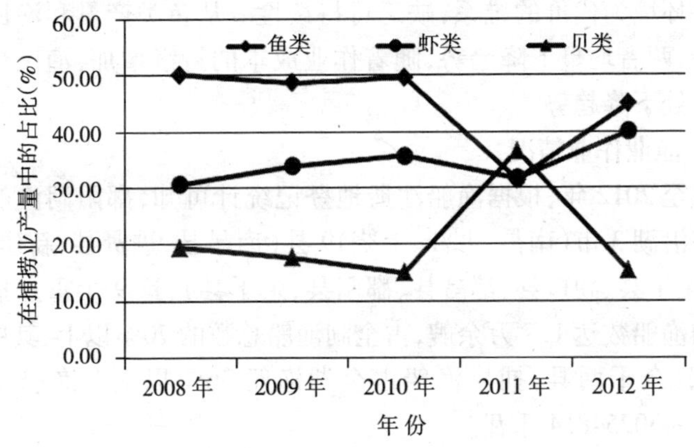

图8 2008—2012年江西省捕捞产品产量占比特征

江西是淡水渔业资源大省,有占全国9.34%的淡水面积2500×10^4×667平方米,水产品产量位居全国第9位,内陆第2位(仅次于湖北),是名副其实的淡水渔业大省。淡水渔业养殖面积逐年增加,由2007年的146673公顷,增长到2011年的167351公顷,增长了14.1%,2007年到2009年间,面积增长率大增;2009年到2011年面积增长率放缓。

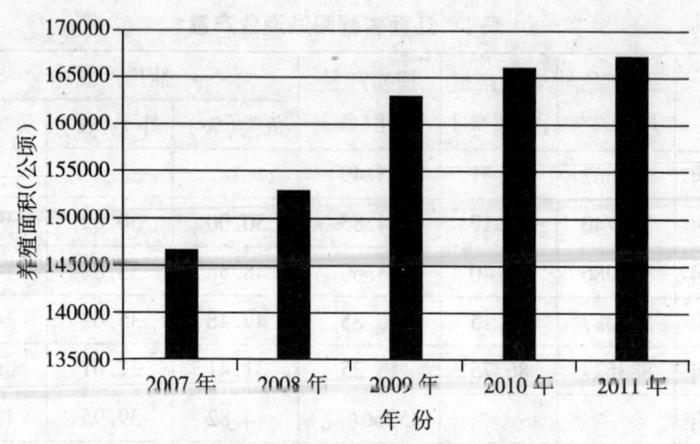

图 9　2007 - 2011 年江西省鄱阳湖区养殖面积变化

数据分析可以看出，捕捞产量和渔民收入以破坏天然渔业资源及生态环境为代价的维系，缺乏可持续性。从鱼类产量和渔民总收入上看，两者均呈下降趋势，随着作业成本的持续增加，渔民户均纯收入也处下降趋势。

5. 渔业作业情况

截至 2012 年，根据渔船注册地登记统计可知，鄱阳湖渔船主要分布在沿湖 3 市(南昌、九江、上饶)9 县(南昌县、进贤县、新建县、永修县、星子县、湖口县、都昌县、鄱阳县、余干县)，这 9 个重点捕捞生产县的渔船数达 1.7 万余艘，占全湖渔船总数的 70% 以上，其中上饶市鄱阳、余干两县，捕捞渔船占全湖渔船 36% 以上。渔船功率为 7086.4 ~ 302548.4 千瓦。

20 世纪 70 年代受捕捞工具落后、效率低下等因素影响，其产量虽然与现在变化不大，但渔获物种类多、品质较高。进入 90 年代，非机动渔船大量改为机动渔船，捕捞工具不断改进，捕捞效率大为提高，再加上洪水年份较多，其产量也得到了维持，但渔获物呈种类逐年减少、品质逐年下降的趋势。近年来，随着社会经济的发展，受湖区采砂、捕捞强度加大及水位连年走低等综合影响，天然渔业生态环境严重恶化，天然渔业资源衰退明显，捕捞产量总体趋势下降，种类、年龄结构则发生了重大变化，鱼类小型化、低龄化特别严重，有的仅靠增加网具、延长捕捞时间及捕捞非鱼类物种(如小龙虾、螺、蚌等)维持产量。小龙虾和贝类已经成为渔民捕捞的重要组成部分。

二、鄱阳湖湖区渔业发展存在和面临的问题

(1)江西省渔业整体发展规划缺乏实地市场调研,战略规划缺乏前瞻性目光。目前渔业产业结构显示第二产业相对较高,但实地调研显示,江西省渔业水产品加工多处于初级阶段,多以"初级加工原料成品销售",且国内销售半径小,主要集中在上海,浙江、福建、广东市场;市场占有份额小,不利于渔业发展。第三产业发展严重滞后,现代物流业弱,直接影响渔业加工产品的物流销售区间;致使江西省渔业市场,更像一个"超级批发市场",无法形成现代渔业经济。江西渔业经济发展缺乏前瞻性的整体发展规划。

(2)渔区基础设施落后,水产养殖用地、用水、用电问题仍然突出,严重制约着渔业养殖水平和效益的提高,抑制了渔民增设。在城市化进程中,水产优良苗种场、重要的商品鱼基地征用现象仍然存在。

(3)水产品加工、运输自动化程度低,贮藏技术和新产品研发弱,渔业水产品发展以数量取胜,渔业产品常规性产品多,产品深加工不足,附加值低,不利于形成高端企业。渔业产品统一地理品牌概念差,无法形成品牌效益。2011 年江西已经通过无公害、绿色、有机食品认证的水产品和水产加工品 280 多个,是全国水产品获有机、绿色食品认证最多的省份之一。但企业各自为政,没有统一的地理品牌标识,无法产生深远的市场影响,使产品溢价、产生增值,形成一种无形的资产。

(4)渔区科技信息指导体系弱,渔民教育程度低,科学养鱼体系尚未建立。水生动(植)物疫病防治体系、水产原良种繁育体系、水产养殖,技术指导不足,应用技术推广不足;水产技术推广服务体弱。渔业市场信息指导缺失。渔业产业缺乏市场信息指导,生产与市场脱节,产品市场竞争性差。

(5)随着渔业的发展,渔业养殖区的环境在一定程度上和一定范围内存在污染。渔业养殖不断扩大,但科学合理规范养殖未推广,过

量使用渔用药物和大量的渔用饲料使湖滨和渔业养殖区局部地区存在富营养化的现象。同时农业面源污染也加剧了湖滨区域的污染。渔业区的污染不仅威胁天然渔业资源和水生态系统，还直接影响渔民生产生活。

(6)天然渔业捕捞强度过大，捕捞没有严格的配额制度。随着鄱阳湖渔船和网具更新，渔船加长，功率增大，湖区网具大型化，局部地区捕捞强度已超过渔业自然产值。特别"堑秋湖"、电捕鱼、定置网、机动底拖网等有害渔具渔法被部分渔民违规使用，竭泽而渔，极大地破坏了鄱阳湖湖区的天然渔业资源。

(7)鄱阳湖区采砂活动频繁，随着城市化发展扩大的规模型采砂占据了大量空间，尤其是浅水区域采砂活动，严重地破坏了鱼类(尤其是洄游鱼类)生存和栖息环境。目前正在实施的采砂为日夜轮班作业，对鲤、鲫等湖泊定居性鱼类的影响严重，也直接影响了渔民作业时间和空间，对渔民生产生活造成重大负面影响。

三、鄱阳湖湖区渔业转型发展对策建议

(1)紧密衔接实地市场调研，稳步提高第一产业，加强第二、三产业，规划鄱阳湖渔业经济整体前瞻性科学发展。"强大的国家意志和宏观目标常常在分散的地方利益面前变得无疾而终，其结果是双方或者多方的零和博弈"，这就需要渔业发展规划在前期不能仅仅以省内经济和渔业经济的增长数量总目标为定格，要结合鄱阳湖湖区周边主要发展主体的目前发展主要方向和渔业经济增长目标、国家经济结构调整发展目标，科学制定总体的渔业发展框架，引导和鼓励湖区渔业具有前瞻性的科学发展。依托优良水环境和优质的水产品，稳步提高第一产业，增加水产养殖业产量，实施限额控制天然淡水渔业捕捞量；重点发展第二产业和第三产业，科技推动水产品深加工与流通，提高水产品附加值，加快建设渔业现代物流服务体系，实施优惠政策全力支持重点渔业区和渔业工业区建设现代物流服务体系建设或者引入第三方国际物流业企业进行建设管理；建设以南昌、九江、湖口和鄱阳县为主体中心枢纽点的现代渔业物流体系，拓展以休

闲渔业为主题的渔业生态休闲体验旅游。

(2)以科学研究为突破,转变目前粗放的生产模式。加大省内特色水生野生生物资源人工驯化繁育(如娃娃鱼、棘胸蛙、鲟鱼、胭脂鱼)研究,重点进行水产品深加工研究、渔业边角料综合开发利用研究和新产品研发,如:鱼糜及其系列深加工产品,以鱼内脏、边角料等为原料开发胶原蛋白及其系列产品,珍珠与贝壳系列深加工产品等;加强水产品运输、储藏保鲜技术的革新与应用;提高水产流通、水产仓储、运输现代化作业;提高作业自动化、环保技术、保鲜技术;严把产品质量关,打造江西省渔业"地理认知品牌",提升江西省渔业水产品地域品牌价值。保护天然湖区的健康环境的保护,夯实渔业发展基础。

(3)加强鄱阳湖渔业发展区域基础设施建设,夯实渔业水产养殖业基地建设,鼓励规模性淡水水产养殖业发展;加快现代渔业产业园建设,配套完善工业园区基础设施建设,提高渔业现代化物流服务业;帮助渔户或者小型企业进行融资,整合、扩大提高现有的生产水平。引导一批小型加工业企业进行整合提升,实现优势互补联合作业;扶持一批年加工水产品万吨以上的大型水产品加工企业;鼓励和支持逐步形成规模经济和产生配套效益。可建设重点渔业示范区先行区。

(4)建立渔业市场信息科技体系,进行水产品市场信息指导,及时动态传递国内外渔业经济市场需求变化,实施调整,保障渔民利益。在各个重点渔区安装渔业信息大型电子屏,或者渔民易于理解接受的方式,对国内外及江西省渔业水产品销售种类、销售额、销售地、销售市场等供需信息及时进行科学分析研究,预测国内外水产品销售种类和数量供需变化,以备企业和渔户实时调整产品的数量和种类,抵御市场风险,保障渔民利益,促进渔业稳步发展。

(5)科学把握"休渔期"和"休渔区",采用严格的配额制度合理保护利用天然淡水湖捕捞渔业资源;结合鄱阳湖区核心区、缓冲区、试验区划分实施不同区域不同的捕捞养殖措施。在湖滨地区实施以"转捕为养"的一系列政策或措施。针对鄱阳湖渔业资源管理陷入"资源量越少、捕捞强度越大、资源破坏越重、渔民生计越难"的怪圈,本调研组认为,必须加快水生生物资源保护和水生态修复,降低捕捞强度,拓宽渔民增收渠道。以“企业+渔户”“企业+合作社+渔户”“政府+合作社+渔户”带领渔业区渔民致富,结合基层组织村民自治和群众性组织自我约束相结合,以政策引导区域渔业向“转捕为养”的方向发展,保护水生生物资源和发展湖区民生相结合。

(6)在提高现代化和自动化的基础上,对于过剩的渔业劳动力尊重其择业意愿,按照其意愿分年度安排捕捞渔民转产转业,实施就业安置劳动技能培训,必须同时妥善解决捕捞渔民上岸定居、子女上学、最低生活保障、养老保险、医疗保险、血吸虫病免费治疗等重大疾病救助和就业培训等问题,从而达到改善湖区环境,实现渔民收入增长、天然渔业资源永续利用、湖区社会和谐发展的目的。

参考文献

[1]谷孝鸿,白秀玲,江南,等.太湖渔业发展及区域设置与功能定位[J].生态学报,2006,26,(7).

[2]甘江英,吴斌.环鄱阳湖渔业品牌化发展与对策研究[J].科学养鱼,2013,(5).

[3]占阳.提高二、三产业比重是建设江西渔业强省的重中之重[J].江西水产科技,2012,(2).

[4]李振龙.抓特色　做强江西渔业——访江西省水产局局长官少飞[J].中国水产,2005,(12).

[5]吴赘,吴芳春,吴良成.生态经济视野下鄱阳湖渔业发展研究[J].企业经济,2011,397(3).

[6]尤鑫.基于主体功能区的生态补偿制度建设研究——以江西省鄱阳湖生态经济区生态补偿建设为例[J].江西科学,2013,31,(2).

(作者简介:尤鑫　江西省科学院副研究员
戴年华　江西省科学院研究员)

江西省清洁发展机制研究

杨锦琦

清洁发展机制(Clean Development Mechanism,CDM)是《京都议定书》建立的旨在减排温室气体的三个灵活合作机制之一,也是目前我国和发展中国家参与国际温室气体减排的最主要途径。我国凭借巨大的温室气体减排供给市场及政府的正确引导与支持,国内CDM市场迅速发展,目前,我国已成为全球CDM市场的最大供给国和东道国。江西省CDM虽然启动比较晚,但是省政府有关部门非常重视,并于2006年开始CDM项目的申报工作,此后稳步发展,获批准项目数逐年增多。本文拟通过总结江西省在第一承诺期内CDM项目的发展现状、水平和分析出现的问题,提出江西省在未来CDM项目发展的优势领域,为江西省在"后京都时代"更积极地参与CDM项目,实现跨越式发展做好准备。

一、研究方法与资料

1. 研究方法

本文主要采用对比研究的方法,主要分为省内项目类型横向对比分析和省际项目数纵向对比分析;而且具体对获发改委批准项目数、获CDM执行理事会(Executive Board of CDM,EB)注册项目数和获EB签发项目数进行对比分析。因为这是CDM项目成功的3个必经阶段,每个阶段项目数的变化能说明某地区CDM项目目前所处的发展周期、未来市场份额变化趋势。

2. 资料来源

国家发展和改革委员会应对气候变化司主办的"中国清洁发展

机制网”中的 CDM 项目数据库,该数据库全面收录了目前为止全国各省分别获批准、获注册和获签发的 CDM 项目数量、类型和减排量,本文正是基于该数据库的统计资料分析江西省 CDM 项目发展的现状。其他未提及的资料均来自相关二手参考文献。

二、江西省 CDM 项目发展现状

江西省资源丰富,可以通过清洁发展机制项目,充分利用资源,为走可持续发展道路奠定基石。自清洁发展机制开始实施,江西省积极配合各地运营清洁发展机制项目,虽然起步较晚,但是 CDM 项目在江西省获得了较快的发展。

1. 江西省 CDM 项目发展状况

江西省 CDM 项目涉及如下领域:新能源和可再生能源、节能和提高能效、甲烷回收利用,具体各类型项目个数见表 1。

表 1　江西省各阶段开发项目范围

减排类型	已获国内批准的项目		已在 EB 注册的项目		已获 CERs 签发的项目	
	项目数(个)	占项目百分比(%)	项目数(个)	占项目百分比(%)	项目数(个)	占项目百分比(%)
节能和提高能效	23	28.75	7	13.73	2	9.09
新能源和可再生能源	48	60.00	40	78.43	18	81.82
甲烷回收利用	9	11.25	4	7.84	2	9.09
燃料替代	0	0	0	0	0	0
N_2O 分解消除	0	0	0	0	0	0
HFC-23 分解	0	0	0	0	0	0
造林和再造林	0	0	0	0	0	0
垃圾焚烧发电	0	0	0	0	0	0
其他	0	0	0	0	0	0
合计	80	100	51	100	22	100

由表1可以看出,新能源和可再生能源项目占据江西省CDM项目发展的主导地位,而且该领域已成为江西省获注册及签发项目较多的领域。居于第二位的CDM项目是节能和提高能效类,居于第三位的CDM项目属于甲烷回收利用类。而燃料替代项目、N_2O分解消除项目、HFC-23分解项目、造林和再造林项目、垃圾焚烧发电项目、其他项目,这几种项目在江西省内均处于空白,项目类型过于单一。以上统计结果一定程度上符合了《清洁发展机制项目运行管理办法》对于我国开展清洁发展机制项目重点领域的规定,即以提高能源效率、开发利用新能源和可再生能源以及回收利用甲烷和煤层气为主。

2. 江西省CDM项目在全国的发展地位

截至2013年6月25日,全国已获国家发改委批准的项目4920个,截至2013年6月17日,全国获注册的项目3634个,注册率为73.86%。截至2013年6月18日,全国获签发的项目1288个,签发率为35.44%。江西省获国家发改委批准项目、获注册项目和获签发项目分别占全国的1.63%、1.4%和1.71%,具体的排位分别见表2、表3和表4。

表2 江西省CDM项目开发及在全国排位情况

	国家发改委批准		联合国注册		签发	
	项目数(个)	年减排量(tCO_2e)	项目数(个)	年减排量(tCO_2e)	项目数(个)	年减排量(tCO_2e)
全国	4920	772 279 239	3634	600 372 976	1288	317 195 189
江西	80	7 806 637	51	5 171 921	22	1 606 306
江西占全国比例(%)	1.63	1.01	1.4	0.86	1.71	0.51
江西在全国排位	24	27	25	25	24	27

从表2可以看出,江西省获国家发改委批准的项目数为80个,在全国省区市中排在第24位;获注册的项目数为51个,在全国省区

市中排在第25位；获签发项目数为22个，在全国省区市中排在第25位。由此可见，与其他省份相比，江西省获批准CDM项目、获注册CDM项目和获签发CDM项目基本处于下游水平。

表3 按省区市统计在EB注册的CDM项目注册率及年均减排量

省区市	注册率（%）	排名	年均减排量（tCO_2e）	排名	省区市	注册率（%）	排名	年均减排量（tCO_2e）	排名
宁夏	96.36	1	89821.56	27	海南	69.23	16	57222.33	30
甘肃	87.94	2	124419.10	19	安徽	68.48	17	130298.22	18
内蒙古	87.93	3	150758.99	14	河北	67.98	18	132310.03	16
吉林	86.49	4	119137.06	22	贵州	67.31	19	130598.67	17
辽宁	86.45	5	233807.41	6	重庆	64.94	20	177047.56	11
新疆	86.22	6	155193.72	13	上海	64.00	21	300314.19	4
青海	81.16	7	75009.71	29	江西	63.75	22	101410.22	26
黑龙江	78.57	8	156532.96	12	山西	63.44	23	281136.29	5
云南	74.84	9	109593.08	23	广西	62.50	24	123303.04	21
福建	73.98	10	141405.04	15	江苏	55.81	25	511249.28	2
山东	73.60	11	191395.40	8	河南	53.80	26	180971.82	9
广东	73.60	11	178610.62	10	北京	51.85	27	335160.86	3
湖北	71.70	12	122558.15	20	浙江	50.83	28	583974.38	1
陕西	70.73	13	108292.31	25	天津	47.06	29	85708.75	28
湖南	70.62	14	109032.73	24	西藏	0	30		31
四川	69.69	15	202083.73	7					

从注册率这个相对数可以进一步说明江西省CDM项目发展水平与全国平均发展水平的差异，从表3可以看出，江西省注册率为63.75%，低于全国平均水平（73.86%）约10个百分点，在全国省区市中排在第22位。江西省已注册CDM项目年均减排量偏低（101410.22），落后于全国平均发展水平（165209.95 tCO_2e），在全国

省区市中排在第26位,这充分说明江西省的CDM项目的平均规模非常小。

表4 按省区市统计的获签发CDM项目签发率及年减排量

省区市	签发率(%)	排名	年减排量(tCO_2e)	占注比(%)	省区市	签发率(%)	排名	年减排量(tCO_2e)	占注比(%)
北京	64.29	1	2930555	62.46	贵州	35.24	16	2777530	20.25
江苏	55.56	2	33029432	89.73	广西	35.00	17	4707140	47.72
海南	55.56	2	717451	69.66	河南	34.12	18	9580227	62.28
内蒙古	45.48	3	26717138	53.38	上海	31.25	19	3787033	78.81
湖北	45.26	4	5818109	49.97	山东	28.80	20	22565482	64.08
福建	45.05	5	8035642	62.45	陕西	28.73	21	4110560	43.63
浙江	44.26	6	32941709	92.47	吉林	28.13	22	5078983	33.31
河北	43.60	7	10824304	47.56	四川	27.42	23	23604203	32.36
江西	43.14	8	1606306	31.06	山西	27.12	24	19757243	59.56
辽宁	42.54	9	22577042	72.06	天津	25.00	25	256325	37.38
广东	42.39	10	8676698	52.80	黑龙江	22.73	26	3633012	21.10
重庆	42.00	11	5415134	61.17	青海	21.42	267	1365283	32.50
甘肃	41.59	12	16247246	57.78	新疆	20.71	28	7432290	28.34
安徽	41.27	13	4378568	53.34	宁夏	15.09	29	3429337	24.01
湖南	39.42	14	7185798	48.11	西藏	0	30	0	0
云南	38.06	15	18009409	45.65					

从表4可以看出,江西省签发率为43.14%,在全国省区市中排在第8位,高于全国平均水平(35.44%)约7个百分点,但是江西省获签发项目年减排量仅占江西省获注册项目年减排量的31.06%,低于全国平均水平(52.83%)约21个百分点,这说明江西省获签发CDM项目规模非常小。在江西省获签发的22个CDM项目中水电项目13个,占江西省获签发CDM项目的59.09%,这从另一个侧面证

明了前面的分析，就是江西省的项目类型过于单一，且以水电项目为主。随着国际社会对水电项目带来各种影响的关注，水电项目的审核将会更严格，如果江西省仍然过分偏重于发展水电项目，可以预见未来项目注册率和签发率将会降低。

综上所述，通过省内项目数量、类型比较分析以及省际项目数据比较分析发现，目前，江西省 CDM 项目对开发水力资源依赖度高，其他类型项目开发不足，开发程度低，开发能力不足，落后于全国平均发展水平。

三、江西省 CDM 项目发展存在的问题

通过分别对注册率与签发率比较分析、项目类型数量比较分析以及项目数量比较分析，能够看出江西省 CDM 项目发展存在的主要问题：

1. 项目规模小

江西省 CDM 项目的规模过小，已注册 CDM 项目年均减排量偏低（101410. 22 tCO_2e），落后于全国平均发展水平（165209. 95 tCO_2e），不仅年均减排量低于全国年均减排量，而且与主要省份相距甚远，江西省已注册 CDM 项目年均减排量仅是浙江和江苏的 1/5、北京和上海的 1/3、四川和山西的 1/2（见表 3）。

2. 项目类型单一

从表 1 可见，江西省 CDM 项目的类型主要集中在新能源和可再生能源领域，三个阶段的该类型项目数分别占总项目数的 60. 00%、78. 43% 和 81. 82%。而江西省有发展优势的节能和甲烷项目都只占很小的比例，而垃圾焚烧发电、造林和再造林、N_2O 分解消除、HFC －23分解和其他项目的开发还是空白。

四、江西省开发 CDM 项目的优势领域

江西省工业企业单位 GDP 能耗、工业增加值能耗均较高，节能减排的压力大，而清洁发展机制所提供的国际合作机会可以让本省化劣势为优势，充分利用本地区的自然资源优势及环境重建、产业改

造和社会发展的空间，加快江西省可持续发展的进程。

1. 造林和再造林领域

据江西省“十一五”期间森林资源二类调查统计，全省土地总面积1669.5万公顷，其中林业用地面积1072.0万公顷，占64.2%；活立木总蓄积44530.5万平方米；森林覆盖率为63.1%。江西省的物种多样性非常丰富，全省种子植物有4000余种，蕨类植物约有470种，苔藓类植物有100种以上。江西珍稀、濒危树种有110种属于我国特有，是森林资源大省，发展林业碳汇具有巨大的潜力。

2. 生物质能发电项目

江西省是个农业大省，以水稻、油菜、棉花、花生、大豆等作物为主，是我国主要粮食加工基地之一，秸秆和谷壳资源丰富，而且江西省被列入首批林业生物质能源林示范基地建设项目省，具备生物质能发电项目开发条件。

3. 高耗能工业的节能降耗

江西省既是农业强省、又是工业能耗大省，节能减排潜力较大，能耗高、排放多、污染大的钢铁、冶金、煤炭、火电、水泥、化工等产业在江西省经济中占有较高比重，这些高耗能产业是以大量消耗资源和粗放经营为特征的，同时由于装备技术水平低，大量可以回收的余热、余压没有充分回收利用，节能降耗的潜力很大。

4. 太阳能发电项目

江西省的热量资源较为丰富，全省各地的年平均气温为16.4℃~19.8℃，自北向南递增，平原高于山区，江西年平均光照时间1450小时，属于可以开发利用太阳能的地区，其中鄱阳湖东北部是太阳能高值区。

五、江西省推进CDM项目开发的政策建议

在发展CDM项目上，江西省具有较强的资源禀赋，相对于发达地区而言有着低廉的劳动力成本、较好的政策环境与经济发展潜力，减排成本较低，CDM发展取得了一定的成绩，但是相对于国内其他一些省份来说仍然处于相对落后的状态。应在以下几个方面加大工

作力度,提供充分保障。

1. 降低项目开发风险

CDM 项目开发成功需要较高的开发成本。同时,CDM 项目具有复杂的国际实施程序和规则,它不仅具有一般项目的常规风险,还包括一些特有风险,如国际审批(方法学审批、核实、核证)、国内审批、减排是否产生、碳价波动、汇率、国际气候谈判进程等。因此必须充分认识 CDM 项目开发的风险,适当分散,加强防范和控制,尽量降低项目开发的风险。

2. 加强潜在项目调研与论证

江西省的年平均降水量为 1300 ~ 2000 毫米之间,是全国的多雨省区之一,且雨水丰沛;森林覆盖率(63.1%)高,生物资源丰富;工业技术水平与装备相对落后,资源高耗型产业比重大,在钢铁、电力、水泥、煤炭、建筑等行业存在一大批节能改造项目;同时,江西省将建设一批生物质发电厂、风力发电厂和垃圾处理场,并实施农村能源建设,因此具有大量潜在 CDM 项目,还存在很大的空间。对这些潜在项目,组织专家调研,充分论证,尽早开发成合格的 CDM 项目。

3. 培育中介咨询机构

培育和支持具有潜力的中介机构,建立资质评价方法,成立专业的民间行业协会,通过制定相关的办法来规范行业行为,设立行业准入和淘汰机制,对经考核符合条件的中介机构颁发资格证书;同时,支持金融机构和私人资本进入,允许金融机构购买或与企业联合开发 CDM 项目。

4. 制定项目开发的支持政策

根据江西省的实际情况,进一步出台鼓励支持政策,开辟 CDM 项目在项目审批、投融资、税收等方面的绿色通道,营造有利于碳交易发展的政策环境。多方面筹措资金,采取贴息、奖励等方式,加大财政支持力度,建立 CDM 项目专项启动资金,探索设立碳交易发展引导基金,调动项目企业发展碳交易的积极性。政府应积极引进战略投资者,采取跟进投资、阶段参股和融资担保的形式,催生孵化 CDM 项目,促进碳交易市场发展。

参考文献

[1]国家发展和改革委员会应对气候变化司.中国清洁发展机制网CDM项目数据库[EB/OL].http://cdm.ccchina.gov.cn

[2]陈伟杰,任晓冬,熊康宁,等.贵州省CDM项目开发利用状况及未来开发优势领域[J].贵州师范大学学报(自然科学版),2010,28,(2).

[3]楚尔鸣,巢飞红.湖南CDM项目开发的成效、差距及政策建议[J].湖南财政经济学院学报,2011,27,(3).

[4]刘航,杨树旺,唐诗.中国清洁发展机制:主体、阶段、问题及对策[J].理论与改革,2013,(2).

[5]赖流滨,张汉文.湖南省清洁发展机制(CDM)项目开发对策研究[J].湖南财经高等专科学校学报,2010,26,(2).

(作者简介:杨锦琦　江西省社会科学院副研究员)

基于生态化视角下产业集群发展路径研究
——以丰樟高为例

郑雅婷

产业集群是在市场机制下形成的一种极具效率的产业组织模式,对区域经济实力提高、就业率提升以及城镇化进程提速等发挥着越来越大的推动作用,产业集群的发展已成为区域经济发展的一项重要工具。然而,随着全球生态环境日益恶劣,在世界经济发展中,出现了"产业生态化"的发展趋势。产业生态化发展已成为现代产业发展必然趋势,产业集群作为区域经济发展的重要力量,产业集群向生态化演进成为现代化产业集群发展的必然趋势。

一、产业集群生态化基本原则与主要特征

产业集群生态化源于产业生态化,其目的是期望充分利用资源、减少废物产生、消除环境破坏,以提高经济发展的规模和质量。

1. 产业集群生态化的基本原则

(1)3R 原则。循环经济的核心就是"3R 原则",即减量化(Reduce)、再利用(Reuse)和再循环(Recycle)。为社会经济活动的行为准则:运用生态学规律把经济活动组织成为一个"资源→产品→再生资源"的反馈式流程,实现"低开采、高利用、低排放",以最大限度利用进入系统的物质和能量转换,提高资源利用率,最大限度地减少污染物排放,提升经济运行的质量和效益。不仅如此,产业生态化还要求从生产到消费的各个环节都倡导新的经济规范和行为规则。

(2)经济效益、社会效益和生态效益协调统一原则。经济效益即以较低的成本,以实现利润最大化。社会效益是产业集群发展对社

会科技、政治、文化等方面所做出的贡献。生态效益是从生态平衡的角度来衡量产业集群的运行结果,它关系到人类生存发展的根本利益和长远利益,在人们的生产、生活中,如果生态效益受到损害,人类整体的、长远的经济也难以得到保障。所以,要实现社会经济的持续稳定增长,必须统筹处理整体利益和局部利益、长远利益和眼前利益的关系,将以经济增长为核心的发展观转变为以人与自然协调、和谐发展为核心的发展观,在追求经济发展、社会进步、资源节约和环境保护的动态平衡中达到经济效益、社会效益、生态效益的协调统一。

(3)技术创新原则。要实现产业集群的生态化,最终必须依靠技术进步,通过对经济系统的物质流和能量流分析,降低生产和消费过程的资源、能源消耗、污染物的产生排放及对最终废弃物进行环境无害处理。因此,要确立支持产业集群生态化发展的科技原则及方法,包括产品的生态设计原则与方法、物质流分析方法和供应链管理的原理和技术,提高生态效率的经济、技术效益分析原理与方法等;研究开发经济效益好、资源消耗低、环境污染少的平台性和产业共性技术。并积极就技术创新开展国际合作,推动国内生态技术更快更好发展。

2. 产业集群生态化的主要特征

(1)循环性。即按照自然生态学原理而建立的产业体系,具有资源循环利用的特征。与一般意义上的产业集群相比,生态化产业集群主要以资源的循环利用为纽带,通过前向、后向和侧向关联,形成产业集群网络。网络中上游产业的废物被认为是"放错了地方的资源",即上游产业产生的废物都能变成下游产业的输入原料,所有的物质都得到了循环往复的利用,表现为"高产出、低消耗、低排放"的循环经济模式,使经济系统与自然生态系统和谐相融。

(2)生态性。生态产业集群具有类似于生物群落的特征,它是由许多彼此相关联的企业和组织共同组成的产业共生系统,集群内企业相互关联与合作,特别是相互利用废料,使集群内的资源得到最优化利用。而在外部形态上,生态产业常常表现为一定地理范围内大小有别、分别处于产业链上中下游不同层次的诸多组织的空间集聚,如各种类型的产业生态园区。在这一系统中,能量和物质由低级到高级,又由高级到低级循环传递,这样的互联互动、循环往复和周而复始，维持了自然界各种物质间的生态平衡，保证了自然生态系统持续不断的运行。产业集群生态化正是基于自然系统的这种特性和运动规律，所构建的符合生态规律的产业链组织结构，其组织过程和运行结果都表现出生态自然系统的属性。

(3)经济性。由于生态经济强调的是资源最优化利用，效率最大化，从长远看，以市场为导向的集群内所有企业都将从中获取经济上的更大回报。由此可见，生态化的产业集群这种产业共生系统能促进产业发展与生态环境保护的动态良性互动，维持社会经济系统与自然生态系统的协同演进，实现高质环境和高效经济的双赢，是一种可持续发展的产业模式。表 1 中对传统产业模式和产业生态化模式做出了比较。

表 1　传统产业模式和产业生态化模式的比较

项目	传统产业	生态化产业
目标	单一利润、产品导向	综合效益、功能导向
结构	链式、刚性	网状、自适应型
规模化趋势	产业单一化、大型化	产业多样化、网络化
系统耦合关系	纵向、部门经济	横向、复合生态系统
经济效益	局部效益高、整体效益低	综合效益高、整体效益大
废弃物	向环境排放、负效益	系统内资源化、正效益
环境保护	末端治理、高投入、无回报	过程控制、低投入、正回报
自然生态	厂内生产与厂外环境分离	与厂外环境构成复合生态体
可持续能力	低	高
决策管理机制	人治、自我调节能力弱	生态控制、自我调节能力强
稳定性	对外部依赖性高	抗外部干扰能力强
研发能力	低、封闭性	高、开放性
进化策略	更新换代难、代价大	协同进化快、代价小

二、丰樟高产业集群生态化发展情况

丰樟高是深入推进江西鄱阳湖生态经济区建设的八大经济板块之一，丰城、樟树、高安依托鄱阳湖生态经济区的政策、区域优势和发展利好，立足本地资源优势，突出特色、优化结构、创新求变。

1. 丰樟高产业集群发展情况

丰城市以循环经济为重点，以高新企业为带动，打造煤电能源、再生资源2个300亿元级的产业和建材、机械电子、食品医药、富硒农业、现代服务业5个100亿元级的产业。加大科技创新“三项基金”投入，以科技支出占财政支出2%为目标，国家级高新技术企业超过20家，高新产业对园区贡献率超过40%，打造国家级高新技术开发区。

药、酒、盐是樟树市三大传统产业。全市拥有规模以上企业112家，其中四特酒公司、仁和药业、宏宇能源3个企业有望在近期内打造成百亿企业。药业形成了药地、药企、药市、药会齐头并进，集生产、销售、研发为一体的产业化发展新格局。盐化产业依托岩盐资源，规划了占地15平方公里的省级盐化工基地，现有企业23家，为全省最大的真空制盐、氯碱、三氯氢硅生产基地。同时，把提升三产比重作为产业转型升级的突破口，开展了服务业三年大会战，全市金融生态不断优化，荣获中国最具特色金融生态示范城市称号。

高安市加大技术改造力度，着力推动建筑陶瓷产品质量升级、规模效益升级。全市现有176条陶瓷生产线投产，同时，选准新兴产业作为产业升级的主动力，将招大引强作为产业结构优化的突破口，一批科技含量高、发展前景好的光电企业落户高安。目前，该市规划建设了占地4000亩的光电产业园区，已拥有光电企业24家及配套企业10家，投资总金额43亿元。高安光电产业已被列入全省重点培育的70个产业集群之一。表2列出了2012年丰樟高经济发展情况，表3反映了2012年丰樟高工业园区情况。

表2 2012 年丰樟高经济发展情况

各项指标	丰城	樟树	高安
地区生产总值(亿元)	314.66	234.02	151.24
人口数(万人)	134.36	55.71	81.98
就业人数(万人)	68.16	33.56	42.62
固定资产投资(万元)	2134309	1668010	1084194
规模以上工业企业能源消费量(万吨标准煤)	394.18	47.01	132.95
规模以上工业企业主营业务收入	472.37	330.71	281.11

数据来源:鄱阳湖生态经济区统计年鉴

表3 2012 年丰樟高工业园区情况

各项指标	丰城	樟树	高安
工业增加值(亿元)	81.72	65.26	65.29
主营业务收入(亿元)	386.17	257.42	265.93
利税总额(亿元)	45.14	39.74	28.49
招商实际到位资金(亿元)	64.03	36.15	27.93
高新技术产业主营业务收入(万元)	547595	893761	235280

数据来源:鄱阳湖生态经济区统计年鉴

2. 丰樟高产业集群生态化的影响因素

"丰樟高"城市群作为江西省最密集的城市群之一,丰樟高三城市正在积极构筑"丰樟高"半小时经济圈,以便成为江西区域经济发展的"金三角",有效地推动"赣西经济一体化"实现与"环鄱阳湖经济圈""南昌城市经济圈"的无缝对接。丰樟高在发展产业集群生态化之路上,依赖的影响因素很多,主要有自然资源、政策法规和产业技术等。

(1)自然资源。丰城是江西省重要的能源基地,依托资源优势,加大矿业科研力度,使煤矿开采回采率由过去的40%跃升到目前的100%,并形成了煤、硒等多元化经营的产业集群。药、酒、盐是樟树市三大传统产业。樟树市全市拥有规模以上企业112家,其中四特酒公司、仁和药业、宏宇能源3个企业有望在近期内打造成百亿企业。药业形成了药地、药企、药市、药会齐头并进,集生产、销售、研发为一体的产业化发展新格局。盐化产业依托岩盐资源,规划了占地15平方公里的省级盐化工基地,现有企业23家,为江西省最大的真空制盐、氯碱、三氯氢硅生产基地。同时,把提升三产比重作为产业转型升级的突破口,开展了服务业三年大会战,全市金融生态不断优化,荣获中国最具特色金融生态示范城市称号。

(2)政策法规。十八大三中全会提出:“加快生态文明制度建设,必须建立系统完整的生态文明制度体系,实行最严格的源头保护制度、损害赔偿制度、责任追究制度,完善环境治理和生态修复制度,用制度保护生态环境。”将生态文明上升到了一个新的层次。江西鄱阳湖生态经济区建设自2009年上升为国家战略,丰樟高依托良好的政策法规,为产业集群向生态化发展奠定了良好的基础。

(3)产业技术。技术更新是产业变迁的基本动力。产业科技日新月异的变化促使新兴产业快速成长,对许多老产业形成了强烈的冲击,加速了产业的更新换代;同时,科技的不断创新使新老产品的更新速度加快,普遍缩短了产品的生命周期。因此,技术变迁的路径依赖成为影响产业系统的一个重要方面。樟树市把科技创新作为转变经济发展方式的中心环节,建立以企业为主体、市场为导向、产学研结合的技术创新体系,不断扶强优势产业,提升产业档次。目前,樟树市有48家医药企业具备了自主研发能力,药业销售收入以年均100%的速度快速增长。据统计,近4年来,该市企业每年自主投入的科研资金均在1亿元以上,获得自主知识产权专利数多达260个,创中国驰名商标2个、中国名牌产品3个、江西名牌产品20个、省著名商标29个,品牌数量位居全省县(市、区)首位。高安市加大技术改造力度,着力推动建筑陶瓷产品质量升级、规模效益升级,全市现有176条陶瓷生产线投产。

3. 丰樟高产业集群发展中的生态化问题

(1)工业“三废”严重。在发展初期,产业集群一般很难自发形成生态化路径,忽视了社会经济系统和自然生态系统间的物质、能源和信息的传递、迁移、循环等规律,致使资源枯竭和生态恶化。随着经济发展阶段的延伸演进,集群会逐渐显现出持续力不够的问题,这将影响区域竞争力的进一步提升,也为资源环境条件所不容。丰樟高在产业集群生态化发展道路上也出现了种种问题,其中工业“三废”尤其严重。

表 4 丰樟高工业“三废”排放情况

	丰城	樟树	高安
废水(万吨)	3549.81	3198.57	2525.77
废气(二氧化硫吨)	46524	7225	12294
固体废弃物(万吨)	387.50	19.38	40.17

数据来源:鄱阳湖生态经济区统计年鉴

从表 4 可以看出丰樟高工业“三废”情况较为严重,尤其是丰城市在鄱阳湖生态经济区 32 个县区市中“三废”排放位居全省前列,废水排放排名第八,远高于江西省平均水平(2945.3 万吨)。丰城在废气排放方面高居全省第一,高安市的废气排放也远高于全省平均水平(8424 万吨)。废气污染丰城市居全省第二,仅次于新余渝水区(1350.19 万吨)。丰城市“三废”排放量之高,与其主打煤矿产业密不可分。丰城在每年为社会提供 70 余亿千瓦时电、400 余万吨煤、30 余万吨焦炭的同时,也产生了大量粉煤灰、煤气等副产品,对环境带来了较大的污染。

(2)技术创新不足。丰樟高产业生态化技术整体水平不高。在减少环境污染、减少原材料和能源消耗的技术、工艺方面有所欠缺。在产业集群系统内,应按照产业的资源结构和食物链,根据产业集群内企业之间协同及共生关系,对产业活动进行优化组合,建立起系统内的生产、消费、废物处理的产业生态链,以低消耗、低污染,实现产业可持续发展。

三、产业集群生态化模式

产业集群生态化发展既是现阶段传统产业集群转型升级的最主要目标,也是产业生态化和产业集群发展的最佳耦合点。生态经济追求的是经济、环境与社会的和谐统一。集群企业在观念、设备更新和技术创新的基础上首先实现清洁生产,同时引入与主产业存在潜在协同和共生关系的工业项目,在集群中形成能源和物料的循环利用关系,降低污染物外排,将传统产业群改造成生态产业群,最终实现生态化可持续发展。产业集群生态化模式主要包括企业内部清洁生产模式和工业生态园模式。

1. 企业内部清洁生产模式

针对目前大多数企业主要采取末端治理的生产模式,产业集群的生态化首先应该在企业层面上实现清洁生产,也就是在企业内部要尽量实现循环经济的“3R 原则”。我国 2003 年 1 月 1 日开始实施的《中华人民共和国清洁生产法》第二条称:清洁生产是指不断采取改进设计、使用清洁的能源和原料、采用先进的工艺技术与设备、改善管理、综合利用等措施,从源头削减污染,提高资源利用效率,减少或避免生产、服务和产品使用过程中污染物的产生和排放,以减轻或消除对人类健康和环境的危害。主要表现在:最大限度利用可再生资源及清洁能源;组织物料内部循环使用,提高科学管理水平,生产过程中物料和能源的使用量,尽量减少有毒物质排放;提高产品耐用性、包装合理性和报废易处理性;对必须排放的污染物,采取“三废”综合利用的措施进行末端处置。

2. 工业生态园模式

自然生态系统经过数十亿年的进化演变,是最为完善、稳定、均衡的系统。该系统中各种生物根据它们的地位和作用可以划分为三种:生产者、消费者、分解者。生产者能够用简单的无机物制造有机物,是生态系统中最基础的成分。消费者直接或间接地依赖于生产者制造的有机物质。分解者则连续不断地分解生产者和消费者产生的废弃物,将复杂的有机物重新变成无机物,再去参与生产者活动。

工业生态园就是模仿自然生态系统的运作规律,各种在业务上具有关联关系的企业聚集在一起,一家企业产生的废物是另一家企业的生产原料,这些企业依照顺序形成高效率的生态产业链,既提高了经济效益又从根本上改善了生态环境。工业生态园本质上是一个由初级材料加工场、深加工场、废弃物处理厂、次级材料再加工等组合而成的工业生态链和工业生态网络。

四、产业集群生态化发展路径

实施产业集群生态化的关键在于构建生态产业链、产业生态化市场体系以及完善产业集群生态化的社会化服务体系。

1. 构建生态产业链

集群中的企业利用上下环节的主副产品和原料的衔接关系构成了若干生态产业链,某条链上某个企业所生产的废弃物，经过必要的处理,用于原来的生产过程,构成链条的纵向闭合,不同链上的消费者企业之间利用主、副产品和原料之间的横向耦合、协同共生关系,组成一个纵横交错的生态网络。生态产业链的构建不单要实现核心企业的内部循环,更要实现中小企业间的循环,同时考虑到以企业生产为主体的生产领域和居民消费为主体的消费领域均要建立废弃物循环系统。因此,构建生态产业链,实现产业集群生态化应从产品、企业、产业三个层次来做。首先是产品生态化,企业要开发和生产低能耗、低污染、可循环利用和安全处置的产品,充分注意到物质的循环利用,尽量避免对人体健康和环境的危害影响。从产品设计、原材料采购、生产、产品制造、使用以及产品用后的处理与循环利用在内的一个完整的产品生命周期设计来保证产品生态化。其次是企业生态化,在企业中推行清洁生产,即企业在生产制造工艺各环节之间的物料循环,推行/减量化、再使用、再循环原则,以达到少排放或零排放的环境保护目标。第三,产业生态化,重点是把产业集群构建成生态工业园区,在园区内,通过企业和企业之间、产业和产业之间密切合作,合理有效的循环利用当地的资源,达到经济获利、环境改善和产业发展的多重目标。

2. 构建产业生态化市场体系

(1)构建有效的鄱阳湖生态经济区产业生态化政策体系,要充分发挥市场机制对资源配置的决定性作用。通过相应的经济和行政手段,激励经济主体主动引入生态环保理念,推行绿色生产、资源循环利用和垃圾无害化处理。坚持以各类企业为主体。充分调动国有、民营、外资企业以及各类中介组织参与产业集群建设的积极性和创造性,鼓励企业在合作中竞争,在竞争中发展,发挥企业在区域合作中的市场主体作用。

(2)构建现代化金融服务体系。合理布局区内金融机构,加强经济区内部的金融资源整合,建立一个结构均衡、布局合理、便捷高效、融合江西省内资金的区域金融体系。一是要打造区域金融中心。依托南昌等中心城市金融机构密集的优势,推进南昌区域性金融中心建设,充分发挥各金融中心辐射、服务区域经济的功能。二是要推进区内商业银行的联合,组建区域性银行集团,创造并扩大"金融同城"效应,打破地域限制,促进金融资源在区内自由流动、高效配置。三是要积极引入外资和国外金融机构,增强金融机构的多元化和多样性。四是要稳妥推进调整放宽农村地区的金融机构准入政策试点工作,大力培育多层次、广覆盖、可持续的农村金融体系。

3. 完善产业集群生态化的社会化服务体系

产业集群生态化发展离不开中介服务机构的网络连接和服务功能,这些中介服务机构包括法律援助机构,如进行产品专利的申请和保护等;人才服务机构,如高新人才的引进和培训;科技服务机构,如科技创新和服务平台的构建等;高校研究机构和科研院所,利用产学研的结合提高产业集群的技术创新能力。此外,需要建立废弃物回收利用的实体交易市场和虚拟网络交易平台,建立集群生态化信息网络系统,包括环保信息数据库、技术信息数据库、企业废物信息数据库、废物处理和交换平台、咨询和服务平台等,实现政策、技术、信息、大型环保设备等的共享,产业之间废弃物互用和污染处理提供交流和交易空间,为集群的生态化建设提供便利的信息化条件。

四、结语

从生态化角度探索产业集群的发展模式,是对产业集群提出的新要求,也是保证产业集群可持续发展的必然选择。产业集群的生态化发展就在集群的经济运行中实现物质资源的循环利用,实现经济、社会与环境的可持续发展。企业内部的清洁生产和生态工业园是产业集群生态化发展两个基本模式,其关键之处在于构建产业链与完善市场体系和社会服务体系,需要政策法规的保障、技术的支持、经济的倾斜和全社会的参与。

参考文献

[1]王松霈. 论经济的生态化[J]. 中国特色社会主义研究,2001,(6).

[2]李周. 生态产业初探[J]. 中国农村经济,1998,(7).

[3]荼洪旺. 促进产业集群优化升级的政府公共政策选择[J]. 经济研究参考,2009,(10).

[4]郭忠强. 基于产业集群的区域品牌发展战略研究[D]. 吉林大学博士学位论文,2012.

[5]郑健壮. 产业集群转型升级及其路径选择[M]. 杭州:浙江大学出版社,2013.

[6]李中东,王发明. 企业集群风险分析:基于产业生态的视角[J]. 科学研究, 2009,(2).

[7]陈柳钦. 产业发展的可持续性趋势——产业生态化[J]. 未来与发展,2006,(5).

[8]朱玉林,何冰妮,李佳. 我国产业集群生态化的路径与模式研究[J]. 经济问题,2007,(4).

[9]成娟,张可让. 产业集群的生态化及其发展对策[J]. 经济与社会发展,2006,(1).

[10]冯蕾音,钱天放. 品牌经济的产生、构成、性质——内涵式释义[J]. 山东经济,2004,(6).

(作者简介:郑雅婷　江西省社会科学院实习研究员)

关于鄱阳湖区转捕为养的对策和建议

戴年华 詹书品 付锦楠 黄和平 尤 鑫

天然渔业资源是鄱阳湖生物多样性的重要标志。长期以来,鄱阳湖捕捞渔业既是江西省渔业经济的组成部分,亦是湖区渔民生计的主要来源。近些年来,由于长江中下游水产资源日趋减少,鄱阳湖连续多年出现超常低水位,导致天然淡水渔业资源减少——人为过度捕捞——渔业资源急速衰退的恶性循环,直接危及渔民的生产环境和生活保障,生态退化和渔民生计困难的双重压力,已经成为亟待关注的经济和社会问题。

一、鄱阳湖区渔业自然资源及捕捞渔业现状

1. 自然渔业资源情况

鄱阳湖是中国第一大淡水湖,总面积 3150 平方公里,70% 的水域在九江市境内,其余 20% 和 10% 在上饶、南昌市境内。浩瀚的水域孕育着丰富的渔业自然资源,已记载鱼类有 25 科 133 种,约占我国淡水鱼类种数的 17%、长江水系鱼类种数的 34% 和江西鱼类种数的 60%,其中中华鲟、胭脂鱼等 36 种列入《国家重点保护经济水生动植物资源名录》;有记载贝类 87 种、虾类 8 种和蟹类 4 种。无愧于"鱼米之乡"之美誉。然而,由于自然和人为因素,鄱阳湖渔业自然资源持续衰退,捕捞业每况愈下。

2. 渔民基本情况

目前,鄱阳湖区约有 1.9 万户、10 万渔业人口。他们常年生活在水上,流动性作业,与外界接触不多,接受教育机会少,小学及以下文化程度占半,五六十年代出生的多为文盲。尤为值得关注的是,

多数渔民患有或患过血吸虫病,普遍体质较弱,难以胜任重体力劳动。

3. 渔船分布情况

根据渔船注册地登记统计,鄱阳湖区有持证渔船1万艘,主要分布在沿湖3市(南昌、九江、上饶)9县(南昌、进贤、新建、永修、星子、湖口、都昌、鄱阳、余干),实际上这9个重点捕捞生产县的渔船已达1.759万余艘,功率为302548.4千瓦,占全湖渔船总数的70%以上,其中鄱阳、余干两县占36%。

4. 渔获量情况

鄱阳湖年均渔获量长期徘徊在3万吨左右,但种类结构有很大差别。20世纪70年代渔获物种类多、品质较高。八十年代年均渔获量约3万~4万吨。九十年代大量采用机动渔船,捕捞效率大为提高,但渔获物呈种类逐年减少、品质逐年下降的趋势。随着经济社会发展,受湖区采砂、捕捞强度加大及水位连年走低等综合影响,天然渔业生态环境严重恶化,资源衰退明显,捕捞量总体呈下滑趋势。2000—2006年平均年鱼类捕捞产量3.36万吨,2006—2009年下降至2.9万吨,2011年遭遇罕见的春夏连旱,捕捞产量仅于常规年份的1/3。近5年统计,全湖区年均渔业捕捞产量近6万吨,但鱼类小型、低龄化凸显,虾、贝类(螺、蚌)远大于鱼类产量。

5. 渔民收入情况

渔民产业结构单一,收入起伏波动大。近年来,支撑渔民收入的定居性鱼类和小龙虾等,已经成为渔民主要捕捞对象和经济来源,占渔民捕捞总收入5成以上。2010年水情好,渔业资源有所恢复,小龙虾和贝类捕捞总量超过50%,户均捕捞收入7.6万元。2011年严重旱灾,天然渔业资源受损,渔民户均收入仅为4.9万元,南部水域部分渔民甚至无收,为此省里下拨4000万元专项资金对渔民进行救助。2012年,由于小龙虾丰收,价格上涨,渔民户均收入达6.9万元。一些地方曾因争夺龙虾资源,甚至引发渔业纠纷。

二、渔民生产生活面临的主要问题

1. 长年低、枯水位,导致渔业自然资源持续衰退

自2000年以来,由于受到五河和长江上游等水利工程建设以及极端气候的影响,鄱阳湖枯水期连创新低,呈现低水位时间提前、持续时间延长的趋势,连续干旱呈现常态化。2006年不仅枯水期提早到来,水位持续在13米以下的日期也比往年提前了70多天,一直持续到来年的4月份。2008年出现4次枯水期,2011年出现罕见的春夏连旱现象,2013年枯水期水域面积比历史同期缩小25%等异常现象,不仅威胁渔业天然资源和水生态系统,还直接影响渔民生产生活,渔民存有抱怨情绪。

2. 捕捞强度过大,导致天然渔业生态环境恶化

近些年,渔船和网具更新,渔船加长,功率增大,网具大型化,捕捞强度大大加强。特别是“堑秋湖”、电捕鱼、定置网、机动底拖网等有害渔具渔法被部分渔民违规使用,竭泽而渔,加剧了渔获物种类减少、品质下降的退化进程。

3. 无序采砂活动,导致鱼类生存环境遭破坏

2000年长江全面禁采后,大量采砂船涌入鄱阳湖,大规模、大功率、日夜轮班地进行无序采砂作业,占据大量空间,加速了湖底“沙漠化”,侵占了定居性鱼类的栖息场所和生存环境,对渔民生产生活造成严重负面影响。

4. 资源环境不堪重负,导致转产转业步履维艰

鄱阳湖渔业资源及生态环境的衰退,已无法承载高强度捕捞的重压,渔民转产转业已成为必然选择。但受财力、成本及传统观念的限制,转产转业推进力度不大,甚至出现渔民脱贫返贫、重抄旧业的现象,部分渔民生活生存一度陷入困境。

三、湖区渔民转捕为养的对策和建议

党的十八大提出将生态文明建设纳入经济、政治、文化、社会建设“五位一体”的总体部署,贯穿于其他各项建设中,努力实现绿色发展,建设美丽中国。鄱阳湖作为在国际上有重要地位的湖泊湿地,维护其生态系统服务功能,保护渔业自然资源显得更为紧迫和意义重大。目前,鄱阳湖渔业自然资源管理陷入了“资源量越少、捕捞强度越大、资源破坏越重、渔民生计越难”的怪圈,如何在保护渔业自然资源的同时提高渔民生活水平成为亟待解决的重要课题。为此,江西省生态学会组织有关专家学者深入湖区周边渔民区展开为期一年的调研考察,重点就实施转捕为养、生态移民的思路和方法提出如下对策和建议。

1. 明确思路,坚持三个结合

以科学发展观为指导,坚持政府依法行政和相关政策扶持相结合,基层组织村民自治和群众性组织自我约束相结合,保护水生生物资源和改善渔民生活相结合,争取国家支持,加大科技投入,实施生态补偿,推进生态移民,变被动输血为主动造血,推进渔业“转变、拓展、提升”战略和增长方式转变。根据这一思路,建议省政府渔政主管部门科学制订“转捕为养”规划,按照就近安排原则,划定“转捕为养”区域,并协调、指导、组织规划实施。

2. 确定目标,分期组织实施

根据专家测算,鄱阳湖渔业资源承载能力为10000艘左右捕捞渔船,目前湖区约有19000多艘,需要转产9000艘,渔船总功率控制在16万千瓦以内。现有1.9万户、10万渔业人口,根据《鄱阳湖生态经济区规划》要求,2015年要安排5000户转产转业,2020年达到1万户。根据这个目标,建议湖区相关县尤其是9个重点县,要通盘规划,分别轻重缓急,制定分年度的转产安排计划和配套措施,分期分批抓落实。

3. 发挥优势,转变增长方式

鄱阳湖区具有转捕为养的客观优势,一是目前湖区水面资源开发利用率仅为30%左右,且大水面以粗放经营为主,渔业生产潜力尚有很大发展空间。沿湖还有大量可开发利用的宜渔低洼易涝田或沼泽地以及淤积严重、设施老化的中低产池塘,开发渔业潜力很大。二是渔民由捕捞业转为养殖业,思想上容易接受,技术上有专长,有利于抢占发展先机而获得成功。三是有利于实施鄱阳湖水生生物资源保护工程,全面提升湖区渔业生产能力。建议总结推广彭泽县创办生态渔庄，进贤县产业化模式，鄱阳县特色养殖基地、生态立体养殖的经验，依靠科技实现从“捕”到“养”的转变。

4. 政策扶持，解决后顾之忧

借鉴湖南省委、省政府出台的《关于解决洞庭湖区捕捞渔民生产生活困难的意见》的做法，建议江西省人民政府出台相关政策，争取国家层面的支持，整合资金，重点建设鄱阳湖现代渔业示范区，规划“转捕为养”示范专区，积极稳妥推进湖区渔民的上岸转产转业工作。针对渔民上岸定居、子女上学、最低生活保障、养老保险、医疗保险、血吸虫病免费治疗等重大疾病救助和就业培训等切身利益和生计问题，作为一项系统工程从政策、资金、项目上制定出具体实施方案和行之有效的措施。

要把发展生产与安居工程有机结合，按照每转移 1 户捕捞渔民安排 20～50 亩精养池塘的标准，以县为单位确定目标和养殖区域。为此建议：利用宜渔低洼易涝田或沼泽地新建池塘的，每开发 1 亩池塘约需资金 1 万元，即每转移 1 户捕捞渔民需资金 20～50 万元，其中财政扶持 12～30 万元，渔民自筹 8～20 万元；利用中低产池塘改造的，每改造 1 亩池塘约需资金 5000 元。即每转移 1 户捕捞渔民需资金 10～25 万元，其中财政扶持 6～15 万元，渔民自筹 4～10 万元。按照方便渔民原则，优先解决以船为家渔民住房问题，将渔民住房纳入危旧房改造范围。

5. 加强管理，推进转产转业

鄱阳湖是个天然的生态环境科研场所，建议加强资源整合，探索政、产、学、研、民结合新机制，加大科技投入，强化鄱阳湖渔业天然资源监测，推进湖区渔业资源可持续管理；随着鄱阳湖渔政管理体制的调整，建议相关县渔政部门加强渔业资源养护，强化渔政执法监管；坚持政策补偿与资金补偿相结合，在实施《鄱阳湖生态经济区环境保护条例》和《江西省湿地保护条例》的同时，建议省政府尽快出台正式的补偿方案，并组织各方面专家学者、政府部门、当地渔民积极调研和推动，争取国家试点；推进生态移民，安排转产转业，积极引导捕捞渔民向养殖业、水产加工、流通业、休闲渔业及其他产业转移；鼓励推行无公害、绿色和有机水产品产地认定及产品认证制度，做大做强鄱阳湖水产品牌。积极发展渔家乐、休闲度假渔业等渔业旅游，带动餐饮业、住宿业等服务行业发展。

（作者简介：戴年华　江西省科学院生物资源研究所副所长、研究员
詹书品　江西省渔政局主任科员
付锦楠　江西省科学院研究员
黄和平　江西财经大学教授
尤　鑫　江西省科学院副研究员）

财税政策支持发展低碳经济的理论分析

卢小祁

一、引言

在气候变化及其所带来的一系列相关问题备受国际关注的大背景下,低碳经济发展越来越受到国际社会的重视。"低碳经济"最先由英国政府提出,是指依靠技术创新和政策措施,实施一场能源革命,建立一种较少温室气体排放的经济发展模式,从而缓解气候变化。低碳经济的实质是能源效率和清洁能源结构问题,核心是能源技术创新和制度创新,目标是减缓气候变化和促进人类可持续发展。当前我国正处于贯彻落实科学发展观、经济社会平稳快速发展阶段,同时又面临着资源与环境的诸多压力与挑战,这在主观上都决定了我们必须加快发展方式转变,大力发展"低碳经济"。由于发展"低碳经济"存在较大的公共产品特征和外部效应,如果完全交由私人部门承担,将会出现市场失灵,因此,必须要求公共财政介入。公共财政作为社会经济发展与调控的重要手段,应该充分发挥起在"低碳经济"发展过程中的引导作用。

二、发展低碳经济具有较强的外部性:必要性分析

发展低碳经济具有很强的正的外部性。所谓外部性是指在实际经济活动中,生产者或者消费者的活动对其他生产者和消费者带来的非市场性影响,即对无辜的第三方造成的影响。

在经济人的经济活动具有正外部性时,MSC 曲线位于 MPC 曲线的下方,此时,MSC - MPC = - MEC。从社会的效率来看,依照 MSC

曲线和 DD 曲线的交点决定价格 P_2 和产量为 Q_2 是最佳选择。但由于正外部性的存在，使得私人边际成本高于社会边际成本，其差额就是负边际外部成本。价格 P_2 没有反映产量为 Q_2 时的负边际外部成本，导致理性经济人从事具有正外部性经济行为的积极性不足。要想激励理性的经济人从事具有正外部性的经济活动，必须采取有效措施，对经济人所负担的过高的私人成本加以弥补，如政府部门利用财政补贴等手段，使得经济人获得的补贴正好可以弥补负的边际外部成本，这样才能刺激其从事具有正外部性的经济活动。（如图 1 所示）

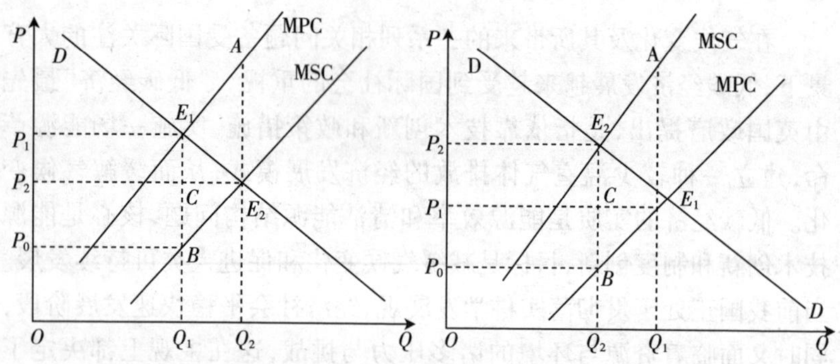

图 1　对减碳行为产生的正外部性行为的局部均衡分析　　图 2　对高碳排放行为产生的负外部行为的局部均衡分析

当经济人的经济活动具有负外部性的时候，边际社会成本 MSC 高于私人边际成本 MPC，MSC 曲线位于 MPC 曲线的上方，两条曲线之间的距离表示在每个生产单位上的边际外部成本（MEC），即 MSC - MPC = MEC。

经济主体为了实现自身利益最大化，通常会按照自身的边际成本 MPC 与边际收益相等的原则决定产量为 Q_1 和价格为 P_1。但在产量为 Q_1 时，价格 P_1 没有反映产量 Q_1 时的边际外部成本。从经济社会的角度看，过低的成本价格必然将造成过量的产出，导致资源配置的低效率。因此，从经济社会的整体效率出发，要求按照社会的边际成本与边际收益曲线决定价格和产量。要想使得社会的边际成本与边际社会收益曲线相等，比如有政府介入，可通过财税手段予以调节。（如图2所示）

由于发展低碳经济具有典型的正外部性，可以产生生态社会效益，因此，它的经济收益往往会小于社会收益。由于生态社会效益往往由全体社会成员免费享用，它具有非排他性和不可分割性，产品的边际私人收益低于边际社会收益，如果不对企业生产过程中的减碳行为进行补偿，企业就没有积极性进行减碳，这样便会导致生态环境遭到破坏，良好的生态环境这种公共产品的供给将严重不足，造成社会福利损害。因此，政府有必要介入其中，通过财税政策来调节公共产品的供给。

三、公共财政的功能与性质：可行性分析

根据公共财政理论，税收是为了满足社会对公共产品的需要而筹集的，并且应该用于国家提供公共产品的支出。促进节能减排、发展"低碳经济"已经成为我国经济生活中的一件大事情，无论是直接进行降低碳排放还是减碳技术的研发都具有一定的公共产品的性质，其具有较强的外部性特征，应该为公共财政重点资助对象，因此，政府必须介入发展低碳经济当中。

市场经济环境下，常常存在公共产品、外部性和信息不对称等市场失灵的情况。公共财政的基本出发点是"政府失灵"的实现，其理论核心是"公共产品"理论，其关键是正确处理政府与市场关系，正确界定财政的职能范围和活动空间。从公共财政来看，政府提供公共产品和公共服务是以市场失灵为存在前提和范围的，即市场能够有效配置资源的范围和领域，政府不必介入，而市场机制不能正常发挥作用的范围和领域，才是政府公共财政的活动范围。

公共财政的存在是为了弥补市场失灵，如果把政府为弥补市场失灵而采取的干预、调控和其他所有的政策和制度安排等无形产品都看作是政府部门提供的"公共产品"，那么"市场失灵"和"公共产品"理论实质上是从不同角度来说明同一问题的。支持低碳经济发

展正是存在市场缺陷、市场失灵的领域。主要表现在降低碳排放的成本超出了企业生产的边际私人成本,而高的碳排放又会污染环境,产生负的外部效应,这些负的外部效应都将影响到第三方。因此,低碳发展属于公共产品或准公共产品,不可能由市场提供,应该由政府来提供,公共财政对发展低碳经济的投入能更好地提高环境保护和碳污染治理的效率,优化资源配置。

四、财税政策支持低碳发展:政策效应分析

公共政策对发展低碳经济的影响是多方面的,有间接的支持,也有直接的支持,而财政政策则是最为正面和直接的激励。财税政策既可以通过影响生产者对生产方式的选择方面予以调节,又可以通过影响消费者行为选择方面予以调节,从而影响需求市场来对减碳行为进行调节。财政政策主要是通过财政补贴、转移支付等方式的财政投入对企业低碳生产行为进行资助和引导,作用于减碳技术和低碳生产方式的基础研究、共性技术研究等领域的补贴和减碳设备的购买和使用方面的补贴,税收政策通过导向明确的税收优惠措施,可以降低减碳技术的研发成本、减少它的研发风险,为低碳技术研发主体创造良好的外部环境,激发其研发低碳技术的动力。

1. 税收优惠

(1)对生产减碳设备的企业给予税收优惠

如果政府能够给予生产减碳设备的企业一定的税收优惠政策,那么,在企业生产成本一定的条件下,企业生产减碳设备的税后净利润会增加。随着生产减碳设备这一行业的利润空间增大,相同资本市场条件下,将吸引更多的民间资本投入减碳设备的生产,加剧减碳设备企业产品在供给市场上的竞争性,相同条件下,竞争越激烈,减碳设备的价格越低,这样便于吸引高碳排放企业购买减碳设备,进行节能减碳,最终将有利于降低碳排放。因此,对生产减碳设备的企业给予一定的税收优惠将有利于促进低碳经济的发展。

(2)对使用减碳设备的企业给予税收优惠

通常,减碳设备的使用需要耗费企业一定数量的额外成本(相对

那些没有使用减碳设备而生产同种产品的企业而言),如电费及人工成本等。如果政府能够对使用减碳设备的企业给予一些税收优惠,税收优惠的总量大于或者等于企业购买减碳设备和使用减碳设备所耗费的成本,那么,将促进企业对减碳设备的使用,因为企业生产规模越大,通过积极参与减碳这一环境保护行动可以提高企业的形象和企业的知名度,为企业带来品牌效应,这种正的品牌效应不需要企业花费额外的成本,而且从长远来看,它还将增加企业生产的产品在销售市场上的吸引力,间接增加企业的净收益。因此,对使用减碳设备的企业给予税收优惠,将激励企业进行积极减碳,促进低碳经济发展。

(3)对通过提高生产技术水平降低碳排放的企业给予税收优惠

如果政府能够对想方设法通过改善生产技术水平来降低碳排放的企业给予一定的税收优惠,这样可以减轻企业在改善企业技术水平方面所投入的成本,在企业利润空间保持不变的情况下,企业通过提高技术降低碳排放这一行为能够为企业赢得好的声誉,而这种声誉将给企业带来正的外部效应,便于企业品牌形象的树立,同样,从长远来看,良好的声誉将帮助增加企业生产的产品在销售市场上的吸引力。

通过上面分析发现,在企业自身投入不变的情况下,政府通过税收优惠政策参与减碳设备的生产、减碳设备的使用和减碳技术的发明,不仅不会降低进行参与发展低碳经济的企业的利润空间,还会给企业带来良好的公众形象,便于其产品知名度的建立,无形之中给企业节约不少公关或广告费用,因此,可以更好地激发企业参与减碳这一活动中。此外,企业的积极配合给公众提供了良好的生活环境,使得公民能够继续享受清洁新鲜的空气这一公共物品。因此,税收优惠政策对低碳发展会产生正效应。

2. 财政补贴

(1)对购买减碳设备的企业的补贴

把企业的生产过程看成一种消费过程,把企业家看成是一个普通的消费者,在预算收入有限的情况下,通过投资可以消费两种产品,追求边际效应最大化。一种是一般的产品(不包含减碳设备),通过消费可以给企业带来收益,另一种是特殊产品的消费品(包含减碳设备的产品),通过消费也可以给企业带来收益,但企业必须付出更多的成本,主要用于购买减碳设备的购买。假设前一种一般产品的消费价格为 P_1,后一种特殊产品的消费价格为 P_2,$P_1 < P_2$,企业的预算收入 Y 一定。作为理性的经济人,企业会偏向于一般产品的消费。如果政府通过财政支出给予第二种产品一定的补贴,使得两种产品带来的效应无差异,那么企业可能会更加偏好于消费特殊产品方面的投入(即在原有生产条件的基础上购买减碳设备,并在生产过程中投入使用),企业偏好的改变将会带动低碳经济的发展。

(2)对购买低碳产品的消费者的补贴

假设政府将进行减碳的企业生产出来的产品贴上优质品的标签,相反,对未进行减碳的企业生产出来的产品贴上劣等品的标签,很显然生产优质品的成本要高于劣质品,因此,市场上,优质品的定价自然要高于劣质品。但实质上两种产品的性能是无差异的,可以将两者看成是完全替代品,如果优质品的价格高,消费者自然会转向劣质品的购买,导致优质品市场需求不足。如果政府介入,对购买低碳产品的消费者给予一定的补贴,补贴的数量大于或者等于两种产品之间的价格差,那么很显然,理性的消费者会选择对优质品的购买,而放弃对劣质品的购买,由于生产劣质品的厂商没有需求市场,势必会导致产品滞销,投入的成本收不回来。而如果此时劣质品生产厂家选择降价销售,一方面会导致利润空间压缩,另一方面还不一定会达到吸引消费者的效果。因此,政府通过补贴消费这一行为会最终导致劣等品被逼退出产品市场,生产优质品的企业将占领整个市场。这样,企业生产中产生的碳排放将大大降低,生态环境也将得到改善。因此,政府补贴会对低碳发展产生正效应。

(3)为减碳技术的研发提供补贴

假设,企业在进行减碳技术研发前的净收益为:

$$NR = R(P,Q) - C(K,L) - C_0 - T \tag{1}$$

这里的 NR 代表净收益,$R(P,Q)$ 表示总收益,有价格和销售数量决定,$C(K,L)$ 表示可变成本,由劳动力和资本的成本决定,C_0 表示固定成本,T 表示企业缴纳的各种税收。

企业进行减碳技术研发后的净收益为:

$$NR = R(P,Q) - C(K,L) - C_0 - T - C(L*) \tag{2}$$

其中,$C(L*)$表示进行减碳技术研发而产生的成本,主要是雇佣高级科研人员,随科研人员工资的变化而变化。很显然,假设市场完全竞争,如果保持既定的产品价格不变,企业进行减碳技术研发后的净收益降低,由于企业主的理性经济人假说,导致企业主不愿意进行投入资本进行减碳技术的研发。然而,如果此时,政府为企业提供财政补贴,使得补贴与研发成本$C(L*)$相等,那么在企业净收益保持不变的情况下,企业自然会乐意进行减碳技术的研发,因为减碳会给企业带来额外的正的外部效应。

3. 政府绿色采购

(1)对减碳设备的采购

高碳排放企业通常不愿意购买减碳设备,因为就如前面所述,购买减碳设备会给企业带来额外成本,然而在市场接近于完全竞争的条件下,企业不能通过提高产品价格来弥补这种成本。如果政府统一采购减碳设备,不仅可以支持减碳设备生产企业的发展,还可以降低使用减碳设备对生产过程进行减碳处理企业的成本,可以更好发展低碳经济。

(2)对减碳技术的采购

由于减碳技术的研发需要投入大量的成本,而且这种研发行为通常具有风险性和不确定性,因此如果没有财税政策的支持,企业很难有创新的欲望和动力。而政府对减碳研发技术的采购既可以减轻企业的负担,提高企业的研发积极性,还可以由政府对该技术进行推广,使得受益面更广。

(3)对低碳产品的采购

由于政府采购的规模往往较大,政府对低碳产品的大量采购,可以引导企业生产低碳产品,通过消费需求来引导投资需求,从而使得企业调整产品结构,转变生产方式,最终达到发展低碳经济的目的。

五、结论与建议

发展低碳经济具有很强的外部性和公共产品的性质,市场在引导企业进行减碳和消费者选择低碳产品消费过程中会出现失灵的现象,因此,需要政府的介入,根据公共财政的功能行为与性质,财税政策能够调节低碳发展的市场失灵行为,为公众提供良好的生态环境这种公共产品。财税政策主要通过政府低碳采购、财政补贴以及税收优惠来引导企业低碳生产和消费者低碳消费。因此,通过政府采购、财政补贴以及税收优惠三种工具分别从影响市场需求、市场供给来引导减碳行为。然而,究竟哪种工具更为有效,尚不清楚,还有待进一步研究。

参考文献

[1]邓子基.低碳经济与公共财政[J].当代财经,2010,(4).

[2]黄栋,李怀霞.论促进低碳经济发展的政府政策[J].中国行政管理,2009,(5).

[3]郭代模,杨舜娥,张安宁.我国发展低碳经济的基本思路和财税政策研究[J].经济研究参考,2009,(58).

[4]蒋海勇,秦艳,邓文勇.广西发展低碳经济的财税政策探讨[J].经济研究参考,2010,(23).

[5]安锦.财税政策介入环境保护的经济学理论分析[J].企业经济,2009,(10).

[6]吴艳芳.促进节能产品消费的财税政策研究[J].财政研究,2007,(5).

[7]刘宇飞.当代西方财政学[M],北京:北京大学出版社,2003.

(作者简介:卢小祁　南昌市社会科学院副所长、助理研究员)

江西低碳经济发展水平综合评价研究*

罗小娟 刘盛华

一、引言

继十七大之后,党的十八大把生态文明建设放在十分突出的地位,形成了经济建设、政治建设、文化建设、社会建设、生态文明建设五位一体的中国特色社会主义事业总布局。十八届三中全会审议通过的《中共中央关于全面深化改革若干重大问题的决定》首次提出"用制度保护生态环境",指出要紧紧围绕建设美丽中国深化生态文明体制改革,加快建立生态文明制度,健全国土空间开发、资源节约利用、生态环境保护的体制机制,推动形成人与自然和谐发展现代化建设新格局。近年来,国家出台了一系列节能减排的优惠政策,在政策扶持、税收减免等方面的政策,积极鼓励和推进节能减排和低碳经济的发展。

江西实现低碳经济发展模式继而提高低碳经济竞争力,可谓机遇与挑战并存。一方面,产业结构的优化促进了经济的发展,经济实力的增强为低碳技术的研发推广提供了资金支持;国家对节能减排工作的重视,优惠政策不断倾向于节能减耗,能源效率的提高短时期内能够抑制碳排放的高速增长。但江西能源消费对煤炭仍具有较强的依赖性,且煤炭燃烧对碳排放量的增加具有较高的贡献值,碳排放量占比高的重化工业对经济拉动作用大,"十二五"时期江西工业化、城镇化的步

* 本文为江西高校哲学社会科学重点课题"江西推进低碳经济发展的路径和对策研究"(项目编号:ZDZB201204)的研究成果。

伐将继续加快,对能源的需求量必定保持高速增长趋势,江西提升低碳经济竞争力之路任重道远。本研究基于2003—2012年江西省经济社会统计数据,利用主成分分析法对江西低碳经济发展水平进行了综合评价,对江西认清自身低碳发展情况以及寻找低碳发展的路径具有重要意义。

二、江西低碳经济发展现状

( )江西经济发展现状

根据《2013年江西省国民经济和社会发展统计公报》显示,2013年江西实现地区生产总值14338.5亿元,比上年增长10.1%(见图1)。其中,第一产业增加值1636.49亿元,增长4.6%;第二产业增加值7671.38亿元,增长11.7%,其中工业增加值达6434.41亿元,增长11.9%;第三产业增加值5030.63亿元,增长9.1%。人均生产总值31771元,增长9.7%。

虽然全省增速喜人,但是江西的发展显现出部分弱势和不足。第一,经济总量仍然偏小。从中部六省看,江西生产总值连续五年位居第5。第二,江西高耗能产业比重较高。2012年占规模以上工业企业主营业务收入49.3%,所占比重高于全国15.2个百分点,与中部比,比重是唯一接近50%的省份。第三,江西高新技术产业和研发力量远低于全国平均水平。江西国家级企业技术中心仅有7家,居全国29位,中部末位。

(二)能源消费现状

能源消费既要满足经济和社会的发展,又承载着减少碳排放的双重压力。能源消费结构和能源效率是影响碳排放量的关键因素。结合能源消费结构和能源效率的变化趋势,从能源消费总量角度分析,消费总量整体呈上升态势(见图2)。从2002年的2933万吨标准煤增至2012年的7232.9万吨标准煤,年均增长9.45%。从能源消费结构看,江西省能源消耗中的煤炭占比高居第一,均维持在70%以

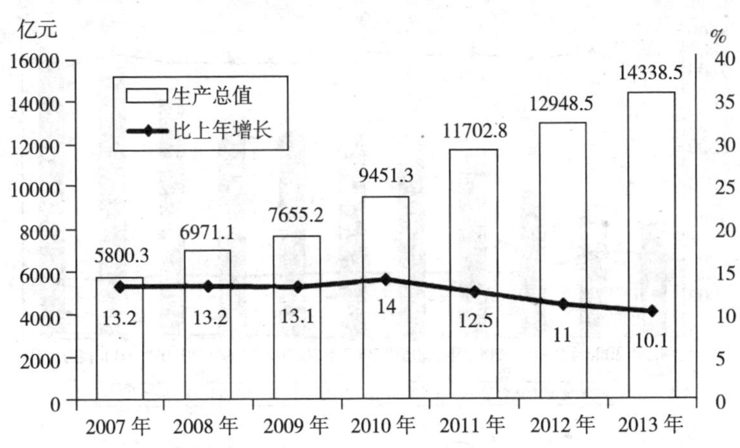

图 1 2007—2013 年江西省地区生产总值及其增长速度

数据来源:2007—2013 年江西省经济和社会发展统计公报

上;石油、水电的消费比重整体呈偏低状态。江西这种以煤炭消费为主导的能源消费结构,导致大量温室气体的排放。由于这种能源消费品种单一的现状在短期内难以改善,所以在目前情况下,提高能源的利用效率、使能源充分燃烧利用是减少碳排放量较好的方式。

(三)低碳产业发展现状

经过近几年的发展,江西低碳产业发展取得了初步成效。在低碳农业方面,部分地区以低碳农业为目标,进行了较多项目的发展尝试,如有机农业、生态养殖、沼气利用、谷壳发电等;在低碳工业方面,江西已在光伏产业、半导体照明产业、新能源汽车及动力电池产业等低碳产品的生产产业以及其他低碳产业取得初步成效;在低碳服务业方面,低碳旅游已在部分江西旅游景点进行尝试,婺源获得"全国低碳旅游试验区"称号,上犹获得"中国低碳旅游示范县"称号,井冈山将低碳概念与红色旅游资源相结合,全面贯彻到旅游的"吃、住、行、游、购、娱"各环节中;江西在软件信息服务业、文化创意产业方面也取得了一定的发展。

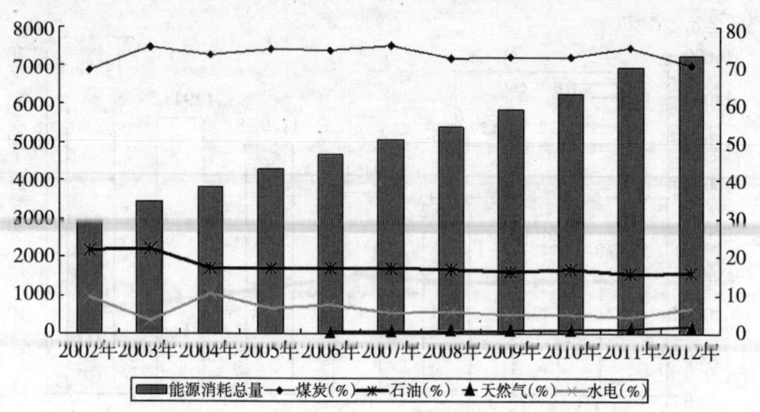

图 2　2002—2012 年江西能源消费量和构成

数据来源:《2001—2013 年江西统计年鉴》。

三、江西低碳经济发展水平综合评价

(一)评价指标的选择

近年来,国内外对低碳经济的关注持续升温。在评价指标体系构建方面,许多学者也进行了初步探索。马军等(2010)从经济发展、科技发展、社会支撑等方面入手,运用德尔菲法和线性加权法对我国东部沿海 6 省市进行了低碳评价分析。白雪勤、孙文生(2012)从经济、技术、环境等方面选取了 17 个指标,应用因子分析法对河北省 11 个市进行了低碳发展分析。类似的研究还有任福兵等(2010)构建 8 个准则层,李晓燕、邓玲(2010)构建 4 个准则层进行的相关研究分析等。

通过借鉴国内外低碳经济发展评价体系的构建方法,立足江西经济发展不足和生态基础良好的基本判断,江西低碳经济发展指标体系应是涵盖产业经济、能源资源、技术水平、环境质量于一体的综合评价体系。本文构建包括目标层、准则层和指标层三个层次 19 个指标的结构化评价体系,力争客观准确评价江西低碳经济发展水平(见表 1)。

表 1　江西省低碳经济评价指标体系

目标层	准则层	符号	指标名称	指标类别	均值	标准差
江西省低碳经济发展水平	产业经济	X_1	GDP 增长率(%)	正指标	12.83	0.79
		X_2	第一产业产值占 GDP 比重(%)	负指标	15.49	2.90
		X_3	第二产业产值占 GDP 比重(%)	负指标	50.18	3.90
		X_4	第三产业产值占 GDP 比重(%)	正指标	34.33	1.28
		X_5	人均 GDP(亿元)	正指标	12.27	0.43
	能源资源	X_6	单位 GDP 能耗(t 标准煤/万元)	负指标	0.84	0.26
		X_7	煤占能源消费总量比重(%)	负指标	73.32	1.18
		X_8	油占能源消费总量比重(%)	正指标	17.14	1.85
		X_9	气占能源消费总量比重(%)	正指标	0.77	0.51
	技术水平	X_{10}	高新技术产业增加值占规模以上工业产值比重(%)	正指标	21.37	3.30
		X_{11}	研究与开发(R&D)费用占 GDP 的比重(%)	正指标	0.89	0.07
		X_{12}	研究与开发(R&D)人员数(人)	正指标	37381	16885
		X_{13}	每万人专利授予量(项)	正指标	1.93	0.68
	环境质量	X_{14}	万元产值固体废物排放量(t)	负指标	1.39	0.44
		X_{15}	万元产值废水排放量(t)	负指标	10.16	3.33
		X_{16}	万元产值废气排放量(万 m^3)	负指标	1.12	0.10
		X_{17}	工业固体废物综合利用率(%)	正指标	38.89	12.35
		X_{18}	工业废水排放达标率(%)	正指标	67.78	13.55
		X_{19}	工业三废综合利用产品产值(万元)	正指标	391094	236758

注:数据主要来源于江西省统计年鉴、统计月报,部分根据网络资料和统计数据计算。

(二)评价方法介绍

主成分分析又称为主分量分析,最早是由美国学者霍特林于1933年提出。该方法是利用降维的思想,将实测的多个指标通过线性变换,转化成少数几个相互独立的新变量,从相互独立的新变量中选取能够反映所研究问题绝大部分信息的若干分量(选取方差累计概率≥85%)为主成分。其在消除指标之间的信息重叠,切断相关干扰的同时,大大减少了评价过程中的计算工作量。主成分分析是通过对实际调查数据进行评价,具有客观性和实际性,是对实际问题进行定量分析的评价方法。低碳经济发展水平的评价是涉及多个评价指标的复杂问题,应用主成分分析法对问题进行降维简化,可以达到客观评价的效果,并可指导低碳经济发展的工作重点。主成分分析的主要步骤如下:

第一步:数据的预处理。表征不同性质特征的数据具有不同的性质和量纲,要使不同性质和量纲的指标数据具有可比性,必须对其进行适当变换,做同向化及无量纲化的处理。指标的同向化处理是指将逆向指标转化为正向指标,使指标具有同向可比性。在对指标进行无纲量化处理时,本文选用不会改变指标间相关关系的均值化处理,以便充分利用原始数据中所包含的信息。

同向化处理:正指标不变,逆指标取其倒数,即

$$X_{ij}' = 1/X_{ij}$$

均值化处理:

$$ZX_{ij} = X_{ij}'/\bar{X}_{j'}$$

式中:X_{ij}'指同向化处理后的数据;$\bar{X}_{j'}$为样本的均值 $\bar{X}_{j'} = \frac{1}{n}\sum X_{ij}'$;$i=(1,2,\cdots,n)$,$j=(1,2,\cdots,m)$。

第二步:计算相关系数矩阵R。根据预处理后的指标求个指标变量的相关系数 r_{ij},得出相关系数矩阵 $R_{ij} = (r_{ij})_{m\times m}$

$$R=\begin{bmatrix} r_{11} & r_{12} & \cdots & r_{1m} \\ r_{21} & r_{22} & \cdots & r_{2m} \\ \vdots & \vdots & \ddots & \vdots \\ r_{m1} & r_{m2} & \cdots & r_{mm} \end{bmatrix}$$

式中:rij$(i,j=1,2,\cdots,m)$为原始变量 X_i 和 X_j 的相关系数,$X_{ij}=X_{ji}$。

第三步:计算相关系数矩阵 R 的特征值,并确定主成分个数 m'。相关系数矩阵 R 的特征值 $\lambda_j(j=1,2,\cdots)$具有依次递减的特征,即 $\lambda_1>\lambda_2>\cdots>\lambda_m$。根据前几个特征值的累计方差贡献率超过 85% 的原则,确定主成分个数 $m'(m'<m)$,m'即为新指标个数。

第四步:计算主成分得分 F_{it}($i=1,2,\cdots,n;t=1,2,\cdots,m'$)。根据因子得分系数和原始变量的预处理值计算每个观测量的各主成分得分值。

(三)评价结果的分析

1. 子系统评价分析结果

在进行主成分分析时,运用 SPSS 软件计算主成分方差贡献率,确定主成分的个数,得出各子系统综合得分,进而对各个子系统进行具体分析。

(1)子系统一:产业经济评价分析

从结果得出,产业经济子系统中共用 2 个主成分特征值大于 1,且累计贡献率达到 85.554%,涵盖了该子系统的大部分信息,满足解释需要。为此,产业经济子系统选择 2 个主成分,并计算其得分系数。从表 2 可以看出,第一主成分大部分变量的得分系数的绝对值都在 0.2 以上,其中一、二、三产业产值占 GDP 的比重(X_2、X_3、X_4)的得分系数绝对值都超过 0.2 且大于其他指标得分系数,反映了产业结构对低碳经济发展的重要影响,属于结构因子。第二主成分中 GDP 增长率(X_1)、人均 GDP 增长率(X_5)这两个指标得分系数远远大于其他各个指标的系数,说明第二主成分主要体现出江西经济总量规模和人均规模的重要地位,属于总量因子。

通过主成分得分系数和方差贡献率,计算各主成分得分和产业经济子系统的综合评分(见图3)。主成分1(结构因子)多年来出现连续下滑的状态,说明江西省在近十年来的产业结构调整力度和效果明显不足。主成分2(总量因子)多年来出现剧烈波动情况,说明江西省经济总量发展不均衡,增长动力不稳定。产业经济子系统综合得分总体上表现出波动甚至缓慢下滑的状况,预示江西省发展不足、总量不大、结构不优的历史矛盾没有得到有效根本改善,做大总量规模、做优产业结构仍是今后发展的重中之重。

表2 子系统一产业经济主成分得分系数

	X_1	X_2	X_3	X_4	X_5
主成分1	0.079	-0.893	0.992	0.885	-0.33
主成分2	0.931	-0.267	0.042	-0.1	0.804

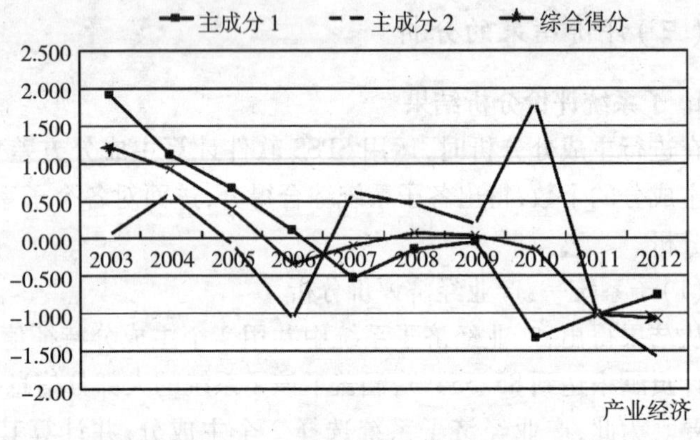

图3 子系统一产业经济主成分及综合得分

(2)子系统二:能源资源评价分析

能源资源子系统中共用2个主成分特征值大于1,且累计贡献率达到84.394%,基本涵盖了该子系统的大部分信息。为此,能源资源子系统选择2个主成分,并计算其得分系数。由表3可以看出,第一主成分中单位GDP能耗(X_6)、气占能源消费总量比重(X_9)这2个指标的得分系数的绝对值远高于其他指标,可以解释为非化石能源在总能源使用中的占比情况，属于清洁能源占总能耗比重因子。第二主成分中煤占能源消费总量比重(X_7)、油占能源消费总量比重(X_8)这2个指标的得分系数的绝对值远高于其他指标，可以解释为化石能源在总能源使用中的占比情况，属于传统能源占总能耗比重因子。

根据以上结果，计算出的各主成分得分和能源资源子系统的综合得分(见图4)。主成分1(清洁能源占能源消耗总量的比重因子)多年来呈现连续上升的趋势，说明江西省在近十年来不断提高非化石能源使用比重，大力推进天然气使用，风能、太阳能等清洁能源正在逐步推进。主成分2(化石能源占能源消耗总量的比重)多年来一直处于波动之中，特别是在近两年经济出现增长放缓之后，出现抬头现象，但仍需要保持警惕，进一步优化能源结构。能源资源子系统综合得分总体呈现稳步上升趋势，说明全省能源使用结构正趋于优化，需要警惕因经济放缓出现传统能源大量使用以节省成本的情况。

表3　子系统二能源资源主成分得分系数

	X_6	X_7	X_8	X_9
主成分1	0.945	0.041	-0.319	0.987
主成分2	0.232	0.847	0.795	0.01

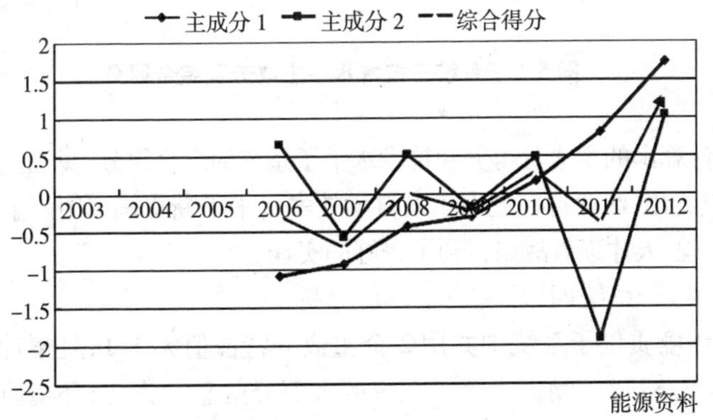

图4　子系统二能源资源主成分及综合得分

(3)子系统三:技术水平评价分析

技术水平子系统中共用1个主成分特征值大于1,且累计贡献率达到94.215%,涵盖了该子系统的大部分信息。为此,技术水平子系统选择1个主成分,并计算其得分系数。由表4可以看出,第一主成分中所有指标的得分系数均超过0.2且都接近1,反映了江西省技术发展水平,属于整体科学技术因子。

表4　子系统三技术水平主成分得分系数

	X_{10}	X_{11}	X_{12}	X_{13}
主成分1	0.995	0.915	0.988	0.983

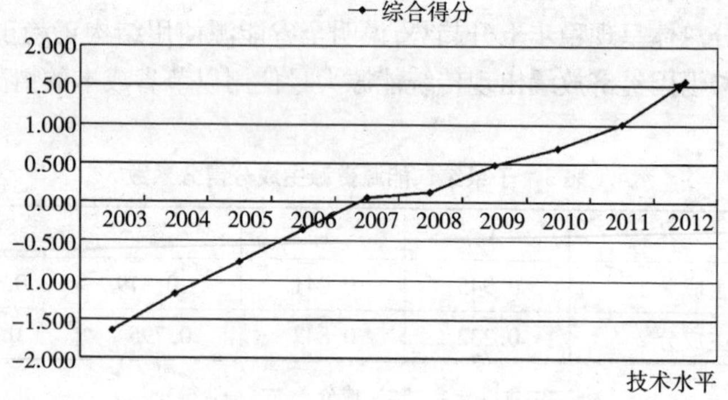

图5　子系统三技术水平主成分及综合得分

计算出的主成分得分和技术水平子系统的综合得分(见图5)。从图5可以看出,江西省在近十年来科学技术水平不断提高,科技创新"六个一"工程、人才强省战略得到了较好的实践。

(4)子系统四:环境质量评价分析

环境质量子系统中共用2个主成分特征值大于1,且累计贡献率达到97.877%,涵盖了该子系统的大部分信息。为此,环境质量子系统选择2个主成分。由表5可以看出,第一主成分中万元产值固体废物排放量(X_{14})、万元产值废水排放量(X_{15})、万元产值废气排放量(X_{16})三大指标的得分系数均超过0.2,反映了工业废弃物排放总量与经济总量的关系，属于工业废弃物碳排放强度因子。第二主成分中工业固体废物综合利用率（X_{17}）、工业废水重复利用率（X_{18}）、工业三废综合利用产品产值（X_{19}）三个指标的的得分系数均超过0.2，反映工业三废处理程度，属节能减排因子。

表5　子系统四环境质量主成分得分系数

	X_{14}	X_{15}	X_{16}	X_{17}	X_{18}	X_{19}
主成分1	0.987	0.975	-0.365	0.949	0.893	0.969
主成分2	0.117	-0.13	0.925	0.202	0.388	0.201

根据以上结构，计算出的主成分得分和技术水平子系统的综合得分（见图6）。从图6可以看出，主成分1（工业废弃物碳排放强度因子）多年来出现持续上涨的状态，说明随着江西省工业的不断做大，工业废弃物排放越来越多，环境压力不断累积。主成分2（节能减排因子）在2003—2009年出现波动但总体保持上升的较好态势，说明江西省贯彻国家节能减排力度不断加强，效果不断显现。但随着金融危机的爆发，江西省在不利的国内外经济发展形势下，既要保证经济稳定发展，又要保护青山绿水，节能减排压力剧增，出现不平稳的波动，说明江西省在当前国内外发展形势下，实现经济与生态的双发展双平衡存在一定的压力和难度。

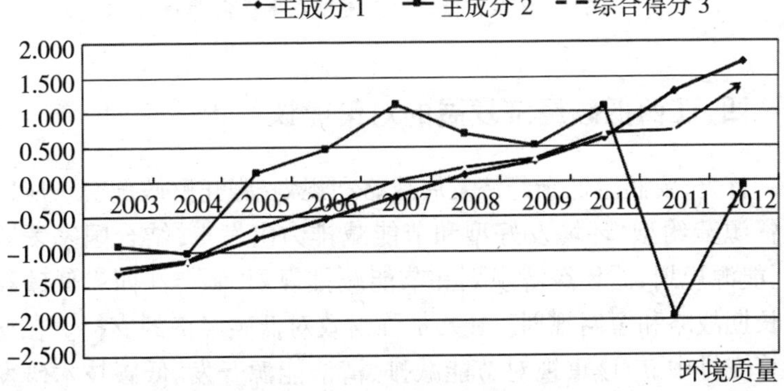

图6　子系统四环境质量主成分及综合得分

2. 江西省低碳经济发展水平综合评价

通过整合四大子系统的综合得分,运用主成分分析方法计算江西低碳经济发展的总体水平,得到江西省低碳经济发展水平的综合得分,具体见图7。从图7中,江西省近十年来的低碳经济发展水平综合得分不断提升,反映全省低碳经济呈现良好的上升发展态势,“山江湖开发治理”“既要金山银山又要绿水青山”等系列工程和发展理念在实际发展过程中得到了较好的实践效果,为江西省低碳经济发展奠定了坚实的基础,形成了良好的比较优势。结合四大子系统的分析评价结果,江西省在做大总量规模、调整产业结构、提升科学技术、优化能源使用、加大节能减排等方面需要进一步加大力度,特别是在当前国内外经济形势复杂多变的关键时刻,如何实现在发展中求保护、在保护中求发展,成为充满挑战的历史责任和时代任务。

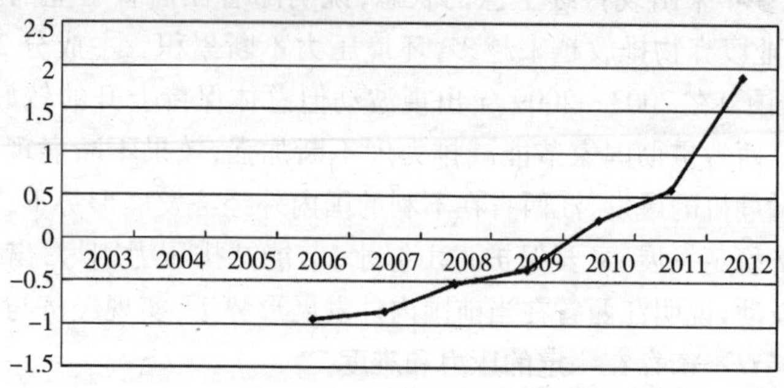

图7 江西省低碳经济发展水平综合得分

四、江西低碳经济发展的对策建议

首先,要制定低碳经济发展战略和规划,强化财政配套。应以建设资源节约型、环境友好型和节能减排为出发点,结合国家发展规划、能源规划、循环经济规划和节能减排规划,制定江西省低碳经济的长期战略和短期规划。还要加强财政对低碳经济的支持。在财政预算安排中,应该重视对节能减排、清洁能源开发、低碳技术研发以及低碳产业发展的投入,设立专项财政资金支持低碳经济的发展,为低碳经济的发展提供资金保障。

其次,以培育新兴环保产业为主导,推动传统产业向低碳化转型。推动发展新能源、新环保、新材料、生物医药、新型装备制造业等战略性新兴产业时,必须将新能源、环保产业作为发展低碳产业的突破点,合力打造低碳产业集群发展。要以传统产业向低碳化转型为基础,改造传统产业,使其转型升级向低碳方向发展,要减少对传统产业的依赖,不断优化产业布局,扶持高碳产业向低碳转化,同时提高市场环保准入标准,抑制高耗能、高污染行业,逐步淘汰落后产能。

最后,培育公众低碳生活的理念,并积极推行低碳经济示范区。利用网络等各类媒体,加强对民众的宣传与引导,增强广大公众对发展低碳经济的危机感和责任感,树立低碳生活理念。同时,推行低碳经济示范区建设,在鄱阳湖生态经济区和新能源基地进行试点,创建具有特色的低碳文化品牌,充分发挥城市的辐射作用,以带动全省低碳经济的健康有序发展。

参考文献

[1]白雪勤,孙文生.低碳经济评价方法及实证分析[J].广东农业科学,2012,(7).

[2]李晓燕,邓玲.城市低碳经济综合评价探索——以直辖市为例[J].现代经济探讨,2010,(2).

[3]马军,周琳,李薇.城市低碳经济评价指标体系构建——以东部沿海6省市低碳发展现状为例[J].科技进步与对策,2010,(22).

[4]任福兵,吴青芳,郭强.低碳社会的评价指标体系构建[J].科技与经济,2010,(2).

(作者单位:罗小娟　江西师范大学讲师

刘盛华　江西省信息中心)

江西推进低碳经济发展的SWOT分析与对策研究*

张晓盈　罗小娟

一、引言

随着全球变暖引发的海平面上升、极端气候频发等不利影响严重威胁人类生存和发展，各国政府开始思考新的经济发展模式。自从2003年英国政府在《我们未来的能源——创建一个低碳经济》白皮书中首次提出"低碳经济"概念之后，低碳经济思想便受到多数国家的赞同和支持。十七届五中全会、中央经济工作会议确定以加快产业结构优化升级为转变经济发展方式的主攻方向，被列入国民经济和社会发展"十二五"规划纲要，产业结构优化升级被提升到了新时代的新高度。另外，低碳经济被广泛认为是继工业化和信息化之后改变全球经济的又一场产业革命。2007年，国家主席胡锦涛在亚太经合组织（APEC）会议上提出要积极发展低碳经济，十七大报告明确提出"要完善有利于节约能源资源和保护生态环境的法律和政策，加快形成可持续发展体制机制，落实节能减排责任制"，十八届三中全会审议通过的《中共中央关于全面深化改革若干重大问题的决定》首次提出"用制度保护生态环境"，指出要紧紧围绕建设美丽中国深化生态文明体制改革，加快建立生态文明制度，健全国土空间开发、资源节约利用、生态环境保护的体制机制，推动形成人与自然和谐发

* 本文为江西高校哲学社会科学重点课题"江西推进低碳经济发展的路径和对策研究"（项目编号：ZDZB201204）的研究成果。

展现代化建设新格局。

当前及今后一段时期,是江西省深入贯彻落实科学发展观、努力争当生态文明建设排头兵的重要时期,也是推进建设绿色经济强省战略实施的关键时期。作为资源能源依赖度较强的省份,江西发展低碳经济是合理调整能源结构、经济结构和消费结构,坚持走新型工业化道路,实现可持续发展的新选择;也是江西贯彻落实科学发展观,推进经济和环境协调发展的重要决策,也是江西实现绿色崛起、融入全球化的助推器。为此,基于低碳经济新导向,分析江西推进低碳经济发展的优势、劣势、机遇和挑战,深入探究江西实现低碳经济发展的路径对策具有重大的理论和现实意义。

二、江西低碳经济发展的 SWOT 分析

SWOT 分析法又称态势分析法,是由旧金山大学管理学教授于 20 世纪 80 年代初提出来的,是一种能够客观而准确地分析和研究一个单位现实情况的方法。SWOT 分析即强弱机危综合分析法,通过评价研究对象内部优势(Strengths)、劣势(Weakness)、外部环境上的机遇(Opportunity)和挑战(Threats),用以制定研究对象的发展战略。对江西低碳经济发展进行 SWOT 分析,是为了摸清江西省低碳发展基础,把握低碳发展方向和机遇,制定低碳发展战略的前提条件和必要途径。

1. 江西发展低碳经济优势分析

(1)低碳发展得到积极推进

2010 年,国家发改委正式确定南昌为国家级低碳试点城市,同时江西省选择了资溪、婺源、浮梁、芦溪、大余、分宜、共青城、贵溪、袁州区、吉州区十个县(市、区)开展省级低碳发展试点工作。全省积极推进清洁发展机制项目建设,取得较好成效。在全省各行业广泛开展丰富多彩的活动,有效地推进了低碳型社会建设。为了加强国际合作与交流,举办了首届世界低碳与生态经济大会暨技术博览会。

(2)相关政策法规不断完善

积极实施可持续发展战略,不断强化应对气候变化相关的政策

法规。一是在生态保护和建设方面，出台了《江西省生态公益林管理办法》《江西省鄱阳湖湿地保护条例》《江西省森林条例》等；二是在促进资源能源合理利用方面，出台了《江西省资源综合利用条例》《关于全面落实科学发展观加强资源节约的若干意见》《江西省实施〈中华人民共和国节约能源法〉办法》等；三是在应对气候变化工作管理方面，出台了《江西省政府办公厅关于加强应对气候变化归口管理的通知》《江西省应对气候变化领域对外合作管理实施细则》等。上述政策法规的制定和发布，为增强江西省应对气候变化能力提供了有力保障。

(3)管理体制和工作机制逐步建立

2008 年江西省政府成立了应对气候变化工作领导小组，研究解决江西省应对气候变化的重大问题，并制定江西省应对气候变化工作的相关政策措施。在应对气候变化工作领导小组的统一领导下，省发改委组建了省应对气候变化专家库，为了明确工作职责，还设立了应对气候变化处、江西省清洁发展机制技术服务中心、江西省气候变化监测评估中心、江西省气候变化专家委员会等工作机构。

(4)产业结构进一步调整

改革开放以来，江西省不断提升发展理念，完善产业政策，转变发展方式，经济总量和发展质量跨上新台阶。三次产业的结构比例由 1978 年的 41.6∶38.0∶20.4 调整为 2013 年的 11.4∶53.5∶35.1，第一产业比重显著下降，第二产业开始取代第一产业的地位，为江西省的经济发展做出了巨大的贡献，第三产业比重明显上升。第二产业内部结构也发生了积极变化。在加速推进新型工业化的过程中，省委、省政府把产业结构调整作为主攻方向，促进产业转型升级。作为清洁能源的太阳能光伏产业，作为节约能源的半导体照明(LED)产业，以及风力、核电、生物质能发电、太阳能发电等新能源产业等低碳行业取得了长足发展。

(5)能源结构得到优化

江西能源资源匮乏，可以用“缺煤、少水电、无油气”概括，随着经济社会发展，本省能源生产早已不能满足需要，当前 2/3 左右的煤炭需要从省外调入，而且江西能源消费中煤炭的比例约为 70%，以煤为主的能源结构对生态环境带来很大的压力。2012年,江西省政府发布了《江西省“十二五”新能源发展规划》,提出加快发展水能、风能、太阳能、生物质能、地热能等非化石能源的新能源和可再生能源,构建具有江西特色的绿色、多元、低碳的能源供应体系。据统计,到2012年底,江西风电装机容量达到11.7万千瓦,水电装机容量达到137万千瓦。作为江西十大新兴产业的新能源光伏产业,前两年一度深陷寒冬,在政策倾斜、行业调整等因素影响下,逐渐回暖。据江西统计局数据显示,2014年一季度,江西省光伏产业增势持续向好,一季度光伏产业实现增加值65.75亿元。

(6)节能降耗及生态建设取得明显成效

经过多年努力,江西省万元GDP能耗由2005年的1.06吨标准煤下降到2012年的0.56吨标准煤。同时,全省森林覆盖率由2005年的60.05%提高到2012年的63.1%。2013年,全省已建立自然保护区220个,其中国家级13个,总面积达119.43万公顷,占全省面积的7.15%,自然保护区总数和占全省面积的比例均居全国前列。

(7)科学研究与技术创新成果丰硕

围绕“用科技创新助推低碳发展”的要求,以科技创新“六个一”工程为抓手,着重从资源环境科技创新、节能减排技术研发、可持续发展实验区建设等方面推动江西省的低碳发展。以主攻十大战略性新兴产业为中心任务,以创新型企业为实施主体,以实施重大科技项目为主要抓手,以建设国家级创新平台、战略性新兴产业特色基地和优势创新团队为重要支撑,大力提升江西省自主创新能力,带动产业结构优化升级,形成新的产业发展格局。根据省发改委2013年发布的《江西省“十二五”应对气候变化规划》显示,截至2010年底,全省组建了国家级研发平台3个、国家科技城1个、国家高新产业特色基地3个、国家级生产力促进中心2个、国家可持续发展实验区5个,以及省级重点实验室6个和省级工程技术研究中心10个;组建了光伏材料、半导体发光材料、陶瓷材料、鄱阳湖生态等相关优势创新团队26个;培育了国家级创新型和试点节能减排低碳产业企业8个;组建了光伏、陶瓷、锂电、电瓷、实验动物等产业技术创新战略联盟16家。

2. 江西发展低碳经济劣势分析

(1)以煤炭为主的能源消费结构短期内难以改变

在能源结构上,以煤为主的能源资源和消费结构在未来相当长的一段时间难以发生根本性的改变。而且在基础设施条件和产业发展程度上,调整能源结构存在一定困难,提高能源利用效率又面临着技术和资金上的困境,使得在降低单位 GDP 碳排放强度方面面临巨大压力。

(2)产业结构明显重型化,整体科技水平不高

全省三产业结构中,能耗高的工业在国民经济中的比重上升较快,而耗能较低的第三产业发展相对滞后、新型的高新技术产业发展步伐缓慢。产品存在产业链短、附加值低等劣势,主要是资源型、粗加工型比重过大,新型产业或深加工产业比重过小等问题。全省企业整体技术水平不高,尤其是缺乏关键核心技术,主要设备的能源利用效率与国内先进水平存在一定差距,如水泥、钢铁行业高能耗、高污染、装备差的落后产能占总产能的 30% 左右。

(3)公众生活消费习惯的改变加剧能源消耗

在公众生活消费上,随着生活水平的提高,居民对家用电器等高能耗耐用消费品的需求不断增长,使得电力、能源的消费增速过快,给电力、能源的供应带来了压力。

(4)碳汇能力有待加强和改善

林业方面,江西省森林结构较为单一,树种结构、林龄结构不合理,脆弱度比较高。湿地方面,随着气候变化,加上人口的增加和城市、工业、农业的迅速发展,以及它们之间的相互作用,致使鄱阳湖湿地水质污染加剧、生物资源被过度利用,湿地生态环境面临较大压力。

3. 江西发展低碳经济机会分析

(1)应对气候变化已成为国际社会的共识

以全球变暖为主要特征的气候变化已经是不争的事实,并成为当今影响最为深远的全球性环境问题之一。严峻的现实促使各国政府通力合作,采取有效措施,遏制全球气候的进一步恶化。1992 年联合国气候变化框架公约(United Nations Framework Convention on Climate Change,UNFCCC)旨在将大气中温室气体的浓度稳定在防止气

候系统造成危险的人为干扰水平上。1997年通过的《京都议定书》明确规定了发达国家的减排指标。2007年印尼巴厘岛联合国气候变化大会制定的“巴厘岛路线图”,为全球进一步迈向低碳发展起到了积极的作用,具有里程碑的意义。随后的波兹南、哥本哈根、坎昆、德班以及多哈等气候变化大会,是各个国家从对立逐渐走向妥协的过程,有利于促进未来各国加快减排行动。

(2)新一届政府高度重视低碳经济发展

十八届三中全会审议通过的《中共中央关于全面深化改革若干重大问题的决定》首次提出“用制度保护生态环境”,指出要紧紧围绕建设美丽中国深化生态文明体制改革,加快建立生态文明制度,健全国土空间开发、资源节约利用、生态环境保护的体制机制,推动形成人与自然和谐发展现代化建设新格局。近年来,国家出台了一系列节能减排的优惠政策,在政策扶持、税收减免等方面的政策,积极鼓励和推进节能减排和低碳经济的发展。国家和省政府还通过财政补贴、税收减免等优惠政策,鼓励企业推进节能环保项目。国家越来越重视生态发展的趋势给江西省加快低碳经济建设营造了良好的宏观环境。

(3)GDP核算体系将做重大修订,地方或告别唯GDP考核

国家统计局网站2013年11月18日发布消息,称已制定了修订中国国民经济核算体系的初步计划和框架,最终文本将在2014年底或2015年初公布。目前,我国发达地区正在探索地方政府考核体系改革。广东正在试行分功能区选官和考核官员政绩,告别唯GDP提拔。这意味着在广东生态发展区域及禁止开发区域若环境保护不力,或未实现污染物“零排放”,将影响到官员的“乌纱帽”。这些有益的考核体系探索,将为江西省改革考核体系提供良好借鉴,为低碳经济发展提供良好的制度环境,增强地方发展低碳经济动力和干劲。

(4)鄱阳湖生态经济区的建立,为江西省低碳经济的发展带来契机

2009年12月12日,国务院正式批复《鄱阳湖生态经济区规划》,标志着建设鄱阳湖生态经济区上升为国家战略。生态优先是鄱阳湖生态经济区规划的第一原则,为体现这一原则,鄱阳湖生态经济区在总体规划中提出设置生态保护带、生态恢复带和生态控制带等

设想。把候鸟保护区、湿地生态功能保护区、水源保护区、生物多样性保护区、林业生态区、农田生态区等重要生态功能区保护和建设放在优先位置。同时,生态工业、生态农业、生态旅游业、现代服务业、生态环保业、绿色消费等都成为鄱阳湖生态经济区产业提升的推动核心。鄱阳湖生态经济区着力发展高新技术产业,加快光电产业、高精铜材、优特钢材、特种车船、精密制造、生物医药、特色化工、绿色食品、新型建材、生态农业等十大特色产业集聚。可见,建设"鄱阳湖生态经济实验区"将极大促进江西省低碳经济发展。

4. 江西发展低碳经济挑战分析

(1)国际金融危机影响

席卷全球的世界性金融危机还在继续,全球经济衰退对我国这种出口导向型经济体造成较大的负面冲击,面对国际社会要求我国履行节能减排义务和人民币汇率上升的双重压力,我国在发展低碳经济的同时,也陷入了贸易环境恶化的情况,很难消化发展低碳技术引致成本增加的困难局面。江西对外出口企业势必受到影响,经济萧条将在一定程度上打击企业进行低碳经济改造的积极性。以瑞晶太阳能科技有限公司为例,该公司现有太阳能电池片生产线17条,产能达700兆瓦。但是金融危机影响最严重的时期,仅仅保留了2条生产线正常运转。直到从2013年上半年起,公司产能才从30%恢复到80%。

(2)承接沿海高污染高企业带来风险

由于劳动力成本和原材料等各种因素的影响,国内沿海发达地区的部分制造业正在向内陆转移,以"腾笼换鸟"的方式将劳动资源密集型产业转向更具成本优势和资源优势的中部地区。由于江西省的土地、劳动力等生产要素价格远低于东部,同时,投资环境和自然条件要相对优于西部,接受发达国家和东部产业转移的优势明显。从承接产业转移的现状和趋势来看,江西省近几年利用内资与外资均呈现逐年增长的势头,在使用外商直接投资中,制造业转移是重中之重。这就使得江西在承接工业的同时承接了更多的污染排放,生态发展承受巨大的挑战和压力。

(3)低碳发展技术水平还有待提高

低碳技术是提升低碳经济竞争力的支撑,我国的低碳技术研发尚处于起步阶段,江西各市由于科研经费投入和科研队伍能力的限制,在短时期内很难有新的低碳技术突破。因此,在继续加大科研经费投入基础上,结合科研院校重视对科研人才的培养。企业是进行低碳技术研究与创新的主体,鼓励企业科研人员根据企业实情进行节能技术的研发。在进行自主研发新一代生物燃料技术、二氧化碳捕获与埋存技术的同时,可选择性地引进国外先进的清洁煤技术和新能源技术,将引进、消化和吸收利用相结合,使低碳技术真正地成为提升低碳经济竞争力的技术支撑。

(4)体制机制配套能力还不足

我国目前建设低碳城市还处在"摸着石头过河"阶段,低碳经济发展政策还不完善,还没有统一的低碳行业标准出台,致使许多企业在节能改造中具有较大的盲目性和随机性,降低了企业发展低碳经济的主动性和积极性。而政策的不确定和缺乏行业标准是江西省发展低碳型城市的一大挑战。虽然,江西省政府十分重视节能减排制度的建立,同时在促进节能降耗的工作上力度不断加大,但政策效应尚并未完全显现,大部分的节能降耗的制度措施还体现在行政命令层面,缺乏有效的法律保障。况且江西省尚未形成良好的低碳经济体制、机制,相关规章制度还不够健全,控制手段比较缺乏,不利于低碳经济的实质推进。

(5)以"碳关税"为特征的新的贸易保护主义抬头

随着全球环境保护浪潮的兴起,"碳关税"作为一种全新的贸易保护手段登上国际大舞台。由于欧美日等发达国家基本渡过了高能耗、高污染排放阶段,进入了后工业化社会,"碳关税"的开征对这些国家影响并不大,但是对包括中国在内的发展中国家影响非常明显。发展中国家由于起步较晚,在低碳化国际潮流下既要加速发展本国经济,又要承担减排的责任和经济收缩的风险,所以"碳关税"是对发展中国家的一种贸易歧视。这种带有歧视性的不公正做法对我国出口导向型中小企业是重创,同样会严重影响江西省优势产品的出口及产品国际竞争力的提高,对江西省建设低碳经济会产生不利的影响。

表 1 江西省发展低碳经济的 SWOT 分析表

优势(S)	劣势(W)
1. 管理体制和工作机制逐步建立 2. 产业结构进一步调整 3. 能源结构得到优化 4. 节能降耗及生态建设取得明显成效 5. 低碳发展得到积极推进 6. 相关政策法规不断完善 7. 科学研究与技术创新成果丰硕	1. 以煤炭为主的能源消费结构短期内难以改变 2. 产业结构明显重型化,整体科技水平不高 3. 公众生活消费习惯的改变加剧能源消耗 4. 碳汇能力有待加强和改善
机遇(O)	挑战(T)
1. 应对气候变化已成为国际社会的共识 2. 我国政府高度重视低碳经济发展 3. 可以借鉴国外经验和国内实践 4. 鄱阳湖生态经济区的建立,为江西省低碳经济的发展带来契机	1. 国际金融危机影响 2. 承接沿海高污染高企业带来风险 3. 低碳技术水平还有待提高 4. 政策支持还不完善 5. 以"碳关税"为特征的新的贸易保护主义抬头

三、江西推进低碳经济发展的对策建议

江西作为经济发展相对落后、对资源依赖强度较大的省份,在发展低碳经济方面,有着自身独特的优势。在经济转型时期,要根据自身优势,构建适合自身特点的低碳产业体系,要以能源为基础、新兴产业为龙头,以低碳技术为支撑,构建现代低碳产业体系,以推动江西低碳经济发展。基于江西低碳经济的特点,本研究从政府层面、产业层面、企业层面和公众层面提出如何加快江西低碳经济发展的政策建议。

1. 政府层面

第一,制定低碳经济发展战略。江西应以建设资源节约型、环境友好型和节能减排为出发点,结合国家发展规划、能源规划、循环经济规划和节能减排规划,制定江西省低碳经济的长期战略和短期规划。

第二,加强财政对低碳经济的支持。在财政预算安排中,应该重视对节能减排、清洁能源开发、低碳技术研发以及低碳产业发展的投入,设立专项财政资金支持低碳经济的发展,为低碳经济的发展提供

资金保障,强化财税政策的激励及约束(陈新平,2010;傅志华,2010)。

第三,完善低碳经济的法制机制。江西省应该在高碳产业准入门槛、高耗能设备的强制节能标准、温室气体总排放标准和配额等方面建立相关的发展低碳经济的法规(国家发改委,2010)。另外,健全碳金融法律框架,指导金融机构合理地开展碳金融业务,规范碳金融监管机制(曾刚和万志宏,2009),出台相关的风险控制指标以及制定防范风险的相关制度,加强对碳金融业务风险分析的指导,用法律法规来保障碳金融市场的规范化。

第四,推行低碳经济示范区建设。江西要加快发展低碳经济,就必须推动低碳经济试点的建设,积极打造低碳经济发展区、低碳工业园区,在建筑、电力、冶金、石化、交通、化工等能耗高、污染重的行业率先进行试点工作,作为江西省探索低碳经济发展方式的重点区域。在鄱阳湖生态经济区和新能源基地进行试点,创建具有特色的低碳文化品牌,充分发挥城市的辐射作用,以带动全省低碳经济的健康有序发展。

第五,完善环境税收体系建设。当前江西省的城市建设中,普遍存在着规划既不统一也不连续,盲目、重复建设等问题,这些问题的解决有待于运用环境税收手段。在城市交通问题上,运用环境税收杠杆,调控不同规模城市交通体系的设置,将低碳要素嵌入城市规划之中,为城市发展从源头上实行减碳创造条件。结合江西省环境税收体系建设和税制结构的调整,按照有增有减的税制改革原则,以增值税转型和资源税改革所形成的税负空间为限开征碳税,基本保持税收收入中性(钟锦文和张晓盈,2010)。

第六,构建完善的碳交易市场。江西要积极融入国际国内的低碳经济大环境,需要认真研究碳交易市场机制的国际经验,预先建立完善的碳交易制度,为构建和完善江西省的碳交易市场、形成多层次的碳交易市场体系、丰富市场结构和规模做适当的准备。建立统一的碳交易市场,推进碳排放权的交易制度,一方面,政府通过招标、拍卖等方式,将排污权出售给企业,可将企业排污的外部性约束转变为内部激励;另一方面,将碳排放权交给市场进行交易,碳交易的主体也应从排放大户尽快覆盖到中小企业(杨坤,2011)。

2. 产业层面

针对江西“缺油少煤乏气”的特点,应在调整产业结构的同时着力调整能源结构,加快建立以低碳工业、低碳农业和低碳服务业为核心的新型经济体系,应大力引进天然气等低碳能源,同时支持发展光伏、风能、生物质能和核能等清洁能源。

第一,以培育低碳产业集群为抓手。江西要适应区域经济发展要求,根据当前的鄱阳湖生态经济区产业发展现状和低碳经济建设要求,以传统优势产业为依托,突出特色,严格准入,以工业园区为平台,以骨干企业为依托,按照梯度分工、优势互补的原则,优化产业的空间布局,构建区域内合理的产业分工合作体系,推广循环经济发展模式(李卓霖和董锋,2013),合理配置使用资源,推进节能减排降耗,着力增强自主创新能力,积极发展具有较强关联带动作用的低碳产业集群,实现区域间的产业和经济的协调发展。

第二,以推动低碳农业发展为契机。江西是一个农业发达的省份,大力发展低碳农业对低碳经济的发展有着积极的作用。首先,要极力提倡低碳农业减少化肥的施用,推广测土配方、保护性耕作为主的新技术,提高土壤有机质含量;其次,大力发展农业循环经济,延长上下游产业链,科学利用农副产品及农业、畜牧业的有机废物,用新技术推动低碳农业的发展,变废为宝,采用生物肥料及沼气发电;再次,鼓励发展有机农业、绿色农业,提高农产品市场竞争力。

第三,以培育新兴环保产业为主导。江西能源消费结构中煤炭比重偏高是影响江西低碳经济发展的严峻事实,而碳排放正是主要来自化石燃料。江西要解决对煤高度依赖的现状,必须以国家大力发展环保产业的政策为导向,重点发展节能、资源循环利用、环保、节能环保服务等产业;走新能源的开发利用之路,使其成为未来能源的主体结构;在推动发展新能源、新环保、新材料、生物医药、新型装备制造业等战略性新兴产业时,必须将新能源、环保产业作为发展低碳产业的突破点,合力打造低碳产业集群发展。

第四,以传统产业向低碳化转型为基础。目前,以传统重型经济为主的实体经济在江西省国民经济中占重要地位,经济增长主要依赖钢铁、煤炭、化工、电力、水泥等传统产业。在江西经济转型升级的关键时刻，既要引入新型的低碳产业，也要对传统产业实施低碳化改造。一方面，要改造传统产业，促进资源禀赋与高能耗产业有机结合，使其转型升级向低碳方向发展，以达到高效、循环利用资源的目的。另一方面，要减少对传统产业的依赖，不断优化产业布局，积极发展资源回收利用的静脉产业，大幅度减少资源消耗，扶持高碳产业向低碳转化，促进产业竞争力的提高，提高市场环保准入标准，抑制高耗能、高污染行业，逐步淘汰落后产能，实现江西经济向低碳化发展。

第五，以发展现代服务业为重点。现代服务业具有能耗低、污染小、就业容量大的特点。江西要减少经济发展对工业的过度依赖，就必须加快发展第三产业，加大政策支持力度，全面提升低碳产业的发展水平。例如，将旅游产业作为江西的支柱产业加以重点发展，提高景区接待能力，将自然景观与人文景观相结合，改善城市环境、推动低碳城市建设，这是破解江西低碳经济发展难题，推动低碳经济发展，改善产业结构重型化的突破口。

3. 企业层面

发达国家纷纷提出减排计划，建立碳权交易市场，推出“低碳”技术和产品标准，争夺全球涉碳的话语权和规则制定权。一些跨国公司大力发展低碳技术，创造先行优势。

第一，加快低碳技术创新。低碳技术是低碳经济的灵魂，开发具有自主知识产权的新低碳技术、研发低碳新产品，既能提高能源使用效率、降低碳排放，又能控制企业成本。企业通过自主创新、应用新技术与企业产能的优势互补，打造低碳技术研发创新团队，可以迅速将新技术转化为先进产能，实现企业产能要素质的提升。

第二，推进碳金融产品创新。碳金融不仅能够为碳减排提供持续的融资资金，还能够让金融企业从碳减排权中获得能源效率和经济收益。一方面，商业银行可以对研发环保治污设备，从事生态保护、循环经济、清洁生产、开发利用新能源以及发展生态农业和绿色制造业的机构提供绿色信贷支持；另一方面，金融机构可以通过提供低碳产品的保险使企业在碳减排交易和低碳项目投资中应对碳的价格波动,以降低价格风险发生的概率,甚至还可以碳信用的未来价格为基础发行债券(韩阳等,2012)。

第三,大力发展循环经济。按照“资源—产品—废弃物—再生资源”的反馈式循环利用模式,改造制造业、矿山开发业等工艺,推进企业循环经济发展,改造落后钢铁、化工和有色金属等工艺流程、构建循环经济产业链,使园区内一个企业产生的副产品成为另一个企业的原材料;合理规划园区产业结构,将企业和初级、中间、最终产品的生产企业相对集聚;提高企业的能源循环利用率,使资源利用最大化和废弃物排放最小化。

4. 公众层面

第一,树立低碳生活理念。利用网络等各类媒体,加强对民众的宣传与引导,使大众理解低碳经济的内涵及其对经济增长方式转变的意义,为公众提供低碳经济发展的有关信息和教育素材,从而增强广大公众对发展低碳经济的危机感和责任感,进一步树立低碳生活理念(刘丁有和代进荣,2013)。

第二,引导绿色消费。首先,引导消费者转变消费观念,让消费者认识到全球面临资源枯竭的危险,而环境污染的严重问题,最终必定危害到人类的生存。其次,健全绿色消费的激励机制。加快完善有关税收政策,尽快建立节能专项基金,通过征收碳税和能源消费税,强制规范人们的消费行为;通过减免税费、提供财政补贴等措施引导消费者绿色消费(卜华,2011)。

第三,打造生态家园。江西发展低碳经济是全省一项庞大的社会工程,需要政府、企事业单位、社区、学校、家庭及公民的共同努力,着力优化城镇空间结构,合理布局城市工业区、生活休闲区、商业服务区,营造宜居环境。

参考文献

[1]陈新平.低碳经济发展模式下的财税政策——发达国家的经验及启示[J].宏观经济管理,2010,(4).

[2]卜华.黄河三角洲低碳经济发展的制约因素及对策建议[J].山东纺织经济,2011,(11).

[3]傅志华.促进低碳经济发展的财税政策体系建设[J].中国财政,2010,(8).

[4]国家发改委.鄱阳湖生态经济区规划[EB/OL].http://jiangxi.jxnews.com.cn/system/2010/02/22/011312446.shtml.2010-02-22.

[5]韩阳,张伟伟,段金龙.金融支持低碳经济发展的路径选择[J].现代商业,2012,(33).

[6]李卓霖,董锋.江苏低碳经济现状及现代低碳产业体系的构建[J].科技与经济,2013,(1).

[7]刘丁有,代进荣.江西省碳排放与经济增长关系的实证研究[J].开发研究,2013,(2).

[8]杨坤.低碳经济发展模式下的税收政策研究[J].会计之友,2011,(6)下.

[9]钟锦文,张晓盈.关于我国碳税征收的研究.价格理论与实践[J].2010,(7).

[10]曾刚,万志宏.国际碳金融市场:现状、问题与前景[J].中国金融,2009,(24).

(作者简介:张晓盈　江西师范大学教授
罗小娟　江西师范大学讲师)

区域环境承载力评估与可持续发展能力分析*

——基于鄱阳湖生态经济区的生态足迹模型分析

何雄伟

一、引言

2009年12月12日国务院正式批复《鄱阳湖生态经济区规划》，建设鄱阳湖生态经济区正式上升为国家战略，规划确立坚持生态优先、促进跨越发展的战略方针，标志着江西生态—经济—社会可持续发展迎来了新契机。但是，随着鄱阳湖生态经济区工业化、城镇化和农业产业化进程的大力推进，区域的资源、环境也面临巨大压力。因此，在经济发展与资源环境矛盾日益加剧的新形势下，如何积极主动地开展生态建设，推行生态与经济的可持续发展，已成为当前重要也亟待解决的问题。

测度并实现"生态"与"经济"协调发展是区域可持续发展的永恒主题，而生态足迹模型则体现了这一主题。生态足迹模型是一种度量可持续发展程度的方法，通过核算一个国家或地区生态足迹，对区域的生态供给、经济需求和生态经济系统供需平衡状况进行综合测度，可以定量地判断一个国家或地区的生产消费活动是否处于可

---

* 本文为2012年江西省社科院规划课题青年项目"基于生态足迹模型的区域生态经济协调评估与发展能力分析——以鄱阳湖生态经济区为例"(批准号:1219);2012年江西省社会科学规划课题青年项目"区域资源环境承载力评价和产业结构调整与优化策略研究——以鄱阳湖生态经济区为例"(批准号:12YJ59)阶段性研究成果。

持续发展的范围内,从而能够有效地度量区域生态经济协调程度。并且对区域生态经济协调评估与发展能力进行分析,也可以确立区域生态经济协调发展目标,为制定相关政策措施提供依据。

本课题研究运用生态足迹模型,以鄱阳湖生态经济区为研究对象,通过建立综合指标体系,分析鄱阳湖生态经济区生态经济系统的协调情况和发展能力,从而能为区域协调发展方面给予理论指导,通过精准的数据分析亦能为区域政策的制定提供有力的依据。因此,本研究对现阶段鄱阳湖生态经济区的经济社会建设具有一定的现实意义。同时本课题将借鉴前人的研究成果,对生态足迹模型研究做进一步拓展,使课题研究结论和方法对向后研究也具有借鉴作用。

二、文献综述

关于生态足迹研究率先是由加拿大生态经济学家 William 教授和 Wackernagel(1997)提出的一种度量可持续发展程度的方法,运用此方法对世界各国可利用的生态空间和生态占用空间进行了分析测算。Simmons 等(1998)、Hanley(1999)、Gossling 等(2002)、McDonald 等(2004)分别用生态足迹分析评价其他国家可持续发展状况。在国内研究方面,生态足迹的概念 1999 年被引入国内(张志强等,2000),许多学者对国家和区域生态足迹进行了相关研究。在利用生态足迹模型针对鄱阳湖生态经济区方面,也有些学者展开了研究。彭继增(2011)运用生态足迹模型和主成分分析法从生态、经济和社会三个方面对鄱阳湖生态经济区可持续发展能力进行综合测算,得出鄱阳湖生态经济区 2004—2008 年经济和社会可持续发展能力在增长,可持续发展综合能力呈上升趋势,但生态可持续发展能力却在下降。刘彩梅(2011)通过建立生态足迹模型,把鄱阳湖生态经济区划分为六大功能分区,分析得出阳湖生态经济区的六大功能区均为生态盈余,均处于相对可持续发展状态。刘莹(2012)运用 ESDA 和 GIS 相结合的方法分析了鄱阳湖生态经济区生态足迹的空间集聚性和差异性,并用空间线性回归方法分析了影响生态足迹空间分布的影响因子。徐萍(2012)运用生态足迹模型和 GIS 等技术方法,对鄱阳湖生态经济区 38 县(市、区)2002—2008 年区域生态经济协调发展状况进行分析,得出区域大部分县市的生态经济协调指数呈下降趋势。

可以看出,自 20 世纪 90 年代末被介绍引入我国以来,生态足迹分析法在国内得到了广泛应用。但是,目前大多数研究方法和研究内容都有待深入,同时对鄱阳湖生态经济区的生态足迹方面的研究比较少,因此,本课题的研究亦可增加这方面的研究成果。

三、研究方法

生态足迹测算方法,能够反映生态承载力与资源环境消耗之间的数量关系,从而可以成为某一区域生态经济系统协调发展的评价方法。它从需求上计算生态足迹,从生态供给上计算生态承载力,并通过两者比较来判断区域发展的可持续性。生态足迹的计算基于以下两个基本事实:(1)人类可以确定自身消费的绝大多数资源及其产生的废弃物的数量;(2)这些资源和废弃物能转换成相应的生物生产面积。因此,任何已知人口(某个人、一个城市或国家)的生态足迹是生产这些人口所消费的所有资源和吸纳这些人口所产生的所有废弃物所需要的生物生产总面积(包括陆地和水域)。

1. 生态足迹计算模型

生态足迹主要是用来计算一定的人口和规模条件下维持资源消费和废弃物所必需的生物生产空间。完整的生态足迹账户包括生物资源账户、化石能源账户和建设用地账户。生物资源账户主要记录区域消费的农产品、畜产品、水产品和林产品分别对耕地、草地、水域以及森林产生的土地需求。化石能源账户主要是对化石能源使用所造成的环境影响进行评估。建设用地账户主要是指工矿企业建设、居住及交通等基础设施建设对土地的占用。

其计算公式为:

$$EF = N \times ef = N \times r_j \times \sum(aa_i) = N \times r_j \times \sum(c_i/p_i) \tag{1}$$

公式(1)中:EF 为总的生态足迹;N 为人口总数;ef 为人均生态足迹;aa_i 为人均 i 种交易商品折算的生物生产面积,i 为消费商品和投入的类型;r 为均衡因子;j 为生物生产性土地类型;C_i 为 i 种商品的人均消费量；P_i 为 i 种消费商品的平均生产能力。

2. 生态承载力计算模型

根据生态足迹模型的基本理论，区域生态承载力是指区域各类生物生产性土地面积的汇总。一般主要包括耕地、草地、林地、水域、建设用地等。其计算公式

$$EC = N \times ec = N \times \sum a_j \times r_j \times y_j (j = 1, 2, 3, \ldots, 6) \quad (2)$$

公式(2)中：EC 为区域总生态承载力；N 为人口数；ec 为人均生态承载力（hm^2/人）；a_j 为人均生物生产面积；r_j 为均衡因子；y_j 为产量因子，$y_j = yl_j / yw_j$，yl_j 指某国家或区域的 j 类土地的平均生产力，yw_j 指 j 类土地的世界平均生产力。

3. 生态效率和生态发展能力分析模型

（1）生态效率计算

单位面积生态足迹生产出来的国内生产总值可以反映区域资源的利用效率，以及对自然环境的影响程度。万元 GDP 的生态足迹越大，单位面积的生物生产型土地的产出就越低，区域资源的利用效率就越低，对环境的影响就越大，反之，区域的资源利用效率就越高，对环境的影响就越小。生态足迹是衡量一个区域内人们社会与经济活动资源消耗状况的评价指标，它反映了人类活动对自然生物的使用情况。因此，国内的学者徐中民等将这两个指标结合，通过计算"万元 GDP"所占用的生态足迹来评价资源的利用效率，即用区域生态足迹总量除以该区域 GDP 总值，就可以得到万元 GDP 的生态足迹。如果万元 GDP 所占用的生态足迹越小，那么资源的利用效率就越高；反之，资源利用效率就越低。

（2）生态发展能力分析

生态经济系统的发展能力将生态足迹乘以生态足迹多样性指数就可以得出生态经济系统的发展能力。对于特定的某个区域，如果其生态足迹不变，那么该区域的生态足迹多样性指数越高，它的发展能力也就越强。利用 Ulanowicz 的公式，生态经济系统的发展能力公式为：

$$C = ef \times (- \sum [P_i \ln P_i] (j = 1, 2, \cdots, 6) \quad (3)$$

式中，C 为生态经济系统发展能力，ef 为国家或地区的人均生态足迹。

生态足迹的多样性指数可用 Shannon – Weaver 公式计算：

$$H = -\sum[P_i \ln P_i](j=1,2,\cdots,6) \quad (4)$$

式中，H 是多样性指数，P_i 是 i 种土地类型在总生态足迹中所占的比例。Shannon – Weaver 公式是一个非单调函数，对于给定系统组分的生态经济系统来说，如果生态经济系统中生态足迹的分配越接近平等，其多样性就越高，系统就越稳定。

4. 区域生态可持续发展评估

(1)生态赤字(生态盈余)计算

生态足迹模型的以上指标是相互影响、相互联系的，在生态足迹和生态承载力计算结果的基础上可以对发展的生态可持续性进行评估。如果一个地区的生态足迹大于其生态承载力，则该地区的生态足迹表现为生态赤字，说明人类对自然资源的过度开发和利用促使生态环境处于不可持续状况；相反，如果一个地区的生态足迹小于其生态承载力，则该地区的生态足迹表现为生态盈余，生态环境处于安全状态，当地的自然资源仍有开发和利用的潜力。其计算公式为：

$$Ed = EF - EC \quad (5)$$

公式(5)中，ED 为生态赤字(生态盈余)；EF 为区域总生态足迹；EC 为区域总生态承载力。

另外还可以从生态足迹和生态承载力计算生态压力指数，来分析区域生态系统的可持续发展。其计算公式为：

$$T = EF/EC \quad (6)$$

根据公式(6)可以计算区域生态压力指数大小，划分区域生态安全等级。根据一些学者研究，$T<0.5$ 为理想状态；$0.5 \leqslant T<0.8$ 为安全状态；$0.9 \leqslant T<1$ 为过度状态；$T>1$ 为不安全状态。

四、实证结果分析

(一)数据选择说明

鄱阳湖生态经济区涉及 38 个县市区，本文参考其他学者的研究以及为了统计数据可比性，选择相关县市数据汇总得出。数据选自年份从2004—2012年,其各地区各类产品的产量数据均来自于2005—2013年江西省统计年鉴和各市相关统计年鉴。各地区各类型土地面积来自于各县市土地利用总体规划(2006—2020年),缺失的数据参考各地实际数据变动进行插入法补充。

为保证区域数据和全国数据统计口径的一致,本文选取的各类产品的相关统计数据如下:属于耕地属性的有粮食作物(谷物、豆类、薯类)、油料(花生、油菜籽、芝麻)、甘蔗、棉花、麻类、烟叶;属于林地属性的有茶叶、水果、油桐籽、油茶籽、松脂、木材;属于草地属性的有肉类(猪、牛、羊肉)、牛奶、禽蛋、蜂蜜、蚕茧;属于水域属性的有淡水产品产量。鄱阳湖生态经济区数据通过2005—2013年江西省统计年鉴和各市相关统计年鉴相关数据汇总得出。全国的相关产品数据来自国家统计局网站数据和历年《中国统计年鉴》。

产量因子和均衡因子不同学者的研究选择存在很大不同。均衡因子虽然不同年份会有所变化,但总体变化不大。本文参考其他学者研究,均衡因子选取2002—2006年《地球生命力报告》所提供均衡因子的平均值即耕地2.17、林地1.36、草地0.48、建设用地2.17、水域0.36和化石燃料用地1.36。产量因子由于不同地区相应的数值存在很大的不同,本文综合其他学者对鄱阳湖生态经济区的相关研究,确定产量因子分别为耕地4.87、草地0.19、林地0.91、水域1.41、建设用地4.87和化石燃料用地0.61。

各地区能源消费选取煤炭、石油、天然气三类能源的实物消费量。由于能源消费数据县市数据不完整,本文参考其他学者对此数据的处理,地区能源生产量按照占全省的比例换算,即以鄱阳湖生态经济区GDP占全省GDP的比例得出。化石能源消费所造成的环境影响一般是通过CO_2法进行评估。本文设置的能源转换系数也是按照大多学者参考世界自然基金会(WWF)提供的能地转换系数,即煤炭类为55GJ/hm^2,石油类为GJ/hm^2,天然气为93GJ/hm^2进行计算。

(二)鄱阳湖生态经济区生态可持续发展能力计算结果分析

1. 2012年鄱阳湖生态经济区生态可持续发展状况分析

2012年,鄱阳湖生态经济区的人均生态足迹为1.4411 hm^2/人,生态承载力为1.4364hm²/人,存在0.005hm²/人的生态赤字。生态赤字表明了鄱阳湖生态经济区地区对自然生态资源的消耗远远超出了其生态承载力供给的范围。

从六种生物生产性土地类型来看,生态足迹依次为:化石燃料用地为1.1187 hm²/人,占总生态足迹的77.63% ;耕地为0.2333hm²/人,占总生态足迹的16.19% ;建设用地为0.034 hm²/人,占总生态足迹的2.36% 。这三种类型是鄱阳湖生态经济区生态足迹最主要的组成部分。

表1 鄱阳湖生态经济区2012年人均生态足迹计算结果汇总

土地类型	生态足迹的人均需求		
	人均面积(公顷/人)	均衡因子	均衡面积(公顷/人)
耕地	0.1075	2.17	0.2333
林地	0.0223	1.36	0.0303
草地	0.0415	0.48	0.0199
建设用地	0.0157	2.17	0.0340
水域	0.0135	0.36	0.0049
化石燃料	0.8225	1.36	1.1187
总足迹需求			1.4411

表2 鄱阳湖生态经济区2012年人均供给计算汇总

土地类型	生态足迹的人均供给(生态承载力)			
	生态承载力(公顷/人)	均衡因子	产量因子	调整后生态承载力(公顷/人)
耕地	0.049	2.17	4.87	0.5133
林地	0.174	1.36	0.91	0.2150
草地	0.000	0.48	0.19	0.0000
建设用地	0.016	2.17	4.87	0.1656
水域	0.015	0.36	141	0.7383

续表

土地类型	生态足迹的人均供给(生态承载力)			
	生态承载力(公顷/人)	均衡因子	产量因子	调整后生态承载力(公顷/人)
化石燃料	0.000	1.36	0.61	0.0000
扣除生物多样性保护面积(12%)				
总生态供给	1.6323			1.4364

2. 鄱阳湖生态经济区可持续发展的动态变化趋势分析(2004—2012年)

(1)生态足迹动态趋势分析

2004—2012年,鄱阳湖生态经济区无论生态足迹总量还是人均生态足迹都呈现明显的增长态势。2004年,鄱阳湖生态经济区生态足迹总量为1420.95万公顷,而到2012年则达到2558.22万公顷,是2004年的1.8倍。人均生态足迹2004年为0.8550公顷/人,而到2012年则达到1.4411公顷/人,年均增长幅度为6.7%(见图1)。

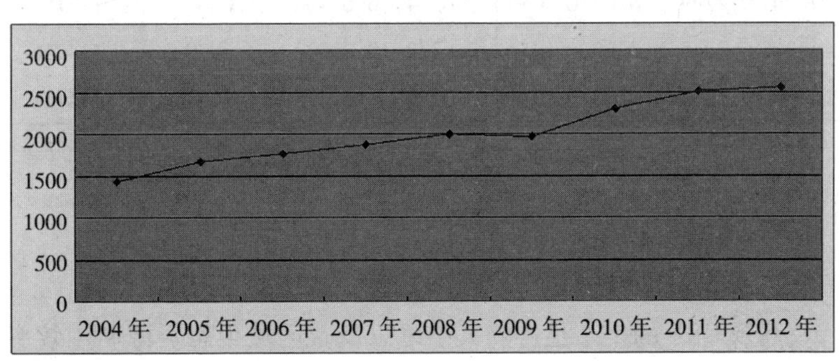

图1 2004—2012年鄱阳湖生态经济区生态足迹总量动态变化(单位:万公顷)

表3显示2004—2012年鄱阳湖生态经济区生态足迹的不同类型土地构成。从不同类型土地占比来看,2004年占比最高为化石燃

料用地，比重为67.02%，其次为耕地、建设用地、林地、草地、水域，比重分别为24.34%、4.02%、2.22%、1.86%、0.54%。到2012年，占比最高的仍然为化石燃料用地，比重提高到77.63%，其他类型耕地、建设用地、林地、草地、水域土地占比都有所下降，分别下降到16.19%、2.36%、2.10%、1.38%、0.34%。从不同类型土地总量增长趋势来看，化石燃料用地增长幅度最快，年均增长8.7%，其他类型土地虽然有所增加，但增幅较为缓慢，这也说明近年来鄱阳湖生态经济能源消费急剧增长，对生态系统环境造成的影响越来越突出。

表3 2004－2012年鄱阳湖生态经济区人均生态足迹构成（单位：公顷/人）

年份	耕地	林地	牧草地	建设用地	水域	化石燃料用地	人均生态足迹
2004年	0.2081	0.0190	0.0159	0.0344	0.0046	0.5730	0.8550
2005年	0.2138	0.0210	0.0168	0.0343	0.0048	0.7056	0.9965
2006年	0.2153	0.0186	0.0160	0.0344	0.0048	0.7547	1.0438
2007年	0.2109	0.0168	0.0171	0.0345	0.0051	0.8241	1.1084
2008年	0.2262	0.0321	0.0173	0.0348	0.0053	0.8569	1.1726
2009年	0.2374	0.0189	0.0195	0.0348	0.0049	0.8346	1.1500
2010年	0.2299	0.0207	0.0191	0.0344	0.0049	1.0064	1.3154
2011年	0.2245	0.0365	0.0195	0.0342	0.0050	1.1020	1.4216
2012年	0.2333	0.0303	0.0199	0.0340	0.0049	1.1187	1.4411

注：均衡生态足迹需求（面积）是用人均生态足迹面积乘以均衡因子（当量因子）获得。

3. 生态效率分析

万元GDP的生态足迹的大小可以反映区域生态资源利用效率，图2为鄱阳湖生态经济区2004—2012年万元GDP生态足迹变化趋势，可以看出，鄱阳湖生态经济区万元GDP生态足迹显示为逐渐下降趋势。2004年，万元GDP生态足迹0.8228公顷，而到2012年，万元GDP生态足迹则为0.3560公顷。万元GDP呈逐渐下降的趋势也反映区域转变经济发展方式、调整产业结构等措施取得成效，经济增

长质量得到稳步提高。

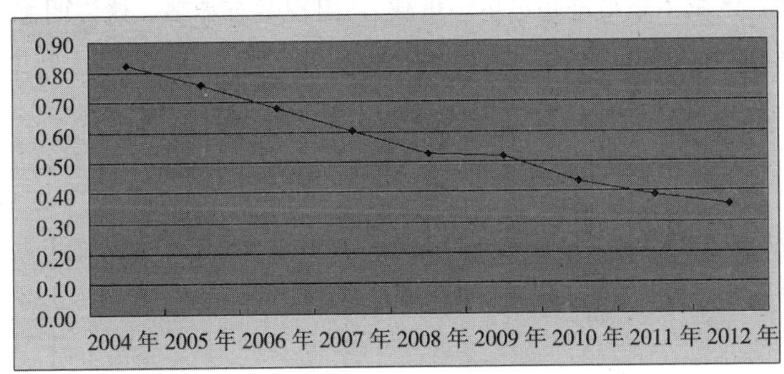

图 2　2004—2012 年鄱阳湖生态经济区万元 GDP 生态足迹
（单位：公顷/万元）

4. 生态发展能力分析

表 4 反映了 2004—2012 年鄱阳湖生态经济区多样化指数和发展能力变化趋势。从表 4 中可以看出，鄱阳湖生态经济区发展能力指数从 2004 年的 0.7938 增长到 2012 年的 1.0655，反映区域发展能力得到逐步增强。但区域多样化指数不断下降，特别是化石燃料用地占比越来越高，显示出区域可持续发展方面存在可改善的因素。

表 4　2004—2012 年鄱阳湖生态经济区生态发展能力

	2004 年	2005 年	2006 年	2007 年	2008 年	2009 年	2010 年	2011 年	2012 年
多样化指数	0.9284	0.8669	0.8332	0.7965	0.8360	0.8240	0.7524	0.7512	0.7394
生态发展能力	0.7938	0.8638	0.8697	0.8829	0.9803	0.9477	0.9897	1.0680	1.0655

5. 区域可持续发展评估分析

表 5 反映鄱阳湖生态经济区生态承载力情况。根据区域生态足迹和生态承载力计算结果（见表 6），可以对区域经济生态协调度及区域经济发展的可持续性进行评估。根据计算结果显示：2004—2012 年，鄱阳湖生态经济区生态足迹总体呈上升趋势，而环境承载力处于下降趋势。从生态足迹与生态承载力比较来看，鄱阳湖生态经

济区总体处于生态盈余状况,但生态盈余逐渐下降。特别是2012年以前,区域生态足迹超过生态承载力,出现生态赤字。这说明鄱阳湖生态经济区生态环境压力在逐步增大,可持续发展能力在不断下降。

表5 2004—2012年鄱阳湖生态经济区人均生态足迹供给

	耕地	林地	牧草地	建设用地	水域	生态承载力
2004年	0.5554	0.2247	0.0000	0.1676	0.7934	1.5322
2005年	0.5536	0.2240	0.0000	0.1671	0.7908	1.5273
2006年	0.5472	0.2230	0.0000	0.1674	0.7828	1.5139
2007年	0.5422	0.2225	0.0000	0.1681	0.7767	1.5043
2008年	0.5390	0.2227	0.0000	0.1693	0.7731	1.4996
2009年	0.5319	0.2213	0.0000	0.1694	0.7640	1.4842
2010年	0.5190	0.2174	0.0000	0.1674	0.7465	1.4524
2011年	0.5157	0.2160	0.0000	0.1664	0.7418	1.4431
2012年	0.5133	0.2150	0.0000	0.1656	0.7383	1.4364

注:均衡生态供给是用人均承载力乘以均衡因子(当量因子)再乘以产出因子(产量因子)所获得,这里的均衡生态供给是人均总量,是扣除12%的生物多样化面积。

表6 2004—2012年鄱阳湖生态经济区生态足迹供需情况

	2004年	2005年	2006年	2007年	2008年	2009年	2010年	2011年	2012年
人均生态足迹	0.8550	0.9965	1.0438	1.1084	1.1726	1.1500	1.3154	1.4216	1.4411
生态承载力	1.5322	1.5273	1.5139	1.5043	1.4996	1.4842	1.4524	1.4431	1.4364
生态盈余	0.6771	0.5308	0.4701	0.3959	0.3270	0.3341	0.1370	0.0215	-0.0046

五、结论与政策建议

(一)结论

2004—2012年,鄱阳湖生态经济区无论生态足迹总量还是人均生态足迹都呈现明显的增长态势。从不同类型土地总量增长趋势来看,化石燃料用地增长幅度最快,年均增长8.7%,其他类型土地虽然有所增加,但增幅较为缓慢,这也说明近年来鄱阳湖生态经济能源消费急剧增长,对生态系统环境造成的影响越来越突出。

鄱阳湖生态经济区万元GDP生态足迹显示为逐渐下降趋势。万元GDP呈逐渐下降的趋势反映区域转变经济发展方式、调整产业结构等措施取得成效,经济增长质量得到稳步提高。

从生态足迹与生态承载力比较来看,鄱阳湖生态经济区总体处于生态盈余状况,但生态盈余逐渐下降。特别是2012年以前,区域生态足迹超过生态承载力,出现生态赤字。这说明鄱阳湖生态经济区生态环境压力在逐步增大,可持续发展能力在不断下降。

(二)政策建议

转变经济发展方式,完善发展成果考核。要制定下发具体的《生态文明发展水平具体考核办法》,把生态文明作为区域经济发展考核一项重要内容要素纳入制度化、规范化和科学化的轨道,形成生态文明考核的良性运作机制,引导领导干部树立视生态政绩为个人责任和追求的目标。

加强生态环境保护力度。注重强化评价考核体系中生态指标的"硬约束""硬杠杠"。在评价考核体系中,要按照"严守资源消耗上限、环境质量底线、生态保护红线"的要求,确定生态文明建设相关的约束性指标,并实行领导干部生态环境损害责任终身追究制,真正使这些"硬杠杠"成为广大干部政绩考核的硬指标。对环境保护工作实行问责制和"一票否决"制,将环境工作责任和考核结果作为领导干部任免奖惩的重要依据。

制定主体功能区差异化发展政策。根据不同的主体功能区采取不同的政府投资政策:在限制开发区加大转移支付,在财政、投资及产业政策方面,建立生态激励型财政机制,对限制开发区域建立生态导向的激励机制,通过科学设置生态指标考核体系,将省财政转移支付与生态保护成效挂钩,实行生态补偿机制,加大对限制开发区的转移支付力度。

参考文献

[1] Wackernagel M, Willame R. *Our ecological footprint: reducing human impact on the earth*[M]. Philadelphia: New Society Publishers,1996,2—17.

[2] Wackernagel M, lewan L, Hanson C B. Evaluating the use of nature capital with the ecological footprint : applications in Sweden and subregions[J]. *Ambio*, 1999,28(7):604 –612.

[3] 徐中民,张志强,程国栋.甘肃省1998年生态足迹计算与分析[J].地理学报,2000,55(5).

[4]范晓秋,姜翠玲,章亦兵.江苏省可持续发展和生态安全的生态足迹评价[J].河海大学学报(自然科学版),2005,33(3).

[5]刘莹.基于ESDA_GIS的鄱阳湖生态经济区生态足迹研究[D].南昌大学硕士学位论文,2012.

[6]许萍.基于生态足迹模型的区域生态经济协调发展评价与分析[D].江西师范大学硕士学位论文,2012.

(作者简介:何雄伟　江西省社会科学院助理研究员)

国外生态旅游的发展对我国的启示

陈　宁

一、生态旅游的概念界定

旅游经济是以旅游活动为前提，以商品经济为基础，并随着社会经济发展而发展的一种综合性社会现象，它具体为旅游活动过程中旅游者和经营者之间，按照各自的利益而发生经济交往所表现出来的各种经济现象和经济关系的总和（罗明义，1994）。而生态旅游就是旅游的一种表现形式。自20世纪80年代以来，“生态旅游”的形式渐渐被全世界广泛地接纳，并日益深入人心。但是，“生态旅游”的概念并未统一。中外专家和各种旅游组织分别从各自的研究领域出发，对生态旅游做出了众多的不同角度的定义。

有不少国家认为，基于自然环境的并可持续发展的旅游即为生态旅游，并都强调生态旅游必须是在保护生态环境的基础之上的（国际生态旅游协会，1993）。从经济的角度来看，许多研究人员认为，生态旅游业不但可以保护资源还能产生各种经济效益，如外汇流入、增强就业福利机会、增加个人收入、改善经济结构和提高生活标准，更为重要的是可以刺激当地经济，提供显著的经济乘数效应（Machlis, G. E. and Field, D. R. ,2000; Richards, G. and Hall, D. ,2000）。

国内也有一些学者曾对“生态旅游”进行界定，北京大学陈传康教授（1996）指出生态旅游通常具有四个特点：第一，资源的保护，尤其是在生物的多样性方面，保证自然资源的可持续发展；第二，能促进地方经济发展，通过社区参与等方式增加就业，发展地方经济，这也是保护资源的强大保证；第三，旅行的过程能起到对生态保护的教育和宣传的作用,使游客增强对生态保护的意识;第四,旅游资源的开发、经营和管理者必须以尊重自然规律为前提,并制定相应的规章制度。

综上所述,生态旅游应当是具有观光自然风光的旅游功能、保护生态环境的功能、促进社区协调发展的功能和进行保护生态环境教育的功能。自21世纪以来,生态旅游在世界范围内进入飞速发展的新阶段,成为旅游产业中的一支生力军,而生态旅游产业的增长速度也远高于旅游业的平均速度。欧美发达国家在发展生态旅游方面,尤其是环境开发、利用、管理方面,积累了丰富的经验。而一些发展中国家在生态旅游产业的发展上也给了我们很多的启示。

二、欧美等发达国家的做法和经验、启示

德国、美国、澳大利亚等几个国家在发展生态旅游方面处于世界领军位置。

1. 德国的做法

德国是个生态资源丰富的国家,自20世纪80年代以来,在发展生态旅游方面已经取得了很大的成绩。德国生态旅游的高速发展离不开全民的环保意识。德国非常重视居民的环境教育和公德教育,把国民的遵纪守法和遵守社会公德作为一种普及性的教育。德国无论是学校还是家庭,都让孩子从小就接受这方面的教育,让他们从小就形成爱护环境、自觉保护环境的良好社会风尚。而德国也是目前世界上垃圾分类做得最好的国家,形成了全民皆为美化国家出力的人文环境。

珍惜和重视历史文化遗存并进行妥善的保护。德国把历史文化遗存看作是进行民众教育的好教材,对历史文化的重视早已深入人心,所以特别珍惜和重视历史文化遗存并加以保护。在德国乡村,对那些历史遗迹,只要是当地曾经有名或是有特色的东西,如德国古堡,就会精心养护。德国著名的旅游城市德累斯顿就是其中一个典型的例子。德累斯顿曾经在1760年遭到普鲁士军队的炮击,整个城市被夷为平地,又在二战中经过地毯式的轰炸。但是为了记住历史、尊重历史,在80年代初,德国通过精密的计算和筹集社会捐款对该城市的主要建筑物进行了复建,一一复原。同时,德国也是以各类博

物馆众多而闻名，德国人热衷于通过办博物馆的形式，把历史文化遗产保留下来。

德国游客倾向于采用低碳环保的出行方式也是其生态旅游发展的一大特点。德国配备了强大的公共交通系统，游客可以选择多种绿色低碳的旅游方式，火车、大巴、地铁、城际快车遍布城乡，一张通票往往可以在地铁、巴士等各种交通工具间换乘，能最大程度为游客提供便利，并有效防止了旅游热门区交通堵塞的问题。

在城市建设方面，作为典型创新型国家，德国不断营造促进技术创新的良好环境，从而使德国的城市建设在绿色环保方面取得领先地位。转变经济发展模式，变重工业区为绿色环保的博物馆、咖啡厅等等，这就是走在绿色、低碳、环保之路上的德国。德国的乡村自然风景十分优美，绿化覆盖率也非常高，除了农地以外几乎没有裸露的土地，空气特别清新，且没有城市的喧哗，让人感觉非常静谧而安宁。德国不仅重视生态环境的保护，而且非常珍惜本地独特的历史文化资源，各地乡村都会把有当地特色的历史文化资源妥善地保护起来，让它在乡村休闲旅游中发挥作用。

德国政府对生态旅游进行了有效的监管和支持。如从 1972 年开始就一直推行乡村生态旅游的品质认证制度，只有经过检验合格的乡村才能获得度假农场的认证标志，使游客的合法权益得到有效的保障。为了发展乡村生态旅游，德国政府每年要下拨专项经费用于乡村生态旅游的促销和宣传。此外，除政府管理外，还有遍布全德的行业协会来进行行业自律，以保证乡村生态旅游的品质。此外，德国在多个领域提出征收环保税，连饮料在购买时也需附加饮料瓶的押金，在归还饮料瓶时方可取回押金。这些制度的设定也在很大程度上推动了生态旅游的发展。

2. 美国的做法

美国每年参加户外旅游的人数高达 20 亿人次，而其中相当部分是参加各种形式的生态旅游。可以说，无论是从生态旅游接待还是从游客产出方面来看，美国目前都是世界上生态旅游最发达的国家之一。美国的生态旅游最初是以其成功开发、经营和管理国家公园而闻名于世。其中最典型的就是美国黄石国家公园。该公园于 1972

年开始建立，每年吸引的游客量超过2.5亿人次，具有极大的经济效益，更为重要的是黄石公园至今仍然是世界上管理最为规范的国家公园，其发展经验后来被很多发展中国家所借鉴。

黄石国家公园是由联邦政府内务部下属的国家公园管理局统一管理。公园的规划设计由国家公园管理局下设的一家设计中心全权统一负责。设计院聚集了方方面面的拔尖专家学者，不仅有建筑、园林景观、林业、农业、生态、环境、病虫害、地理、土壤、水文、冰川、地质、气象等自然科学方面的专家，而且还聘请了经济学、社会学、人类学、管理学等人文社会科学的专家学者，所以黄石公园的所有规划设计都属于多学科交叉合作，既能保证规划的合理性又能充分考虑到与自然的和谐共存，还能保证基本的经济效益。不仅如此，美国还规定，所有的设计方案在成形之初就必须先公开、广泛征求当地州民的意见和建议，通过民众的监督方可上报参议院。而美国国会则坚持，设计方案是否通过最重要的考量因素是能否将公园内的自然资源最完整的保留，当自然资源的保护和其开发利用产生冲突时，保护资源无疑是必须优先考虑的因素。

美国对公园环境实行严格的监测，并专门拟定了有关生态旅游的管理方法，包括设立入口管制站、为游客提供完整的生态旅游资讯、进行各种生态之旅的解说教育方式等加强对国家公园开展生态旅游的管理。并通过立法加强对生态旅游环境的保护，在国家公园，除了要受到许多国家法律约束，还有专门针对国家公园整体的立法，这样使国家公园的生态旅游不仅有了物质基础，而且有了法律保证。

事实上，美国的国家公园虽然游客众多，但是其所产生的经济效益并不突出，因为国家公园以提供大众休闲、游览、教育等公益性服务为主。在美国，很多公园是免费的，而黄石国家公园虽然属于收费公园，但其门票价格却很低。美国国家公园的管理费来源于国会拨款，国家公园管理局从不给各个公园下达创收指标，以防止公园借搞开发项目为名，而破坏生态环境。

美国众多生态旅游地都是由其所属的州和当地政府管理，他们要负责对旅游地的自然资源的保护和物种多样性的保留及其可持续发展进行跟踪式管理。而其他部门和非政府部门不仅会监督生态旅游产业发展过程的资源保护问题，同时也会从各个技术层面来支持生态旅游业的发展。

3. 澳大利亚的做法

澳大利亚是一个生态环境很好，野生动植物资源非常丰富的国家，生态旅游发展速度迅猛。为了发展生态旅游经济，澳大利亚政府采取了一系列可持续发展措施，包括制定与实施国家生态旅游战略、树立生态旅游可持续发展理念、加强旅游区环境的建设与保护、重视旅游地居民利益的保护、发挥非政府/非营利性环保组织在生态环境保护中的作用等。

澳大利亚是世界上最早制定和实施国家生态旅游战略的国家。1994 年出台的国家生态旅游战略使澳大利亚在产业研究、旅游业市场营销和推广等方面投入了大量资金，这些资金在全国认证项目、区域规划、市场研究和游客管理战略等方面发挥了巨大作用。同时，澳大利亚根据国家生态旅游战略还制定了国家生态旅游计划，减少生态旅游可持续发展的障碍。制定政策与计划以帮助有关方面实现可持续而且有活力的生态旅游业。

澳大利亚政府将树立生态旅游可持续发展理念作为发展生态旅游的重中之重。澳大利亚并没有局限于追求短期的游客增长和当前的经济利益，而是把眼光放得长远。从国家到地方都有完善的立法和相关制度对自然资源和生态环境进行保护，且这些立法和制度都要得到严格执行。政府官员如果不重视生态环境的保护，就要被问责，并会在选举中处于不利地位。澳大利亚国家公园的主要功能和作用是对自然保护，而不是为了盈利。国家公园范围内的所有设施均由政府投资建设，与美国一样，采取所有权与经营权相分离的经营方式。

澳大利亚在旅游错峰中投入较大的财力。比如，在旅游淡季时加大广告宣传力度，而在旅游旺季时则通过缓签入境、减少组团等方式适当限制游客数量，这样虽然会使收入有所减少，但却有利于环境保护，是可持续生态旅游发展观的体现。

澳大利亚在建设自然旅游区的时候特别注意在细节上保护生态环境，做到局部开发，整体保护，人与动物和睦共处、自然环境与建筑风格相协调；植物群落构成的绿色环境形成了优良的生态视觉景观。

此外在开展都市旅游的时候也特别注意生态环境的营造和保护，做到城市与自然保护区浑然一体。

澳大利亚推行社区参与生态旅游，重视旅游地居民利益的保护。生态环境的开发与保护离不开当地居民的参与和支持，澳大利亚的各类保护区都依靠当地群众和私有林主来参与保护。因此政府支持他们因地制宜发展旅游业，形成了社区共管、专业公司与当地居民共同开发的经营管理格局，政府明确规定生态旅游的从业单位雇用当地人的数量和比例，并由政府注资改善土著地区的旅游基础设施，给当地居民发放低息或无息贷款，提供相关补助以帮助他们发展旅游业，使他们在经济上实现自立。

发挥非政府、非营利性环保组织在生态环境保护中的作用。澳大利亚的环保组织非常活跃，其中"清洁澳大利亚""澳大利亚信托会"是澳大利亚最大的两个非营利性环保组织，澳大利亚每年都通过它组织志愿者参与项目来实现其环境保护的目标。

三、发展中国家的做法

马来西亚在生态旅游产业中有着巨大的发展潜力（Backhaus，2003）。马来西亚的热带雨林是世界上最古老和最多样化的生态系统之一（Khalifah and Tahir，1997）。京那巴鲁国家公园是以保护热带雨林为目的建立，因此一直被政府用来以进行环境保护教育，发展娱乐、旅游业。公园占地 753.7 平方千米，在 1964 年被发展为马来西亚国家公园，并于 2000 年列入联合国教科文组织世界遗产名录。

京那巴鲁公园是沙巴境内最受欢迎的旅游景点之一，登山者的数量从 2007 年 4035 人增加到了 2008 年的 4784 人，2009 年的 4775 人，2010 年的 4761 人和 2011 年 5159 人。公园内部有六个分站，其中公园中的神山受到最多游客 341310 人（62%）的青睐，其次是波令温泉 306720 人（56%）和 Mesilau22910 人（4%）（以 2011 年总游客 550826 人计算）。

近些年来，马来西亚政府逐渐认识到生态旅游的重要性。第七大马计划（1995—2000 年）旨在提高该国的旅游业者推广自然景观，在第八大马计划(2001—2005 年)中,政府侧重于自然旅游或生态旅游。马来西亚政府在支持生态旅游发展的修辞中重申了政府的承诺,在生态旅游发展中以保护自然资源为前提(Hitchner 等,2009)。

马来西亚的生态旅游发展很大程度上也是推行了社区参与。在国家公园门口的蓝瑙路上,很多当地土著人贩卖社区农家菜或经营农业为主的企业。许多农民在摊位出售他们的产品,如卷心菜、西兰花、蘑菇和韭菜。土著居民同时也在银行的支持下开始经营住宿业务,而这更增加了该地区的吸引力。

大力发展旅游业在马来西亚是毋庸置疑的,因为它能够促进经济到农村层面。如今,农村地区相对于城市地区,更能提供自然美景吸引游客。但正在发展生态旅游的所有自然区域目的地,包括京那巴鲁国家公园目前也面临着担忧。在一次调查中发现,几乎所有的受访者一致认为,旅游业的发展提高了他们的收入、生活条件和公共服务。当地社区或者企业都直接经营或间接经营相关的旅游业或受雇于旅游业。然而,他们也关注是否会发生失控的旅游开发,是否有可能给公园带来可持续发展的负面影响(Mastura J. ,Kalsom K. ,Tania M. and Mohd F. , 2013)。

马来西亚认为生态旅游所在保护区的长期可持续性是其改善当地社区的生活条件的先决条件。旅游业只有在多数当地社区的参与时才可以取得成功,但是,在旅游当地参与的机会并不总是平等开放给所有社区成员。这其中的障碍包括当地土著缺乏技能,经营场所的卫生条件,缺乏社会地位,以及缺乏启动资金等。这些困难可能会导致当地人对发展旅游业持否定态度。所以马来西亚政府致力于改善当地居民追求旅游业作为主要经济来源的能力,为当地人提供培训,以充实各项资源,如提升人力资本和降低银行贷款的利率。

旅游业,特别是生态旅游,在发展中国家体现为丰富的自然和文化资本,并被当地社区视为收入的可持续来源。旅游可能有正面或负面的影响,这取决于社会环境。马来西亚认为,大多数制定一个地区或目的地为旅游目的地的计划都没有充分考虑当地居民参与的意愿和能力活动。因为旅游市场在农村山区的增长可能会增加本地服务的需要。

四、对我国发展生态旅游的启示

生态旅游在近几十年的迅速发展过程中，欧美发达国家和发展中国家都根据本国的资源特色和实际情况开展形式多样的生态旅游活动，并制定相应的法律法规以保证生态旅游在发展的同时，可以保证经济效益和社会效益协调共进。不同之处是发达国家经济发展水平比较高，人均国内生产总值高，没有依靠发展生态旅游发展经济的压力，在公益性方面付出的更多。

我国首先要做的是必须加强生态旅游区居民的环境保护意识教育。许多生态旅游区都坐落在偏僻的经济不发达地区，当地居民仍处在半封闭、半开放的发展状态中，环境保护意识薄弱。因此当其居住地被开发成旅游点时，居民或破坏生态或猎杀动物以供纪念品交易，并通过这种方式获取旅游经济收入，造成资源的破坏和发展的不可持续性。居民低弱的生态意识反过来影响了旅游者的生态意识，使旅游区不文明行为比较普遍。因此，必须借鉴国外的成功经验，通过标语牌、导游、广播和录像等多种手段，并结合一些环境保护活动，向居民及旅游者进行环境意识宣传，宣传保护生态环境的重要性、野生濒危植物保护的科学价值、人与自然和谐的关系等，让他们更新观念，从思想到行动上真正重视，做到保护优先，在开发中保护、在保护中开发。加强对生态旅游区居民的环境保护意识教育，宣传生态环境保护的重要性，有助于提高人们的环境保护意识。

其次，要建立健全的交通体系和大力宣传推广生态旅游理念。生态旅游所倡导的是资源的循环利用和发展的可持续性，以达到人与自然的和谐统一。旅行社在举办生态旅游活动时，要选择具备优质生态旅游条件的旅游目的地，避开那些过度开发或者游客承载力较低的景区。规模也应从小的开始，之后逐步扩大团队人数；生态旅游的形式从探险、漂流等切入发展。在旅游团队出发之前要对生态旅游者召开生态旅游说明会，介绍本次旅游活动应该注意的环保事项，并建立相关环境保护预防机制，特别是生态导游员要具备比普通导游员更高的素质，要求具有比较全面的知识，在恰当时机的旅游活动中对旅游者开展生态保护教育，进行环保渗透以提高生态旅游者的环境保护意识，起到保护生态环境的效果。

最后，我国在发展生态旅游时也必须重视旅游目的地的发展和当地社区参与问题的研究。在制订方案之初须在当地做详细的调研，并提供各式培训和相应的帮助，使当地经济在旅游地开发和发展的过程中也能可持续发展。

参考文献

[1]Backhaus, N. Non - place jungle: the construction of authenticity in National Parks of Malaysia[J]. *Indonesia and the Malay World*, 2003, Vol. 31 No. 89: 151 - 160.

[2]Hitchner, S. L., Lapu - Apu, F., Tarawe, L., Nabun - Aran, S. and Yesaya, E. Community - based transboundary ecotourism in the heart of Borneo: a case study of the Kelabit Highlands of Malaysia and the Kerayan Highlands of Indonesia [J]. *Journal of Ecotourism*, 2009, Vol. 8 No. 2:193 - 213.

[3]Khalifah, Z. and Tahir, S. Malaysia: tourism in perspective, in Go, F. M. and Jenkins, C. L. (Eds), *Tourism and Economic Development in Asia and Australasia* [M]. Cassell, London, 1997:176 - 196.

[4]Mastura J., Kalsom K., Tania M. and Mohd F. "Nature - based rural tourism and its economic benefits: a case study of Kinabalu National Park"[J]. *Emerald*, 2013, Vol. 5. No. 4:342 - 352.

[5]Machlis, G. E. and Field, D. R.. *National Parks and Rural Development* [M]. Island Press, Washington, DC, 2000.

[6]Richards, G. and Hall, D.. Tourism and Sustainable Community Development[R], 2000.

[7]Timothy, D. J.. Tourism and community development issues, in Sharpley, R. and Telfer, D. (Eds), *Tourism and Development: Concepts and Issues* [M]. Channel View, Clevedon, 2002: 149 - 164.

[8]陈传康. 区域旅游资源的调查研究途径[J]. 地理学与国土研究, 1996, (4)

[9]罗明义. 迈向21世纪的国际旅游业与中国旅游业[J]. 经济问题探索, 1994, (3)

（作者简介：陈宁　江西省社会科学院助理研究员）

中小企业集群融资问题研究

——以鄱阳湖生态经济区为例

余永华

集群融资是指若干中小企业通过股权或协议建立集团或联盟，通过合力减少信息不对称，降低融资成本，相互帮助获取资金的一种融资方式。中小企业普遍存在经营透明度低、信息不对称、治理结构不规范等问题，而且其可用于融资担保的资产规模小，缺乏信用基础。另外，缺乏有效的监督机制，“一次性博弈”和道德风险的存在，使中小企业较难获得金融机构的资金支持。通过企业间的集群融资有利于解决中小企业融资难问题。

一、中小企业集群融资的优势

在集群聚合效应的作用下，中小企业增强了参与金融交易的谈判、博弈的竞争优势，中小企业获得贷款的概率提高。集群内企业的资源共享、区域网络以及地域上的“根植性”等特性，使企业集群能在相当大的程度上克服单个企业的“弱势”地位，形成独特的融资优势。这种融资优势主要表现在以下几个方面：

（一）缓解银企信息不对称

中小企业融资困难的根本原因在于中小企业与银行等金融机构之间存在着信息不对称的问题。对于资金需求方的中小企业来说，它们完全处于信息的有利地位，对借入资金的收益以及外部风险掌握着可靠的信息；而对于资金提供者的银行来说，由于并不直接参与中小企业的经营管理，对企业的信誉、财务状况、发展前景等并不是充分了解。因此,银行根据自己的标准制定企业的贷款条件,通常会制定一个较高的利率水平。这样,信用好、低风险的企业因为利率较高而退出银行借贷市场,而信用差、高风险的企业却愿意承担银行的高利率,因为这样的企业本身的还款意愿就比较弱。当银行利率上升到信贷市场出清之前,道德风险和逆向选择的存在会使银行的预期收益随着贷款利率上升而不断下降,借款企业的不断违约提高了银行的损失。单个中小企业由于规模小、信誉低、银企之间信息不对称,其在信贷市场上必然处于融资弱势地位。而集群企业在行业、品牌、地理位置上的相似,大大减少银行的信息搜集成本。此外,集群中介机构在提供信息方面也能发挥重要作用,尤其是行业协会,其往往掌握关于产业链状况及企业家的各种信息。银行可以有效利用这些信息传播渠道,减少银企间的信息不对称。

(二)降低银行交易成本

这里的降低银行交易成本主要是针对银行业务的规模经济。银行贷款成本中有许多属于固定成本。银行在办理大企业贷款上有着明显的规模经济。由于中小企业规模小,单笔贷款金额都不大,但每笔贷款的发放流程、经办环节、交易成本,如调查、审查、监督检查等大致相同,因此银行为中小企业提供贷款的单位交易成本和监督费用比向大企业贷款要高得多。而中小企业集群形成的"大企业"融资成本比单个中小企业融资成本少得多。当银行给相同行业的大量企业贷款,银行贷款的"三查"工作都可以"打包"进行,从而可以克服给单个中小企业贷款所带来的规模不经济问题。同时,银行向相同类型的中小企业提供融资时,可以减少大量的重复的信息收集和处理的费用,降低单笔的信贷交易成本。另外,由于集群企业在地域上相对集中,银行信贷交易的空间范围较为固定,交易对象也相对稳定,这有利于银行降低交易成本,增加收益。

(三)降低银行信贷风险

在中小企业集群内,企业间交易常以信用为纽带,维护企业在集群中的声誉关系到企业的生存和发展。企业集群的信息共享机制来源于集群企业的地理位置集中性、组织结构网络化、地域根植性以及企业之间的相互作用。根据博弈理论，在交易关系中，每个交易主体始终面临着守信或欺诈的策略选择。但是，交易环境不同，同一交易者博弈策略选择也会不同。交易主体之间的一次性交易，存在信息不对称的可能性极大，博弈双方往往会采取严重的机会主义行为（即投机行为），从而出现囚徒困境。若交易主体之间重复进行交易，交易主体博弈策略选择就会有所改变，愿意选择守信行为，交易主体之间将建立起信用关系。因为在连续性多次交易中，交易主体彼此间相互了解，采取失信的欺诈行为只能获取短期利益，而无法在长期竞争中生存。中小企业集群所形成的独特产业环境，增强了企业的守信度。在这样的特殊环境和条件下，集群内中小企业和银行间通过多次交易、重复博弈，容易建立关联策略，银企双方保持互动合作，发展长期客户关系，实现双赢。同时，由于集群内中小企业主要围绕某一产品系列发展，集群内企业的信贷风险在整体上表现为一个产业的风险，而产业风险具有一定的可测性，根据大数定律，坏账占贷款数额的比例会是一个相对稳定的值。银行在同类企业中可以进行比较后再选择贷款对象，对企业资金的需求量、贷款期限、频度等更容易掌握，因而能使银行的经营风险降低。

二、中小企业集群融资模式

（一）集体发债融资模式

单个的中小企业要发行债券面临着担保机制、风险控制、发债规模与成本等方面的先天不足。中小企业集体发债融资模式是通过牵头人组织，以多个中小企业所构成的集合为发债主体，发行企业各自确定发行额度分别负债，采用统一的债券名称，统收统付，以发行额度向投资人发行的约定还本付息的一种企业债券形式。这种模式虽然有利于整合集群融资优势，但由于债券是固定回报率，相对于中小企业板，债券投资缺乏吸引力，而且由于债券发行的利率高于银行贷款利率，其融资成本对于中小企业来说偏高。

（二）企业间轮流信用融资模式

它是指中小企业集群内企业在彼此信任的前提下，分别筹集一部分资金，然后根据自己的资金需求，轮流使用资金池中的资金的一种融资模式。集群企业通常采取会员制的形式加入，中小企业集群基金由各会员单位以会费的形式缴纳，主要为会员企业提供小额资金的互助性贷款。从融资效率来看，由于这种信用是建立在成员的相互了解的基础上，不需要进行贷款流程中的贷前调查、贷中审查和贷后检查环节，因此融资成本相对较低。但因集群企业间的互助借贷资金池容量有限，不能满足会员企业大额的资金需求，因此，这种集群融资模式只适用于资金需求量小的企业，同时还要求有这种相互守信的互助企业群体的存在。

（三）区域主办银行融资模式

它是指通过在中小企业集群内设立区域主办银行，吸收民间闲置资金和社会投资，为产业集群内的中小企业提供信贷融资、信息咨询等综合性金融服务，银企之间建立长期稳定信用关系的一种融资模式。区域主办银行常拥有企业的互惠股本所有权并提供债务资本，使双方以资本为纽带，建立起长期、稳定、紧密的权利义务关系。由于区域银行设立在集群内，易于取得各种信用信息，并能充分利用集群的信息机制和信任机制克服信息不对称而导致的交易成本较高的障碍，防止企业的短期化行为，从而强化监督的力度，降低信贷成本和风险，提高信贷效率。由于区域银行与中小企业在产权关系内部机制、运作方式等方面具有很多相似性，因此也更易于形成长期稳固的银企关系。然而在中国现行经济体制下，推行主办银行制度仍有很大局限性，如中国《商业银行法》规定，商业银行不能向企业投资，这使中国的银行不能通过持股和控股对企业形成产权约束，缺乏成为企业监督主体的法律依据。

（四）互助担保融资模式

它是指集群内中小企业以自愿和互利为原则，联合出资组建中小企业互助担保机构,利用互助担保基金,为成员企业向金融机构贷款提供担保的一种融资模式。从融资优势来看,这种模式充分利用和强化了集群融资的优势。一是由于互助担保是建立在企业间信息共享、风险共担的基础上,通过参加互助担保,会员企业间增加了互动和交流,使集群融资的信息机制进一步得到强化,减少了信息不对称,也有效避免了逆向选择和道德风险;二是由于互助担保企业间是以信用担保为目的,紧密地联系在一起,增强了集群企业的抗风险能力,也使企业的经营更加离不开集群这个环境,信任机制和声誉机制也因此得到强化,从而减少了违约率,降低了信贷风险;三是由于互助担保组织内部信息共享,且有互助基金做担保,使得银行的调查成本和监督成本大大减少,而且由于银行是给互助担保机构的众多中小企业贷款,且利率有一定的上浮空间,加之集群内企业业务量多,资金需求也相对较大,因此,有效克服了银行给单个企业贷款时规模不经济问题,使信贷交易成本大大降低,同时也提高了银行的信贷效益。

(五)其他融资模式

集合信托债:中小企业集合信托债是面向中小企业的一种创新债权方式,其本质为信托贷款,基本运作模式是:由信托公司信托计划,所发行的信托产品由政府财政资金(或专项基金)、社会理财资金、专业机构资金共同认购,所募集将投向经筛选的优质小企业。

网络联合贷款:网络联合贷款是由互联网公司与商业建设银行共同推出的获得政府支持的一种金融创新产品。通过网络联保申请贷款,不需要任何抵押的贷款产品,它由 3 家或 3 家以上企业组成一个联合体,共同向银行申请贷款,同时企业之间实现风险共担。当联合体中有任意一家企业无法归还贷款,联合体其他企业需要共同替他偿还所有贷款本息。通过互联网这一平台,企业由于贷款的共同需求,结合在一起,通过共担风险这一形式,使得原有的个别中小企业风险较高的问题通过集群模式得以有效缓解,降低了贷款难度。

三、鄱阳湖生态经济区中小企业集群融资存在的问题

对于鄱阳湖生态经济区的中小企业来说,集群融资模式具有明

显的可行性，可以保护广大中小企业的利益，同时可减少金融机构的信息不对称。但在实践中也存在不少问题，有待进一步规范和完善，主要表现在以下几个方面：

（一）政府缺乏推进集群融资机制的持续性

在面对中小企业融资难问题方面，政府没有建立服务小企业融资的长效机制，而是热衷于利用有限的财政资金去补助企业，把政府补贴作为支持企业发展的有力手段。当企业出现暂时性的资金缺口时，政府会出台一些不可持续的政策措施，时过境迁后就不考虑建立长效机制，甚至对一些有效的措施也没有着力推进，停留在“作秀”层面。另外，在金融市场主体的权利和义务方面，也没有做出明确的规定，在一定程度上减少了金融市场主体双方的违约成本。

（二）集群内金融服务和金融市场发展不足

集群内的中小企业大多是民营企业，而大中型商业银行基本是国有银行，因此资金一般都贷给了政府扶持的国有企业和大型项目，即使有些银行愿意将资金贷给企业，但是传统的信贷管理制度手续烦琐，效率低下，信贷成本较高，不能满足中小企业融资的实际需求。对于中小金融机构，目前允许的经营范围主要是存贷款业务，尽管有部分金融机构也有结算功能和银行卡业务，但结算渠道不畅、经营网点少等原因，使其服务水准大打折扣，不能成为中小企业融资的主体。另外，生态经济区内的金融市场体制有待进一步规范，要营造更加公平的金融市场竞争氛围，促进集群内中小企业能够更好地融资。

（三）民间资本参与集群融资的渠道有待探索

鄱阳湖生态经济区的民间资本十分丰富，民间金融也非常活跃。一方面，中小企业面临融资难问题，另一方面却是民间资本的“无用武之地”。民间资本参与集群融资的相关配套制度还没有建立起来，目前尝试的集群融资产品都不能有效地理顺民间资本参与的渠道，如何让民间资本也能够参与到中小企业集群融资是亟须解决的重大课题。

（四）信用担保机制不健全

出于对信息及经营的不了解，银行等金融机构要求中小企业提供相应的信用担保或抵押担保。中小企业信用担保体系实质是将金融机构承担的风险转嫁给担保机构，信用担保能否成功关键在于担保机构能否以比金融机构更高的效率来处理与中小企业有关的信息，也就是说只有当存在于担保机构与中小企业之间信息不对称程度低于金融机构与中小企业之间信息不对称程度时，信用担保才有存在的价值。由于中小企业自身业务特点，使其缺乏可抵押物，信用体系也只是摸索阶段，这变相地制约了中小企业的融资。近年来，鄱阳湖生态经济区的中小企业信用担保机构虽获得了一定的发展，但体系建设仍然不健全，缺乏必要的管理制度和风险控制制度。有些担保机构为了追求高盈利，冒着资产缺乏流动性、安全性的风险进行担保，影响工作的正常运行。

四、鄱阳湖生态经济区中小企业集群融资的对策建议

针对江西省鄱阳湖生态经济区中小企业集群融资的现状和问题，本文提出如下对策建议：

（一）政府要健全集群融资的相关制度

要确保中小企业融资体系的建立，就必须有完备的法律法规对中小企业融资市场中相关参与主体的活动进行规范。尤其要对中小企业集群融资领域中集群内部企业间的权利义务、互助担保的权利义务、行业协会的法律地位和权利义务、集合债券中的各方权利义务、民间金融机构的成立及权利义务等进行规定，规范有序地引导和监督民间资本参与中小企业融资服务体系建设。并结合江西刚刚出台的“金融 30 条”制度，加强中小企业集群融资的规范性。

（二）加快金融体制改革，促进金融市场发育

金融市场的培育发展是基于市场经济基础上解决中小企业融资

问题的根本出路，而金融市场的发育必须加快推进金融体制改革。随着我国金融体制的进一步改革以及与国际金融体制的逐步接轨，金融创新也日渐成为各个金融主体新的业务增长点。中小企业集群融资模式的推行必须在政府的引导下，按照市场化的原则，简政放权，鼓励针对中小企业融资的金融创新模式，实现金融资本与产业资本的共赢。

（三）建立完善的社会配套服务体系

首先，加强对中小企业集群融资中介服务行业的支持。中小企业融资涉及方方面面，仅靠有限的措施难以缓解或解决这一问题，必须借助与中小企业融资紧密相关的中介服务行业的作用。应重视并发挥各类中介服务行业的作用，通过政策手段引导其为中小企业融资服务。积极推动信息服务、人才培训、管理咨询等有关行业的发展，鼓励有关企业积极开展中小企业业务，为中小企业融资提供各类优质服务。通过财政政策，促进资产评估行业的发展，引导有关企业降低成本，为中小企业服务。完善产权交易市场的建设，形成完整的产权交易体系，为有关中小企业融资创造一个良好的发展环境。其次，制定政策促进集群企业的相互合作和良性竞争。中小企业集群的优势来源于集聚的整体效应。相互合作可以促进新信息和新知识的流动，有利于资源的整合，增加收益。良性竞争可以保持集群的最佳规模，提高生产效率，防止垄断的出现。所以促进集群企业的相互合作和良性竞争是集群保证稳定发展的重要措施。

（四）建立并完善鄱阳湖生态经济区中小企业集群信用担保体系

信用担保体系是指在借贷活动中，担保机构以一定的财产为条件，确保债务的履行和保障债权人实现债权的支撑体系。鄱阳湖生态经济区所辖市县目前都已建立了担保机构，经济区内信用担保体系框架的主体已经基本成型。下一步就是从机构的网点建设、业务范围的扩展和整合等方面完善整个体系。如创建中小企业集群信用等级评估体系和登记制度,完善集群内中小企业信用信息平台;强化群内中小企业的信用观念,完善中小企业信用保证制度,加强集群的信用管理;各级政府还应引导有实力的个人、企业建立民间担保机构,作为融资渠道的重要组成部分,不断扩大体系的辐射范围。

(五)设立鄱阳湖生态经济区中小企业集群发展基金

借鉴发达地区的经验,结合鄱阳湖生态经济区的具体情况,在中小企业集群内部成立中小企业集群基金。基金的种类可以有很多种:风险投资基金、中小企业互助基金、创业发展基金、科技创新基金等。鄱阳湖生态经济区可根据自身中小企业集群发展状况设立适当的项目基金,例如急需进行技术改造的企业,可以考虑申请科技创新基金,发展前景较好的企业可以考虑争取产业基金,等等,这对于促进中小企业集群融资的顺利发展大有裨益。

参考文献

[1]谢世清,李四光.中小企业联保贷款的信誉博弈分析[J].经济研究,2011,(1).

[2]王晓杰.基于互助担保联盟的中小企业集群融资研究[D].武汉大学硕士学位论文,2005.

[3]仇保兴.小企业集群研究[M].上海:复旦大学出版社,2009.

[4]王峰娟,安国俊.集群融资——中小企业应对金融危机下融资困境的新思路[J].中国金融,2009,(21).

[5]陈晓红,杨怀东.中小企业集群融资[M].北京:经济科学出版社,2008.

(作者简介:余永华　江西省社会科学院经济研究所研究实习员)

新型城镇化可持续发展问题思考

钟群英

新型城镇化是政府关心的一桩大事,并将其提到与四化相提并论的高度,作为破解未来发展难题的发展战略之一。城镇化将是未来中国发展的最大潜力。本文针对城镇化进程中人的城镇化这个核心问题,从城镇化的两个关键可以观察到的具体指标“安居”和“乐业”(经济学的说法是就业地点和居住地点),对我国城镇化进程中的人群转移流动进行初步分析,探讨主动城镇化群体和被动城镇化群体在安居和乐业方面的差距,从而根据我国中小城镇发展不够完善,产业支撑能力较弱的状况,提出一种根植乡镇基础的产业组织形式来缓解新型城镇化可持续不强的问题,通过产业联盟的形式做大地方产业,提供更多就业岗位,增加收入途径。

一、新型城镇化进程中的途径方式

1. 城镇化的质量要求

党的十八大报告提出了坚持走中国特色的“新型城镇化战略”,进一步明确了我国今后努力发展方向。新型城镇化的核心是“人”的城镇化,即“城镇化不是简单的城市人口的增加和建筑面积扩张,而是要在产业支撑、人居环境、社会保障、生活方式等方面实现由‘乡’到‘城’的转变”。具体到现实生活层面社会表象,简单地说就是人们实现了安居乐业,城镇繁荣发展,安居乐业是我国城镇化发展的关键核心事物。

我国城镇化“安居”“乐业”主要的表现形式。城镇化的主体是我国改革开放中出现的经济社会发展过程中的进城农民工和城镇郊区周边的失地农民。前一类农村居民,源于农村家庭联产承包土地制度的实施,农村剩余劳动力向城镇转移的进城打工群体“农民工”;后一类的主体是土地被政府征收拆迁的近郊农民和园区建设涉及的农民。因此,在我国城镇化的进程中出现的以农村剩余劳动力转移的进城打工和新一代农村大学生为群体的主动城镇化方式和以被征地农民群体为主失地农民为代表的被动城镇化两种方式。这两种方式的城镇化群体具有很大的差别,仔细研究他们的具体特征,笔者认为他们在“安居”“乐业”方面存在明显差别,判断城镇化人群是否在城镇中具有稳定的收入和居住条件,能否享受到与城市居民相同的社会保障和医疗教育养老待遇,以及是否具有现代城市文明卫生生活习惯和城市居民举止、谈吐方式——特别是后一点是人的现代化的重要表现,对于提升城镇化质量具有重要作用。

2. 城镇化对人的现代化的内在要求

城镇化不仅仅是居住地的改变,更重要的是生产方式和生活方式的转变。一般来说,人们生产方式的转变可以依靠自身所拥有的人力资本、物质资本和社会资本起作用,但是生活方式的转变需要很长时间的积淀,人的现代化(文化素养和人的素质一定程度的提升,依靠社会管理制度供给社会制度)形成很好的习惯,改变过去的生活习惯需要较长时间适应。

对于主动城镇化的人群,生产方式转变是主动选择、根据自身拥有的资本发生作用、生活方式随之发生变化顺应城市生活需要;但是对于被动城镇化人群来说由于缺乏一定的制度供给(包括必要的基础设施,文明生活习惯的教育示范),他们的生产方式和生活方式是被动选择的,适应城镇化的发展需要一个过程。如果让这部分人群集聚居住有可能会出现城镇生活农村化的现象。2014 年 3 月初,笔者到浙江、江苏、上海等地调研,这些地区对于城乡一体化发展,实现人的城镇化与土地城镇化积累了很多好的经验做法,可以为落后地区学习借鉴。如浙江诸暨店口镇的产业发展(小镇有 6 家上市公司)、上海松江新城泰晤士小镇舒适的生活居住环境、苏州城乡一体化发展建设成就。因此,推进新型城镇化,各级政府职能部门需要将主动城镇化人群与被动城镇化人群的发展结合起来综合考虑,关心这些新进入城镇居住、就业的新城镇人，提高城镇化的质量，避免城市贫富差异太大造成的两极分化和贫民窟的出现。

3. 我国小城镇缺乏产业支撑现状

在两会期间，我国有许多全国人大和政协委员对于以往城镇化进程中出现的产业与城镇一体化发展不协调问题，提出了尖锐的批评，比如"一座座新城镇房子修得很漂亮，常年却见不到几个人，大部分农民还是出去打工"；当前中国的城镇可持续发展的能力较差，表现在"建制镇与集镇的总数将近4万，但其中有约25%的小城镇人口规模小，基础设施水平落后，缺乏有活力的产业"；强调城镇化的发展动力，提出"城镇化建设要以产业发展为支撑，这是城镇化建设的根本，没有产业就没有就业""不是说钢筋水泥砌出来了、农民住进去了就城镇化了，如果没有产业化的提升，如果农民在转化成市民的过程中体味不到幸福和快乐，那么城镇化就几乎是一句空谈"。

二、新型城镇化进程中的主动城镇化和被动城镇化

1. 农村人口转移的主动城镇化和被动城镇化区别

在我国，农村人口转移到城镇生活有两种情况：一是以农民工和农村大学生群体为主体的主动城镇化，一种是以城镇近郊被征地农民群体为主的被动城镇化。主动城镇化，是在市场主导下，农民依靠教育、务工、投资等方式选择进入城镇就业和生活，依靠自身所拥有的人力资本、物质资本和社会资本（分摊城镇化成本）。而被动城镇化是由政府主导的，在城镇郊区和周边农村土地被征收所导致的人口城镇化，农民因为失去赖以生存劳作的土地而在城镇中居住生活。主动城镇化是人们自愿、自主选择的，它是经过不断调整而自适应的生活过程和长期渐变的过程，需要政府的户籍管理制度"把在城镇稳定就业和居住的农民工有序转变为城镇居民"。从主动城镇化人群的发展目标看，是最终实现在城镇中安居和乐业，他们的生活方式也随之发生潜移默化的转变，其过程实质是人的现代化文明过程。

2. 主动城镇化的表现方式及可持续特点

按照农村居民对土地创造财富的依赖程度，可以将农民市民化

过程分为两种,主动的城镇化和被动的城镇化。农村人口转变为城镇人口的过程就是主动的城镇化。在主动城镇化过程中,农村人口城镇化通常有三种表现方式。

第一是子女带动父母。表现为农村人口通过上学、参军后在城市或城镇找到工作而定居下来,或者是凭借物质资本来城镇或者开发区投资经营(购买房产、店面),即以投资移民的方式在城镇生产生活定居下来的人群,然后再把自己的父母接到城镇共同生活、居住。农村人口通过这种方式而实现的主动城镇化发展稳定,可持续性强。

第二是父母带动子女的家庭式迁移方式的城镇化。一是父母通过自身的努力生产经营、积累了一定的资本后,离开农村到城镇工作、购房定居下来,完全实现了城镇化。他们在城镇站稳脚跟,随着时间的推移能够实现人的城镇化;二是父母有资本在城镇工作时,把小孩接到身边共同生活、在农民工子弟学校上学,当父母失去工作或工作能力时,一同返回农村生活。值得注意的是,在这个过程中,如果后代没有考上大学或者有一技之长,掌握在城市谋生的技能,就很难在城镇中立足,容易成为城市的边缘人群,城镇化不稳定,具有不可持续的特点。

第三是父母子女分离的城镇化。这种非家庭迁移方式的城镇化是青壮年劳动力全部到城镇就业,留守儿童和老人妇女留守,容易造成农村衰败,不利于农村发展。父母子女城乡分离,大抵经济状况不是很好,孩子交给年迈的祖父母和外祖父母监管,有些老人甚至还要耕种土地来维持日常生计。这个群体通常是一年到头像钟摆式地在打工地和农村出生居住地移动,最后因无力长期居住在城市最后回到农村生活,就业具有极大的不稳定性,城镇化具有不可持续性的特点。

3. 被动城镇化的表现方式和可持续性特点

被动城镇化是由政府主导的城镇化,它是指土地被征收所导致的农民市民化的过程,大部分是生活在城镇(城市)近郊或者周边的农村居民,他们因为失去赖以生存劳作的土地而在城镇中居住生活。由于这部分人群融入城镇生活方式是政府推动造成的,没有经过较长时间的适应期,面对生活方式的突变,容易出现城镇生活的农村化现象(人的文明素质低、社区的现代化缺失)。

依据农民生产、生活对土地的依赖关系和获得经济收入的多寡将农民分为三种:一是脱离土地完全依靠非农收入的农户(非农户);二是既有农业收入还有非农收入的农户(兼业户);三是完全依靠农业收入的纯农户。他们城镇化的可持续性与他们的收入状况和就业水平相关。

一般来说,在经济不发达地区纯农户所占比例较大。农民所取得的收入不外乎来源于工资性收入、家庭经营收入、财产性收入和转移性收入。当农民所拥有的土地、宅基地被征收后到城镇集中居住时,农民家庭的收入会发生变化,原先拥有的农业生产技能因为失地而无法从农业种植中获得收入,同时还由于丧失了用于出租的农地和农房而减少了农村居民的财产性收入(租金)。这样造成被征地农民的收入来源和构成发生很大变动,有的甚至会影响他们在城镇中的可持续发展问题。在城镇化进程中,郊区那些对土地依赖程度较高、依靠农业生产技能和出租农地和农房的农民在被动城镇化后(主要是纯农户和兼业户),其家庭的收入来源结构有可能发生较大的改变,对城镇生活的适应能力较低的状况,容易造成农民因征地而缺乏进城转岗谋生技能的贫困化现象。我们在南昌市区的高新开发区和昌北经开区等地走访,以及到市县区工业园区调研曾经听到当地主管部门的反映。

而在第一类非农户城镇化过程中的农民群体却不会因为失地而丧失适应城镇化生活的能力,其城镇化的发展能力较强。而那些对土地依赖紧密的农业兼业户和纯农户,如果就业转岗能力或者技能跟不上,很容易陷于贫困状态,对城镇生活难以融入和适应,城镇化的可持续发展能力较低,这部分人群是政府部门应该关心和帮助的对象。因此,是否能为被征地农民创造与其就业技能相适应的工作岗位,是促使被动城镇化群体早日融入城镇化的关键。

回顾我国历史上的城镇化(城市化),如果土地的城镇化带来的仅仅是城市版图的扩张、新城区的建成和各类开发区和园区的建设,而忽视对城镇建设的配套功能的提高和就业岗位的充实的话,很容易使失地农民在城镇化过程中贫困化,无法真正融入城镇生活。围绕园区、开发区建设创造一些与进城农民就业技能相当的岗位如保洁、物业管理和餐饮服务业，能够缓解被动城镇化人口的贫困问题；在主动城镇化过程中，那些跨省上班一族，每日在上班地点和居住地点来回两头奔波的人们，饱受交通拥堵和城市病的影响，每日出行增加交通成本，如果在新城镇居住点规划建设的同时能够配套发展相应的工作岗位也许能够化解跨省上班的怪象和许多“睡城”。对于目前南昌市正在进行的大规模的拆迁和拆除临时建筑，那些依附于老城区生存的分布在大街小巷中的便民服务的餐厅饭馆、衣物缝纫修补之类的从业者是城市居民生活发展需要的职业，同时还能够解决进城务工人员就业问题，一拆了之是否妥善考虑了多方需求。

4. 实现城镇化可持续性的物质保障基础

安居乐业是农村居民加快农村发展、达到小康社会收入水平的梦想追求，要让进城农民得到城市居民享受的就业、医疗、社会保障、养老和教育的福利，需要依靠产业发展积累的经济基础支撑，城镇化过程的可持续性。

要让城镇化进程中的农民进得来、留得住，简单描述就是城镇化中能够使进城农民能够有自己舒适的住所和稳定的工作就业岗位，否则把农村户口改成城镇居民户口，认为这样就已经城镇化了，实际上根本没有解决实质性问题的做法是错误的片面的城镇化。

新型城镇化的核心在于安居和乐业。具体表现为进城农民通过市场购买具有产权的商品房或者有条件住上政府投资建设的保障房两种方式，能够达到安居的目的，其前提条件要有雄厚的资金财富积累或者政府有财力大量建设为打工者提供住所的保障房。而要做到乐业，则需要自身具有的人力资本、物质资本或社会资本，以获得稳定的工资性收入或工作机会。对于主动的城镇化群体，他们能够在市场条件下找到就业岗位，依靠自身条件解决就业问题，很快适应城镇的生活节奏；而被动的城镇化群体，这部分人群在政府征地拆迁过程中大多数能够获得政府补偿建造的安置房，有自己固定的居住场所，但因个人的素质差异和就业技能的缺陷，很难找到与他们自身能力相匹配的就业岗位，他们的就业存在问题。在我国城镇化进程中，衡量主动城镇化群体的关键是看是否有安居的场所，衡量被动城镇化群体的关键就是看他们是否有就业岗位。

针对现实生活中有学者在给政府的建言中,简单地提出产城融合的理念,笔者认为这是片面化地处理解决问题的思路。仅仅是从理念上提出城镇化的口号,而不结合地方的具体实际做具体深入的分析,甚至具体实施缺乏可操作性的建议难免有空谈的嫌疑。产城融合的口号看起来很美,至于具体怎样进行产城融合言之甚少,因此除了我国特大城市和大中型城市外,中小型城市特别是地方要提倡就地城镇化比较切合农村实际,作为专家学者务必要沉下心来调研分析发现新的情况和问题,在城镇化的政策建议上进一步细化。在加速推进新型城镇化的进程中,务必针对不同人群的需要出台相应的配套政策建议,方可满足进城农民工安居乐业的需要,安居和乐业高度重视同步推行。

5. 因地制宜推进新型城镇化进程

总结经验教训,过去我国"城镇化重点都落在人口聚集的相关问题上,产业似乎没有受到重视。即使实现了户籍制度、福利配套、土地流转等系列改革,但农民变身市民后,何以养家糊口?"

实现新型城镇化的关键,在于通过产业发展提供足够的就业机会,发挥产业集聚效应,吸引大量进城农民并逐渐使农民向市民转化。推动新型城镇化的发展需要生产力水平的提高和相应的产业作为支撑,否则,新型城镇化建设就只能是空中楼阁。产业发展是城镇化中人员安置的有效载体。在过去的城镇化实践中,不少地方实行赶农民上楼的武断做法,农民失去生计来源,产生一系列社会问题,使城镇化流于形式。从本质上说,城镇化涉及的不仅是农民身份、地位的转变,还有农民身份转换后的就业、社保、教育等一系列问题,都有赖于产业发展所带来的强力支撑。我国改革开放发达地区的城镇化经验表明,如果原来农村地区有较好的产业发展基础,其城镇化过程进行得往往比较顺利,较好的产业基础所提供的并不单单是资金,更重要的是农村产业对居民提供的就业机会以及与之相关的医疗、保险等保障措施。有人大代表表示对推进城镇化建设的通俗理解,就是让农民在自己家门口就业,让农民不出家门就能挣到钱,享受到与城里人一样品质的生活。新型城镇化必然是伴随着更多的工厂,更多的就业。江苏、浙江、广东珠三角地区已基本实现了城镇化,靠的是乡镇企业的发展,民营企业的发展,不仅农民就近转移,而且还吸纳了大量的外来农民工。

中国人民大学地方政府发展战略研究中心执行主任彭真怀认为,中国的新型城镇化最大的问题是实践的过程,要记住:一是新型城镇化是一场真正的改革,牵涉至少21项改革;二是新型城镇化要在两个层面发力,要让地级以上城市消肿,并加大新型城镇化县城和小城镇建设;三是用新型城镇化盘活全局,一定要提高农民的收入,提升农业的效益;四是用新型城镇化引领中国的农业化和现代化;五是新型城镇化要统揽"五位一体"的改革。

三、有效化解安居乐业难题的生态产业镇发展模式

我们通过对新型城镇化中的"人的城镇化"可持续发展的反思及其多种政策建议的学习研读,特别重点学习费孝通先生的论著,更加坚定地提出β生态产业镇的发展模式,作为欠发达地区加快推进城镇化的具体举措,希望能够对江西新型城镇化建设能够有所贡献。

1. 优先发展小城镇的城市化道路

费孝通先生30多年前在《小城镇　大问题》一文中就提出以城乡一体化为导向,优先发展小城镇的城市化道路。费孝通先生对待城镇化带来的社会发展变化,坚持既要算经济账,也算综合效益:考虑社会变迁带来的综合效益的观点。他坚持"优先发展小城镇的城市道路",可以"最大限度减低高速现代化和都市化对整个社会的冲击和震荡,保证中国改革开放这一人类历史上最大规模的社会变迁平稳进行"。他说社会变迁中的核心问题是产业转型和人口就业。产业转型是在算经济账,人口的就业不仅仅是经济账,还"包括体制、人的观念和态度在内的经济、社会综合效益"。从综合效益上看待小城镇发展,要把关注农民生活作为城镇化的核心。在费孝通眼中的小城镇,是由许多星罗棋布、大小不一的乡村生活的中心等多层次构成。中心的功能种类可以是政治、经济、文化、教育、流通等等。也可以是各种类型的综合,成为多功能的农村中心,甚至向小城市、中等

城市发展。

这些观点也存在于我们今天进行新型城镇化建设,尤其是党的十八届三中全会做出的关于全面深化改革若干重大问题的决定中。2013 年 12 月党中央举行城镇化工作会议精神,指出城镇化是现代化的必由之路,要把推进以人为核心的城镇化和在有序实现市民化过程中让广大农民共同分享现代化成果置于六大任务之首。

2. β 生态产业镇发展模式

该观点积极主张就地就近城镇化,通过生态产业镇的建设推进解决进城农民的安居问题和乐业问题,达到人与自然、经济发展与城镇建设、资源环境保护利用的和谐发展。该产业组织形式的操作实施是蕴含着可持续发展功能原理的产业组织模式。从生态经济学、产业集群理论和区域社会发展变迁角度来构建本土新型城镇化的发展道路。β 生态产业镇的发展模式,起源于我们学习党的十八大文件“新四化”中对新型城镇化的产业发展道路问题的调研和中央城镇化工作会议着力推进以人为核心的新型城镇化建设的理论思考。在中央新型城镇化顶层设计部署下,通过具有产业支撑的生态产业镇建设,遵循生态经济学和循环经济原理将农村的生产、生活、生态等问题关联起来,这种根植于乡镇的资源节约、环境友好的生态产业镇发展,可破解城镇化进程中“土地、产业、资金”难题,推动人的城镇化和生态城镇。根据我国新型城镇化进程中面临的“土地、产业、资金”难题产生的原因分析,以人的城镇化和生态城镇化为目标,提出具有产业支撑能力 β 生态产业镇,这种基于地方资源禀赋的产业组织发展新模式,可以弥补新型城镇化进程中的产业发展路径理论上的不足,为城镇产业化、农民市民化、社区生态化、农业现代化提供理论上的依据。本文建议将项目实施选择在乡镇区域范围,尝试从理论和实践方面进行深度和广度研究,揭示地方经济社会发展变迁规律,为推动地方新城镇化进程提供可操作方案,为中国新型城镇化道路提供创新性实践支撑。

3. 脚踏实地进行本土化的新型城镇化

新型城镇化是个系统工程,系统内物质循环平衡等于系统内基本生存物质需求时的边界。在资源约束条件下,各子系统的内需平衡是系统稳定的基础,外需通过市场交换获得整个系统所需的公共服务的资本积累。因此,我们提出在广大乡镇农村地区建设生态城镇的核心——打造城(镇)域生态产业体系。

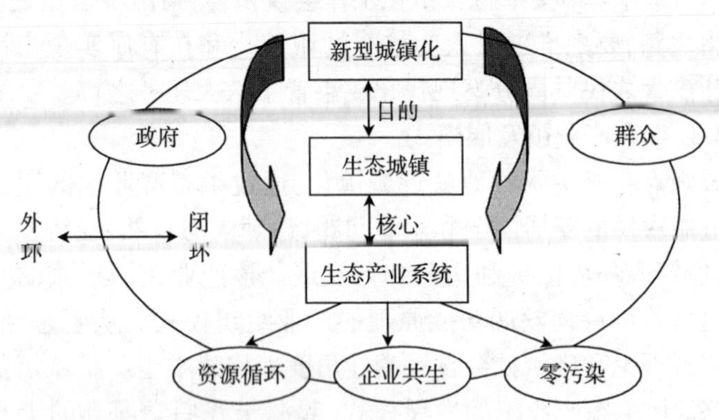

生态产业系统与新型城镇化关系导图

在实施过程中,要把握新型城镇化建设可持续发展、环境友好、人民宜居生态城镇的内在要求:纠正生态产业体系等于生态工业园的偏向,在园区内部实现产业的生态循环,是城市生态产业体系的一部分,完整的生态产业体系将城乡统筹、工业经济、现代服务业、生活服务业融合,在整个生态产业体系内部全面实现全产业循环。因此,新型城镇化转型发展必须将农业、工业、服务业全部纳入,形成农业生态自给、工业生态循环、服务业生态发展的立体有机生态产业体系,进而通过全新生态产业体系促进城市经济、社会和文化的全面发展。

一个完整的生态产业镇由五部分构成:种养基地+家庭农庄+养生度假村+生态工业园+城镇现代服务业综合体,按照“市场—技术—产业—规划—投融”规划绿色产业链上下游联动,其发展模式由地方政府和城乡产业联盟共同开发建设。该模式可以复制,从生态产业园、生态产业镇、生态经济区、生态县、生态市、生态省等进行不同层级的规划开发,加快推进以人为本的生态产业城镇的建设发展。

(作者简介:钟群英　江西省社科院经济所)

生态文明视角下鄱阳湖生态经济区现代渔业发展路径研究

甘江英

鄱阳湖生态经济区是以鄱阳湖为核心，以保护生态、发展经济为重要战略构想的新型经济特区。未来的鄱阳湖生态经济区将逐步建设成为世界性生态文明与经济社会发展协调统一、人与自然和谐相处的生态经济示范区和中国低碳经济发展先行区。国务院已于2009年正式批复《鄱阳湖生态经济区规划》，标志着建设鄱阳湖生态经济区正式上升为国家战略，对江西绿色崛起具有重大意义。鄱阳湖生态经济区的主导产业集中在现代农业、生态旅游产业和新型工业等方面，根据鄱阳湖生态经济区资源和产业特点，渔业具有天然优势，但深度开发和经营创新存在不足。渔业经营规模小、经营方式粗放、劳动力老龄化、组织化程度低、服务体系不健全等问题，极大地束缚了鄱阳湖生态经济区现代渔业发展。鄱阳湖是目前与长江保持自然连通状况仅存的二大湖泊之一。不仅集中了长江名优经济鱼类等水产资源，也是长江鱼苗育肥基地和水生生物种质资源库，同时是水生生物物种保护与研究及水生物资源可持续利用的理想场所。鄱阳湖的生态功能定位主要体现在以下几个方面：

主导生态服务功能──→长江流域极其重要的调蓄滞洪区──→维系长江中下游水量平衡。

辅助生态服务功能①──→长江中游水域生态平衡的重要功能区──→资源持续利用和濒危物种的保护。

辅助生态服务功能②──→国际重要湿地和珍稀候鸟越冬地──→履行国际公约和承担国际义务。

辅助生态服务功能③──→重要农副渔业生产基地或重要经济区

——→经济可持续发展。

一、鄱阳湖生态经济区现代渔业发展现状

渔业是湖泊生态系统的基本功能之一，鄱阳湖作为中国第一大淡水湖泊、长江中下游典型的天然浅水型湖泊和江西省重要的淡水渔业基地，其渔业功能极其显著。鄱阳湖鱼类调查资料显示，目前在鄱阳湖已发现136种(含亚种)鱼类。但是，在《中国湖泊志》《鄱阳湖》和《鄱阳湖研究》均记录122种，《中国五大淡水湖》中为107种。资料表明，2000—2010年鄱阳湖渔获物平均3.21万吨/年。2011年由江西省人民政府主办、江西省农业厅承办的第七届江西名优农产品(上海)展示展销会组委会在上海国际农业展览中心召开了新闻发布暨鄱阳湖生态农产品推介会。鄱阳湖水产品开始积极参与高层次竞争，走品牌化发展道路。江西省渔业局在推介鄱阳湖水产品时指出，全省水产品出口创汇额已长期位居全国内陆省首位，鄱阳湖生态经济区渔业经济占全省渔业经济的比重已达到60%左右，全省已建成农业部水产标准化健康养殖示范基地(场)181个，面积超过135万亩。另外，全省拥有无公害水产品生产基地100余个，养殖规模超过200万亩，已经通过无公害、绿色、有机食品认证的水产品及初级水产加工产品达到280多个，获得有机、绿色食品认证的水产品及初级水产加工产品的数量居全国前列。

从鄱阳湖15个滨湖县(市、区)渔业经济产业产值来看，近几年，鄱阳湖生态区渔业经济规模稳步发展壮大(见图1)，15个滨湖县(市、区)渔业经济总产值达到365.91亿元，从县域渔业经济产值来看，南昌县、进贤县、余干县和鄱阳县的占比均超过15个滨湖县(市、区)渔业经济总产值的10%，总占比超过60%(见表1)。

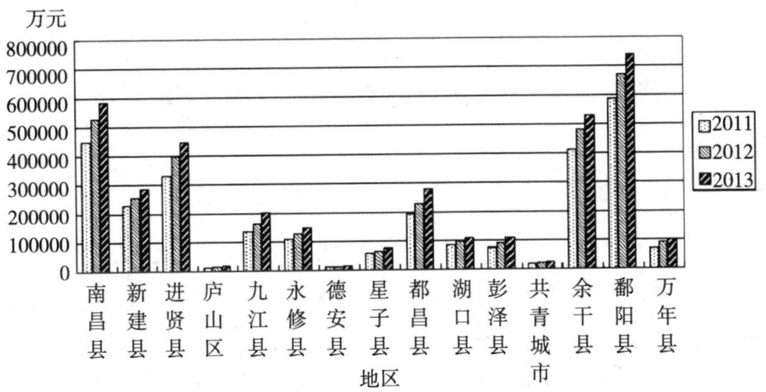

图1 2011—2013年15个滨湖县(市、区)渔业经济产值统计

数据来源:江西省渔业统计资料(2011—2013)

表1 2013年15个滨湖县(市、区)渔业经济产业产值结构

地区	总渔业经济		第一产业		第二产业		第三产业	
	产值(万元)	占比	产值(万元)	比重	产值(万元)	比重	产值(万元)	比重
南昌县	582400.50	15.92%	169727.50	29.14	253263.00	43.49	159410.00	27.37
新建县	283891.20	7.76%	175541.20	61.83	89907.00	31.67	18443.00	6.50
进贤县	445068.70	12.16%	227380.70	51.09	86496.00	19.43	131192.00	29.48
庐山区	18656.60	0.51%	15660.60	83.94	0.00	0.00	2996.00	16.06
九江县	202533.00	5.54%	76977.50	38.01	70463.00	34.79	55092.50	27.20
永修县	149094.50	4.07%	84098.50	56.41	39484.00	26.48	25512.00	17.11
德安县	15221.30	0.42%	8705.30	57.19	2405.00	15.80	4111.00	27.01
星子县	73701.00	2.01%	41166.00	55.86	17540.00	23.80	14995.00	20.35
都昌县	280246.20	7.66%	78866.20	28.14	141884.00	50.63	59496.00	21.23
湖口县	108777.30	2.97%	61352.30	56.40	31687.00	29.13	15738.00	14.47
彭泽县	107172.75	2.93%	82746.20	77.21	2414.00	2.25	22012.55	20.54
共青城	23311.10	0.64%	13967.10	59.92	2510.00	10.77	6834.00	29.32
余干县	530468.00	14.50%	235683.00	44.43	112581.00	21.22	182204.00	34.35
鄱阳县	739971.00	20.22%	238154.00	32.18	291822.00	39.44	209995.00	28.38
万年县	98563.00	2.69%	28118.00	28.53	32608.00	33.08	37837.00	38.39
总 和	3659076.1	100%	1538144.1	42.04	1175064.	32.11	945868.05	25.85

数据来源:江西省渔业统计资料(2013)

二、鄱阳湖生态经济区现代渔业存在的问题分析

(一)产业结构不合理,区域发展不平衡

从渔业经济三次产业产值结构对比来看,渔业产业结构依旧呈"一大两小"的模式,即以第一产业为主,而第二产业和第三产业发展相对滞后。从2013年15个滨湖县(市、区)渔业经济产业产值结构表中可以看出,其中庐山区、彭泽县第二产业几乎没有,新建县第三产业发展非常落后,占比仅6.5%,仅南昌县、鄱阳县、都昌县和万年县渔业经济产业结构相对更合理。说明环鄱阳湖区域渔业产业化经营还处于起步阶段,资源科学合理开发利用、水产品深度加工延伸产业链以及"品牌渔业"发展还不充分。市县之间发展不平衡,最大产值差比达到近40倍。其中,鄱阳县的产值最高,达到近74亿元,占比达20.22%。庐山区产值最低,只有近1.87亿元,占比仅0.51%。排除区位因素的影响,部分市县渔业缺乏投资大、带动力强的现代渔业项目,渔业产业转型升级的步伐不够快,是成为影响这些市县现代渔业产业发展壮大的重要原因。

(二)鄱阳湖渔业资源持续衰退

根据2011年10月江西省政协人口资源环境委员会和省科学院、省农业厅有关专家所做的《鄱阳湖渔业资源利用与保护专题调研报告》统计,2011年鄱阳湖区有捕捞渔船3万艘,渔业人口16万人,其中,持证渔船1万艘,渔业人口近7万人,其捕捞强度已经大大超过了鄱阳湖的承受能力。近年来长期极端的低水位改变了鄱阳湖的生态环境,入湖水量减少,使局部江湖水交换不畅,削弱了湖泊对污染的净化能力,使鄱阳湖湖区部分水体难以保持良好的水质,湖区灾害损失承载能力变弱,难以保证最小生态需水量,自净能力下降。鉴于水位下降对鄱阳湖洲滩显露的影响,极端低水位对鄱阳湖湿地结构和功能的长期效应不容忽视。大量吸螺采蚌不但吸走了大量螺

蚌,也严重破坏了湖底的水草和水质,导致鱼虾数量急剧减少。

(三)鄱阳湖渔业存在的生态问题

2011年,江西省生态学会组织专家,就鄱阳湖生态现状进行了专题调研,对鄱阳湖生态的评价结果是:总体处于安全水平,接近不安全边缘,存在一些生态问题不容忽视。一是鄱阳湖生态建设规划滞后,管理体系还不健全,缺乏合力,难以实现高效持续的科学管理;二是再生公共资源管理普遍存在“公地悲剧”现象,就如亚里士多德所言:“那由最大人数所共享的事物,却只得到最少的照顾”;三是鄱阳湖持续完整深入的科学研究尚有不足,基础理论与先进技术应用出现短板问题;四是生态保护的公众参与生态补偿机制有待进一步补充和完善。

三、鄱阳湖生态经济区现代渔业的发展路径选择

近年来,上海等发达地区渔业加快实现战略转型取得了明显的经济、社会和生态效益。渔业产业化是以国内外市场为导向,按照市场经济规律,通过“市场+龙头企业+合作社+养殖基地+中介组织+渔民”的形式,逐步形成产供销一体化的生产经营体系。产业升级是现代经济发展的共同追求,产业转型升级与环境保护良性互动也成为当前的研究热点之一。总体来看,江西产业转型升级未能摆脱做大经济总量与保护生态环境、保护青山绿水相互矛盾的不利局面。因此,发展鄱阳湖生态经济区现代渔业应从构建新型渔业经营体系,实现现代渔业产业转型升级和保护生态环境统筹考虑。笔者基于可持续发展思想,立足生态经济,从生态文明的视角,构建了鄱阳湖发展生态渔业的理念模型(见图2)。加快探索走出一条“特色是生态、核心是发展、关键是转变发展方式、目标是生态与经济协调发展”的鄱阳湖生态经济区现代渔业之路。

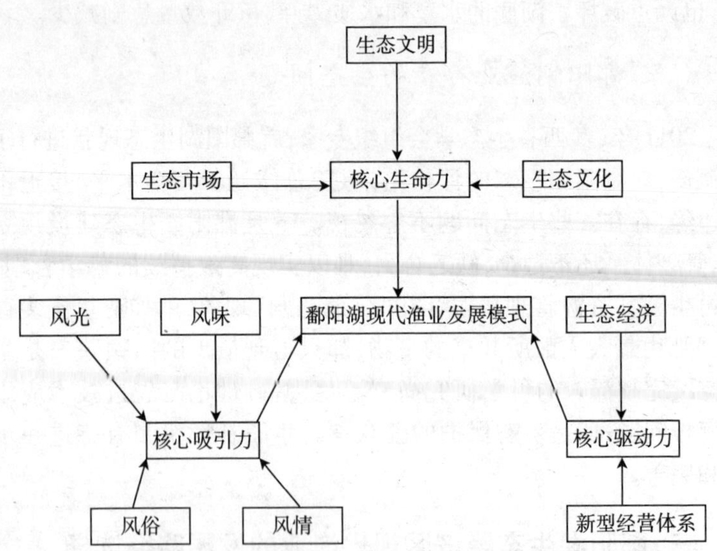

图 2　鄱阳湖发展生态渔业的理念模型

具体发展路径如下：

（一）核心吸引力——实施鄱阳湖渔业品牌战略

以“鄱阳湖”品牌统领鄱阳湖生态经济区现代渔业，确立品牌生态位，打造奢侈级、精品级和大众级水产品。当前互联网营销已成为一种重要的品牌推广路径，笔者认为，其关键在于互联网的大空间同步支撑了大众的从众心理，实现了品牌营销的时尚化和品味化。鄱阳湖生态经济区现代渔业可以选择互联网营销路径扩大“鄱阳湖”品牌影响，采取政府支持、企业主导、渔民参与的方式全面推介鄱阳湖生态经济区现代渔业的“风光”“风情”“风味”和“风俗”，走品牌引领市场、企业打造产品、渔民经营故事的新型发展道路。

（二）核心驱动力——加大现代渔业产业转型升级力度

从鄱阳湖生态经济区现代渔业的发展阶段特征看，必须实现渔业的大投入、大建设、大发展。培育和引进重大渔业产业项目，加大渔业技术和经营创新力度，促进渔业企业集聚、渔业产业链延伸，打造一批在全国甚至全球具有竞争力和影响力的渔业知名企业和特色渔业生态园区。

（三）核心生命力——鄱阳湖渔业与生态文明的统一

资源节约与环境保护是我国的一项基本国策。产业成长要以“循环、生态、低碳”为宗旨，走资源节约和环境保护之路。生态渔业建设是在根据生态学原理进行的人工设计的基础上，充分利用现代科学技术和生态系统的自然规律，对受人为活动干扰和破坏的渔业生态系统进行恢复和重建，实现环境、经济、社会效益的统一。鄱阳湖生态经济区渔业发展必须以生态控制理论和生态创新理论为指导，用系统整体性的观点构建区域生态经济型渔业系统，充分发挥鄱阳湖生态经济系统的各项功能，进而使区域形成良性循环的生态渔业产业系统。发展以产业化为基础的生态渔业是实现充分利用渔业资源和实现渔业高产、高效、持续发展，从而达到生态系统与经济系统的良性循环和经济、生态、社会三个效益统一的有效途径。同时，在管理和服务等方面还必须做到生态化管理和服务。大力弘扬生态文明，挖掘和传承鄱阳湖渔业文化底蕴，发展富有鄱阳湖渔业特色的文化艺术产品。

参考文献

[1] 刘镭. 农业经营方式的选择行动与社会结构互动关系研究[J]. 中南民族大学学报(人文社会科学版), 2014, 34(2).

[2] 王国平. 产业升级模式比较与理性选择[J]. 上海行政学院学报, 2014, 15(1).

[3] 卢福财，朱文兴，胡平波. 产业转型与环境保护良性互动影响因素研究——以江西为例[J]. 江西社会科学,2014, (1).

[4] 姜长云. 关于构建新型农业经营体系的思考——如何实现中国农业产业链、价值链的转型升级 [J]. 学术前沿,2014, (1).

[5] 甘江英，吴斌. 江西水产品牌营销现状及对策研究[J]. 中国水产, 2014, (4).

[6] 罗贤宇，俞白桦，曾丽萍. 鄱阳湖生态经济区生态农业发展策略研究[J]. 福建农林大学学报(哲学社会科学版) ,2014,17(1).

（作者简介：甘江英　南昌市社会科学院）

鄱阳湖生态经济先导区金融支持政策研究

麻骏斌

建设鄱阳湖生态经济先导区,是贯彻落实江西省第十三次党代会和鄱阳湖生态经济区推进大会精神,打造鄱阳湖生态经济区发展龙头的重要举措。对鄱阳湖生态经济先导区进行金融政策支持,赋予先导区更大的改革权、试点权和发展权,有利于为生态经济区重大政策的出台提供样板,发挥政策窗口的示范效应。有利于先导区聚集发展要素,做大经济总量,增强辐射带动作用,有利于促进昌九一体化、融入长江中游城市群,对于促进江西发展升级、小康提速、绿色崛起、实干兴赣具有重要意义。

一、国内其他先导区(新区)金融支持政策比较

在全国范围内,选择相似的先导区(新区),如天津滨海新区、平潭综合实验区、前海深港现代服务业合作区、长沙大河西先导区、长吉图开发开放先导区等,这些先导区(新区)都在国家和地方的一些先行先试政策的推动下取得巨大的发展。充分借鉴这些先导区的政策思路,对建设鄱阳湖生态经济区先导区,把南昌打造成为带动全省发展的核心增长极具有重要意义。

(一)天津滨海新区金融支持政策

在金融企业、金融业务、金融市场和金融开放等方面的重大改革,原则上可安排在天津滨海新区先行先试。本着科学、审慎、风险可控的原则,可在产业投资基金、创业风险投资、金融业综合经营、多

种所有制金融企业、外汇管理政策、离岸金融业务等方面进行改革试验。在滨海新区开展融资租赁船舶出口退税试点、外汇管理改革试点、境内个人直接投资境外证券市场试点、支持海关特殊监管区域联动试点等工作。

设立渤海产业投资基金,总规模200亿元人民币,首期募集规模60.8亿元,基金投资于滨海新区的比例不得低于50%。自2010年起5年内,区财政每年安排预算资金1.5亿元,设立滨海新区科技型中小企业利用股权投资基金融资引导资金(以下简称"引导资金"),用于鼓励科技型中小企业利用私募股权基金(PE)和创业风险投资基金(VC)进行融资。

(二)贵安新区金融支持政策

鼓励新区加快推进金融改革创新。支持新区内符合条件的农村信用社改制组建农村商业银行,支持新区按照有关规定设立村镇银行。探索推动股权交易平台建设。继续对地方法人金融机构执行较低的存款准备金率,对符合国家产业政策规定、市场准入标准的企业和项目,鼓励金融机构积极给予信贷支持。支持符合条件的境内外金融机构按规定在新区设立分支机构以及资金清算中心等。支持新区按规定设立贵安新区股权投资母基金。支持新区内符合条件的企业通过上市、发行企业(公司)债券、中小企业私募债等方式进行融资。支持保险资金在依法合规、风险可控的前提下投资基础设施和重点产业项目。开展民间资本管理服务公司试点。

(三)平潭综合实验区金融支持政策

支持台湾金融机构在平潭设立经营机构,支持银行业金融机构在平潭设立分支机构。允许福建省内符合条件的银行机构、外币代兑机构、外汇特许经营机构在平潭综合实验区办理新台币现钞兑换业务。

支持符合条件的台资金融机构根据相关规定在平潭设立合资证券公司、合资基金管理公司,支持平潭综合实验区在大陆证券业逐步扩大对台资开放的过程中先行先试。允许在平潭综合实验区的银行机构与台湾地区银行之间开立人民币同业往来账户和新台币同业往来账户，允许平潭综合实验区符合条件的银行机构为境内外企业、个人开立人民币账户和新台币账户，并积极研究具体操作办法。允许平潭综合实验区内的台商投资企业在境内发行人民币债券，探索在香港市场发行人民币债券。

（四）前海深港现代服务业合作区金融支持政策

继续扩大跨境人民币业务试点，发挥深圳作为跨境人民币业务试点地区的区位优势，促进香港人民币离岸市场的发展。探索资本项目对外开放和人民币国际化路径，在 CEPA 框架下，由有关部门制定深港银行跨境贷款业务试点方案，在风险可控条件下，尝试开展试点。鼓励符合 CEPA 关于“香港服务提供者”定义的金融机构在前海设立国内总部、分支机构。支持设立融资租赁公司、汽车金融公司、消费金融公司以及小额贷款公司等有利于增强市场功能的机构。

支持符合条件的在香港上市的内地企业到深圳上市；积极探索在深圳设立的证券公司、基金管理公司在香港的分支机构开展境内证券投资业务。加强深港两地金融业高端专业人才的培训、业务交流和创新合作。支持深圳高新区进入股权代办转让系统扩大试点范围，支持深圳科技型中小企业加快改制上市步伐，进入市场融资。支持保险改革创新项目在前海先行先试。根据国家保险监督管理政策法规，研究支持香港保险机构进入前海的政策，研究适当放宽香港居民及机构进入前海保险中介市场的准入限制。探索在前海开展自保公司、相互制保险公司等新型保险公司试点，大力发展再保险市场。继续推进科技保险试点工作，为科技企业提供风险保险服务。

（五）长沙大河西先导区金融支持政策

设立先导区投资控股集团公司，控股公司为国有独资公司，注册资本 100 亿元人民币，其中拨付现金 25 亿元、市政府注入的土地资产和其他资产等 75 亿元，在五年内缴足。吸引金融机构设立总部机构。对新引进的银行、证券、保险类金融机构全国性及以上总部给予 500 万元人民币一次性补贴，地区总部给予 200 万元人民币一次性补贴。对新引进的金融机构在先导区以招投标方式取得土地使用权建造自用办公楼的，相应缴纳的土地出让金先导区所得部分给予100%的补贴。

政府牵头组织金融机构在先导区率先签订“绿色信贷”公约，发起银行类金融机构共同签订，并监督其遵守执行。金融机构在发放一定限额以上的项目贷款时，坚决不向不符合环保标准的项目发放贷款。对先导区鼓励和重点发展的现代服务业企业，由先导区财政按年度(暂定五年)给予拟扶持企业当年所承担银行等金融机构贷款利息的30%的信贷贴息支持，且财政当年对单个企业的贴息不超过该企业纳税形成的先导区财政所得的50%。对先导区鼓励和重点发展的现代服务业各类项目，要切实做好项目的包装策划推介工作，积极争取国家和省、市相关部门各类专项资金和银行信贷的支持。

(六)长吉图开发开放先导区金融支持政策

加大金融对长吉图战略的支撑力度。积极引导域外重点金融机构在长吉图区域设立省级分支机构，鼓励已入驻吉林省的金融机构在长吉图区域设立二级分行，支持域内外符合条件的金融机构在长吉图区域发起设立村镇银行，推动社会资本在长吉图区域发起设立小额贷款公司。拓宽境外融资渠道，积极为长吉图区域中资企业利用外资创造条件。鼓励发展新型金融产品。积极发展商圈融资、供应链融资、“微贷工场”等个性化创新服务产品。鼓励企业发展债券融资，开展永续债、集合债等新型债券发行工作，推动发行吉林省长吉图先导区建设集合债。探索设立长吉图发展基金。搭建融资平台。开展现有长吉图区域省、市级融资平台整合工作，解决融资平台在承接贷款后的可持续发展问题，并适时建立长吉图融资平台。

(七)上海自贸区金融支持政策

加快金融制度创新。在风险可控前提下，可在试验区内对人民币资本项目可兑换、金融市场利率市场化、人民币跨境使用等方面创造条件进行先行先试。在试验区内实现金融机构资产方价格实行市场化定价。探索面向国际的外汇管理改革试点，建立与自由贸易试验区相适应的外汇管理体制,全面实现贸易投资便利化。鼓励企业充分利用境内外两种资源、两个市场,实现跨境融资自由化。深化外债管理方式改革,促进跨境融资便利化。深化跨国公司总部外汇资金集中运营管理试点,促进跨国公司设立区域性或全球性资金管理中心。建立试验区金融改革创新与上海国际金融中心建设的联动机制。

增强金融服务功能。推动金融服务业对符合条件的民营资本和外资金融机构全面开放,支持在试验区内设立外资银行和中外合资银行。允许金融市场在试验区内建立面向国际的交易平台。逐步允许境外企业参与商品期货交易。鼓励金融市场产品创新。支持股权托管交易机构在试验区内建立综合金融服务平台。支持开展人民币跨境再保险业务,培育发展再保险市场。

二、鄱阳湖生态经济先导区金融支持政策的总体思路

(一)指导思想

以科学发展观为指导,以《鄱阳湖生态经济区规划》为依据,以促进生态与经济协调发展为主线,以壮大生态经济实力为目标,借鉴其他先导区(试验区)已实施的政策措施和先进经验,结合先导区的实际,赋予鄱阳湖生态经济区先导区最优的改革发展权和先行先试权,在先导区内实施生态建设和环境保护政策、率先探索有利于先导区科学发展、率先发展的财税政策、金融政策、投资政策、产业政策、土地政策、科技政策、人才政策,创造灵活高效的体制机制,发挥市场配置资源基础性作用。加强政策扶持引导,促进资源要素集中,使鄱阳湖生态经济区先导区成为省内、市内发展政策最优惠、经济管理权限最大、发展资源最优、体制机制最活的地区,成为"先行先试、领先领跑",推动区域经济快速发展最有力的平台和增长极。

(二)重点支持产业

航空运输业。重点支持旅客运输业,支持廉价航空、支线航空的

入驻和发展，推动航空运输服务大众化。建设海关监管仓库、保税仓库、出口拼装仓库、快件仓库等，提升货运处理能力，支持昌北国际机场建成区域性航空货运中心。组建江西本地航空公司，构筑更加完善合理的航空运输网络，为基地航空公司规划预留发展空间。

航空物流业。支持先导区依托航空货运网络，以第三方物流为主体，聚集发展仓储、运输、加工等航空物流产业，大力发展临空型高科技产品、鲜冷水产、时令鲜花、高档水果、苗木、时装等特色产品物流，建设区域性航空物流集散基地。积极引进大型航空物流企业、航空货运公司，鼓励在区内设立区域性总部、区域性物流分拨转运中心，重点发展仓储、运输、中转、配送、包装和物流加工等航空物流服务业务。支持航空公司引进全货机，满足航空货运量较大企业的物流需求。积极引导航空货运代理企业入驻发展货代业务，培育货代产业集群。重点引进国内外快递龙头企业，建设区域性快递物流基地，构建规模化、网络化航空快递服务体系，建设中部地区重要的航空快递转运中心。

生物医药。重点支持桑海生物医药产业基地建设，重点发展技术先进、附加值高的现代中药、化学药、生物技术药物等，努力打造国内重要的中药产业链生产基地、中部生物医药产业集散地和集科工贸于一体的专业化医药产业园。支持大品种中成药的产业技术提升，发展中药材成分的生物提取等高新技术，争取在新型中药制剂、治疗艾滋病、抗癌等新药领域取得重大突破，开发一批具有自主知识产权的新产品，形成市场竞争的新优势。

新材料和节能环保。支持先导区大力发展各类金属、非金属高性能新材料，重点发展节能关键技术与装备、节能环保材料、资源循环利用、低碳技术研究与应用等节能环保产业。

先进装备制造。重点支持发展以城市轨道交通设备、动车组及客运列车制造为重点的先进交通装备和以航空、智能电网为重点的高端能源装备。重点发展专用数控机床、车辆轮轴加工特种设备、轨道交通测量装置、轨道交通车辆运维和轨道交通车辆总装。培育发展以数字化、柔性化及系统集成技术为核心的传感器、智能仪表、机械加工数字化车间等智能制造装备。

临空商务。重点支持电子商务、航空商业等商务服务业，建成集聚高端要素的空港商务服务中心和中部地区航空商务聚集地。

总部经济。支持先导区大力引进国内外航空公司总部或地区总部、分支机构或运营中心、研发中心、数据中心，打造集航空公司运营管理、商务办公、会展、研发于一体的航空总部经济区。重点引进新一代信息技术、生物医药、先进装备制造、新材料和节能环保等行业的公司设立区域性总部或分部办公基地，大力引进国内 IT 企业总部和国际知名 IT 企业的研发中心等高科技总部。

航空教育培训。支持先导区采取措施吸引航空公司培训基地、航空教育培训机构和通用航空驾校入驻，开展飞行员、机务、乘务、管制和地勤等航空专业人才培训。培养临空经济区急需的航空运输、航空物流、航空维修、航空材料、航空服务、临空高科技、环境工程等专业人才和产业工人。

（三）最终目标

1. 通过金融政策支持，先导区形成因地制宜、发挥优势、相互合作、各具特色的产业布局。区域内各地区依据自身的比较优势和资源禀赋特征，形成特色鲜明，并在区域产业链中承担相应职能的区域产业布局。

2. 通过金融政策支持，先导区建成共享、高效的区域性基础设施体系。主要是构筑现代化区域综合交通网络，使机场、高速公路、高速铁路等重大基础设施分布合理，快捷、便利、高效，城市交通与区域交通系统衔接，区域能源供给充足、安全、可靠。

3. 通过金融政策支持，改善先导区产业布局，包括对老基地的调整和改造，对新建骨干企业的选址定点，新老企业在一定地域范围的协调组合，正确处理工业、服务业布点的集中与分散的矛盾；

4. 通过金融政策支持，合理安排休闲农业用地与工业、服务业的建设用地结构，妥善解决工、农业和服务业建设间的用地矛盾；

5. 通过金融政策支持，保证生产要素的合理流动和有效配置，使先导区市场配置资源的基础性作用能够最大限度地发挥。

6. 通过金融政策支持，搞好先导区环境整治，防止重要水源地、城镇、风景游览区污染，逐步恢复已被破坏的生态平衡，使其向良性发展，改善和美化环境。

三、鄱阳湖生态经济先导区金融支持政策

（一）争取享受金融改革和创新试验区政策

借助鄱阳湖生态经济先导区建设契机，加强与全国金融机构的合作，争取国家给予先导区与上海自贸区、天津滨海新区同等的金融支持政策，允许各国家级金融机构将先导区作为金融改革和创新的试验区，争取直接融资、综合经营、外汇管理、机构体系四方面的优惠政策；或者争取单项金融改革实验，如外汇管理体制改革试验，金融业综合经营试点，住房储蓄银行试点，统筹城乡保险发展试点等等。争取成为全国大金融机构混业经营的试验地，即允许各国家级金融机构的改革、创新可以在先导区先行先试。

（二）实施区域信贷政策倾斜

鼓励各类金融机构实行差别化信贷等政策，参与先导区建设和重点产业发展。建议增加先导区基础设施项目贷款数量和延长贷款期限，推动各银行制定专项信贷政策和金融服务政策，对区域内分支机构给予重点支持，放宽信贷审批和业务创新权限；新增贷款逐年提高用于先导区基础设施等领域的比重，优先审批安排区域内优势产业客户和重点建设项目的融资申请，在政策许可的前提下给予最大限度优惠，特别是将区域重大基础设施项目、特色产业项目、资源高效利用项目、生态环境改善项目列入差别化政策；支持各银行在先导区设立中小企业信贷分部、票据分中心等营运中心，在贷款授信、期限、利率等方面给予倾斜。积极争取人民银行再贷款、再贴现政策，充分发挥信贷政策的引导作用。

（三）设立先导区各类融资平台

支持鄱阳湖生态经济先导区有条件的金融机构进行综合经营的

试点,通过整合金融资源,提高金融服务水平和效率,逐步实现跨区综合经营。支持省级融资担保机构与先导区联合建立综合融资担保平台。培育搭建新的地方融资平台。包括战略性新兴产业融资平台。在新一代信息技术、新能源、新材料、航空制造业、生物制药、节能环保等重点发展的战略性新兴产业领域,配合政府专项资金和产业发展资金,组建相应的产业融资平台。搭建旅游融资平台。通过设立鄱阳湖生态经济区旅游投资公司,充分利用现有资源,激活和优化各种旅游生产要素,促使旅游资源向旅游资本转变。实现旅游业"大产业布局、大资本运作、大项目带动"的战略目标。搭建环境保护融资平台。整合省行政事业集团公司和省水利集团公司的力量,结合区域内各级政府的环境保护专项资金的使用,组建鄱阳湖生态经济区环境保护融资平台,以拓宽生态环境保护的融资渠道。搭建新农村建设融资平台。为解决新农村建设资金不足的矛盾,改变过去政府单一投入的模式,可通过搭建新农村建设融资平台,强化市场运作,筹集建设资金,有效整合各类资源。

(四)鼓励建立多元化的融资机制

鼓励国有资本通过资本市场、产权交易市场退出竞争性行业和领域,参与基础设施建设和经营。鼓励民间资金投入。按照"非禁即入"的要求,降低门槛,鼓励和支持民间资本投资先导区基础设施建设。创新投融资方式,鼓励民间资本通过转让、合资、合作、独资或BOT等方式投资基础设施建设。加快建立统一开放、竞争有序的环保公用事业市场体系,采用BOT、TOT等模式,鼓励各类企业参与环保基础设施建设和运营,推进污染治理市场化。支持按照相关管理办法设立鄱阳湖生态区域生态环境保护基金,形成生态建设的多元化投融资机制。

积极鼓励本区域企业发行短期融资券,优化融资结构;积极推动债券市场发展,拓宽企业利用债券进行并购融资的渠道;支持先导区内企业以应收账款开展融资活动,推动动产担保融资业务试点;支持先导区更多的企业上市,改善公司治理结构,并积极发展股权投资。支持开展非上市股份公司股份报价试点。通过政府许可的方式,鼓励企业完善BOT等国际通行的项目融资方式。拓宽融资渠道，鼓励和引导符合条件的企业到境内外资本市场上市融资和发行企业债券，提高直接融资能力和扩大企业(公司)债发行规模。

(五)建立和完善高效运行的金融市场体系

支持地方金融主体建设，通过重组、兼并、合并以及各种方式支持区域内商业银行逐步发展成为跨省、跨境的区域性商业银行。督促和帮助区内银行、保险、证券等金融机构对鄱阳湖生态经济区先导区分支机构增加设置。整合金融资源，推动组建大型金融控股集团。创造条件，引导和支持境外金融机构在鄱阳湖生态经济先导区内设置办事处、代表处、分支机构和地区总部。支持各种金融租赁公司、财务公司、信托公司等非银行金融机构的发展。鼓励股份制商业银行和外省城市商业银行到经济区内设立分支机构。吸引全国性银行和外资银行，形成多元的银行主体，构建多层次的鄱阳湖生态经济区金融服务网络。

积极推动非银行金融机构发展。积极探索，推动保险公司、信托公司、担保公司、租赁公司等非银行金融机构的多元化发展，与商业银行分工协作，共同构建具有鄱阳湖生态经济先导区区域特色的多元化金融机构体系。创设各种产业投资基金、风险投资基金、证券投资基金、股权投资基金和创业投资基金。创造条件，争取设立若干城市投资基金。建立和健全信用担保机构，为中小企业和高科技企业风险投资提供担保。大力发展金融中介服务机构。引进和培育律师、会计师事务所、评估机构、咨询信息服务机构等金融市场中介服务机构，提供专业化、全方位的金融服务，为鄱阳湖生态经济区金融业的健康发展提供强大的支持。

(六)创新金融产品和机制

在未来的发展过程中，要根据鄱阳湖生态经济先导区经济金融发展现状，创新金融产品和金融机制。一是创新信贷产品。推广银团贷款，推动设立小额贷款公司，提供多方位服务。二是信托融资。设计推出信托产品，引导社会资金，以贷款、投资、出租、出售等多种方式管理资产和融通资金。三是租赁融资。设立租赁公司，通过回租、委托租赁、转租赁等多种形式实施租赁融资。四是票据融资。鼓励经济区内企业发行公司债券、企业债券、集合债券，扩大债券发行主体和发行规模。鄱阳湖生态经济区的高新技术产业、先进制造业和现代服务业可以尝试利用短期融资券和中期票据等直接融资工具拓宽融资渠道。

同时，要建立权益担保融资、产权交易和风险分散机制。将高新技术企业的专利权、商标权和著作权等通过担保进行债券融资；推动非上市公司股权有序流动，探索建立与各类股权投资基金的对接平台，设立非上市公司股权交易所，完善退出机制；建立风险分散机制，发挥政策性农业保险、责任保险、小额农业保险等功能作用。

参考文献

1. 南昌临空经济区发展规划(2014－2025年)，2014.4.8.

2. 天津滨海新区鼓励支持企业发展的指导意见，2008.10.13.

3. 贵安新区总体方案 国函〔2014〕3号，2014.1.6.

4. 平潭综合实验区总体发展规划，2011.11.

5. 前海深港现代服务业合作区总体发展规划，2010.10.28.

6. 中共长沙市委长沙市人民政府关于支持长沙大河西先导区建设的若干政策意见，2009.8.12.

7. 中国图们江区域合作开发规划纲要——以长吉图为开发开放先导区，2009.8.30.

8. 中国(上海)自由贸易试验区总体方案，2013.9.18.

(作者简介：麻骏斌 马来西亚英迪大学国际贸易系)

碳排放权市场的现状与思考*

薛 飞

在气候变化成为全球热点问题的背景下,加强环境保护,发展绿色产业已成为世界经济的发展趋势。2011 年 11 月,国务院发布《"十二五"控制温室气体排放工作方案》,明确提出控制二氧化碳等温室气体排放和开展低碳发展的目标,并将探索建立碳排放交易市场;党的十八大从加强生态文明建设的角度出发,提出了大力发展绿色、低碳经济的战略部署。生态文明、固碳减排、绿色发展已经成为我国新时期的发展主题。构建具有中国特色的碳交易市场体系是贯彻党的十八大精神,落实好各项节能减排方针的现实举措;是顺应低碳时代的发展要求,推进生态文明和经济转型的有效途径;是实现社会可持续发展和人类长久繁荣的必然选择。

碳交易最初是由联合国为应对气候变化、减少以二氧化碳为代表的温室气体排放而设计的一种新型的国际贸易机制。1997 年各缔约国签署的《京都议定书》,确立了三种灵活的减排机制:一是排放权贸易(ET),即同为缔约国的发达国家将其超额完成的减排义务指标,以贸易方式(而不是项目合作的方式)直接转让给另外一个未能完成减排义务的发达国家;二是联合履约(JI),即同为缔约国的发达国家之间通过项目合作,转让其实现的减排单位(EUR);三是清洁发展机制(CDM),即履约的发达国家提供资金和技术援助,与发展中国家开展温室气体减排项目合作,换取投资项目产生的部分或全部"核证减排量"(CERs),作为其履行减排义务的组成部分。除了《京都议

* 本文为 2014 年江西省社会科学规划课题青年项目"产业转移背景下的碳排放权市场的研究"(批准号:14QN20)阶段性研究成果。

定书》之外,还有一个自愿减排机制(VER),主要是一些企业或个人为履行社会责任,自愿开展碳减排及碳交易的机制。以上机制为全球碳交易市场的发展奠定了制度基础。对于发展中国家,主要利用 CDM 和 VER 机制参与国际碳交易市场。

一、国内外碳交易市场现状

1992 年,《联合国气候变化框架公约》在联合国环境与发展大会上的签署,标志着全球碳交易的开始;2005 年 2 月,旨在减少全球温室气体排放的《京都议定书》正式生效;2011 年全球碳排放交易市场规模达到了 1760 亿美元,从 2005 年到 2011 年,全球碳排放交易市场规模增长超过了 15 倍。碳融资规模也保持着 20% ~30% 的年均增长速度,2011 年全球碳融资规模达到了 1200 亿美元。根据英国新能源财务公司 2009 年的预测,全球碳市场 2020 年将达到 3.5 万亿美元,有望超过石油市场,成为世界第一大市场。

2011 年,欧盟碳排放交易市场规模达到了 1480 亿美元,占全球总规模的 84%,成为世界上发展得最好、规模最大的碳交易市场。根据欧盟温室气体排放贸易体系(英文简称 EUETS)(2013—2020 年),欧盟减排范围进一步扩大到石油、化工等行业的二氧化碳排放,及铝工业的全氟化碳排放。碳排放总量必须保证每年以不低于 1.74% 的速度下降,以确保 2020 年温室气体排放比 1990 年至少低 20%,在此阶段中的 50% 以上的配额采取拍卖方式分配,到 2027 年实现全部配额的有偿拍卖分配。

EUETS 的交易基本都是通过交易所或者直接交易市场来实现,其中 3/4 的交易是通过双边交易和场外柜台交易来完成,而交易所结算交割了半数以上的场外柜台交易,其中欧洲气候交易所占 82%。欧洲气候交易所起初是由芝加哥气候交易所在欧洲成立的一个全资子公司,通过伦敦国际原油交易所的电子交易平台挂牌交易二氧化碳期货合约,于 2011 年 4 月被美国洲际交易所以 3.95 亿英镑收购。在 EUETS 中,欧洲气候交易所在 2011 年 9 月的市场份额占比 91.66%,是全球最活跃的碳排放合约交易所。目前欧洲气候交易所上市交易的品种主要基于两类碳信用额度:欧盟碳排放配额和核证减排量。截至目前共有四个衍生品品种,分别为核证减排量期货合约、欧盟碳排放配额期货合约、核证减排量期权合约和欧盟碳排放配额期权合约。

目前,我国进行的国际碳交易类型只有清洁发展机制项目一种,即发达国家以提供资金和技术的方式,与我国合作投资具有温室气体减排效果的项目,从而换取温室气体的排放权。自 2005 年正式开展 CDM 项目起,我国 CDM 市场发展异军突起,并保持高速发展态势。截至 2013 年 7 月 1 日,我国 CDM 注册项目达到了 3653 项,约占全球 CDM 项目注册总数(6898 个)的 52.4%,交易范围或行业涵盖了化工、发电、生物质能、回收利用、工艺改进、造林与再造林、能效提高和燃料替代等项目。从已注册 CDM 项目的预计年度减排量来看,我国已注册 CDM 项目的预计年度减排量为 572231208 吨二氧化碳当量,占全球已注册 CDM 项目预计减排总量 894679182 吨二氧化碳当量的 64%。同样截至 2013 年 5 月 31 日,我国获得签发的 CERs 数量为 85245064 吨二氧化碳当量,占联合国总签发量 1334898773 吨二氧化碳当量的 63.9%。因此,我国无论是在联合国注册成功的 CDM 项目数上,还是在 CDM 项目产生的预计减排量上,或是在获得联合国签发的 CERs 数量上,均居于世界首位,已经成为全球碳交易初级产品最大的供应国。

2008 年 7 月 16 日,国家发改委决定成立碳交易所。目前,我国有 20 多家机构从事碳排放交易业务,这其中影响较大的主要有 3 家:北京环境交易所、天津排放权交易所、上海环境能源交易所。

2008 年 8 月 5 日,中国首家环境权益交易机构——北京环境交易所挂牌成立。当日,北京环境交易所达成国内自愿碳减排第一单交易,天平汽车保险股份有限公司购买北京奥运会期间“绿色出行碳路行动”产生的 8026 吨碳减排指标。2009 年 12 月 16 日,北京环境交易所正式发布中国首个自愿减排标准——熊猫标准 V1.0 版。

天津排放权交易所是于 2008 年 9 月 25 日挂牌成立的。其主要功能是为温室气体、主要污染物和能效产品提供安全高效的电子竞价和交易平台,为 CDM 项目以及区域、行业、项目的低碳解决方案提供咨询服务。

2010年6月3日,天津排放权交易所自主开发的温室气体自愿减排服务平台上线试运行,并为首批项目37.59万吨自愿减排量提供电子编码和公示服务。2011年6月10日,天津排放权交易所组织了中国大陆首笔基于PAS2060碳中和标准的企业自愿减排交易。

上海环境能源交易所于2008年8月5日挂牌成立,并于2011年12月23日改制为上海环境能源交易所股份有限公司。上海环境能源交易所主要从事组织节能减排、环境保护与能源领域中的各类技术产权、减排权益、环境保护和节能等综合性交易。交易所成立以来共挂牌自愿减排项目50个,节能减排和环保技术项目142个,撮合成交CDM合作项目13个。

二、碳交易市场目前存在的问题

1. 由于国内缺乏真正的碳市场交易,导致我国在国际碳市场定价权缺失

目前,我国企业主要通过与国外机构合作开发CDM项目间接地参与国际碳市场交易,相关企业只能将CDM项目下产生的核证减排量CER在一级市场上出售给国际买家,而不能将CER在二级市场上直接出售。因此,我国处于全球碳交易产业链的最低端,定价权和议价能力不足,国内核证减排量价格长期被压低。

2. 国内碳交易平台分散且不规范

碳交易试点以来,受"羊群效应"影响,全国各地建立起了多家碳交易机构。由于现有的国家法律法规没有规定碳交易平台建设的准入条件和资质要求,而且分散的碳交易平台不仅造成了资源浪费、效率降低,也弱化了碳交易机构的资质,而且各省的碳交易平台只能在省市内进行碳交易,交易流程、制度规范、检测方法等不尽相同,难以形成交易的内在驱动力。

3. 国内碳交易基础条件未完全成熟

首先,缺乏碳排放权交易的具体的法律制度。尽管部分省份如山西、江苏、浙江、湖北等相继出台了一些地方性的碳排放权交易法规,但是在国家层面上还没有针对性立法,排放权交易从检测审批到交易结

算,尚没有统一的规范标准。其次,缺乏对碳排放权的有效需求。根据国家的节能减排规划纲要,各省、市、县都有相应的减排任务,最终企业被分配到一定的排污限额。但地方政府出于对发展经济的考虑,对企业的碳排放监管处于一种放松的状态,企业缺乏参与碳排放权交易的动力。最后,社会对碳交易的认识不足。企业还没有感受到碳排放对企业发展的影响和其中蕴藏的商机,对碳汇的价值、碳交易的操作模式、项目开发、交易规则等尚不熟悉。

三、思考与对策

在碳交易市场构建的过程中,减排目标的确定、初始配额的分配、碳排放量的检测与核查、碳交易的执行与监督都是循序渐进的系统性工程。参与碳交易体系创建的相关机构既要参考和适应国际碳交易市场的发展规律,更要结合我国的碳交易现状和国情特点,突破设计上的技术和制度难题,不断完善碳交易模式以及相关配套政策,走出有中国特色的社会主义绿色、低碳发展之路。

1. 借鉴欧盟于2003年颁布的《欧盟建立温室气体排放权交易机制指令》,出台全国统一的对于国内碳排放总量进行强制性约束的基础法律文件

如果仅仅依靠目前规划纲要以及企业社会责任等软约束机制,国内碳交易仍然会缺乏大规模供求的市场环境。众所周知,美国由于拒绝签署《京都议定书》,缺乏强制减排的国际国内法律基础,以自愿减排为基础的国内碳市场发展相对缓慢,在国际碳市场体系中只占据很小的份额。

2. 建立权威的碳交易注册与结算平台

以国内现有的三大碳交易所,即天津碳排放权交易所、上海环境能源交易所、北京环境交易所的交易平台建设为基础,通过经验总结和资源集优,组建一个全国性服务平台,打破行政管理和区域界限,在全国范围内进行碳注册、碳交易和碳结算等工作,用规范统一的交易流程和科学高效的结算平台提高碳交易的公信度和信息透明度,实现碳交易市场的标准化、规范化发展。

3. 制定国内碳排放权配额分配的基本制度，即制定类似于欧盟排放贸易体系下的“国家分配计划”（National Allocation Plans，NAP）

国家应该首先确定逐年递减的全国碳排放总额度，而后协调确定各省、自治区、直辖市各自的年排放额度，最后再由各省、自治区、直辖市向参与强制减排的行业和排放企业发放配额。年度内结余的配额可以上市出售，超出配额排放的企业必须通过市场购买额度，否则缴纳高额罚款。借鉴欧盟的经验教训，在配额分配上可以遵循先免费发放、后拍卖发放的循序渐进的原则。

4. 以加强金融支持低碳经济发展为抓手，着力打造绿色碳金融服务体系

首先，出台构建碳交易市场的金融政策。建立健全金融支持节能环保和低碳发展的绿色信贷投放机制，并辅以财政补贴、产业扶持等若干配套政策，有差别地支持绿色企业发展，倒逼“三高”企业进行节能减排和低碳发展。其次，积极创新碳金融信贷产品和服务方式。金融机构要主动实践和碳金融有关的业务尝试，科学调整信贷投放结构和产品研发重点，创新开办碳权质押贷款、CDM 项目融资贷款和相关碳金融理财产品，争做低碳经济的助推者和领导者。最后，创建专门服务碳交易的“碳汇银行”。考虑到碳金融服务的专业性和复杂性，设立碳汇银行可以有效联系碳源与碳交易。除了可以为碳汇供给者提供融资、担保和信用增级等服务外，还可以尝试将碳指标存储在银行，开办“储碳汇”“售碳汇”业务，实现可持续性碳交易。

5. 加强对企业参与碳交易的政策引导

自愿减排交易市场上参与主体的数量直接决定市场的发展潜力。因此在自愿减排市场发展的初始阶段，政府应通过多种政策手段调动市场主体参与的积极性，如对参与自愿减排的主体进行财政资金支持、税收优惠补贴、发放政策性贷款，以及将其产品优先纳入政府采购范围等政策手段来降低企业参与排放权交易的成本，引导符合条件的排放实体加入到减排市场，扩大碳交易市场的参与主体和交易规模。

从碳排放权交易的角度减少碳排放量只是其中一种途径。从碳排放的源头——我国能源结构和产业结构调整的方向入手，才是真正的釜底抽薪。我国现阶段以煤为主的能源结构是实现向低碳经济过渡的最大拦路虎。受“多煤炭、少油气”的制约和保障能源安全的需要，中国以煤为主的能源结构在未来相当长的一段时间不会发生根本性的改变。由于能源结构的现状，我国在向低碳经济发展模式转变的过程中，需要付出比其他国家更多更复杂的努力和更多的代价。中国必须切实改变一直以来以消耗促增长的经济增长方式，走出一条清洁发展、低碳环保的经济发展之路。调整能源结构，降低煤炭等化石燃料在能源结构中的比重，提高低碳清洁能源在能源结构中的比重是促进低碳经济发展的一大主要途径。

中国经济已进入“新常态”，增长速度换挡、结构调整阵痛、前期刺激政策消化的“三期叠加”现象明显，政府在调节宏观经济大局之时，应充分重视能源产业的规划、引导与监督，提出新的更高的能源产业结构调整的目标要求。充分利用已经制定出台的激励新能源和低碳能源发展的政策，发挥其对产业发展的引导与激励作用。大的能源供应与消费企业要充分重视生产或消费新能源与低碳能源的好处，理性地增加生产或消费数量，不仅可以降低企业的成本，提高企业的收益，也能在社会公众面前树立投身环保、积极应对气候变化的负责任的企业形象。走低碳经济发展的道路对能源结构调整和产业结构调整提出了更加紧迫的要求，需要进一步加大调整力度和加快调整步伐。

参考文献

[1][美]蕾切尔·卡逊.寂静的春天[M].长春:吉林人民出版社,1997

[2]朱志刚.积极推进排污权交易　努力构建环境保护新机制[N].经济日报,2006-03-13.

[3]吴健.排污权交易[M].北京:中国人民大学出版社,2005.

[4]周莉.排污权交易的法律制度研究[D].西南财经大学大学硕士学位论文,2006.

[5]胡冬春.排污权交易的基本理论问题研究[D].湖南师范大学硕士学位论文,2004.

（作者简介：薛飞　江西省社会科学院研究实习员，硕士）

试论江西在长江中游城市群发展中的生态战略定位

陶虹佼

一、长江中游城市群筹划发展历程

改革开放之初，中国区域发展总体战略的重点是在“沿海开发开放”。从2000年开始，国家先后制定和实施了西部大开发战略（2000年）、振兴东北地区等老工业基地战略（2002年）和促进中部地区崛起战略（2004年）等，目的是缩小区域差距、促进区域协调发展，形成较为均衡的国土空间战略体系。

2006年4月，中共中央、国务院《关于促进中部地区崛起的若干意见》出台。此后，湖北武汉城市圈、湖南长株潭城市群获批全国“两型社会”建设综合配套改革试验区；江西《鄱阳湖生态经济区规划》获国务院批复；安徽皖江城市带获批为承接产业转移示范区。2011年，中部的“中原经济区”提升为国家战略，目前已成为跨7省28市的大经济区。同属中部的长江中游地区，在2010年12月也与“中原经济区”一起，被列入国务院印发的《全国主体功能区规划》18个国家重点开发区域。2012年2月10日，长江中游城市集群三省会商会在武汉东湖国际会议中心举行，湘赣鄂三省首次会商共谋“中三角”，标志着长江中游城市集群从构想、探索，进入全面启动和具体实践新阶段。2012年8月国务院发布《关于大力实施促进中部地区崛起战略的若干意见》明确要求“促进长江中游城市群一体化发展”。2012年12月底，中央政治局常委、国务院副总理李克强在江西九江主持召开区域发展与改革座谈会，提出把安徽纳入长江中游城市群，以武汉城市圈、长株潭城市群、环鄱阳湖城市群、江淮城市群等合作打造国家规划重点地区。2013 年 2 月 23 日，长江中游城市群四省会城市首届会商会在武汉举行，长沙、合肥、南昌、武汉四省会城市达成《武汉共识》。长江中游城市群省会城市第二届会商会在长沙举行。2014 年 2 月 28 日，长沙、武汉、南昌、合肥四省会城市在长江中游城市群省会城市第二届会商会共同签署发布了《长沙宣言》，携手冲刺中国经济增长“第四极”（见图 1）。

图 1　长江中游城市群

二、生态是江西融入长江中游城市群发展的重要战略定位

随着生态运动的全球化，追求生态环境与社会经济的协调发展，正在逐渐成为全人类的共识。党的十八大提出明确要求“把生态文明建设放在突出地位，融入经济建设、政治建设、文化建设、社会建设各方面和全过程”。长江中游城市群是我国具有优越区位条件、交通发达、产业具有相当基础、科技教育资源丰富的城市群之一，在我国

未来空间开发格局中，具有举足轻重的战略地位和意义。作为一个生态良好、资源丰富的生态大省，江西，除了发挥区域合作的战略支点、产业转型升级的先行区、对外开放的集聚地等作用之外，还应成为生态文明的示范区，为长江中下游生态安全提供重要保障。

——区域合作的战略支点。以昌九一体化为核心，联动景德镇、上饶、鹰潭、新余、宜春、萍乡、吉安等市，共同打造复合型极核，实现中心带动、多极协同、一体发展，把鄱阳湖生态城市群建设成为全国重要的城市群。

——产业转型升级的先行区。通过资源整合和产业链重组，构建面向长江中游城市群的汽车、有色金属、石油化工、航空制造、生物医药、电子信息等主导优势产业链，促进产业向园区化、集群化、生态化方向发展。

——对外开放的聚集地。积极对接上海自由贸易试验区、长三角、珠三角等地区的发展，推动建设昌九扩大开放试验区，打造中部对外开放的聚集地。积极参与"一带一路"建设，大力承接东部发达地区产业转移，促进中部地区加速崛起。

——生态文明的示范区。加快鄱阳湖、洞庭湖、长江干支流等流域环境污染综合整治，构建资源节约、环境友好的生态产业体系和生态型城市群，加强建立跨区域河流协商机制，实行跨界的流域环境污染治理统一规划、共同实施，把鄱阳湖生态城市群建成长江中下游水生态安全保障区。

三、江西建设生态文明的成效与存在的不足

江西在发展生态经济、建设生态文明方面开展了有益的探索和实践，取得了显著的成效。良好的生态正在成为江西最大的优势、最亮的品牌。2014 年 6 月 5 日，江西入选第一批全国生态文明先行示范区建设名单。

（一）江西大力推动生态文明建设

近年来，江西省以科学发展为主题，紧紧围绕省委"发展升级、小

康提速、绿色崛起、实干兴赣”方针，建设富裕和谐秀美江西，深入实施中部地区崛起、鄱阳湖生态经济区建设和赣南等原中央苏区振兴发展三大国家战略，强力推进生态经济，大力开展环境整治，生态文明建设工作成效显著。

坚持生态与经济协调发展，科学合理利用自然资源，推进新型工业化和城镇化，加快经济结构转型，支持生态、低碳技术发展，严格控制污染物排放总量，做到增产不增污，有效遏制了生态环境恶化趋势。

加大生态环保建设力度，提升自然保护区建设与管理水平。截至2013年底，全省共建有各类自然保护区188处，其中国家级13处，省级30处，县级145处，总面积1770.2万亩，占全省面积7.1%。创建63个国家级生态乡(镇)、77个省级生态乡(镇)、114个省级生态村。2013年，江西省财政安排了1000万元用于省级自然保护区能力建设。形成了以国家级自然保护区为核心和龙头，省级自然保护区为骨干和主体，市、县级自然保护区为网络和基础的保护区体系。

注重完善制度框架体系，出台了《江西省环境污染防治条例》《江西省湿地保护条例》《江西省水资源条例》《鄱阳湖生态经济区环境保护条例》《江西省河道管理条例》《江西省机动车排气污染防治条例》《江西省建设项目环境保护条例》、江西省实施《中华人民共和国节约能源法》办法、江西省实施《中华人民共和国野生动物保护法》办法、《江西省保护性开采的特定矿种管理条例》等一系列的环境保护法律法规条例，并强化了法律法规征求意见、公布实施、宣传教育等的力度。

2009年国家批复《鄱阳湖生态经济区规划》以来，江西积极开展先行先试，启动湿地生态补偿试点，力争林权、水权、碳汇、排污权等资源环境产权交易试点取得实质性进展，加快推进鄱阳湖生态经济区建设，走出一条生态与经济协调发展的路子。

经过努力，江西省的生态环境得到持续改善。2013年，全省地表水Ⅰ－Ⅲ类水质断面(点位)达标率80.8%，设区市城区集中式饮用水源地水质达标率为100%；南昌市执行环境空气质量新标准，空气质量优良率为 60.82%，在全国 74 个执行新标准的城市中排名位居中上，其余 10 个设区市城市环境空气质量均稳定达到国家二级标准；全省化学需氧量、氨氮、二氧化硫、氮氧化物排放总量分别比上年下降 1.85%、2.45%、1.76%和 1.16%，四项指标全面超额完成国家下达的年度减排目标任务。全省森林覆盖率 63.1%，居全国前列。

（二）生态文明建设仍需继续努力

江西省在社会经济发展取得巨大成绩的同时，生态文明建设面临着严峻的形势。一是生态文明理念的缺乏。在江西这样一个经济欠发达的地区，人们在面临经济发展和环境保护的选择之时，很容易被眼前的短期利益所迷惑而做出错误的判断。二是粗放型的生产方式和消费主义的生活方式导致资源的枯竭和环境的污染。表现在低碳、绿色、环保技术手段的普及程度不高，矿产资源过度开采，耕地数量减少，水土流失比较严重，消费主义、物质主义、享乐主义等的盛行，等等。三是生态文明法律法规的不健全。转变经济发展方式尚未完全，官员的任免考核制度的非生态倾向，资源型产品价格形成和生态补偿机制的不完善，公民参与环境监督管理的渠道不畅等问题，仍亟待解决。

四、打造具有生态亮点的长江中游城市群中心

生态文明建设和环境保护不仅是鄱阳湖生态经济区与其他以经济发展为主题的试验区、经济区相区分的最显著特征，也应该成为江西融入长江中游城市群建设的核心内容。

1. 加强国家层面的协调指导

长江中游城市群的发展必然促进湘鄂赣皖四省及周边地区经济、社会的巨大转变，涉及产业布局、资源分配、航道整治、基础设施建设、环境保护等诸多问题，制定具有指导性的开发规划和标准至关重要。在生态文明建设和环境保护方面，理应加强国家层面的协调指导，统筹研究解决长江中游诸省市发展中的重大问题。《国务院关于依托黄金水道推动长江经济带发展的指导意见》提出建立部际联席会议制度来统筹，特别是发挥水利部、交通运输部、农业部、环保部

等方面的作用。这种做法有成效的。但是还显得比较松散。可以参照京津冀协调发展领导小组，由国务院副总理张高丽任组长牵头的做法，成立高层次的领导小组，由国务院领导来牵头，这样就有了更好的协调力度。

2. 构建长江中游城市群生态文明一体化建设机制

由于长江中游城市群地理位置上的唇齿相依和生态效应的较强的“外部性”，都决定了靠一省一地之力难以解决环境问题。因此，只有加强省际区域政府间协调机制建设，打破行政区划界限和壁垒，加强规划统筹和衔接，将原来的长江沿岸城市的各种设计生态文明建设的会议制度、合作机制和组织整合起来，构建高标准、网络化的联合协商机制，政府、企业、社会组织、社区、居民共同参与治理的多层面的和多元的网络化协调，加强环境污染联防联治，加强应急联动机制合作，才能实现生态文明的一体化建设。

3. 启动长江全流域的生态补偿机制

一是探索水环境共同保护基金制度。根据“谁污染谁付费、谁破坏谁补偿”原则，在长江流域建立水环境共同保护基金制度。由国家相关部门负责组织对跨界水质开展监测，明确以省界断面全年稳定达到考核的标准水质为基本标准。上游提供水质优于基本标准的，由下游对上游给予补偿；劣于基本标准的，由上游对下游给予补偿；达到基本标准的，双方都不补偿。基金专项用于长江流域水环境保护和水污染治理。目前东江源与广东就是这样操作的。二是适时开征生态补偿税。建议国家适时征收生态补偿税，并把鄱阳湖流域列入全国生态补偿机制建立的试点区域，根据跨区域生态补偿的实际情况，合理确定中央与地方的分享比例，将中央的生态补偿税金全部用于对限制开发区域和禁止开发区域的转移支付。

4. 进一步优化产业结构和能源结构

加快产业转型升级是消除环境危机隐患的重要保证。江西要大力发展循环经济，以战略性新兴产业和特色优势产业为主体，发展生产性服务业，积极承接世界先进技术与产业转移，打造具有先进的环保技术和能够带动整个上下游产业链发展的龙头企业，推动实施一批重点生态项目规划和建设，淘汰落后产能，促进产业升级换代。结合西气东输、川气东输工程的实施，降低能源消耗量，调整能源结构，大力发展可再生能源产业，并提高传统能源的使用效率，降低排放。

5. 有针对性地加强大污染物治理

严格落实《江西省机动车排气污染防治条例》，推进设区市落实“黄标车”限行方案。强化科学监测，确保南昌市、九江市实时发布AQI监测数据，其余设区市按期实施环境空气质量新标准发布AQI监测数据。加强城市建筑施工工地扬尘污染监测，配合做好扬尘污染监管，积极推动扬尘污染防治立法。加快火电、钢铁、水泥等重点行业企业的脱硫、脱硝、除尘改造工程建设，加强对城市周边工业企业废气污染的治理。加强鄱阳湖水污染防治。重点加强滨湖38县污水处理厂和滨湖涉水工业企业污染治理设施的运行监管，加快《鄱阳湖生态经济区水污染物综合排放标准》的颁布实施，督促滨湖村镇建设生活污水治理设施，减少水污染物入湖。加强源头水质保护，重点加大源头地区以奖代补力度，促进源头环境保护；严格执行畜禽养殖禁养区和限养区制度，加强规模化畜禽养殖企业的污染治理；加大农村生态环境监察力度，强化农业面源污染监管。加大长江中下游流域水污染防治规划的实施力度，加快应急水源建设，提升风险和应急管理能力。

6. 大力加强生态宣传与教育

要完善生态文明教育机制，建立覆盖全省机关、企业、社区、家庭、村镇、学校的教育体系，将环境教育作为终生教育、全程教育来进行，采用家庭教育、学校教育和社会教育多种方式加强生态文化培育和生态文明宣传教育。要通过制度设计、大众媒体和各种创新宣传途径，宣传有关生态文明建设的科普知识和价值取向，形成绿色、低碳、循环的生活方式和消费模式。与此同时，还要通过更透明的信息管理和公开制度，建立公众参与环境保护的保障机制，开展丰富多彩的生态文明实践活动，让全体公民在实践活动中接受教育，养成良好的生态行为习惯，实现生产方式和生活方式的转变。

参考文献

[1]秦尊文. 第四增长极：崛起的长江中游城市群[M]. 北京：社会科学文献出版社，2012.

[2]秦尊文,陈丽媛.推进长江中游城市群生态文明建设一体化[J].理论月刊,2014,(9).

[3]温珍梁,李琳.建设富裕和谐秀美江西——江西生态文明建设的实践与路径选择[J].资源节约与环保,2013,(9).

[4]白永亮,党彦龙,杨树旺.长江中游城市群生态文明建设合作研究——基于鄂湘赣皖四省经济增长与环境污染差异的比较分析[J].甘肃社会科学,2014,(1).

[5]赵凌云,秦尊文,张静,汤鹏飞.关于启动和加快长江中游城市群建设的研究[J].学习与实践,2010,(7).

[6]江西省环境保护厅.2013年江西省环境状况公报[EB/OL].http://jxepb.gov.cn/sjzx/hjzkgb/2014/67e31b44cf7c44bb8b7013936a17e23b.htm.2014-06-04.

[7]江西省环境保护厅.2013年江西省环境统计年报[EB/OL].http://jxepb.gov.cn/sjzx/hjzknb/2014/4125ab1917d04a71a23f807c2a3f9f5a.htm.2014-10-20.

[8]长江商报.生态建设和环境保护是构建长江中游城市群的核心[EB/OL].http://news.cnxianzai.com/2013/03/480043.html.2013-03-14.

(作者简介:陶虹佼　江西省社会科学院助理研究员)

对我国现阶段城镇化政策的反思

陈保林

城镇化是经济社会发展到一定阶段的必然产物，是社会资源进一步向城镇集中的过程。然而，我国长期实施以城乡分割为特征的二元体制，不利于生产要素在城乡之间的合理配置，使得城市的集聚功能严重削弱，从而阻碍了我国城镇化的进程，城乡之间的差距不断扩大。因此，大力发展城镇化，逐渐消除我国长期存在的城乡二元经济体制是历史的必然选择。发展城镇化有两种途径：一是依赖内源式发展，二是依靠政府行政力量的推动。在我国大力发展城镇化的背景下，需要厘清几个问题，以为我国城镇化的健康发展提供理论上的支撑。

一、实施大规模城镇化战略的前提条件：是否具备

首先，我们要搞清楚实施大规模城镇化的前提条件是什么。按照城镇化的定义，是由农业（第一产业）为主的传统乡村社会向以工业（第二产业）和服务业（第三产业）、高新技术产业和信息产业（第四产业）为主的现代城市社会逐渐转变的历史过程。因此，城镇化的过程应该是包括劳动力和产业双重转移的过程。

农村能够为城镇化提供大量的剩余劳动力是实施大规模城镇化的前提条件之一。目前，我国农村生产弃耕或抛荒现象非常严重。在保证国家粮食安全的条件下，要想进一步使农村为城镇化提供足够的劳动力，唯一的办法只有提高农业劳动生产率。关于提高农业劳动生产率的办法有很多，例如农业机械化、农业现代化等，但是这些途径在短期内将很难实现。目前，我国农村实行的是统分结合的

家庭联合承包责任制度,这种制度相较于计划经济时期的人民公社制度确实激发了农民的积极性从而提高了劳动生产率,但是这种以家庭为生产单位的经营方式无法发挥规模效益。在全球经济一体化程度越来越高的今天,小农经济在面对国外市场的冲击时不堪一击。因此,要想提高目前我国农业生产效率和市场竞争力,就需要改变目前的小农经济经营模式,实现规模化、集约化生产。但是,实现农业规模化和集约化的前提条件,就是农业生产用地能够自由流转,以便于社会资本进入到农业生产领域。在一些地区,大量耕地被以土地流转的名义为城市资本所圈占,在农民依然面临城市种种排斥而难以真正市民化的情况下,这种资本驱逐农民的发展模式对于中国的社会稳定有极大的风险。

城市能够吸纳从农村转移出来的剩余劳动力是实施大规模城镇化战略的另一个前提条件,即通过城市化使转移出来的农村劳动力从农民完全转变为市民。农民工市民化是指农民工在实现职业转变的基础上,获得与城镇户籍居民均等一致的社会身份和权利,能公平公正地享受城镇公共资源和社会福利,全面参与政治、经济、社会和文化生活,实现经济立足、社会接纳、身份认同和文化交融。农民工市民化是一个过程,这个过程的实质是公共服务和社会权利均等化的过程。根据基本公共服务的内容,农民工市民化主要包括六项成本:(1)农民工随迁子女教育成本。(2)医疗保障成本。(3)养老保险成本。(4)民政部门的其他社会保障支出。(5)社会管理费用。(6)保障性住房支出。其他还有一些公共服务的内容,但这六个方面是最主要的组成部分。国务院发展研究中心的《农民工市民化的成本测算》课题报告称,“根据对重庆、武汉、郑州和嘉兴四个城市的实地调研,一个典型农民工市民化(包括相应的抚养人口)所需的公共支出成本总共约 8 万元。其中,远期的养老保险补贴平均约为 3.5 万元,住房和义务教育等一次性成本约为 2.4 万元,每年的民政救助等社会保障及公共管理成本平均约为 560 元”。而根据我国城镇化规划,2014 年到 2020 年城镇化率会从 50% 到 60% ,但是户籍人口从 36% 到 45% ,这就意味着到 2020 年还有 15% 的人住在城镇里没有户籍,这 15% 的人口相当于 2 亿人。要想使这 2 亿人完全市民化,需要的资金数量到底有多大可想而知。对于市民化所需资金的来源，既要处理好政府与市场的关系，又要处理好地方与中央的关系，还要处理好当前一次性成本分摊与连续性成本分摊的关系。

可见，实现农村劳动力大规模转移的两个技术前提，即农村能够为城镇化提供大量的剩余劳动力和吸纳农村劳动力的城市化，在现实中都没有能很好发挥预期功能。对于农业生产而言，离土又离乡式的跨区域流动将外出务工农民的全部劳动时间从农业部门转移出去，那些既缺乏足够劳动力又没有资本实现机械化的农民只能采取大量使用化肥农药来代替人工田间管理的化学农业模式，或者用粗放式的耕种代替精耕细作，直至彻底抛荒。而真正从这种转移中得利的唯有城市资本，它们既能获得大量廉价劳动力，又能获得大片被农民放弃的土地。

二、城镇化的后果之一：贫富差距拉大

根据国家统计局公布的数据，2012 年我国城镇化率达到 52.57%。城镇化水平的提高是我国经济保持持续稳定增长的结果，符合人类社会城市聚集的一般规律。但是，我们应该看到，在我国大力发展城镇化的过程中，与其相关联的许多问题还没有得到本质上的改变，比如户籍制度、医疗教育制度、土地和住房制度等。其中，收入分配制度尤其引人关注。最近十年，我国城乡居民的收入差距不降反升，根据相关学者提供的数据显示：2000 年我国基尼系数超过 0.4，而 2012 年我国基尼系数可能超过 0.5。影响收入分配的因素很多，城乡收入差距的形成表面上看是由于城乡居民资源禀赋、受教育程度等因素的差异导致的，但学者发现城乡收入差距的形成有更深层次的原因。城镇偏向的经济政策及制度如限制人口流动的户籍制度、福利制度、城镇部门的价格补贴政策等，是城乡收入差距不断扩大的内在原因。

由于劳动力转移、资本外流以及土地的违规征用，使农村几乎完全丧失了依赖内源式发展途径实现城镇化的后天基础，这就决定了我国城镇化的进程只能由政府来推动。然而，管理政策上的城乡分

治,在具体制度上表现为歧视和剥夺农民群体。结果是通过上述制度和机制使我国的二元结构强化了,其结果是城乡之间的差距被进一步拉大。市场的流动性特质原本对静态二元结构具有解构作用,但从反向力量看,随着劳动力流动自由化和动态化,城乡外部的静态对立也被推移并嵌套于城市内部。对城市居民而言,农村人口的大量涌入,造成了对其既得利益的分割和重新分配,形成了城市内部居民和外来人口之间的利益较量和关系重组。然而,由于城市居民与农民工在城市享受权利的非对等性,因而城市居民在城镇化过程中必然拥有更多的话语权,他们会在城市资源和公共服务重新置配中获得更多的利益。最终,进城农民工游离于城市发展规划和制度安排的体系之外,成为城市居民歧视和排斥的对象。

三、城镇化布局:城市越大越好吗

由于具有集聚效应,因此城市需要有一定的规模。但是,城市规模并不是越大越好。

近几年,一股贪大、求大、做大、夸大之风,成为一些城市决策者的通病,不少地方出现各种做大城市规模的规划或口号。这种倾向,值得关注。城市建设的最终目的,不是规模有多大,而是身处其中的人的感受如何,居住和工作是否舒适方便。不可否认,大城市有着良好的集聚效应,在资本吸纳、基础建设、产业结构等方面具有诸多优势。然而,一座大城市的形成,往往是一个长期过程,具有鲜明时代烙印和深厚历史积淀,很难一蹴而就。因此在进行城市建设规划时,一定要因地制宜,量力而行,不能盲目贪大求大。事实上,大有大的优势,小有小的美好。尤其是在宜居方面,中小型城市往往更具有优势。比如苏黎世、日内瓦、温哥华、维也纳等全球知名的宜居城市,若论城市规模,只能算是中小型城市。即使在中国,宁波、厦门、苏州、三亚等知名的宜居城市,规模也不过是中等。如果说城市建设的最终目的,是为了居住者的舒适和方便,城市规模就不应成为我们最重要的追求。所谓宜居,就是讲究人性、突出个性、适合居住。对此最有发言权的,无疑是普通的城市居民,他们的生活经历和主观感受,特别是对城市满足其生活需求的平衡性与完备性评价,应当引起城市规划决策者的高度重视。从现实经验来看,那些规模不大不小,基础设施不一定很现代化但相对完善的城市,那些城市文化底蕴比较丰厚但又比较富有创造性的城市,那些与外界有方便联系但又不是所谓交通枢纽的城市,那些不乏发展机会但竞争压力又不是最大的中小型城市,往往最受公众青睐。中小城市宜居,有很多原因。因为规模不大,排污量也小,空气更清新,河水更清澈,绿化更充足,环境因此更优美。因为土地稀缺性相对较小,房价可以更理性,多数人能买得起房,居住条件和配套设施也可以更舒适精细。因为人口不多,交际可以更充分,人情味更浓,民风更纯朴。因为城市不大,生活便利,成本更低,居民的幸福指数自然更高。

事实上,早在20世纪50年代,一些发达国家已经开始反思"大城市文明"的严重后果。为此,他们一方面有计划地规划中心城市,控制城市规模的盲目扩大,另一方面在大城市周边建立卫星城,以分解居住、环境、就业的压力。20世纪80年代,我国城市发展战略中也曾提出控制大城市,适当发展中等城市,积极发展小城市,广泛发展小城镇的重要构想。但在实际执行中,这一重要思路没有得到很好落实。一个主要原因,恐怕还是一些城市决策者贪大求全、好大喜功的政绩冲动。我国国情复杂,城市建设当然不能一刀切,而是需要根据实际情况,建设各具功能、各具特色、各具风格的多种城市类型,这其中,最核心的原则和指向,不应当是城市规模有多大,而是城市建设是否均衡,居住工作是否舒适方便。毕竟,城市最终是为了让人居住其中,不能囿于经济功能,而忽视了城市的人性化、宜居度。

四、城镇化率越高越好是个伪例题

1949年新中国成立后,我国城镇化率维持在较低的水平。但是,改革开放30多年来,我国城镇化进程不断加快,城镇化率以年均1%的速度增长,从1978年的17.92%上升至2013年的53.73% ,特别是进入21世纪后增长速度更快(见图1)。然而,在城镇化率高速增长的背后存在着很多隐患。毕竟,城镇化率只是表示城镇驻地聚集区人口占全部人口(人口数据均用常住人口而非户籍人口)的比例,反映人口向城市聚集的过程和聚集程度,而关于城乡人口的融合程度、城乡公共服务一体化的程度等反映城镇化质量的指标都没有由此得到有效反映。

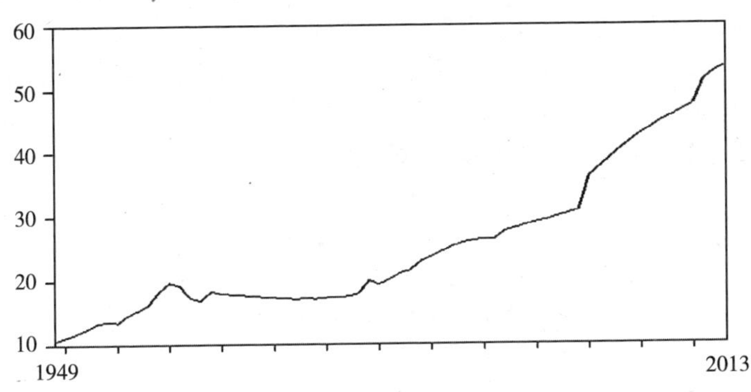

图1 1949—2013 年中国城镇化率(单位:%)

实际上,城镇化的本质是人的城镇化,要以人为本。可持续的城镇化,应该是转移到城市里的农民能够在城市里面安居乐业、生活水平提高、幸福感增强。相反,如果转移到城市里面的农民成为原城市居民的附庸,沦为城市的二等公民,并且背负强大的经济压力,那么这样的城镇化必将是不健康和不彻底的城镇化。因此,我们不应盲目追求城镇化的速度,在发展城镇化的过程中要以提高人民的生活水平为目标,夯实城镇化的立足点,构建城镇化的产业支撑,创新与城镇化相关的体制与机制,加快城乡公共服务一体化进程。最终,达到城乡产业布局合理、土地利用合理、公共服务设施完备、社会保障体系完善、环境质量优良的目标。

参考文献

[1]李强,陈宇琳,刘精明. 中国城镇化"推进模式"研究[J]. 中国社会科学,2012,(7).

[2]李克强. 协调推进城镇化是实现现代化的重大战略选择[J]. 行政管理改革,2012,(11).

[3]张占斌. 新型城镇化的战略意义和改革难题[J]. 国家行政学院学报, 2013,(2).

[4] 倪鹏飞. 新型城镇化的基本模式、具体路径与推进对策[J]. 江海学刊, 2013,(1).

[5]仇保兴. 新型城镇化:从概念到行动[J]. 行政管理改革,2012,(11).

[6]李程骅. 科学发展观指导下的新型城镇化战略[J]. 求是, 2012,(14).

[7]杜永红. 资源枯竭型城市经济转型战略模式的研究[J]. 现代城市研究,2012,(4).

[8]樊德玲. 城乡统筹背景下的新型城镇化建设及其法治保障[J]. 人民论坛,2014,(29)

[9]秦铁铮. 新型城镇化背景下我国环境公共参与的制度理性选择[J]. 北京交通大学学报(社会科学版),2014,(4).

[10]陈戎杰. 新型城镇化中产业集聚与城乡互动机制研究[J]. 北华大学学报(社会科学版),2014,(5).

[11]李哲. 河南省新型城镇化进程评估与发展预测[D]. 华中师范大学博士学位论文,2014.

[12]单卓然,黄亚平. "新型城镇化"概念内涵、目标内容、规划策略及认知误区解析[J]. 城市规划学刊,2013,(2).

(作者简介:陈保林　江西社会科学杂志社助理研究员)